全国优秀教材二等奖

“十二五”职业教育国家规划教材
经全国职业教育教材审定委员会审定
高等职业院校精品教材系列

国家职业
教育教学资源库
配套教材

建筑供电与照明工程

李梅芳　李庆武　王宏玉　主编
刘复欣　主审

電子工業出版社
Publishing House of Electronics Industry
北京·BEIJING

内 容 简 介

本书根据国家示范性高职院校教学改革要求，结合作者多年的工学结合人才培养经验编写，注重实践性操作和技能培养，反映建筑行业对应用型技能人才的需求。全书针对建筑供电与照明工程设计中的典型任务设置6个学习项目，主要包括建筑供电与照明工程中的施工图、设计规范、设计文件、光照设计、照明电气设计、舞台调光设计、建筑供电系统设计及其设备选型和建筑电气安全等内容。针对不同项目共设置32个技能训练任务和1个综合设计训练任务，有利于学生较快地掌握工作技能。整个教材以实际工程设计为教学载体，以工程施工图为切入点，用引导的方法逐步展开各项目任务，并配有“职业导航”、“教学导航”、“知识分布网络”、“知识梳理”、“温馨提示” 等内容，有利于教师开展互动性教学和学生高效率地学习知识与技能。

本书为高职高专院校建筑类专业的教材，以及应用型本科、成人教育、自学考试、电视大学、中职学校、培训班的教材，也可作为建筑行业工程技术人员的参考书。

本教材配有免费的电子教学课件和习题参考答案，详见前言。

图书在版编目(CIP)数据

建筑供电与照明工程/李梅芳，李庆武，王宏玉主编. —北京：电子工业出版社，2010.4
全国高等职业院校规划教材·精品与示范系列
ISBN 978-7-121-10664-4

Ⅰ. ①建… Ⅱ. ①李… ②李… ③王… Ⅲ. ①房屋建筑设备－供电－高等学校：技术学校－教材 ②房屋建筑设备－电气照明－高等学校：技术学校－教材 Ⅳ. ①TU852 ②TU113.8

中国版本图书馆 CIP 数据核字(2010)第 062106 号

策划编辑：陈健德(E-mail：chenjd@phei.com.cn)
责任编辑：徐　萍
印　　刷：北京虎彩文化传播有限公司
装　　订：北京虎彩文化传播有限公司
出版发行：电子工业出版社
　　　　　北京市海淀区万寿路173信箱　邮编 100036
开　　本：787×1092　1/16　印张：19　字数：486.4 千字
版　　次：2010年4月第1版
印　　次：2021年11月第17次印刷
定　　价：45.00元

凡所购买电子工业出版社图书有缺损问题，请向购买书店调换。若书店售缺，请与本社发行部联系，联系及邮购电话：(010)88254888，88258888。

质量投诉请发邮件至 zlts@phei.com.cn，盗版侵权举报请发邮件至 dbqq@phei.com.cn。

本书咨询联系方式：chenjd@phei.com.cn。

职业教育　继往开来（序）

自我国经济在新的世纪快速发展以来，各行各业都取得了前所未有的进步。随着我国工业生产规模的扩大和经济发展水平的提高，教育行业受到了各方面的重视。尤其对高等职业教育来说，近几年在教育部和财政部实施的国家示范性院校建设政策鼓舞下，高职院校以服务为宗旨、以就业为导向，开展工学结合与校企合作，进行了较大范围的专业建设和课程改革，涌现出一批示范专业和精品课程。高职教育在为区域经济建设服务的前提下，逐步加大校内生产性实训比例，引入企业参与教学过程和质量评价。在这种开放式人才培养模式下，教学以育人为目标，以掌握知识和技能为根本，克服了以学科体系进行教学的缺点和不足，为学生的顶岗实习和顺利就业创造了条件。

中国电子教育学会立足于电子行业企事业单位，为行业教育事业的改革和发展，为实施“科教兴国”战略做了许多工作。电子工业出版社作为职业教育教材出版大社，具有优秀的编辑人才队伍和丰富的职业教育教材出版经验，有义务和能力与广大的高职院校密切合作，参与创新职业教育的新方法，出版反映最新教学改革成果的新教材。中国电子教育学会经常与电子工业出版社开展交流与合作，在职业教育新的教学模式下，将共同为培养符合当今社会需要的、合格的职业技能人才而提供优质服务。

近期由电子工业出版社组织策划和编辑出版的“全国高职高专院校规划教材·精品与示范系列”，具有以下几个突出特点，特向全国的职业教育院校进行推荐。

（1）本系列教材的课程研究专家和作者主要来自于教育部和各省市评审通过的多所示范院校。他们对教育部倡导的职业教育教学改革精神理解得透彻准确，并且具有多年的职业教育教学经验及工学结合、校企合作经验，能够准确地对职业教育相关专业的知识点和技能点进行横向与纵向设计，能够把握创新型教材的出版方向。

（2）本系列教材的编写以多所示范院校的课程改革成果为基础，体现重点突出、实用为主、够用为度的原则，采用项目驱动的教学方式。学习任务主要以本行业工作岗位群中的典型实例提炼后进行设置，项目实例较多，应用范围较广，图片数量较大，还引入了一些经验性的公式、表格等，文字叙述浅显易懂。增强了教学过程的互动性与趣味性，对全国许多职业教育院校具有较大的适用性，同时对企业技术人员具有可参考性。

（3）根据职业教育的特点，本系列教材在全国独创性地提出“职业导航、教学导航、知识分布网络、知识梳理与总结”及“封面重点知识”等内容，有利于老师选择合适的教材并有重点地开展教学过程，也有利于学生了解该教材相关的职业特点和对教材内容进行高效率的学习与总结。

（4）根据每门课程的内容特点，为方便教学过程对教材配备相应的电子教学课件、习题答案与指导、教学素材资源、程序源代码、教学网站支持等立体化教学资源。

职业教育要不断进行改革，创新型教材建设是一项长期而艰巨的任务。为了使职业教育能够更好地为区域经济和企业服务，我们殷切希望高职高专院校的各位职教专家和老师提出建议，共同努力，为我国的职业教育发展尽自己的责任与义务！

中国电子教育学会

前 言

本书是在国家首批 28 所示范性高职高专院校建设过程中，结合当前教学改革要求而编写的工学结合高职特色教材。全书以项目形式展开进行介绍，每个项目赋予一个相对应的实际工程为教学载体，并且针对各个不同项目提出教学方法的建议，为实施教学提供帮助。

本书主要介绍在建筑供电与照明工程中所用到的专业理论知识、实践技能及与其相关的计算方法。全书由 6 个项目组成：项目 1，照明工程认知；项目 2，照明工程光照设计；项目 3，舞台调光设计与光效果检测；项目 4，照明工程电气设计；项目 5，建筑供电设计与设备选型；项目 6，建筑电气安全系统设计；以及综合设计训练等。

本书紧密结合我国建筑电气行业对高职高专人才培养规格的要求，在内容安排上，以够用、实用为原则，突出高职特点，应用性强，图文并茂，内容由浅入深，通俗易懂，使读者学练结合、手脑并用。全书引用了大量的实际工程案例，对建筑电气供电与照明职业岗位所需的专业理论知识和技能知识进行恰当的设计；在结构安排上，全书以工程设计技能训练为主线，以企业工程案例为载体，采用不同的教学建议，结构层次分明，注重教学效果，符合职业教育的要求，为高职高专院校建筑电气工程、建筑设备工程、楼宇智能化等建筑类专业的教材，以及应用型本科、成人教育、自学考试、电视大学、中职学校、培训班的教材，也可作为建筑行业工程技术人员的参考书。

本书由黑龙江建筑职业技术学院李梅芳、李庆武、王宏玉主编，由黑龙江建筑职业技术学院刘复欣主审。项目 1、2、4 由李梅芳编写；项目 3 由刘复欣编写；项目 5 由李庆武编写；项目 6 由王宏玉编写。

本书在编写过程中，得到了黑龙江建筑职业技术学院孙景芝教授、黑龙江省建筑设计研究院陈永江总工的精心指导，特别是孙景芝教授在各个方面都给予大力的帮助，在此谨致以深切的谢意！

虽然编写时力求做到内容准确、特色鲜明，但由于工学结合项目教材仍处于不断探索阶段，难免存在不妥之处，恳请各位读者批评指正。

为了方便教师教学，本书配有免费的电子教学课件和习题参考答案，请有此需要的教师登录华信教育资源网（www. hxedu. com. cn）免费注册后进行下载，有问题时请在网站留言或与电子工业出版社联系（E-mail：hxedu@ phei. com. cn）。

编　者

职业导航

职业素质：

具有计划、组织、实施工作任务的能力；有团队合作意识；熟练应用相关规范和标准；爱岗敬业、勇于创新。

职业技术：

具有建筑供电与照明工程领域的工程设计、工程施工、系统及设备调试、工程管理、设备维护等技术，熟悉以上职业岗位的工作流程，掌握其一般的工作方法。

职业能力：

具有建筑供电与照明工程设计、设备选型、施工、图纸会审、工程验收、工程监理、工程预算、施工组织方案的编制等能力。

建筑供电与照明工程

项目 1：照明工程认知

以高层住宅建筑照明工程图纸为教学载体，分析建筑照明工程设计的内容、步骤、方法，涉及的计算，照明施工图的分类、标注、识图方法，设计中用到的规范和工具性资料等。

项目 2：照明工程光照设计

以住宅楼照明工程光照设计为教学载体，学习以下内容：确定照度、照明方式和种类；收集电光源和控照器资料，并正确选择；进行灯具的布置；计算室内照度，填制照度计算表；评价照明质量等。

项目 3：舞台调光设计与光效果检测

学会舞台灯光设计的内容、要求和步骤，常用舞台灯具 调光的方法；根据不同调光效果完成计算机编程工作；进行调光设备的安装及管线的敷设；掌握使用专业仪表检测调光效果的方法。

项目 4：照明工程电气设计

以住宅楼照明工程电气设计为教学载体，完成负荷计算、导线选择、电压损失计算；掌握断路器、开关及插座的选择；具备漏电保护器的知识；独立完成照明工程电气系统设计和设备选型。

项目 5：建筑供电设计与设备选型

以变电所工程为教学载体，介绍建筑供配电系统的结构；工程设计中技术参数的求法；民用建筑防雷分级、防雷装置的组成和应用；安全用电常识；建筑施工现场临时用电的要求及设计。

项目 6：建筑电气安全系统设计

熟悉防雷设计规范，掌握设计方法；具备设备的选型及电路接线技能；能测试接地电阻；能独立完成防雷接地系统接线安装的工作任务。

综合设计训练　教学主楼供电与电气照明设计

下达设计任务书，借助专业设计软件完成以下任务：收集资料、了解设计要求；进行教学楼光照设计；完成教学楼电气设计；编写计算书；绘制施工图；编制施工方案。

职业岗位

设计员　施工员　质检员　监理员　造价员　安全员

最终成为：管理者、创业者

目　录

项目 1 照明工程认知

教学导航

教	项目简介	照明工程是建筑电气工程中非常重要的一部分。它是对电气照明技术的具体应用，包括照明工程的设计，照明设备的选型、安装、运行与维护，本教材侧重于照明工程的设计。照明工程设计的基础是掌握建筑照明工程相关的知识、技能、规范和标准，熟悉照明工程中所用到的电气设备的性能、技术参数、安装使用要求等知识，并具有必要的绘制与识读工程图的能力
	教学载体	本项目以高层住宅建筑照明工程图纸为教学载体，分析建筑照明工程设计的内容、步骤、方法，涉及的计算，照明施工图的分类、标注、识图的方法，以及设计中用到的规范和工具性资料等，并对照明工程设计的任务进行分解，以此作为后续学习内容的要点
	推荐教学方式	分组学习、角色扮演
	建议学时	10 学时
学	学生知识储备	1. 建筑构造与识图的基本知识 2. 设计任务书的格式 3. 设计委托合同的签订过程及其相关内容
	能力目标	能看图识类别；能借助资料认识工程符号；知道每张图纸表达什么内容；能找出平面图和系统图的内在关系；能按顺序简单读图；具有小组合作意识

教学过程示意图

训练方式和手段

学生身份：

身份 1：设计院电气工程师，某 12 层建筑照明工程设计负责人（乙方）；

身份 2：建设单位建设指挥部电气负责人（甲方）。

训练步骤：

1. 下发图纸、布置任务，提供相关资料（设计任务书、设计委托合同）；

2. 学生收集学习资料（包括设计规范和工具性资料等），对给定施工图进行归类与分析；

（1、2 步骤中，教师和学生是正常的师生关系，采用引导法完成这两项学习目标）

（在此之后，教师可作为甲方建设单位总指挥参与以下活动）

3. 甲方邀请乙方协助其完成设计任务书，在双方交流过程中，要求至少使用 5 个专业术语（教师提供20 个术语）；

（该步骤是针对工程图纸内容相互讨论切磋的过程）

4. 甲乙双方法人或委托代理人签订设计委托合同，同时将设计任务书交予乙方；

5. 双方学生结合本项目，进一步研究设计规范；

6. 召开甲乙双方见面会，就设计问题进行沟通，主要以乙方汇报为主，甲方也可提出问题或根据特殊情况提出新的设计要求，乙方给予答复或实现；

（这一步是关键，是考察学生学习效果的环节，无论甲方还是乙方，都必须在了解施工图的基础上完成相应的工作）

7. 由乙方派人进行会议记录，最后双方签字留存。

学生学习成果展示：

1. 设计任务书
2. 设计委托合同
3. 会议记录

教学载体 小高层住宅电气设计

【设计条件】

某市某小区内住宅楼，地面 11 层，主体高度 34.8m。属二类普通高层住宅，垂直交通由电梯完成。设计内容有室内配电、照明、防雷和接地系统，弱电系统含楼宇对讲、电话、有线电视等内容。

【设计要点提示】

(1) 电气负荷，消防用电和通道及楼梯间照明、客梯、排污泵、生活泵负荷为二级，其余为三级。二级负荷供电一般要求双回路。该工程通道及楼梯间照明采用自带蓄电池的应急灯，客梯采用双回路供电。

(2) 二级负荷供电一般要求双回路（双电源更佳），最末一级自动切换或在适当配电点自动互投后以专线送到用电设备。分散的小容量负荷，可通过一路市电 + EPS 或一路电源 + 设备自带蓄电池（如应急灯）实现。

(3) 防雷设计一般按三类进行，避雷网网格不大于 20×20 或 24×16，引下线间距不大于 25m。

(4) 漏电保护设计如下：

① 住宅中每户正常泄漏电流约为 12.4mA。《住宅设计规范》GB 50096—1999 指出，每幢住宅总电源进线断路器应具有漏电保护功能。漏电保护的动作值应大于 2 倍的正常泄漏电流，并应符合防止电气火灾的 300～500mA 的要求，且遵照对用户影响面小的原则，宜将漏电开关设于供电干线上（300mA，0.4s），三相供电范围不大于 36 户。若漏电开关整定为 500mA，则三相供电可达 54 户。

② 计算机供电。单台计算机功率约为 300W，泄漏电流为 3.5mA，若开关整定为 30mA，则每条回路只能负载 7 台计算机工作。否则，合不上闸。

(5) 双电源转换开关，为满足线路维修、测试和检修隔离的要求，宜采用四极开关。

(6) TA（电流互感器）不得开路，否则产生高电压。

(7) TV（电压互感器）不得短路，否则烧毁熔断器。

【温馨提示】

通过角色扮演的形式，完成编制设计任务书和签订设计委托合同的任务，锻炼基本的识图能力，从而实现本项目教学目标。

【工程资料】（与本课程及能力训练内容无关部分不列出）

1. 图纸目录

图纸目录及说明如表 1-1 所示。

表 1-1 图纸目录及说明

序 号	图 纸 名 称	图纸（表）编号	张 数	图 幅
1	设备材料表	表 1-2	1	A2
2	配电系统图	图 1-1 ～图 1-5	1	A2
3	一层供电平面图	图 1-6	1	A2
4	标准层插座、照明平面图	图 1-7 ～图 1-8	1	A2
5	跃层下层插座、照明平面图	图 1-9 ～图 1-10	1	A2
6	跃层上层照明平面图	图 1-11	1	A2

2. 电气设计说明

1）设计依据

（1）建筑概况：本工程地面共11层，结构形式为框架结构，建筑主体高度为34.8m，属于二类普通高层住宅建筑。

（2）相关专业提供的工程设计资料。

（3）中华人民共和国现行主要标准及法规：

《高层民用建筑防火设计规范》GB 50045—1995（2005版）；

《住宅建筑设计规范》GB 50368—2005；

《建筑物防雷设计规范》GB 50057—1994（2000版）；

《低压配电设计规范》GB 50054—1995；

《建筑照明设计标准》GB 50034—2004；

其他有关国家及地方的现行规程、规范及标准。

2）设计范围

本工程设计包括以下电气系统：

（1）220/380V配电系统；

（2）建筑物防雷、接地系统及安全措施；

（3）有线电视系统；

（4）电话系统、楼宇对讲系统。

3）220/380V配电系统

（1）本建筑为高层建筑，除客运电梯及应急照明为二级用电负荷外，其余均为三级用电负荷，总计算容量为118kW。

（2）供电电源：本工程从小区变电所引来两路220/380V电源，一路作为常用照明电源，一路作为二级负荷的备用电源。

（3）供电方式：本工程采用放射式与树干式相结合的供电方式。

（4）照明配电：照明、插座均由不同的支路供电；除空调插座外，所有插座回路均设漏电断路器保护。

4）设备安装

配电箱底边距地1.6m暗装。除注明外，开关、插座分别距地1.4m、0.3m暗装。厨房和卫生间内开关、插座选用防潮防溅型面板。

5）导线选择及敷设

（1）电源进线及配电干线选用YJV-0.6/1kV交联聚乙烯绝缘铜芯电缆。所有干线均穿SC钢管埋地或沿墙暗敷。

（2）照明支线选用BV-0.45/0.75kV聚氯乙烯绝缘铜芯导线。所有支线均穿阻燃硬塑料管沿墙及楼板暗敷。

6）建筑物防雷、接地系统及安全措施

（1）建筑物防雷装置

本工程防雷等级为三类。建筑物的防雷装置应满足防直击雷、防雷电感应及雷电波的侵入，并设置总等电位连接。利用建筑物钢筋混凝土柱子内两根 $\Phi16$ 主筋焊接作为引下线，引下线间距不大于25m。接地极为建筑物基础底梁上上下两层钢筋中的两根主筋，通常焊接形成接地网。室内接地凡焊接处均应刷沥青防腐。

（2）接地及安全措施

① 本工程的防雷接地、电气设备的保护接地、重复接地等的接地共用统一接地极，接地电阻不大于1Ω。实测不满足要求时，增设人工接地极。

② 凡正常不带电，而当绝缘破坏时可能呈现电压的一切电气设备金属外壳均应可靠接地。

③ 本工程采用总等电位连接，总等电位板由紫铜板制成，将建筑物内保护干线、设备进线总管等进行连接，卫生间采用局部等电位连接，等电位箱暗装，底边距地 0.3m。具体做法参见国标图集《等电位连接安装》02D501－2。

④ 有线电视系统引入端、电话引入端等处设过电压保护装置。

⑤ 本工程接地形式采用 TN－C－S 系统，电源在进户处做重复接地。所有进出建筑物的金属管路、电缆的金属外皮等在进户处均应与总等电位连接板连接接地。

7）有线电视系统（略）

8）电话系统及对讲系统（略）

9）其他

（1）凡与施工有关而又未说明之处，参见国家、地方标准图集施工，或与设计方协商解决。

（2）本工程所选设备、材料必须具有国家级检测中心的检测合格证书（3C 认证）；必须满足与产品相关的国家标准；供电产品、消防产品应具有入网许可证。

3. 主要设备材料表

主要设备材料表及说明如表 1-2 所示。

表 1-2 主要设备材料表及说明

序号	图例	设备名称	型号及规格	单位	数量	备注
1		照明配电箱	XRM98－324（改）	台	1	距地 1.8m 暗装
2		照明配电箱	XRM98－207（改）	台	45	距地 1.8m 暗装
3		集中配电箱	XXC88J－23（改）	台	2	落地安装
4		白炽灯	1×40W	套	542	吸顶安装
5		两用型应急照明灯	1×40W（应急时间不少于 30s）	套	24	吸顶安装
6		单联单控开关	GKB31/1250V10A	只	320	距地 1.3m 暗装
7		双联单控开关	GKB32/1250V10A	只	92	距地 1.3m 暗装
8		三联单控开关	GKB33/1250V10A	只	44	距地 1.3m 暗装
9		单相安全二、三极暗插座	GKB4/10US250V10A	只	660	距地 0.3m 暗装
10		单相安全三极暗插座	GKB16/16C250V16A	只	92	见图注
11		铜芯塑料线	BV－450/750V 2.5，4，16	m		
12		镀锌钢管	SC32，SC40，SC70，SC125	m		
15		总等电位联结箱		套	1	

4. 各种施工图

1）配电箱系统图

配电箱系统图如图 1-1 ～图 1-4 所示。

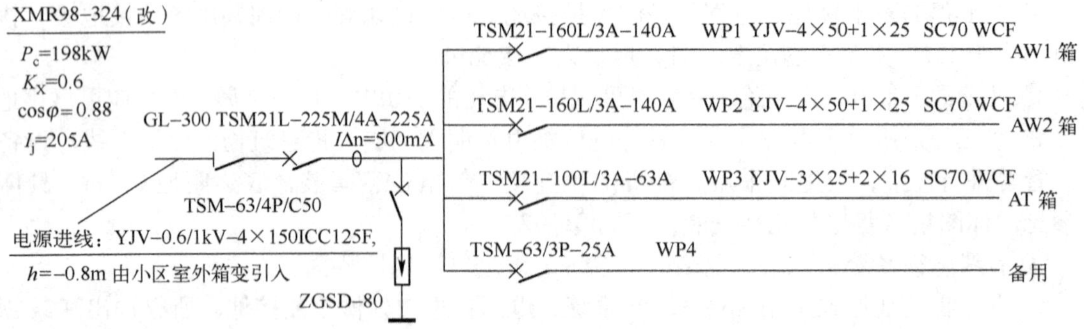

图 1-1 ALz 箱系统图

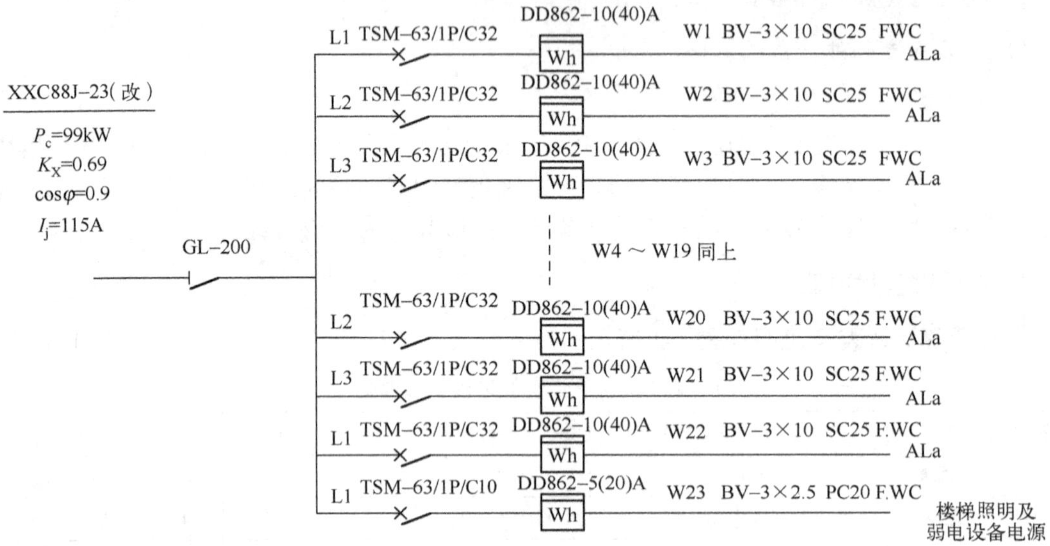

图 1-2 配电箱 AW1（AW2）系统图

注：三相平均分配

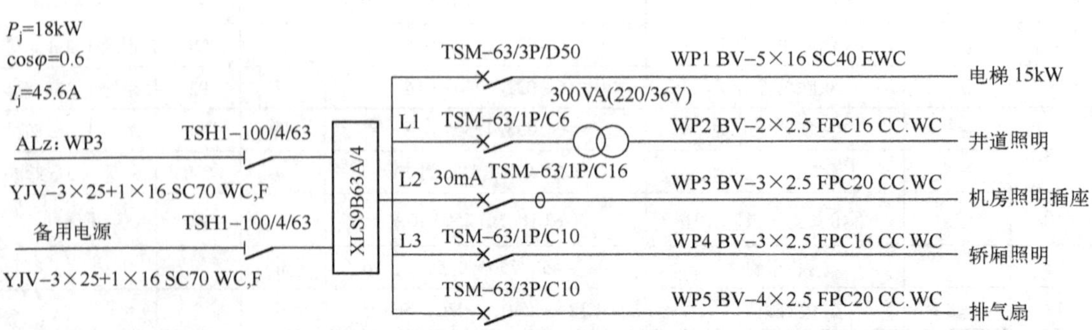

图 1-3 配电箱 AT（非标）系统图

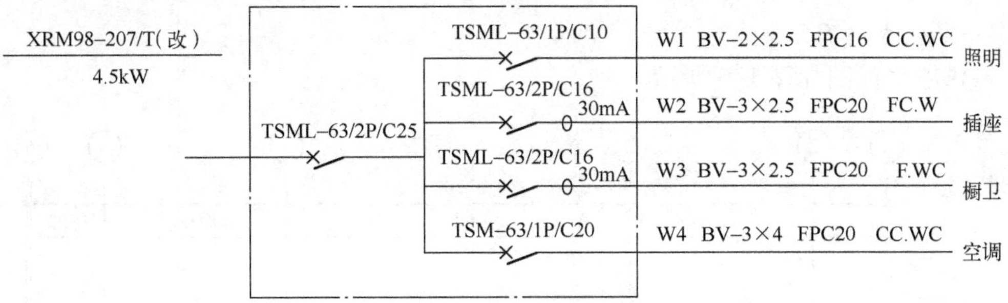

图1-4　ALa箱配电系统图

2）配电干线系统图

配电竖向系统图如图1-5所示。

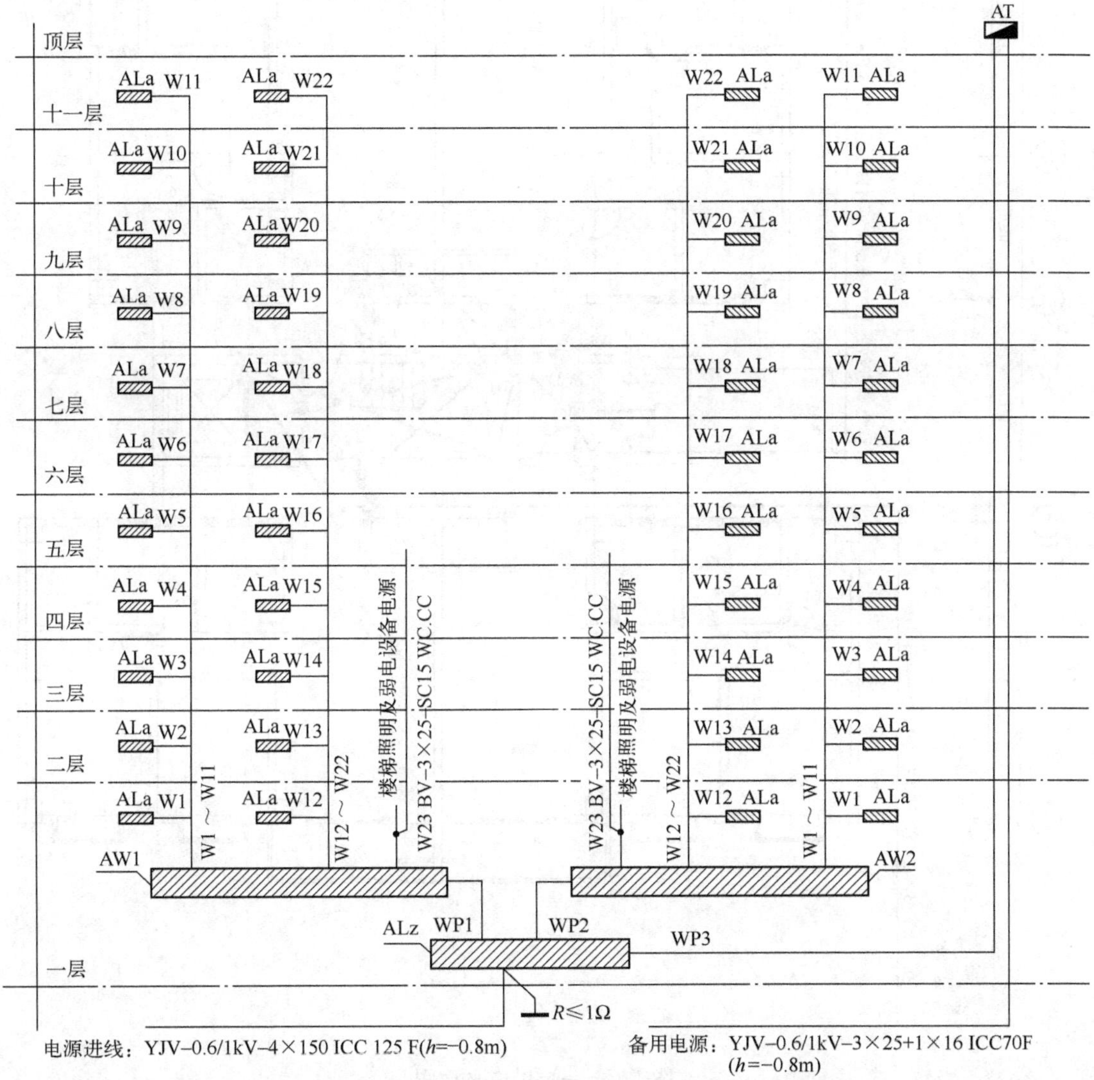

图1-5　配电竖向系统图

3）一层供电平面图

一层供电平面图如图 1-6 所示。

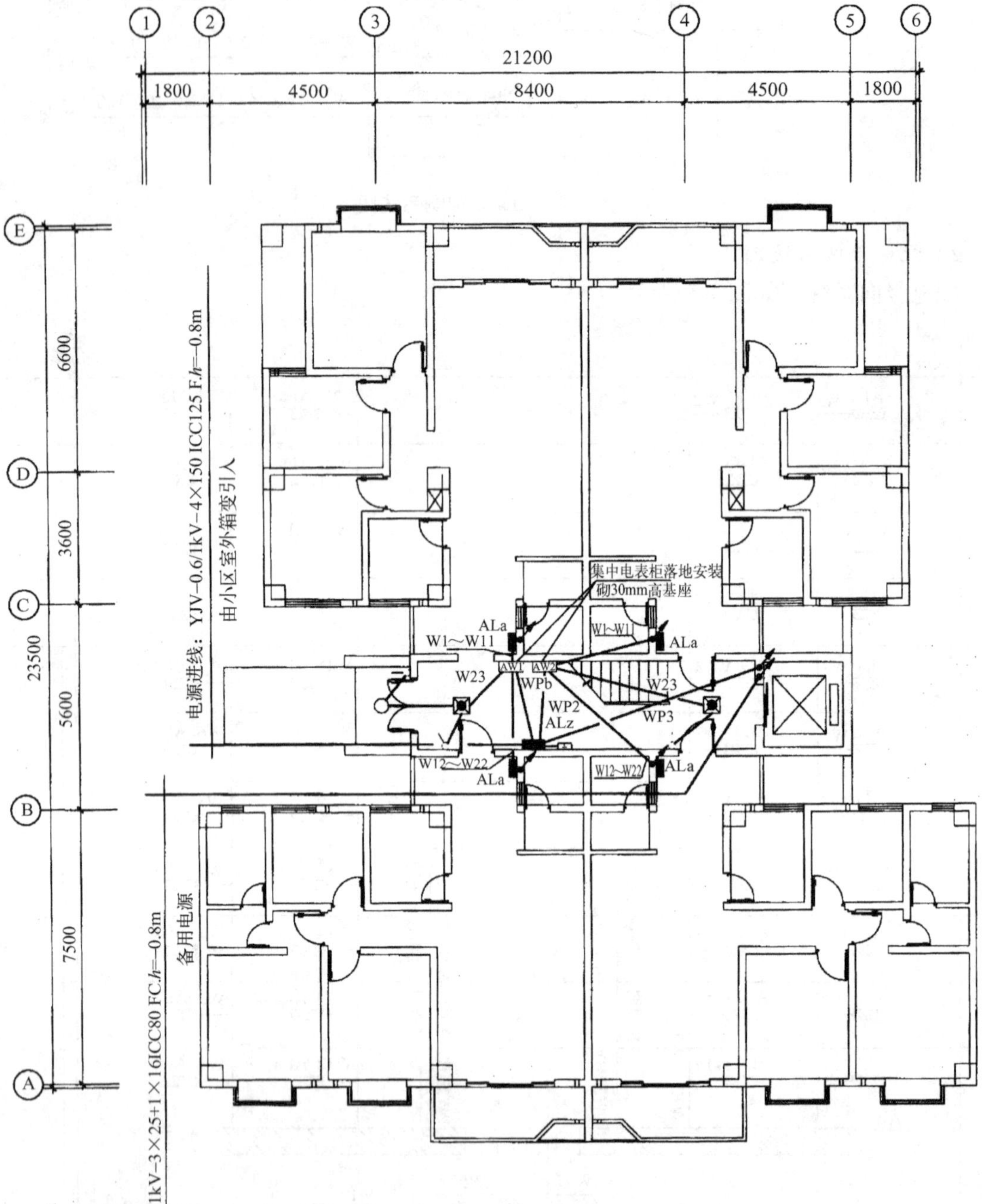

图 1-6　一层供电平面图

4）标准层平面图

（1）标准层插座平面图

标准层插座平面图如图 1-7 所示。

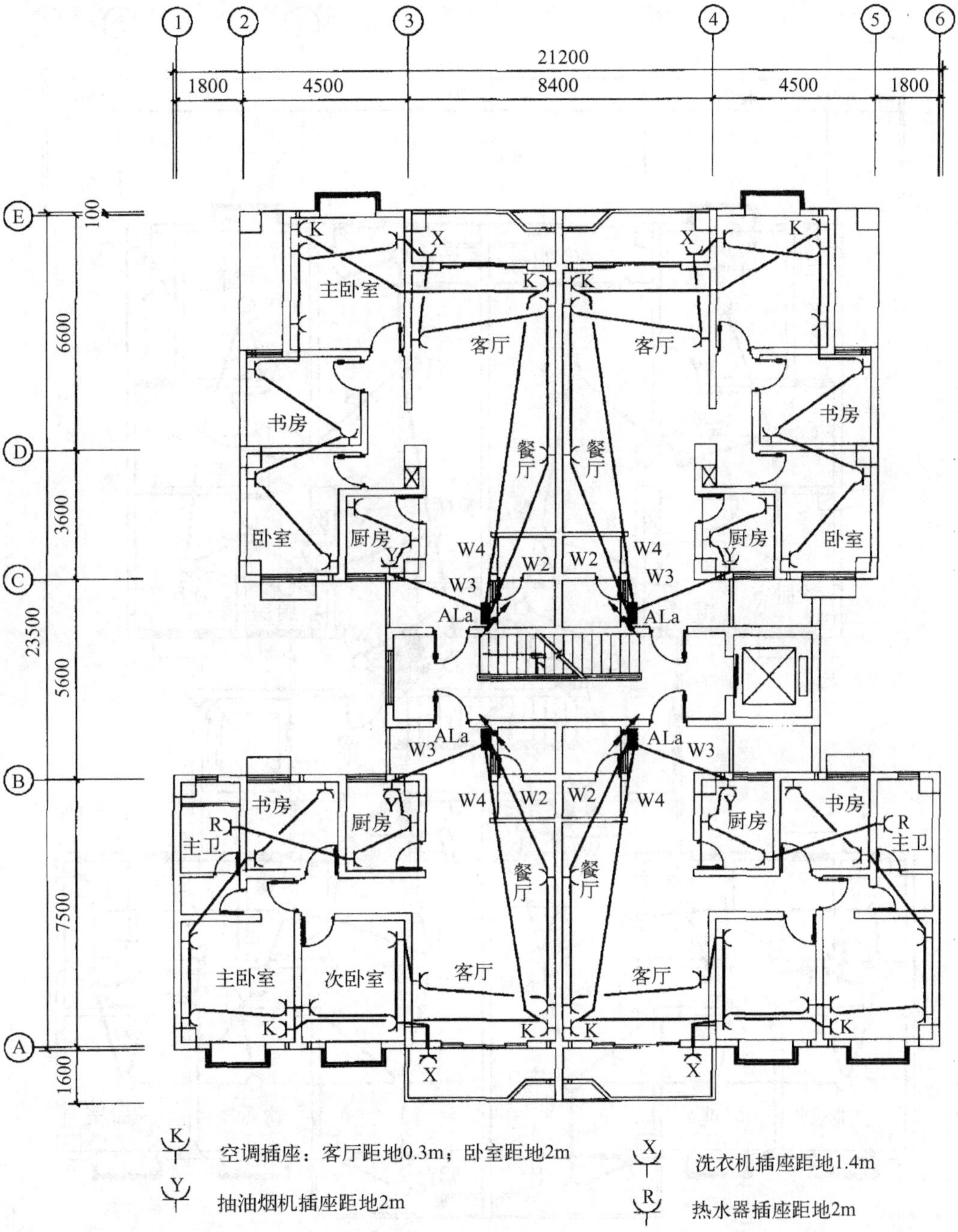

图 1-7　标准层插座平面图

（2）标准层照明平面图

标准层照明平面图如图 1-8 所示。

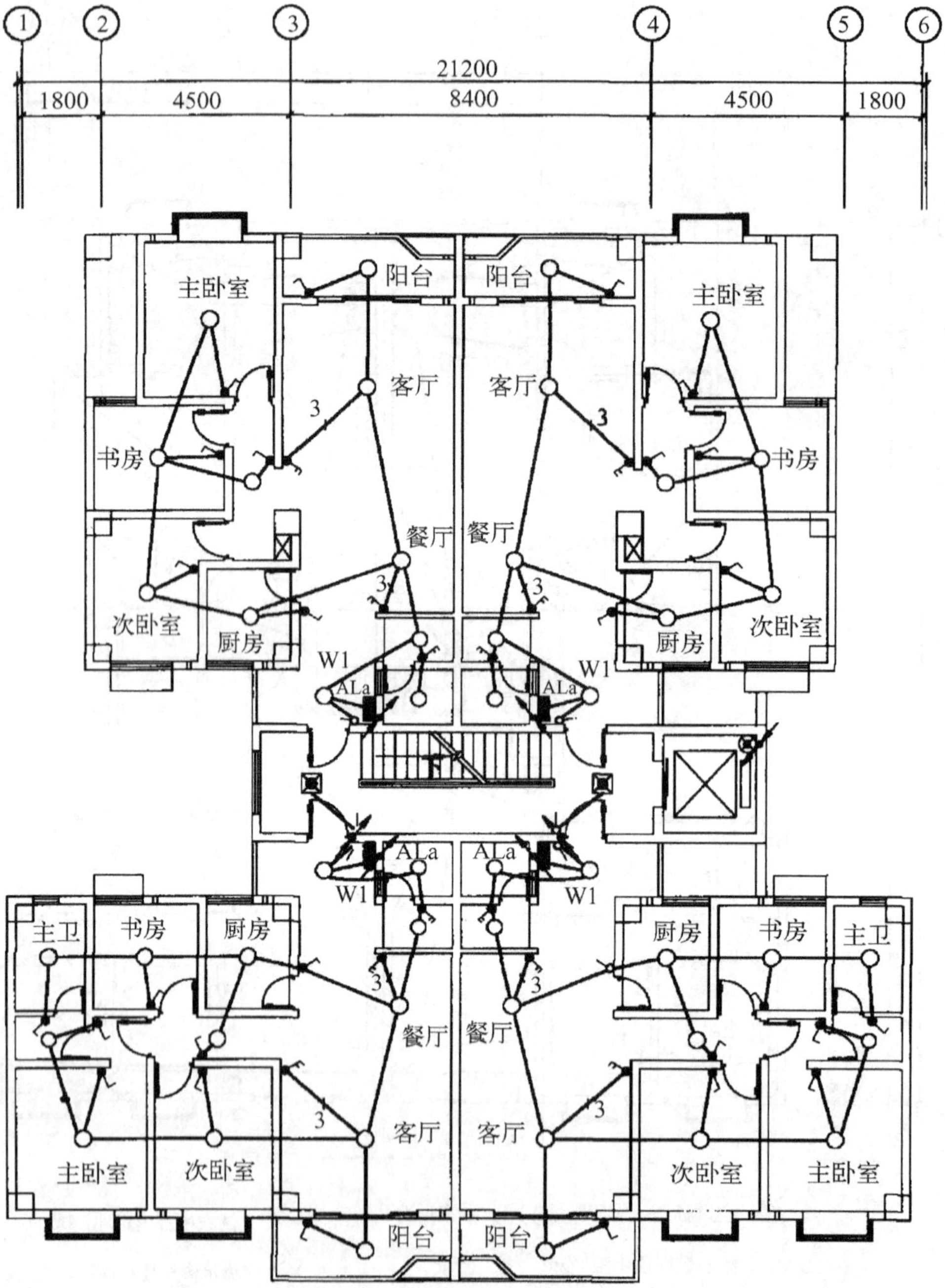

图 1-8　标准层照明平面图

5）跃层下层平面图

（1）跃层下层插座平面图

跃层下层插座平面图如图1-9所示。

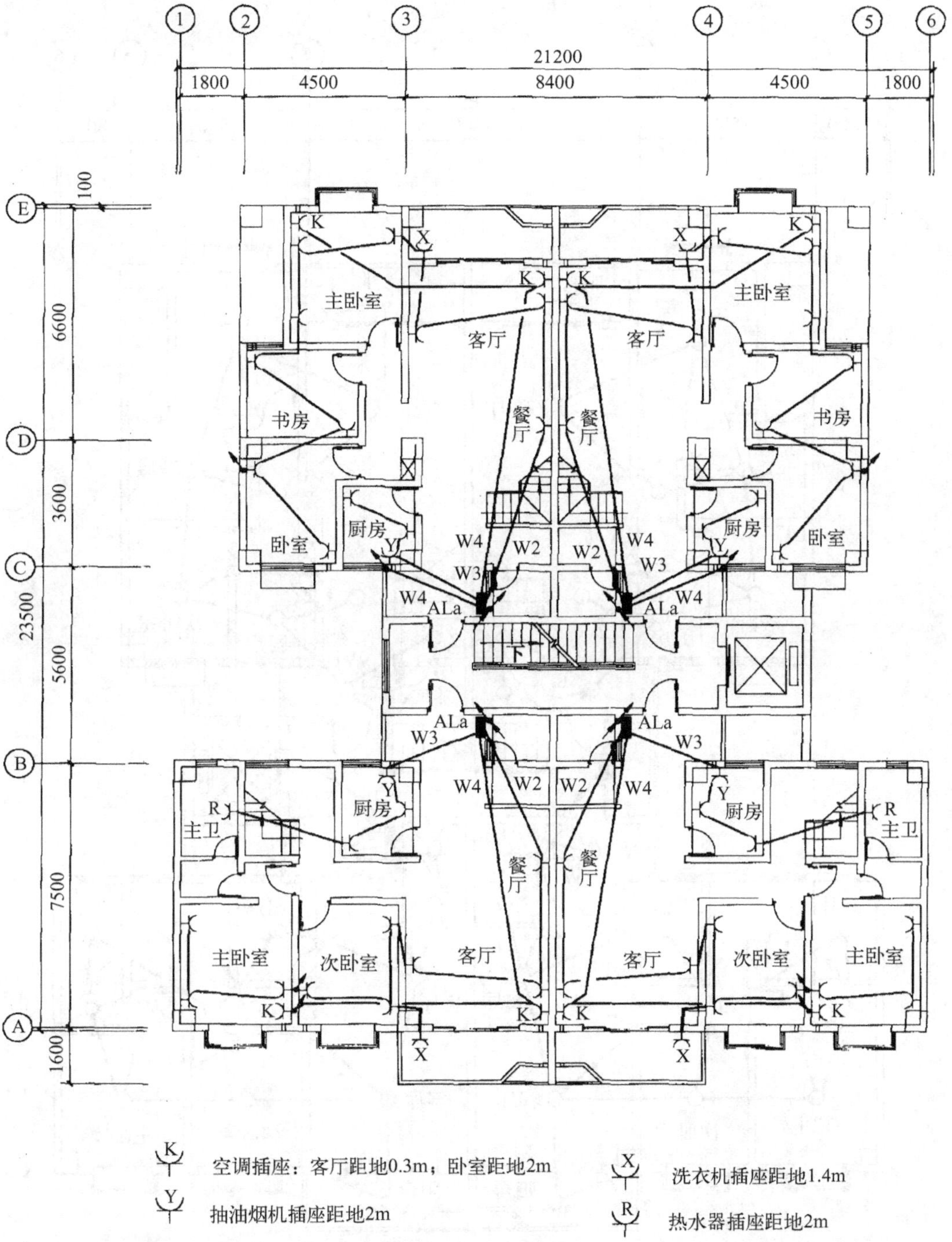

图1-9　跃层下层插座平面图

(2) 跃层下层照明平面图

跃层下层照明平面图如图 1-10 所示。

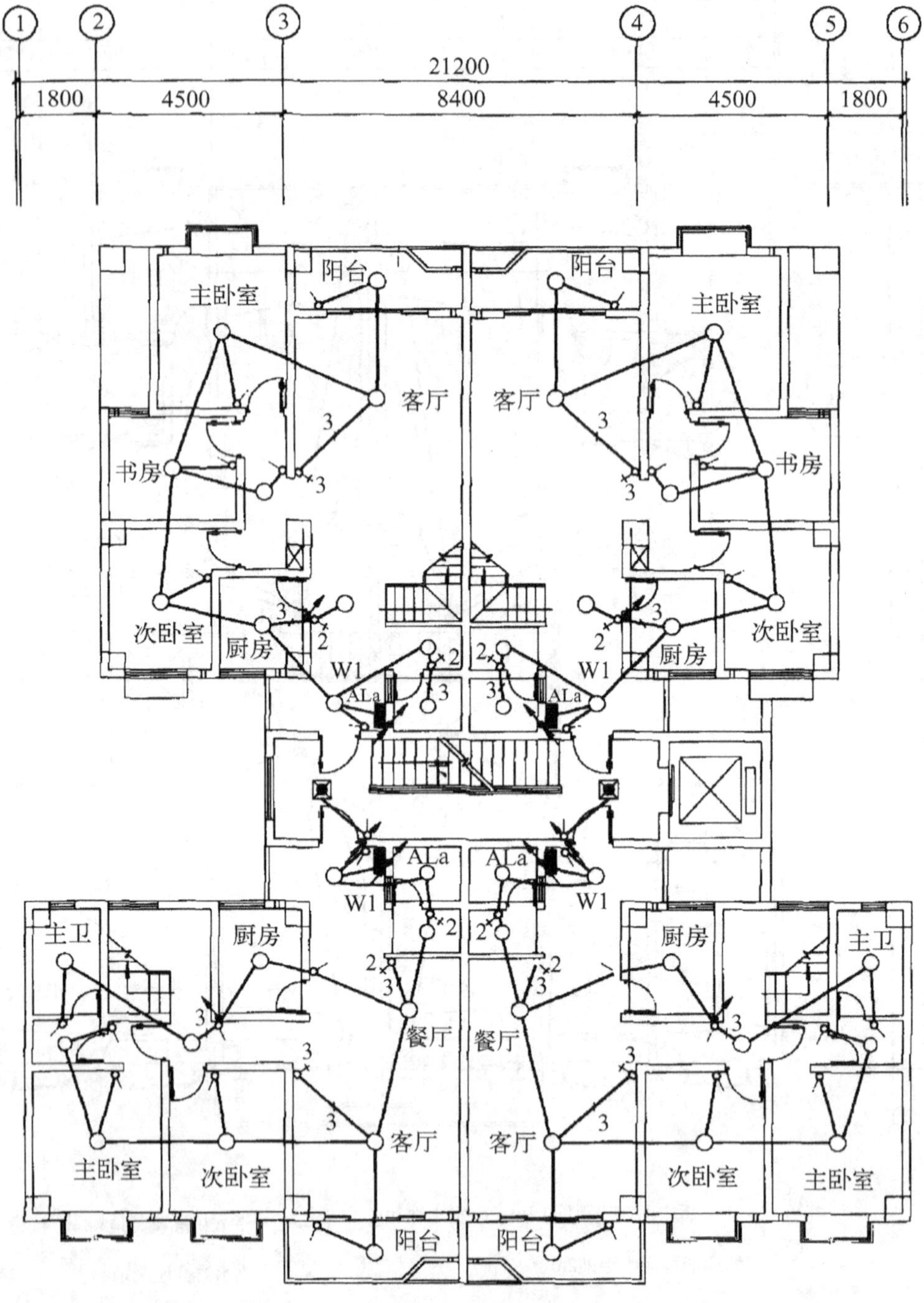

图 1-10　跃层下层照明平面图

6）跃层上层照明平面图

跃层上层照明平面图如图 1-11 所示。

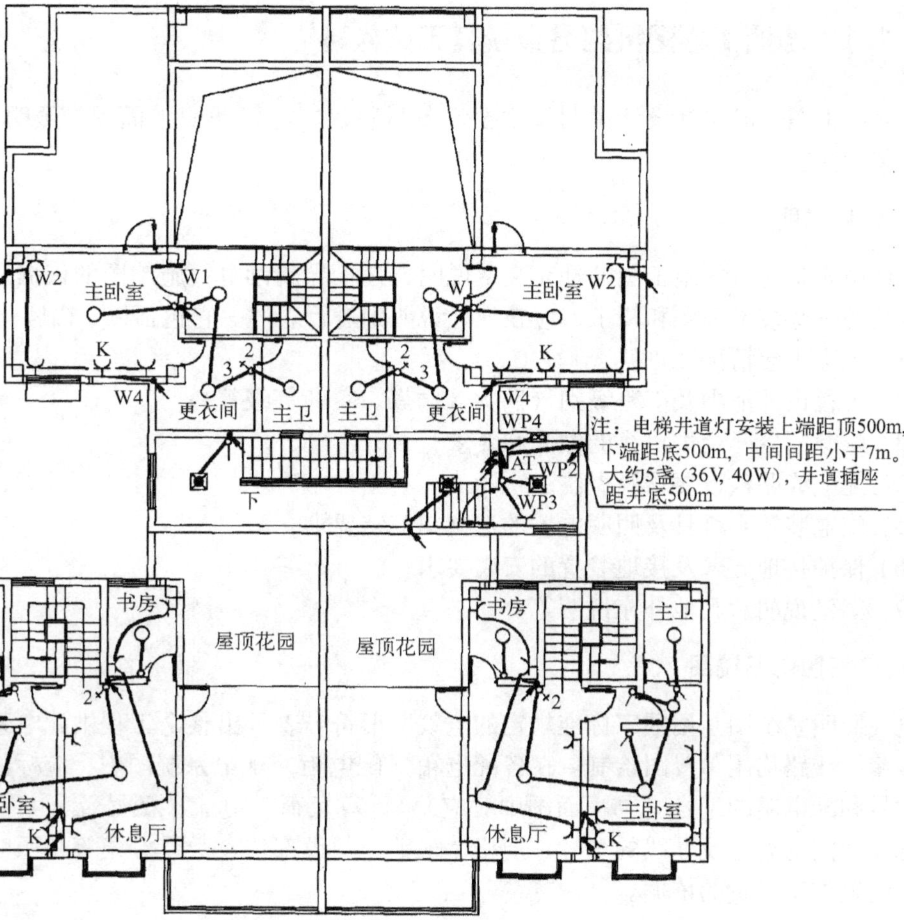

图 1-11 跃层上层照明平面图

任务 1.1 照明工程图的认知

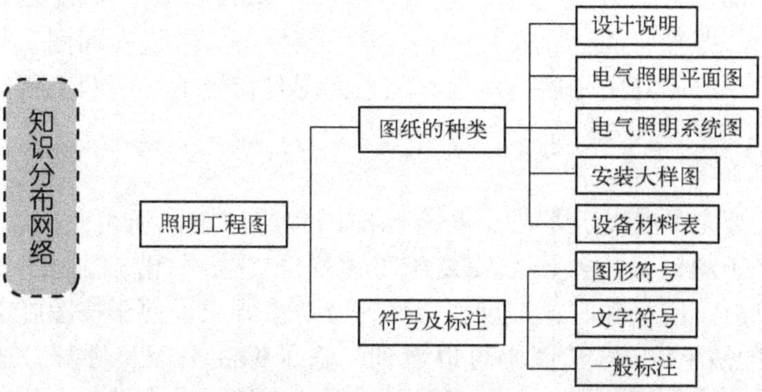

照明工程图是照明工程施工的依据之一，识读照明工程图就是熟悉图中所有符号和标注的含义，清楚照明线路的走向，把握相关图纸之间的联系。

1.1.1 照明工程图纸的分类及其表达内容

照明施工图一般包括设计说明及主要设备材料表、电气照明平面图、照明供电系统图、局部安装大样图等。

1. 设计说明

设计说明是对电气施工图的补充文字说明，是指导阅读电气施工图的依据。对施工图中不宜表达的一些技术问题和要求，应在设计说明中进行表述。它包括以下内容：

（1）工程土建情况；
（2）工程设计范围及工程级别（防火、防爆、负荷等级等）；
（3）电源的概况及进户线的做法和要求；
（4）配电线路敷设要求及做法；
（5）配电装置和灯具及照明电器的选型与安装要求；
（6）保护接地方式及接地装置的安装要求；
（7）图例说明和其他补充说明等。

2. 电气照明系统图

电气照明系统图是用国家标准规定的电气图形符号表示出整个工程供配电系统的各级组成和连接，线路均用单线图绘制。在各配电箱（配电柜）配电系统图中，应标注各开关、电器的型号和配电箱的编号（与平面图中对应）、计算负荷、电流、型号及尺寸。在配电箱线路上标注回路的编号及导线的型号、规格、根数、敷设部位、敷设方式等。照明配电系统图是配电装置加工订货的依据。

3. 电气照明平面图

电气照明平面图是表示各种电气设备、电器开关、电器插座和配电线路的安装（敷设）的平面位置图。它是在建筑施工平面图上，用各种电气图形符号和文字符号表示电气线路及电气设备安装要求、安装方法的电气施工图样。电气照明平面图采用单线图绘制，应标注配电箱的编号，回路的编号，导线型号、规格、根数、敷设部位、敷设方式，电气设备、插座、灯具等的数量、型号、规格、安装方式、安装高度等。电气平面图一般要求按楼层分别绘制，相同楼层可只绘制其中一层。电气施工平面图是指导电气照明工程安装的重要图样。

4. 大样图

对有特殊安装要求的某些元器件，若有标准图集或施工图册可选时，应注明所选图号；若没有，则需在施工图设计中绘出其安装施工大样图。大样图应按制图要求以一定比例绘制，不按比例绘制时，应标注其详细尺寸、材料及技术要求，便于按图施工。

大样图案例详见图1-12。从图中可以看到，除了标注平面尺寸外，还包括线路敷设方式、线路编号等。根据此图，施工人员可以很方便地进行配电小间的电气施工安装工作。

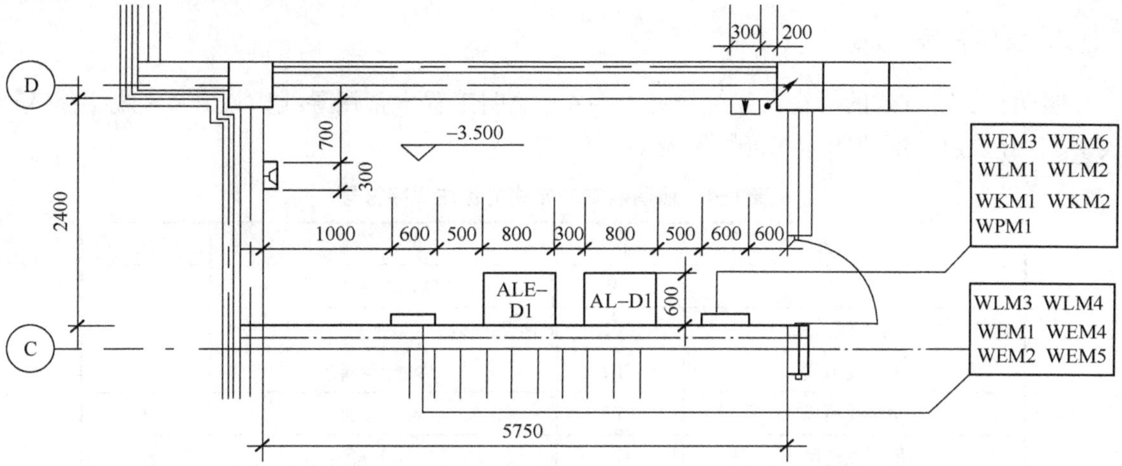

图 1-12　某建筑配电小间的大样图

5. 设备材料表

材料表通常按照照明灯具、光源、开关、插座、配电箱（柜）及导线材料等，分门别类列出。表中需要有编号、名称、型号规格、单位、数量及备注等栏。设备材料表是编制照明工程概（预）算的基本依据。

1.1.2　建筑电气照明施工图的常用图形符号及标注

在读图之前，首先要熟悉民用建筑电气设计常用图形符号、文字符号及标注方法。

1. 图形符号

照明施工图中常用的图形符号见表 1-3。

表 1-3　照明施工图中常用图形符号

图 例	名　称	图 例	名　称	图 例	名　称	图 例	名　称
○	灯具一般符号	○	深照灯		双联单控防水开关		单相三极防水插座
	顶棚灯		墙上座灯		双联单控防爆开关		单相三极防爆插座
	四火装饰灯		疏散指示灯		三联单控暗装开关		三相四极暗装插座
	六火装饰灯		疏散指示灯		三联单控防水开关		三相四极防水插座
	壁灯	EXIT	出口标志灯		三联单控防爆开关		三相四极防爆插座
	单管荧光灯		应急照明灯		声光控延时开关		双电源切换箱
	双管荧光灯	Ⓔ	应急照明灯		单联暗装拉线开关		明装配电箱
	三管荧光灯		换气箱		单联双控暗装开关		暗装配电箱
⊗	防水防尘灯		吊扇		吊扇调速开关		漏电断路器
○	防爆灯		单联单控暗装开关		单相两极暗装插座		低压断路器
	泛光灯		单联单控防水开关		单相两极防水插座		弯灯
	单联单控防爆开关		单相两极防爆插座		广照灯		双联单控暗装开关
	单相三极暗装插座						

2. 文字符号

照明器安装方式的标注文字符号见表1-4，照明工程中常用导线敷设方式的标注符号见表1-5，导线敷设部位的标注符号见表1-6。

表1-4　照明器安装方式的标注文字符号

名　　称	新代号	名　　称	新代号
线吊式	CP	嵌入式（嵌入不可进入的顶棚）	R
自在器线吊式	CP1	顶棚内安装（嵌入可进入的顶棚）	CR
固定线吊式	CP2	墙壁内安装	WR
防水线吊式	CP3	台上安装	T
线吊器或链吊式	Ch	支架上安装	SP
管吊式	P	柱上安装	CL
壁装式	W	座装	HM
吸顶式或直附式	S		

表1-5　导线敷设方式的标注符号

名　　称	新代号	名　　称	新代号
导线和电缆穿焊接钢管敷设	SC	用钢线槽敷设	SR
穿电线管敷设	TC	用电缆桥架敷设	CT
穿水煤气管	RC	用塑料夹敷设	PLC
穿硬聚氯乙烯管敷设	PC	穿蛇皮管敷设	CP
穿阻燃半硬聚氯乙烯管敷设	FPC	穿阻燃塑料管敷设	PVC
用塑料线槽敷设	PR		

表1-6　导线敷设部位的标注符号

名　　称	新代号	名　　称	新代号
沿钢索敷设	SR	暗敷设在梁内	BC
沿屋架或跨屋架敷设	BE	暗敷设在柱内	CLC
沿柱或跨柱敷设	CLE	暗敷设在墙内	WC
沿墙面敷设	WE	暗敷设在地面或地板内	FC
沿天棚面或顶板面敷设	CE	暗敷设在屋面或顶板内	CC
在能进入的吊顶内敷设	ACE	暗敷设在人不能进入的吊顶内	ACC

3. 照明设备和线路的一般标注方式

1）照明配电线路的标注

标注方式：$a-b(c\times d)e-f$

当导线截面不同时，应分别标注：$a-b(c\times d+n\times h)e-f$

说明　a——线路编号（也可不标）；

b——导线或电缆的型号；

c、n——导线根数；

d、h——导线或电缆截面（mm^2）；

e——敷设方式及穿管管径（mm）；

f——敷设部位。

例如：某照明系统中标注有 BLV(3×50+2×35)SC50－FC，表示该线路采用的导线型号是铝芯塑料绝缘导线，三根 $50mm^2$，两根 $35mm^2$，穿管径为 50mm 的焊接钢管沿地面暗装敷设。

2）照明灯具的标注

一般标注方法：$a-b\frac{c\times d}{e}f$

灯具吸顶安装时的标注方法：$a-b\frac{c\times d}{—}$

说明 a——灯数；

b——型号或编号；

c——每盏照明灯具的灯泡（管）数量；

d——灯泡（管）容量（W）；

e——灯具安装高度（m）（壁灯灯具中心与地距离/吊灯灯具底部与地距离）；

f——安装方式。

例如：照明灯具标注为 $10-YZ40RR\frac{2\times 30}{2.8}P$。

表示这个房间或某个区域安装 10 套型号为 YZ40RR 的荧光灯（Z 表示直管型，RR 表示日光色），每套灯具装有 2 根 30W 灯管，管吊式安装，安装高度 2.8m。

又如：照明灯具标注为 $6-JXD6\frac{2\times 60}{—}S$。

表示这个房间或某个区域安装 6 套型号为 JXD6 的灯具，每套灯具装有 2 个 60W 的白炽灯，吸顶安装。

3）开关及断路器的标注

一般标注方法：$a\frac{b}{c/i}$或 $a-b-c/i$

当需标注引入线的规格时：$a\frac{b-c/i}{d(e\times f)-g}$

式中 a——设备编号；

b——设备型号；

c——额定电流（A）；

i——整定电流（A）；

d——导线型号；

e——导线根数；

f——导线截面（mm^2）；

g——敷设方式。

进行照明工程设计，若将灯具、开关及熔断器的型号随图例标注在材料表中，则这部分内容可不在图上标出。

例如：开关标注为 C45N2－16/2P。

表示 C45N2 系列、二级、脱扣器额定电流 16A 的小型断路器。对于大电流断路器，还应注明脱扣器整定电流。

又如：开关设备标注为 $Q_2\dfrac{HH_3-100/3}{100/80}$。

表示编号为 2 号的开关设备，其型号为 $HH_3-100/3$ 的三级铁壳开关，额定电流是 100A，开关内熔断器所配熔体额定电流为 80A。

（4）导线根数标注

标注方式：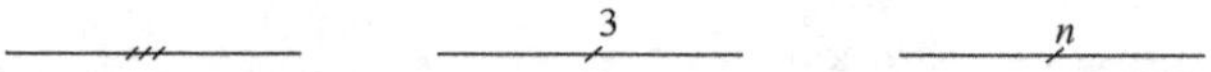

说明：用具体数字说明导线的根数。

技能训练 1　读取照明配电线路的导线根数

由于照明灯具一般都是单相负荷，其控制方式是多种多样的，加上施工配线方式的不同，对相线、中性线、保护线的连接各有要求，所以其连接关系比较复杂，如相线必须经开关后再接于灯座，零线可以直接进灯座，保护线则直接与灯具金属外壳相连接。这样就会在灯具之间、灯具与开关之间出现导线根数的变化。各照明器的开关必须接在相线（火线）上，从开关出来的线称“控制线”，n 联开关共有 $n+1$ 条导线：1 根相线（或 1 根中线）和 n 根控制线。

下面分析几种常见情况下如何读取导线的根数。

1. 一只开关控制一盏灯

最简单的照明控制线路是在一个房间内采用一只开关控制一盏灯，若采用管配线暗敷设，其照明平面图如图 1-13 所示，透视接线图如图 1-14 所示。

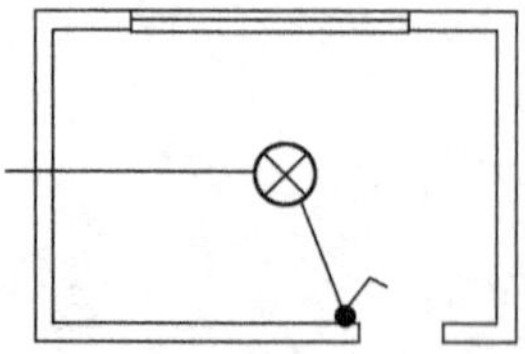

图 1-13　一只开关控制一盏灯的照明平面图

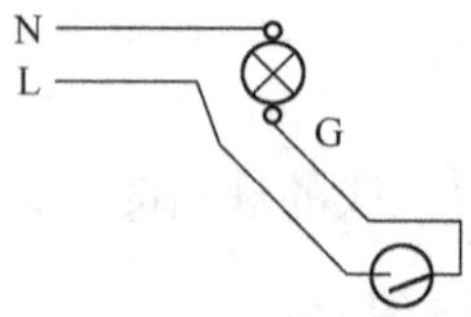

图 1-14　一只开关控制一盏灯的透视接线图

可以看出，平面图和实际接线图是有区别的。由图可知，电源与灯座的导线和灯座与开关之间的导线都是两根，但其意义却不同。电源与灯座的两根导线，一根为直接接灯座的中性线（N），一根为相线（L），中性线直接接灯座，相线必须经开关后再接灯座；而灯座与开关之间的两根导线，一根为相线，一根为控制线（G）。

2. 多只开关控制多盏灯

图1-15是两个房间的照明平面图，图中有一个照明配电箱、三盏灯、一个双联单控开关和一个单联单控开关，采用管配线。图中大房间的两灯之间为三根线，中间一盏灯与双联单控开关之间为三根线，其余都是两根线，因为线管中间不允许有接头，接头只能放在灯座盒内或开关盒内，实际接线图见图1-16。

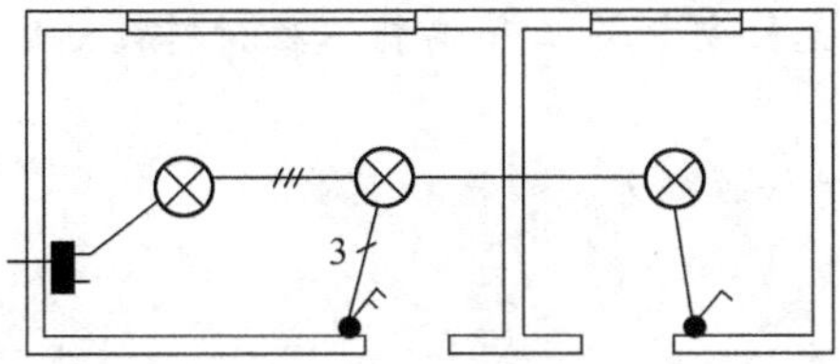

图1-15　多只开关控制多盏灯的照明平面图

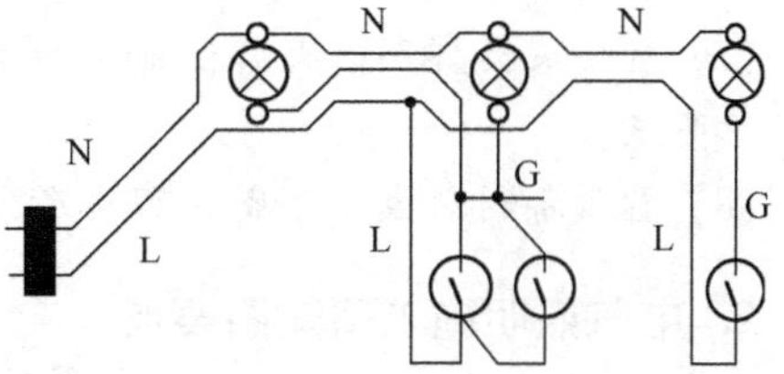

图1-16　多只开关控制多盏灯的透视接线图

由实际接线图不难看出：大房间中两盏灯之间的三根导线，其中一根为相线，一根为中性线，一根为控制线；而中间一盏灯与双联单控开关之间的三根导线，一根为相线，其余两根均为控制线。

3. 两只开关控制一盏灯

用两只双控开关在两处控制一盏灯，通常用于楼梯、过道或客房等处。其平面图如图1-17所示，透视接线图如图1-18所示。图中一盏灯由两个双控开关在两处控制，两个双控开关之间的导线都为三根，三根均是一根相线加两根控制线。

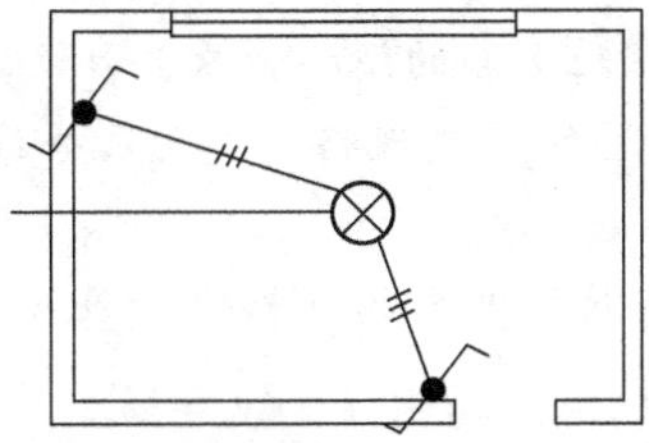

图1-17　两只开关控制一盏灯的平面图

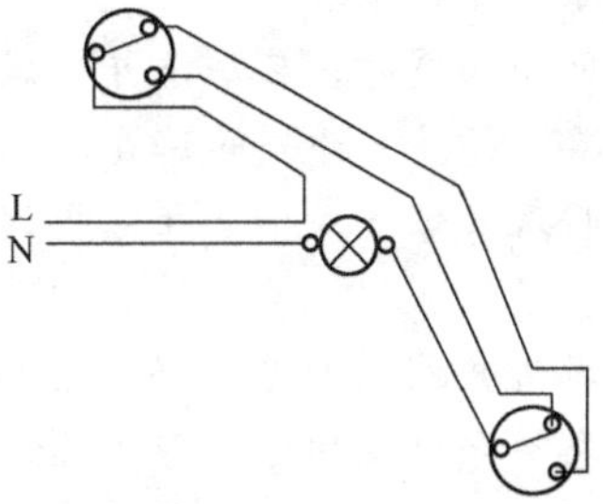

图1-18　两只开关控制一盏灯的透视接线图

读图方法与要点

1. 阅读建筑电气工程图的一般程序

针对一套建筑电气工程图，一般应先按以下顺序阅读，然后再对某部分内容进行重点阅读。

（1）看标题栏及图纸目录。了解工程名称、项目内容、设计日期及图样内容、数量等。

（2）看设计说明。了解工程概况、设计依据等，了解图样中未能表达清楚的各有关事项。

(3) 看系统图，如配电系统图、照明系统图等。了解系统基本组成，主要电气设备、元件之间的连接关系以及它们的规格、型号、参数等，掌握该系统的组成概况。(4) 看平面布置图，如照明平面图、防雷接地平面图等。在阅读系统图、了解系统组成概况之后，就可依据平面图编制工程预算、施工方案，具体组织施工了。平面图的阅读可按照以下顺序进行：电源进线→总配电箱→干线→支线→分配电箱→电气设备。

(5) 看电路图。了解系统中电气设备的电气自动控制原理，以指导设备安装调试工作。

(6) 看安装接线图。了解电气设备的布置与接线。

(7) 看安装大样图。大样图是依据施工平面图进行安装施工和编制工程材料计划时的重要参考图纸。

(8) 看设备材料表。了解工程中所使用设备、材料的型号、规格和数量。

2. 电气照明施工图读图要点

1) 照明系统图部分

识读电气照明平面图一般按照电源进线→照明配电箱（配电盘）→照明干线→照明设备的顺序进行。

读系统图时，要注意并掌握以下内容。

(1) 进线回路编号、进线线制、进线方式，导线（或电缆）的规格型号、敷设方式和部位，穿线管的规格型号。

(2) 配电箱的规格型号及编号，各开关（或熔断器）的规格型号和用电设备的编号、名称及容量。

(3) 配电箱、柜、盘有无漏电保护装置，其规格型号、保护级别及范围。

(4) 用电设备若为单相的，还应注意其分相情况。

2) 照明平面图部分

阅读照明平面图时，应注意并掌握以下内容。

(1) 灯具、插座、开关的位置、规格型号、数量，照明配电箱的规格型号、台数、安装位置、安装高度及安装方式，从配电箱到灯具和插座安装位置的管线规格、走向及导线根数和敷设方式等。

(2) 电源进户线的位置、方式，线缆规格型号，总电源配电箱的规格型号及安装位置，总配电箱与各分配电箱的连接形式及线缆规格型号等。

(3) 核对系统图与照明平面图的回路编号、用途名称、容量及控制方式是否相同。

(4) 建筑物为多层结构时，上下穿越的线缆敷设方式（管、槽、竖井等）及其规格、型号、根数、走向、连接方式（盒内、箱内式），上下穿越的线缆敷设位置的对应。

(5) 其他特殊照明装置的安装要求及布线要求、控制方式等。

技能训练2 照明平面图识读

该训练以图1-19、图1-20为例。图1-19、图1-20分别为某高层公寓标准层插座、照明平面图。

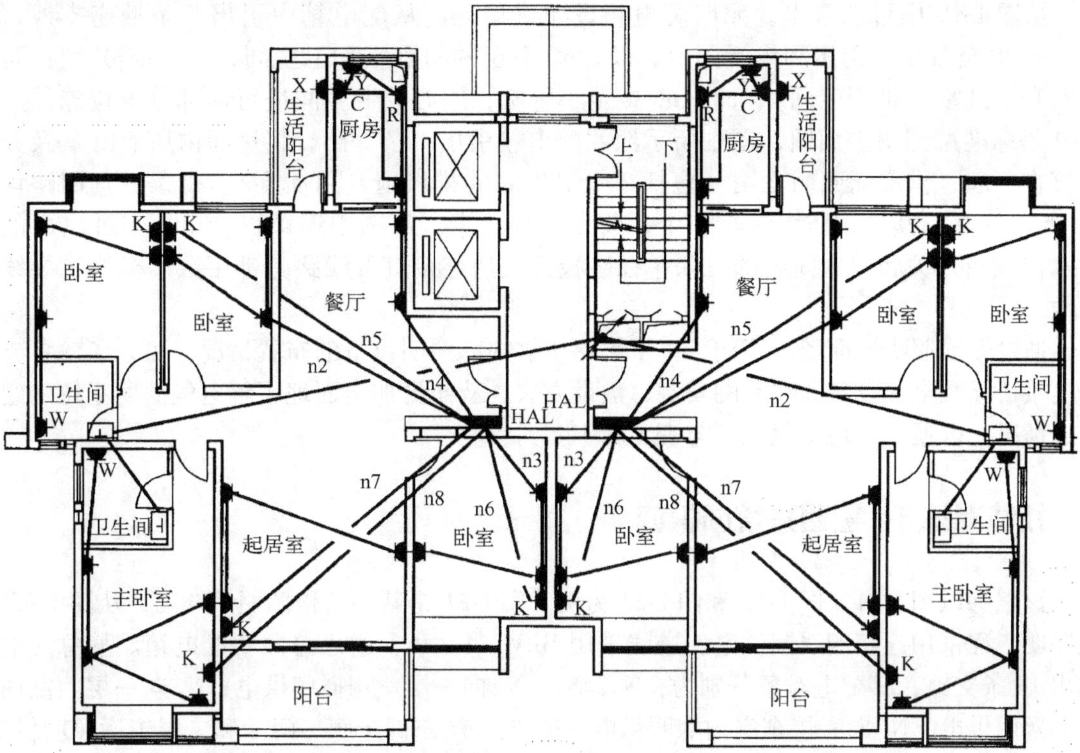

图1-19 某高层公寓标准层插座平面图

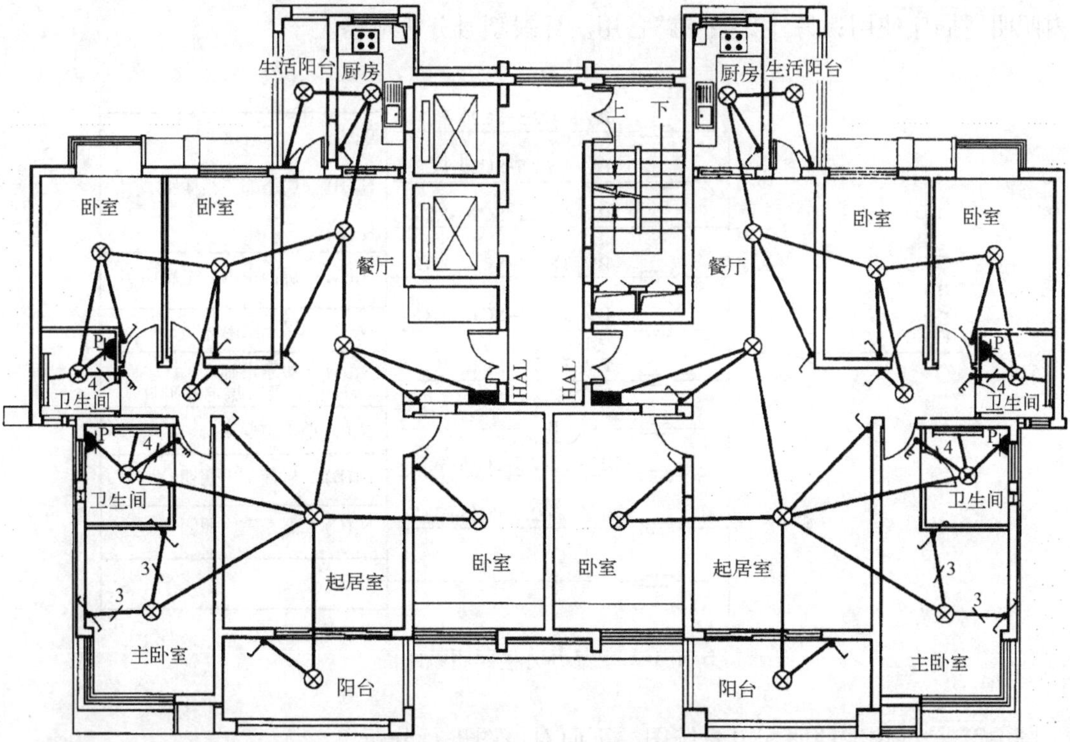

图1-20 某高层公寓标准层照明平面图

从图 1-19 中可以看出，照明配电箱设于进门处。从配电箱中引出 7 条插座支线，其中，n4 引至餐厅、厨房和生活阳台，n2、n5 引至两间卧室和卫生间，n7、n8 分别接至起居室和主卧室（带卫生间），n3、n6 接至小卧室，同时，卫生间进行局部等电位连接。图 1-20 是标准层照明平面图，图中所示照明配电箱引出 1 条支路，将房间内所有灯具及开关连接在一起，供房间照明之用（包括 2 个卫生间的排风扇专用插座）。每条灯具回路均接有 15 个灯具，其中，防水灯具 2 个，荧光灯具 2 个。从图中还可以看出，主卧室内的单联双控跷板开关和卫生间内的三联单控跷板开关所连接灯具线路旁都用数字标注了导线的根数。

通过阅读照明平面图，我们可以了解建筑物内部照明设备的布置情况，可以了解各支路的连接情况及电气设备和线路的安装、敷设方法，从而更加全面地了解电气照明系统的组成连接情况，以便于进地工程预算与安装施工。

技能训练 3　照明系统图识读

该训练以图 1-21、图 1-22 和图 1-23 为例。图 1-21 是某办公楼照明系统图，从图中可知，该照明工程采用三相四线制供电，进线采用 BLV－4×16，进入总照明配电箱。从总配电箱引出 10 条支路，其配电对象分别为：N_1、N_2、N_3 向一层三相插座供电；N_4 向一层西室内及走廊照明供电；N_5 向一层东室内照明供电；N_6 向一层东部走廊、门厅和二层走廊照明供电；N_7 引出线接干式变压器 220/36V－500VA，将电压变为 36V 后，引至地下室，供地下室照明和楼梯间灯具使用；N_8 引至二层，为二层西室内照明、插座供电；N_9 引至二层，供二层东室内照明、插座使用；另外 3 条支路备用。导线型号分析从略。

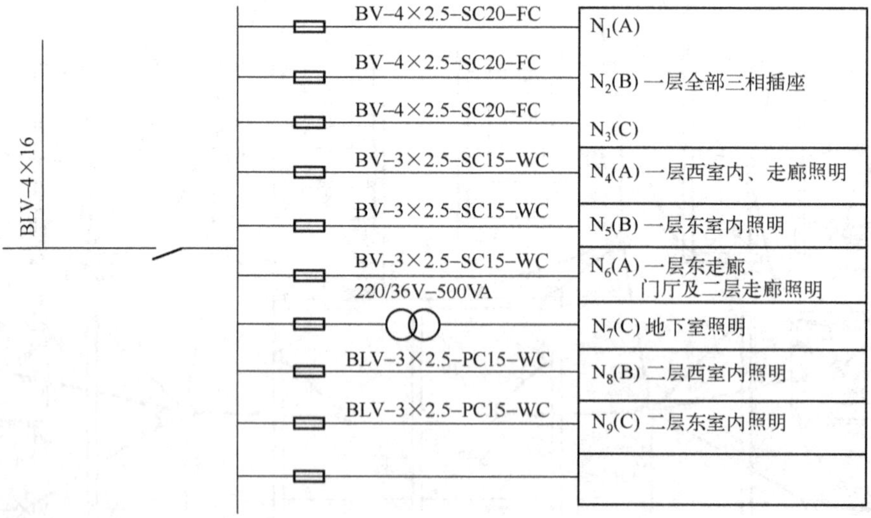

图 1-21　某办公楼照明系统图

图 1-22 是某住宅照明配电系统图，下面对该图进行分析。

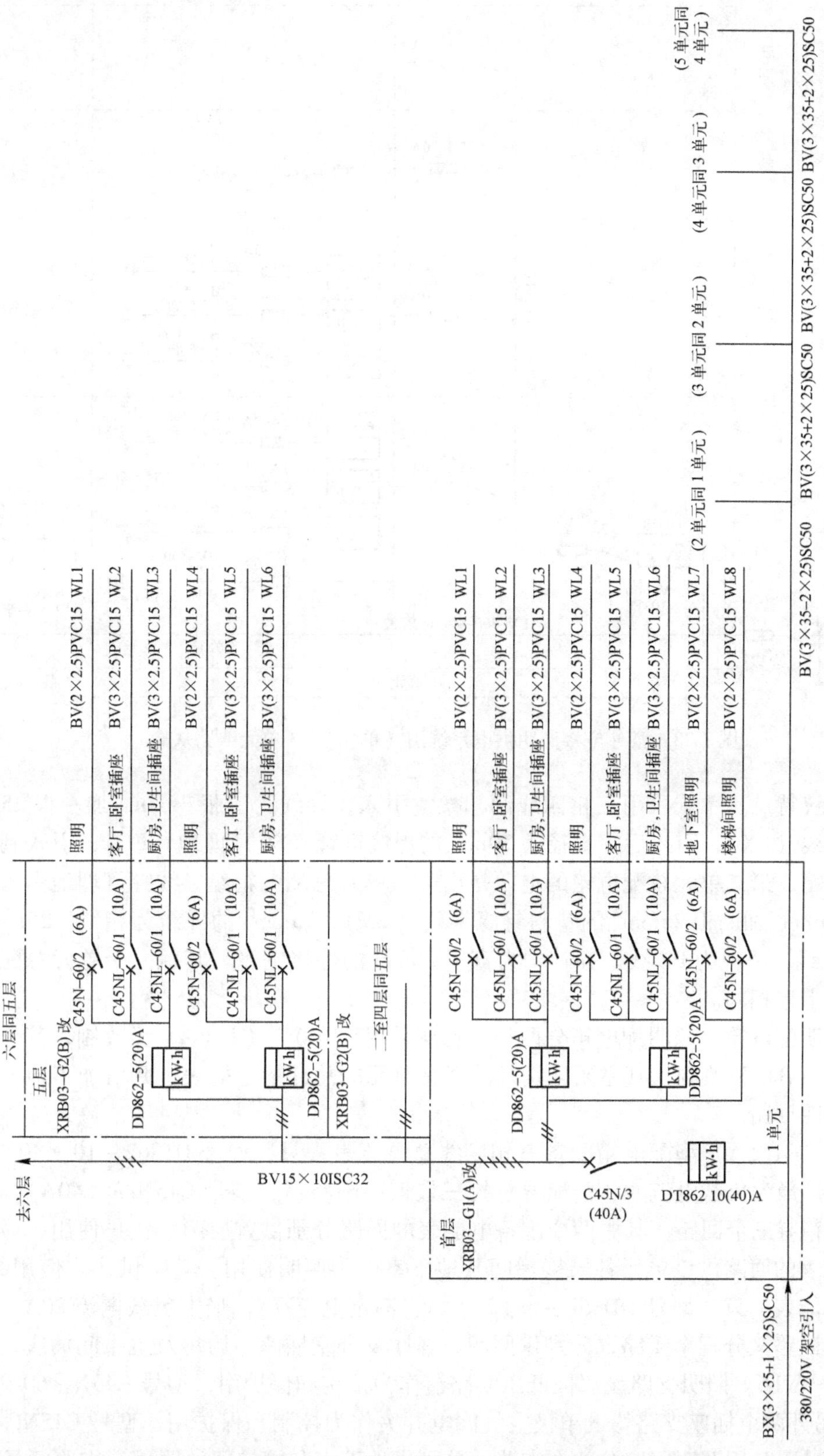

图 1-22　某住宅照明配电系统图

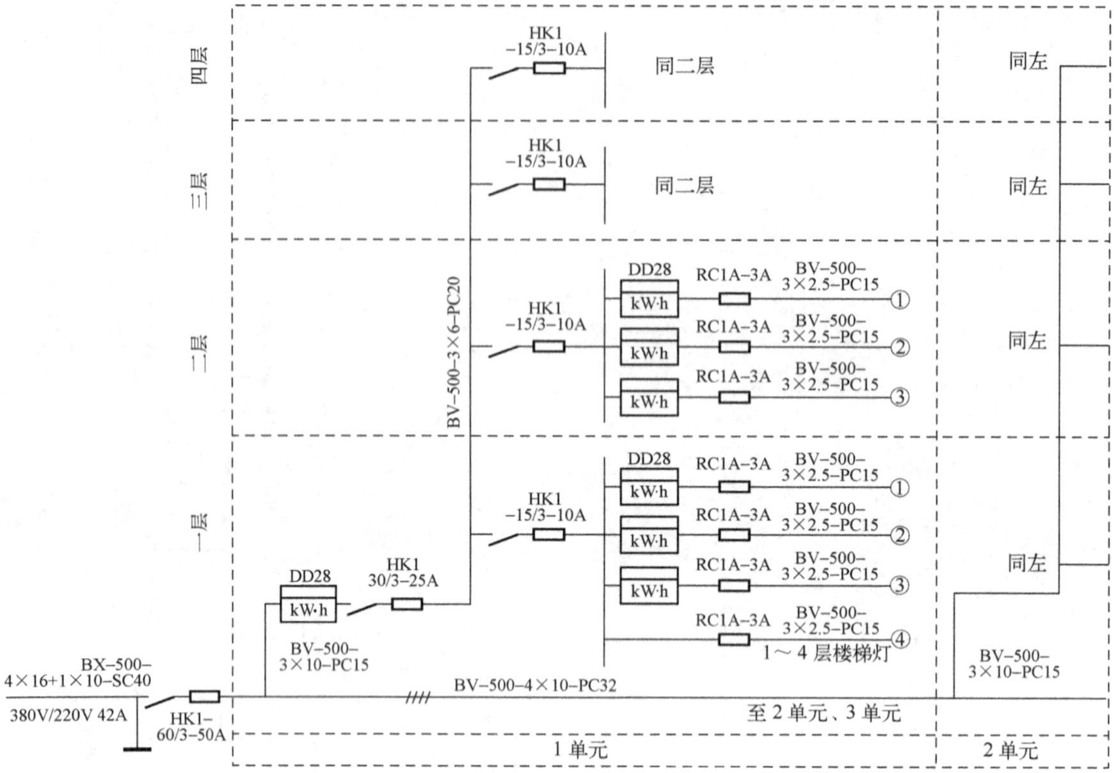

图 1-23　某住宅楼照明供电系统图（单元 2、3 单元线路从略）

（1）系统特点。系统采用三相四线制，架空引入，导线为三根 $35mm^2$ 加一根 $25mm^2$ 的橡皮绝缘铜线（BX），引入后穿直径为 50mm 的焊接钢管（SC）埋地（FC），引入到第一单元的总配电箱。第二单元总配电箱的电源是由第一单元总配电箱经导线穿管埋地引入的，导线为三根 $35mm^2$ 加两根 $25mm^2$ 的塑料绝缘铜线（BV），$35mm^2$ 的导线为相线，$25mm^2$ 的导线一根为 N 线，一根为 PE 线。穿管均为直径 50mm 的焊接钢管。其他三个单元总配电箱电源的取得与上述相同。

（2）照明配电箱。照明配电箱分两种，首层采用 XRB03－G1（A）型改制，其他层采用 XRB03－G2（B）型改制，其主要区别是前者有单元的总计量电能表，并增加了地下室照明和楼梯间照明回路。

XRB03－G1（A）型配电箱配备三相四线总电能表一只，型号 DT862－10（40）A，额定电流 10A，最大负载电流 40A；配各总控三极低压断路器，型号 C45N/3（40A），整定电流 40A。该箱有三个回路，其中两个配备电能表的回路分别供首层两个住户使用，另一个没有配备电能表的回路供该单元各层楼梯间及地下室公用照明使用。其中供住户使用的回路，配各单相电能表一只，型号 DD862－5（20）A，额定电流 5A，最大负载电流 20A，不设总开关。每个回路又分三个支路，分别供照明、客厅及卧室插座。厨房及卫生间插座，支路标号为 WL1 ～ WL6。照明支路设双极低压断路器作为控制和保护用，型号 C45N－60/2，整定电流 6A；另外两个插座支路均设单极空气漏电开关作为控制和保护用，型号 C45NL－60/1，整定电流 10A。公用照明回路分两个支路，分别供地下室和楼梯间照明用，支路标号为 WL7

和 WL8，每个支路均设双极低压断路器作为控制和保护用，型号为 C45N - 60/2，整定电流 6A。从配电箱引自各个支路的导线均采用塑料绝缘铜线穿阻燃塑料管（PVC），保护管管径 15mm。其中照明支路均为两根 $2.5mm^2$ 的导线（一根中性线，一根相线），插座支路均为三根 $2.5mm^2$ 的导线，即相线、N 线、PE 线各一根。

XRB03 - G2（B）型配电箱不设总电能表，只分两个回路，供每层的两个住户使用，每个回路又分三个支路，其他内容与 XRB03 - G1（A）型改制相同。

该住宅为 6 层，相序分配为 L1 相 1 ～ 2 层，L2 相 3 ～ 4 层，L3 相 5 ～ 6 层，因此由一层到六层竖直管路内的导线是这样分配的：进户四根线，三根相线（L1、L2、L3），一根 N 线；1 ～ 2 层管内五根线，三根相线（L1、L2、L3），一根 N 线，一根 PE 线；2 ～ 3 层管内四根线，两根相线（L2、L3），一根 N 线，一根 PE 线；3 ～ 4 层管内四根线，两根相线（L2、L3），一根 N 线，一根 PE 线；4 ～ 5 层管内三根线，一根相线（L3），一根 N 线，一根 PE 线；5 ～ 6 层管内三根线，一根相线（L3），一根 N 线，一根 PE 线。

需要说明一点，如果支路采用金属保护管，管内的 PE 线可以省掉，而利用金属管路作为 PE 线。

图 1-23 为某住宅楼照明供电系统图，该住宅楼共有 3 个单元，每单元均为一梯三户，现分析 1 单元。

(1) 本住宅楼采用三相四线制供电 380/220V 电源，由一层进户，进户标高 2.95m，进线导线采用橡皮绝缘铜线（BX - 500 - 4 × 16 + 1 × 10 - SC40），穿钢管暗敷，计算电流 42A。进线总开关采用 HK1 - 60/3 - 50A 型，熔丝电流为 50A。

(2) 各单元采用树干式配电，各单元分支干线采用塑料绝缘铜线 BV - 500 - 3 × 6 - PC20，穿塑料管暗敷设。每单元集中计量采用 DD28 单相电度表，单元总开关采用 HK1 - 30/3 - 25A（熔体电流）。

(3) 各单元每层（三户）设一个配电箱，进线开关采用 HK1 - 15/3 - 10A（熔体电流），每户分开计量，分别安装 DD28 单相电度表一个，每户采用 RC1A - 3A 瓷插式熔断器（熔体电流 3A）。1 ～ 4 层楼梯灯从 1 单元一层配电箱引出，装瓷插式熔断器，熔体电流为 3A。

(4) 每户室内导线均选用塑料绝缘铜线（BV - 500 - 3 × 2.5 - PC15），穿塑料管暗敷设。

(5) 电源引入各单元的分支干线采用放射式接线，引至 2 单元、3 单元的干线均采用铜芯塑料绝缘导线（BV - 500V - 4 × 10 - PC32），引入各单元的分支线与一单元相同，均采用 BV - 500V - 3 × 6 - PC20。

知识梳理

读图要点：

(1) 灯具、插座、开关的位置、规格、型号、数量，照明配电箱的规格、台数、安装位置、高度、方式，从配电箱到灯具和插座安装位置的管线规格、走向及根数和敷设方式。

(2) 电源进户线的位置、方式、线缆规格型号，总电源配电箱的规格型号及安装位置，总箱与各层分配电箱的连接形式及线缆规格型号等。

(3) 核对系统图与照明平面图的回路编号、用途名称、容量及控制方式（集中、单独控制）是否相同。

(4) 建筑物为多层结构时，上下穿越的线缆敷设方式（管、槽、竖井等）及其规格型号、根数、走向、连接方式（盒内、箱内），上下穿越线缆敷设位置的对应。

(5) 其他特殊照明装置的安装要求及布线要求、控制方式等。

任务 1.2 照明工程设计内容分解

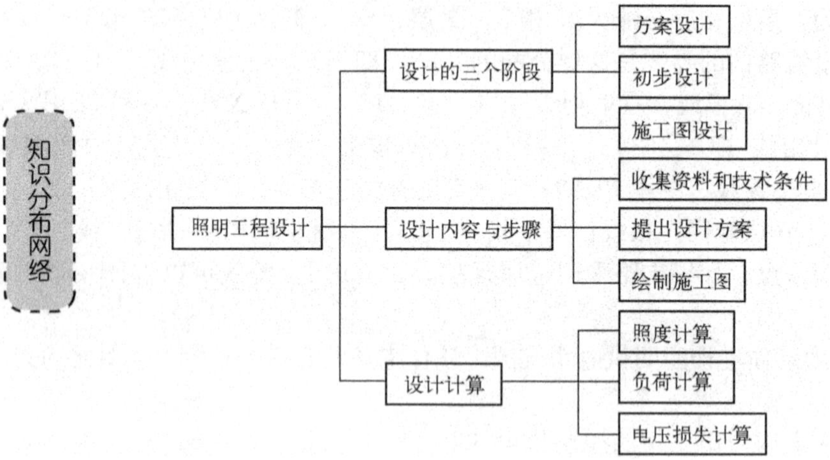

在照明工程图认知的基础上，进行照明工程设计程序、内容的研究，以便熟悉照明工程设计的步骤和方法，理解后续学习内容的重要性及其之间的关系。

1.2.1 电气照明工程设计的三个阶段

电气照明工程设计通常分三个阶段：方案设计、初步设计、施工图设计。大型工程设计严格按这三个阶段进行，小型工程往往将方案设计和初步设计合二为一。各设计阶段的任务和要求简介如下。

1. 方案设计

在方案设计阶段，电气专业设计人员的主要任务是：根据工程主持人给出的建筑物类别、建筑总平面图、层数、总高度、用途、类型，建筑物总面积、绝对标高点、相对标高点、位置和方向等各项技术参数和国家现行的建筑电气工程设计标准、规范、安装定额、按规范规定的“W/m^2”数，匡算出照明用电总功率，确定是高压用电还是低压用电，确定电源引入方向和电缆走向路由及电源路数、变配电所位置，并考虑是否设置应急柴油发电机组；再按每平方米造价匡算电气照明工程造价。

2. 初步设计

(1) 初步设计是方案设计的深化。其主要任务有：

① 了解和确定建设单位的用电要求；

② 落实供电电源及配电方案；

③ 确定工程的设计项目和内容；

④ 进行系统方案设计和必要的计算；
⑤ 编制出初步设计文件；
⑥ 估算各项技术与经济指标；
⑦ 解决好专业之间的配合。
（2）初步设计文件的深度要求如下：
① 可以确定设计方案；
② 满足主要设备及材料的订货；
③ 可以确定工程概算，控制工程投资；
④ 可以进行施工图设计。

3. 施工图设计

（1）施工图设计的主要任务如下：
① 进行具体的设备布置（如照明配电箱、灯具、开关的平面布置等）、线路敷设和必要的计算（照度计算、电气负荷计算、电压损失计算等，见表1-7 ～表1-11）；
② 确定各电器设备的型号规格及具体的安装工艺；
③ 编制施工图设计文件（包括照明平面图和照明系统图、设计说明、计算书）；
④ 与各专业密切配合，避免盲目布置而造成返工。
（2）设计文件的深度要求如下：
① 可以编制出施工图的预算；
② 可以确定材料、设备的订货和安排非标准设备的制作；
③ 可以进行施工和安装。

1.2.2 照明工程设计的内容

照明系统设计包括照明光照设计和照明电气设计两大部分。其中光照设计的主要任务是选择照明方式和照明种类，选择电光源及其灯具，确定照度标准并进行照度计算，合理布置灯具等；照明电气设计通常是在光照设计的基础上进行的，其主要任务是保证电光源能正常、安全、可靠且经济地工作。

概括起来，照明系统的设计内容如下：
（1）确定照明方式和照明种类；
（2）选择光源和照明器类型，确定灯具布置方案；
（3）进行照度计算，确定光源的安装功率；
（4）选择供电电压和供电方式；
（5）进行供电系统的负荷计算；
（6）确定照明配电系统；
（7）选择导线和电缆的型号及布线方式；
（8）选择配电装置、照明开关和其他电气设备；
（9）绘制照明平面图，同时汇总安装容量，列出主要设备和材料清单；
（10）绘制相应的供电系统图。

在进行照明工程设计时，要注意新技术、新产品和新工艺的应用，目前新光源、智能照明产品和系统不断涌现，绿色照明、智能化照明已成为照明设计追求的目标。

1.2.3 照明工程设计的步骤

照明设计可以概括为三个步骤：

(1) 收集照明设计所需要的资料和技术条件，包括工艺性质和生产、使用要求，建筑和结构状况，建筑装饰状况，建筑设备和管道布置情况；

(2) 提出照明设计方案，进行各项计算，确定各项光学和电气参数，编写设计说明书；

(3) 绘制施工图，编制材料明细表和工程概算，必要时，按建设单位委托编制工程预算。

以上三个步骤可细分如下。

1. 收集资料，了解情况

主要收集设计规范、标准、图集等设计依据资料，收集光源和灯具产品样本等设备选型资料，同时还要了解工艺生产、使用要求和建筑、结构情况。

2. 光照设计

光照设计步骤如下：收集原始资料→确定照明方式和种类→确定合理的光源→选择灯具的形式并确定型号→合理布置灯具→进行照度计算并确定光源的安装功率→进行眩光的评价→确定照明控制策略、方式。

3. 电气设计

电气设计步骤如下：确定配电方式→划分各配电盘的供电范围及其安装位置→计算各支线和干线的工作电流，选择导线截面和型号、敷设方式、穿管管径，并进行中性线电流和电压损失的验算→进行电气设备的选择。

4. 管网综合

在电气照明设计过程中，应与其他专业设计进行管网汇总，仔细查看管线相互之间是否有存在矛盾和冲突的地方。如果有，一般情况下，使电气线路避让或采取保护性措施。

在电气照明安装和敷设中，往往有预埋穿线管道、支架的焊接件或预埋孔等，这些都应该在汇总时向土建提交。所提资料必须具体确切，如预留孔留在哪个位置，与房间某一坐标轴线多远，标高多少，尺寸多大，等等。

5. 施工图的绘制

绘制施工图的步骤如下：绘制平面图→画出配电系统图→编写工程说明→列出主要材料的明细表

6. 概算（预算）书的编制

根据建设单位要求或设计委托书来决定。若无具体要求，编制概算书即可。

表 1-7 电压损失计算表（1）

工程名称										工程编号		
负荷力矩法												
序号	线段名称	线芯截面 (mm^2)	线路长度	电阻 R'_0	电抗 X'_0	线路负荷	电压	$\cos\varphi$	$\mathrm{tg}\varphi$	负荷力矩	线路压损	
			(km)	(Ω/km)	(Ω/km)	(kW)	(V)			(kW·km)	$\Delta u\%$	
1												
2												
3												
4												
	…											
	总电压损失											<5%符合要求

注：1. 单相负荷线路时应再乘以2。2. 附单线简略系统。3. 用电设备端子处电压偏差允许值：（1）一般电动机 ±5%；（2）电梯电动机 ±7%；（3）照明——视觉要求较高的屋内场所为 +5%、-2.5%，一般工作场所为 ±5%，远离变电所的小面积一般工作场所，难以满足上述要求时可为 +5%、-10%，应急照明、道路照明和警卫照明为 +5%、-10%；（4）其他用电设备，当无特殊要求时为 ±5%。

表 1-8　电压损失计算表（2）

工程名称									工程编号		
电流力矩法											
序号	线段名称	线芯截面（mm^2）	线路长度（km）	电阻 R'_0（Ω/km）	电抗 X'_0（Ω/km）	线路负荷（kW）	计算电流（A）	$\cos\varphi$	单位长度压损 $\Delta u_a\%$	线路压损 $\Delta u\%$	备注
1											单相负荷乘 1.15
2										0	
3										0	
	总电压损失										<5% 符合要求

表 1-9 需要系数法负荷计算表（1）

工程名称										工程编号		
序号	用电设备组（或干线）	台数	设备容量	K_x	$\cos\varphi$	$\text{tg}\varphi$	计算负荷					变压器（kVA）
	名称		P_e（kW）				P_{js}（kW）	Q（kvar）	S（kVA）	I_{js}（A）	I_n（A）	开关导线选择
1												
2												
3												
4												
5												
6												
7												
8												
9												
10												
11												
12												
	以上功率合计											
	取同时系数 $K_{\Sigma Y}=0.9$，$K_{\Sigma W}=0.95$											同时使用系数根据实际情况调整
	无功功率补偿计算											
	实际补偿											
	总负荷补偿后											

表 1-10　需要系数法负荷计算表（2）

工程名称														工程编号		
序号	配电箱及线路编号	安装容量（kW）					最大相负荷	不平衡率计算	需要系数 K_x	功率因数 $\cos\varphi$	计算容量			断路器或熔断器型号	断路器整定值	导线规格、型号、敷设方式
		P_{L1}	P_{L2}	P_{L3}	$P_{3\varphi}$	ΣP_n					P	Q	I_{js}			
1																
2																
3																
4																
5																
6																
7																
8																

表 1-11 单位容量法照度计算表

工程名称										工程编号	
序号	房间名称	房间长度（m）	房间宽度（m）	房间面积（m^2）	推荐照度（lx）	高度（m）	灯具选型	单位功率（W）	总容量（W）	灯具数量	备注
1											
2											
3											
4											
5											
6											
7											
8											
9											
10											

技能训练 4　照明工程需要编制的计算书

照明工程设计需要的计算书主要包括三种：照度计算书、负荷计算书和电压损失（电压降）计算书。

【温馨提示】

（1）照度计算书：选择灯的功率及灯数的依据。

（2）负荷计算书（一般用需要系数法）：选择导线和保护电器的依据，同时应计算不平衡度。

（3）电压损失（电压降）计算书：验算所选择导线截面的合理性。

【练一练】用 Excel 完成相应的计算表，见“电压损失计算表”、“负荷计算表”和“照度计算表”。大致分析每张计算表中各量间的关系。

知识梳理

电气照明工程设计通常分三个阶段：方案设计、初步设计、施工图设计。照明系统设计包括照明光照设计和照明电气设计两大部分。光照设计的主要任务是确定照明方式和种类，正确选择电光源，进行灯具的合理布置，并进行室内照度的检验；电气设计的主要任务是求照明负荷的大小，合理选择导线、开关及其他照明电气设备。

任务 1.3　照明工程常用术语及其应用

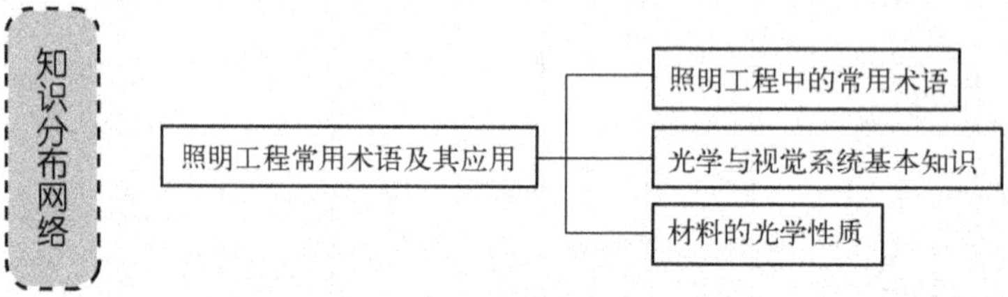

在进行建筑电气照明设计和照明效果的检测时，要遵守《建筑照明设计标准》（GB 50034—2004）的规定，因此有必要了解照明工程中常用的术语。这些术语中有的用于设计计算，有的用于照明质量的检测，有的用于描述照明设备的性能。

良好的光环境离不开装饰材料的配合，了解材料的光学性质有助于实现预定的照明效果。

1.3.1　照明工程中的常用术语

（1）绿色照明——绿色照明是节约能源、保护环境、有益于提高人们生产、工作、学习效率和生活质量、保护身心健康的照明。

（2）光通量——光向周围空间辐射、在单位时间内能够对人的视觉器官引起反应的那部分光辐射能量的大小，称为光通量。光通量用 Φ 表示，其单位是 lm，读做“流明”。

光通量是人的视觉器官对光的一种评价，我们常说的某种光源亮、某种光源暗，所指的就是光通量的大和小；或者认为较亮的光源发出的光通量多、较暗的光源发出的光通量少。对于某种光源来说，光通量表示了光源的发光能力。

（3）发光强度——光源在某一特定方向上一个单位立体角内所发出光通量的大小。它是一个基本的强度计量单位，简称光强，用 I 表示，其单位是 cd，读做“坎德拉”。

由于发光体形状不同，它在空间的不同范围内所辐射的光通量不一定是相同的，有时为了满足各种需求特别将发光体制造成各种形状，而产生不均匀的光通量分布。这时为了表示发光体发出的光通量在空间分布的情况，常用光通量在空间单位角度内的密度，即发光强度这个物理量来定量地描述这种情况。它的定义式如下：

1 坎德拉 = 1 流明/1 立体角　　即　　1cd = 1lm/1sr

在照明工程中，若要阐述某个光源发光强度的大小，一定要指出是哪个方向上发光强度的数值。但是在有些时候，描述发光强度时不是特别强调是哪一个方向上的数值，在这种情况下所描述的发光强度是指某个光源的平均发光强度。

可见光通量和发光强度都是描述光源所产生辐射光的程度，是对光源发光能力的某种定量描述。

（4）亮度——描述发光物体表面发光强弱程度的物理量，用符号 L 表示，其单位是 nt，读做“尼特”。

在实际的照明工程中，通常认为亮度是表示发光物体表面在发光强度方向上单位面积内发光强度大小的物理量，有时也称发光物体在某个方向上发光强度的大小为该物体的表面亮度。定义式如下：

1 尼特 = 1 坎德拉/1 平方米　　即　　$1\text{nt} = 1\text{cd/m}^2$

需要特别强调的是，这里所指的发光体表面的亮度是广义的，它可以是光源本身产生的，也可以是被照物体对光反射时所产生的表面亮度。所以，在照明工程中，如果用亮度来描述光的特性时，所说亮度的值通常是指发光体的表面亮度。值得注意的是，对亮度描述时，有的时候分对光源的表面亮度和对物体表面亮度两种亮度的具体描述，这两种描述各有其特点。光源的表面亮度是由光源本身的结构特点和发光体的多方面技术指标所决定的，也就是说光源的表面亮度在光源产品出厂后就随之确定了，而物体的表面亮度是由光源产生光的照射和物体表面所产生的反射及多种因素决定的。可见，若想确定物体表面亮度值所进行的计算会比较麻烦。所以，目前在照明工程中，通常情况下不采用亮度的程度作为评价照明质量的指标。但是有些国家采用的是将亮度标准作为对照明质量进行评定的指标。

（5）照度——单位被照物体表面所接收光通量的大小，用 E 表示，其单位是 lx，读做“勒克斯”。

照度是从被照物体的角度对光的一种描述。通常认为：被照物体表面单位面积内所接收光通量的大小称为该物体表面的照度。它不考虑由于人们视觉条件的不同，从而造成对物体看清程度有所差异这方面因素的影响，只用照度值的大小去定量描述对物体的看清程度。在适当的范围内，照度值的大小可以说明看清物体的程度，照度值大比照度值小时看物体看得清楚。它的定义式如下：

1 勒克斯 = 1 流明/1 平方米　　即　　$1\text{lx} = 1\text{lm}/1\text{m}^2$

照度值是我们国家衡量照明质量中一个非常重要的光学技术指标。我国根据自身的特点和许多客观条件并同时考虑了许多因素的影响，从而制定了针对适合各种场合、各种地点所使用的详细的照度值标准，为使用者提供了非常方便而又具体的设计依据。

（6）参考平面——测量或规定照度的平面。

（7）亮度对比——视野中识别对象和背景的亮度差与背景亮度对比。

（8）维护系数——照明装置在使用一定周期后，在规定表面的平均照度或平均亮度与该装置在相同条件下新装时在同一表面所得到的平均照度或平均亮度之比。

（9）一般照明——指整个场所的照度基本上均匀的照明。

下列场所宜选用一般照明方式：①在受生产技术条件限制，不适合装设局部照明或不必采用混合照明的场所；②无固定工作区且工作位置密度较大，对光照方向无特殊要求的场所。工程实践中，车间、办公室、体育馆、教室、会议厅、营业大厅等场所，都广泛采用一般照明方式。

（10）分区一般照明——指对场所的某一特定区域，设计成不同的照度来照亮该区域的一般照明。

分区一般照明常以工作对象为重点，使室内不同被照面上获得不同的照度，从而在保证照明质量的前提下，可以有效地节约能源。分区一般照明适用于某一部分或几部分需要有较大照度的室内工作区，非工作区的照度可降低为工作区照度的1/3 ～ 1/5。

（11）局部照明——指为特定视觉工作用的、为照亮某个局部而设计的照明。

下列情况宜采用局部照明：①局部地点需要高照度或照射方向有要求时；②由于遮挡而使一般照明照射不到的范围；③需要克服工作区及其附近的光幕反射时；④为加强某方向的光线以增强实体感时；⑤需要消除气体放电光源所产生频闪效应的影响时。

（12）混合照明——由一般照明、分区一般照明与局部照明共同组成的照明。

对于有固定的工作区但工作位置密度不大、照度要求高、对照射方向有特殊要求的场所，若采用单独设置的一般照明不能满足要求时，可采用混合照明。

不同的照明方式各有优劣，在照明设计中，不能将它们简单地分开，而应该视具体的设计场所和对象，选择一种或同时选择几种合适的照明方式。

（13）正常照明——在正常情况下使用的室内外照明。它是为了满足人们的正常视觉要求即符合照度水平标准的照明形式。

（14）应急照明——因正常照明的电源失效而启用的照明，包括备用照明、疏散照明和安全照明。

（15）疏散照明——作为应急照明的一部分，用于确保疏散通道被有效地辨认和使用的照明。

（16）安全照明——作为应急照明的一部分，用于确保处于潜在危险之中的人员安全的照明。

（17）备用照明——作为应急照明的一部分，用于确保正常活动继续进行的照明。

安全照明和备用照明是以满足人的视觉系统可以正常工作的最低条件为目的的，或者说是满足视觉条件的最低照度值。这种照度值的确定是以当事故产生时人可以基本看清门的位置、通道的路线，从而得以顺利疏散为条件的。

（18）频闪效应——在一定频率变化的光照下，观察到的物体运动显现出不同于其实际运动的现象。

(19) 照度均匀度——规定表面上的最小照度与平均照度之比。

(20) 眩光——由于视野中的亮度分布或亮度范围不适宜，或存在极端的对比，以致引起不舒适感觉或降低观察细部或目标能力的视觉现象。

(21) 统一眩光值（UGR）——是度量处于视觉环境中的照明装置发出的光对人眼引起不舒适感主观反应的心理参量，其值可按 CIE 眩光值公式计算。

(22) 光幕反射——视觉对象的镜面反射，它使视觉对象的对比降低，以致部分地或全部地难以看清细部。

1.3.2 光学与视觉系统的基本知识

1. 光的本质

光是能量的一种存在形式，这种能量可以从一个物体通过电磁辐射的方式传播到另一个物体。因而，**光的本质是一种电磁波**。

2. 可见光

电磁辐射的波长范围是极其广泛的，波长不同的电磁波，其特性可能有很大的区别。在光的各个波长区域内，可见光仅占很小的一部分，波长为 380 ～ 780nm 的电磁波作用于人的视觉器官能产生视觉，这一部分电磁波叫“**可见光**”。

3. 光与颜色

不同波长的可见光，在视觉上会形成不同的颜色。

$\lambda = 780 \sim 630$nm：红

$\lambda = 630 \sim 660$nm：橙

$\lambda = 600 \sim 570$nm：黄

$\lambda = 570 \sim 490$nm：绿

$\lambda = 490 \sim 450$nm：青

$\lambda = 450 \sim 430$nm：蓝

$\lambda = 430 \sim 380$nm：紫

例：普通白炽灯，5 000nm　红外光

荧光灯，253.7nm　紫外光

（$100\text{nm} < \lambda < 380\text{nm}$　紫外光）

（$780\text{nm} < \lambda < 100\,000\text{nm}$　红外光）

4. 光与人的视觉之间的关系

视觉是光射入眼睛后产生的一种知觉，即**视觉依赖于光**。光直接影响着视觉的生理机能。为保证视觉功能的正常发挥，必须创造一个良好的光环境。

(1) 视野——也叫“视场”，是指人不动时，眼睛可以看到的空间范围。人的视野范围：

上 50°，下 75°，左右各 100°。

（2）视觉的阈限——指能引起光感的最低限度的亮度。影响视觉阈限的因素有：目标物大小、目标物发光颜色、背景亮度、所视物体时间长短等。视觉阈限亮度为 $10^{-6}cd/m^2$，视觉忍受的最大亮度为 $10^6cd/m^2$。

（3）明视觉、暗视觉和中介视觉：

明视觉——视场亮度在 $3cd/m^2$ 及以上；

暗视觉——视场亮度在 $0.03cd/m^2$ 及以下；

中介视觉——视场亮度在 0.03 ～ $3cd/m^2$ 时。

（4）明视觉与暗视觉的适应性——当市场亮度有较大的变化时，视觉要有一个适应过程。适应过程的长短与适应的前后光环境有关，还与人的自身因素有关。适应性又分明适应和暗适应两种，明适应需 1min 左右，暗适应过程需 3 ～ 4min。

（5）视觉系统正常工作的条件（看清物体的基本条件）包含两个方面的因素：①物体自身因素，即大小、速度、自身亮度；②物体所在视场的光环境，即环境亮度。当物体固定或低速运动且尺寸一定时，欲看清物体的基本条件主要有以下几个方面：亮度、对比度、眩光的限制。

1.3.3 材料的光学性质

照明效果不仅与光源有关，还与视场中所用建筑材料的光学性质有关。

1. 材料的反射系数、透射系数及吸收系数

反射系数 ρ——物质反射光的光通量与入射到物质上的光通量之比。

影响因素：物质的表面光滑度、颜色、透明度，光的入射方式等。

透射系数 τ——从介质穿透的光通量与投射到介质上的光通量之比。

影响因素：物质的透明度、厚度，光的入射方向、波长等。

吸收系数 α——被介质吸收的光通量与入射到介质的初始光通量之比。

影响因素：介质的透明度、颜色、表面光滑度、介质厚度，光的入射方式、波长等。

根据能量守恒定律：$\rho+\tau+\alpha=1$

在以上三个概念中，影响照明效果的重要因素是反射系数。

2. 光的反射

光线遇到非透明物体时，一部分被吸收，一部分被反射，分为三种形式（见图 1-24）。

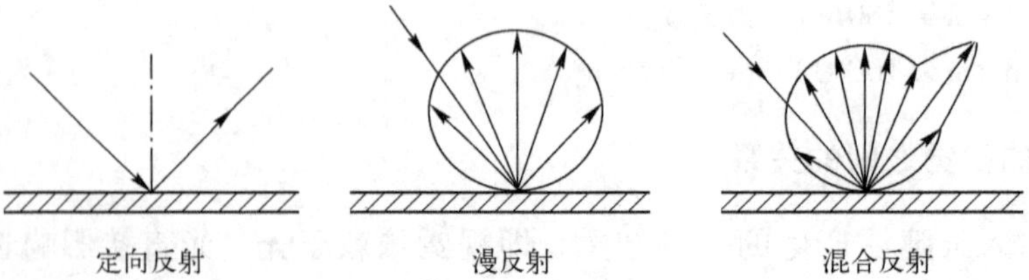

图 1-24　光的反射的几种形式

1）定向反射（规则反射、镜面反射）
应用：制成灯罩，合理配光，控制光束方向。
材料：玻璃镜面、磨光的金属表面。

2）漫反射（无规律反射）
应用：建筑装饰。
材料：涂料、乳胶漆、墙壁纸等。

3）混合反射
应用：建筑装饰。
材料：瓷面砖、光的搪瓷、漆面等。

技能训练 5　识图说术语

要求：以平面图或系统图（见图 1-1 ～图 1-11）为例，至少正确而自然地使用 5 个术语。

知识梳理

光的本质是一种电磁波，它是可以度量的，常用的度量指标有光通量、发光强度、照度和亮度。“照度”是照明计算中最常用的术语。照明质量的好坏通常用照度、照度均匀度、眩光的限制、光源显色性、亮度分布等指标来评价。材料的光学性能指标主要体现在材料的反射系数、透射系数及吸收系数三个方面，三个概念中，影响照明效果的重要因素是反射系数。

任务 1.4　照明工程设计相关规范及其应用

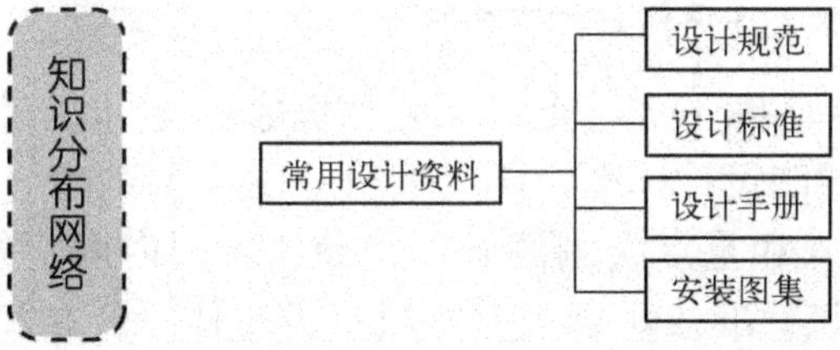

在进行建筑电气照明工程设计、施工、验收时必须按照国家、行业和地方所制定的相关规范、标准等执行，同时还可以参考一些设计手册、安装图集等工具性资料。熟悉这些文件资料是从事照明工程设计、施工、验收和管理的基础。

1.4.1　标准代号的规定

国家、部、委、地方及行业制定的相关规程、规范和标准，国内部分标准代号见表 1-12。

地方标准代号以分数形式表示：分子是由 Q（企业拼音首写字母）或省、市、自治区简称和 Q 组成；分母按中央直属和地方企业分别由国务院有关部（局）和地方科委规定。

表 1-12　国内部分标准代号

标准代号	标准名称	标准代号	标准名称
GB	中华人民共和国国家标准	JCJ	建筑电气设计技术规程
GBJ	国家工程建设标准	TJ	基本建设技术规程
JJ	城乡建设环境保护部部标准	JBJ	机械工业建筑规范（工程电力设计技术规程）
JG	建筑工业标准		

1.4.2　照明工程常用的设计规范与标准

目前照明工程设计经常使用的规范、标准有以下几类。

1.《民用建筑电气设计规范》JGJ/T 16—2008

该规范由中国建筑东北设计研究院主编，于2008年1月31日被建设部批准为行业标准，自2008年8月1日起实施。新的规范在原行业标准《民用建筑电气设计规范》JGJ/T 16—1992基础上进行了大量的修改更新，增加了多项强制性条文。该规范共20章，对民用建筑电气设计的技术标准、规定、要求进行了较全面的论述。

20章内容分别是：(1) 总则；(2) 术语；(3) 供配电系统；(4) 配变电所；(5) 继电保护及电气测量；(6) 自备应急电源；(7) 低压配电；(8) 配电线路布线系统；(9) 常用设备电气装置；(10) 电气照明；(11) 民用建筑物防雷；(12) 接地及安全；(13) 火灾自动报警与联动控制；(14) 安全技术防范；(15) 有线电视和卫星电视；(16) 广播、扩声与会议系统；(17) 呼应信号及信息显示；(18) 建筑设备监控系统；(19) 计算机网络系统；(20) 通信网络系统。

在此规范中，可以查到供配电与照明系统常用的术语、符号、代号，供配电系统设计的技术标准与规定，负荷计算方法，导线敷设要求，电气照明设计的技术标准与规定等内容。

2.《建筑照明设计标准》GB 50034—2004

该规范由中华人民共和国建设部主编，系在原国家标准《民用建筑照明设计标准》GBJ 133—1990和《工业企业照明设计标准》GB 50034—1992的基础上，总结了居住、公共和工业建筑照明经验，通过普查和重点实测调查，并参考了国内外建筑照明标准和照明节能标准，经修订、合并而成。该标准共8章，主要规定了居住、公共和工业建筑的照明标准值、照明质量和照明功率密度。

8章内容分别是：(1) 总则；(2) 术语；(3) 一般规定；(4) 照明数量和质量；(5) 照明标准值；(6) 照明节能；(7) 照明配电及控制；(8) 照明管理与监督。

3.《供配电系统设计规范》GB 50052—1995

该规范由原机械电子工业部会同有关部门共同修订，1995年建设部批准为强制性国家标准，于1996年5月1日起实施。该规范共6章，从贯彻执行国家的技术经济政策、保障人身安全、供电可靠、技术先进和经济合理的基本要求出发，对100kV及以下的变配电系统新建和扩建工程设计提出了规范要求。

6 章内容分别是：（1）总则；（2）负荷分级与供电要求；（3）电源及供电系统；（4）电压选择和电能质量；（5）无功补偿；（6）低压配电。

4.《低压配电设计规范》GB 50054—1995

该规范由原机械电子工业部会同有关部门共同修订，1995 年建设部批准为强制性国家标准，于 1996 年 6 月 1 日起实施。该规范共 5 章，从低压配电设计执行国家的技术经济政策、保障人身安全、配电可靠、电能质量合格、节约电能、技术先进、经济合理和安装保护方便出发，对新建和扩建工程的交流、工频 500V 以下的低压配电设计提出了规范要求。该规范考虑了与国际电工委员会（IEC）标准靠拢，许多方面采用了 IEC 标准。

5 章内容分别是：（1）总则；（2）电器和导体的选择；（3）配电设备的布置；（4）配电线路的保护；（5）配电线路的敷设。

5.《建筑物防雷设计规范》GB 50057—2000 年版

该规范由原机械工业部负责主编，国家机械工业局设计研究院会同有关单位进行了局部修订，于 2000 年 10 月 1 日起实施。该规范共 6 章，从防止或减少雷击建筑物所发生的人身伤亡和文物、财产损失，做到安全可靠、技术先进、经济合理的角度考虑，提出了建筑物防雷设计的规范要求。

6 章内容分别是：（1）总则；（2）建筑物的防雷分类；（3）建筑物的防雷措施；（4）防雷装置；（5）接闪器的选择和布置；（6）防雷击电磁脉冲。

6.《建筑设计防火规范》GB 50016—2006

该规范由中华人民共和国公安部主编，公安部天津消防研究所会同有关单位共同修订，2006 年 7 月 12 日被中华人民共和国建设部批准为强制性国家标准，于 2006 年 12 月 1 日开始实施。

该规范共分 12 章，内容分别是：（1）总则；（2）术语；（3）厂房（仓库）；（4）甲、乙、丙类液体、气体储罐（区）与可燃材料堆场；（5）民用建筑；（6）消防车道；（7）建筑构造；（8）消防给水和灭火设施；（9）防烟与排烟；（10）采暖、通风与空气调节；（11）电气；（12）城市交通隧道等。

7.《高层民用建筑设计防火规范》GB 50045—95（2005 年版）

该规范由中华人民共和国公安部消防局会同有关单位共同修订，中华人民共和国建设部 2005 年 7 月 15 日批准，自 2005 年 10 月 1 日起实施。

该规范共有 9 章和两个附录，其内容包括：（1）总则；（2）术语；（3）建筑分类和耐火等级；（4）总平面布局和平面布置；（5）防火、防烟分区和建筑构造；（6）安全疏散和消防电梯；（7）消防给水和灭火设备；（8）防烟、排烟和通风、空气调节；（9）电气等。

除此之外，还有《城市夜景照明设计规范》（JGJ/T 163—2008）、《建筑照明设计手册》、《城市道路照明设计标准》（CJJ 45—2006）、《建筑电气安装工程图集》等资料，可以提供参考。

1.4.3 其他参考资料

(1)《全国民用建筑工程设计技术措施—电气》—2003

(2)《照明设计手册》(第二版),北京照明学会照明设计专业委员会编

(3)国家标准图集《建筑电气常用数据》04DX101-1

(4)国家标准图集《常用低压配电设备及灯具安装》D702-1~3(合订本)

(5)国家标准图集《室内管线安装》D301-1~2(2002年合订本)

技能训练6 《民用建筑电气设计规范》应用

训练目的、训练内容、训练要求及时间要求详见任务单(1.4.1)。

任务单(1.4.1)

项目名称	照明工程的认知	总学时数	10学时
任务名称	《民用建筑电气设计规范》应用训练	完成时间	20min
训练目的	(1)熟悉《民用建筑电气设计规范》第10章(电气照明)的条款内容 (2)理解相关条款的含义 (3)准确应用规范内容		
训练内容	结合工程案例练习《民用建筑电气设计规范》中常用条款的应用		
训练要求	(1)工程案例由教师给定 (2)每组从工程案例中找出至少10处“规范”应用的例子 (3)对应记录“规范”中的具体内容 (4)尝试说明案例中为何应用这些“规范” (5)对于暂时不能解释的部分写在作业本上,作为自己今后的作业		
记录			
评价标准和方法	评价标准:每找对一条,得10分,满分100分; 每解释对一条加1分,作为作业加分。 评价方法:采用组间依次循环评价方式,被评价组具有解释权;指导教师具有裁定权。		

技能训练7 《建筑照明设计标准》应用

训练目的、训练内容、训练要求及时间要求详见任务单（1.4.2）。

任务单（1.4.2）

项目名称	照明工程的认知	总学时数	10 学时
任务名称	《建筑照明设计标准》应用训练	完成时间	20min
训练目的	（1）熟悉《建筑照明设计标准》的各章构成 （2）了解各章的大致内容 （3）重点训练第5章的内容及其应用（其他部分在后续教学中继续训练）		
训练内容	结合工程案例练习《建筑照明设计标准》中常用条款的应用		
训练要求	（1）工程案例由教师给定 （2）每组从工程案例中找出至少10处该“标准”应用的例子 （3）对应记录“标准”中的具体内容 （4）尝试说明案例中为何应用这些要求 （5）对于暂时不能解释的部分写在作业本上，作为自己今后的作业		
记录			
评价标准和方法	评价标准：每找对一条，得10分，满分100分； 每解释对一条加1分，作为作业加分。 评价方法：采用组间依次循环评价方式，被评价组具有解释权；指导教师具有裁定权。		

【温馨提示】要正确理解规范中“应”、“宜”、“不应”、“不宜”含义的不同。

思考与练习题 1

1. 某办公室电气照明平面图如图 1-25 所示，试说明该平面图中各符号代表的设备名称及各标注的含义。

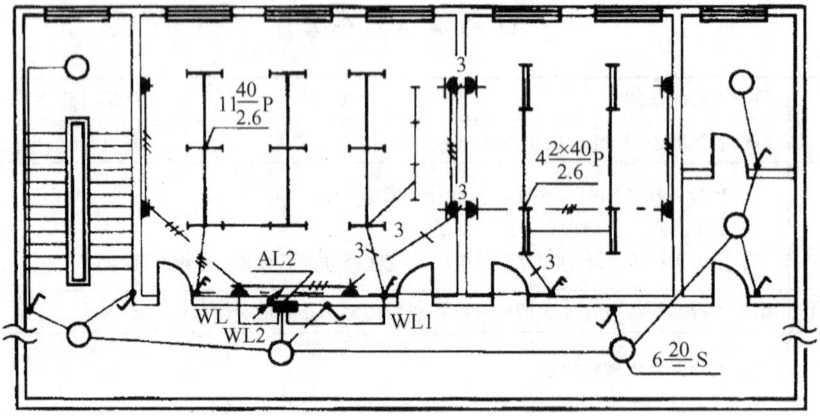

图 1-25　某办公室电气照明平面图

2. 某住宅楼标准层照明平面图如图 1-26 所示，试进行简单的分析。

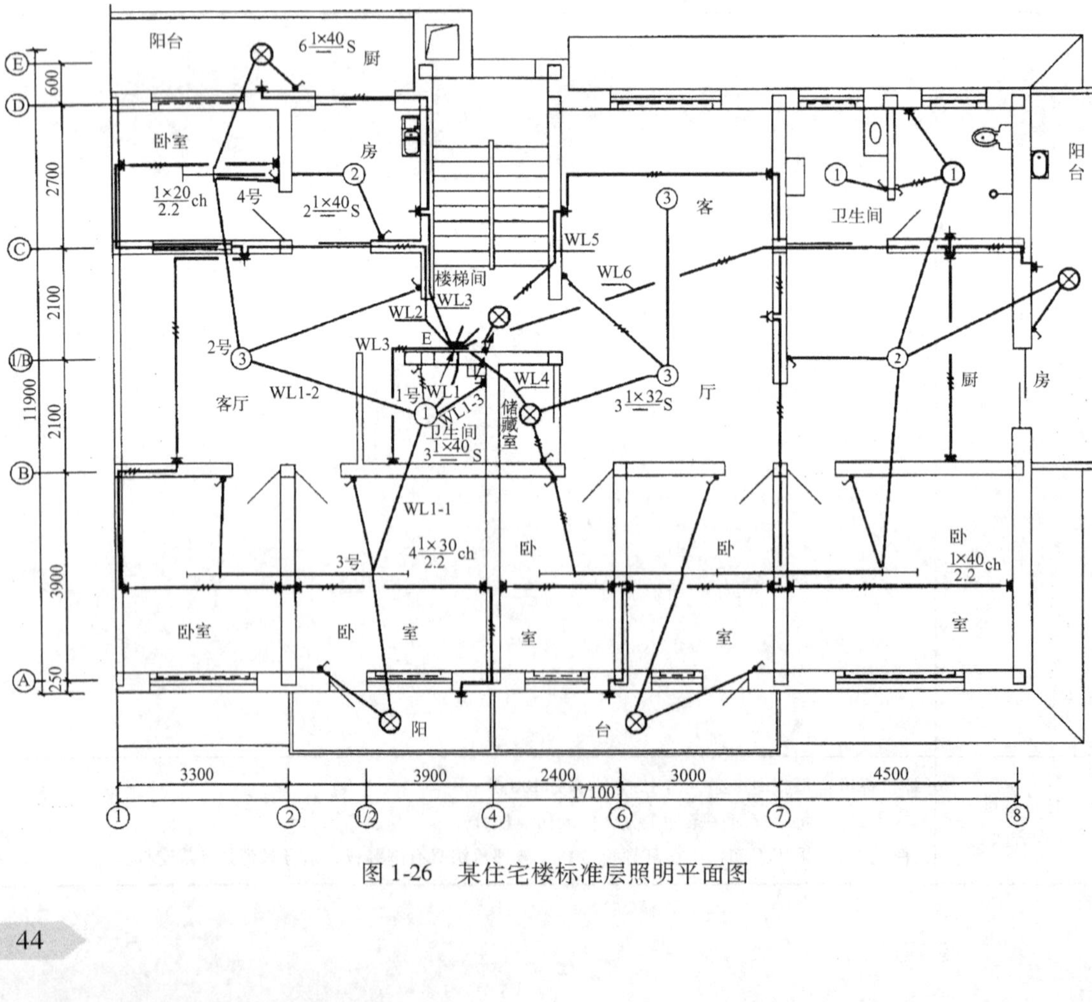

图 1-26　某住宅楼标准层照明平面图

3. 某配电箱系统如图 1-27 所示，说明图中各标注的含义。

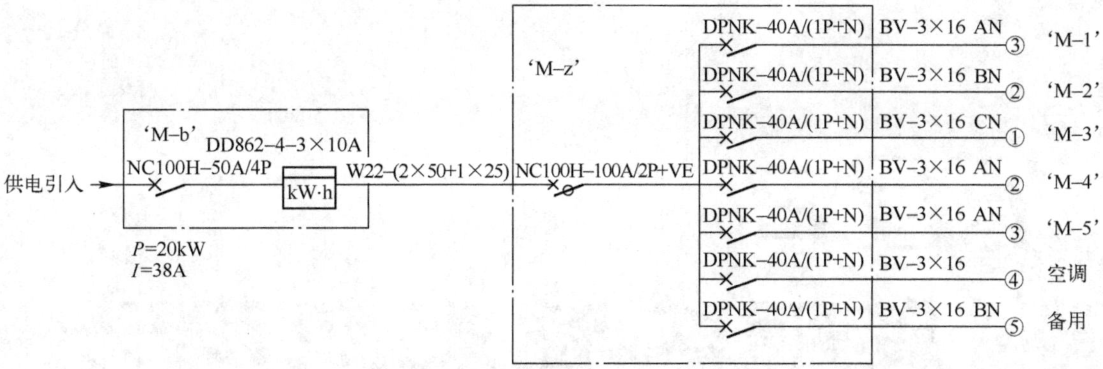

图 1-27　某配电箱系统图

4. 照明工程设计的三个阶段分别是什么？每个阶段各完成什么任务？
5. 照明工程设计包括哪些内容？
6. 简述照明工程设计的步骤。
7. 照明工程设计需要编制哪些计算书？每个计算书有何用途？
8. 什么叫“绿色照明”？
9. 什么叫光通量？单位如何表示？
10. 在照明工程计算中，最常计算的量是什么？其含义如何？
11. 解释照度均匀度的含义。
12. 什么叫频闪效应？
13. 光的本质是什么？可见光的波长范围是多少？
14. 什么叫视觉阈限？其对应的亮度值是多少？
15. 简述看清物体的基本条件。
16. 描述材料光学性能的指标有哪些？影响照明效果的重要因素是哪个？

考考你的能力

方法与步骤：

1. 经过亲自实地考察，画出某一场所（教室、寝室、阅览室、走廊、实验室等）的照明平面图。
2. 对该图进行读图分析，注意至少应用 5 个术语。
3. 指出相关规范和标准在该图中的应用。
4. 与另一同学交换平面图，相互纠错。

你的能力指数（满分 10 分）

完成第 1 步，得 5 分；
完成第 2 步，得 7 分；
完成第 3 步，得 8 分；
完成第 4 步，满分喽!!!（前提是：对方被说服了，此项由对方打分）

项目2 照明工程光照设计

教学导航

教	项目简介	照明光照设计的主要任务是：选择照明方式和照明种类，选择电光源及灯具，确定照度标准并进行照度计算，合理布置灯具等 光照部分设计的步骤大体如下：收集原始资料，了解工艺及建筑情况→确定设计照度→选择照明方式→选择光源和照明器→照明器的布置→照度计算→效果评价。在进行照明设计时，要依据相应设计规范和设计标准的要求，确保照明质量的提高
	教学载体	本项目以××学院教学综合楼建筑照明工程设计为教学载体，在分析照明工程光照设计内容的基础上，完成以下任务：根据照明场所的具体要求确定照度、照明方式、照明种类；收集不同建筑常见电光源和控照器的相关资料，并根据需要做出正确选择；进行灯具的布置；进行室内照度计算并填制照度计算表；评价照明质量的综合指标
	推荐教学方式	分组学习、任务驱动
	建议学时	20学时
学	学生知识储备	1. 电光源、控照器等产品知识 2. 照明设计标准常识 3. 照度计算表的格式内容与含义
	能力目标	能根据不同照明场合的要求，确定灯具布置方式；能根据灯具布置进行室内照度计算；能进行照明效果的评价；能绘制照明平面图

教学过程示意图

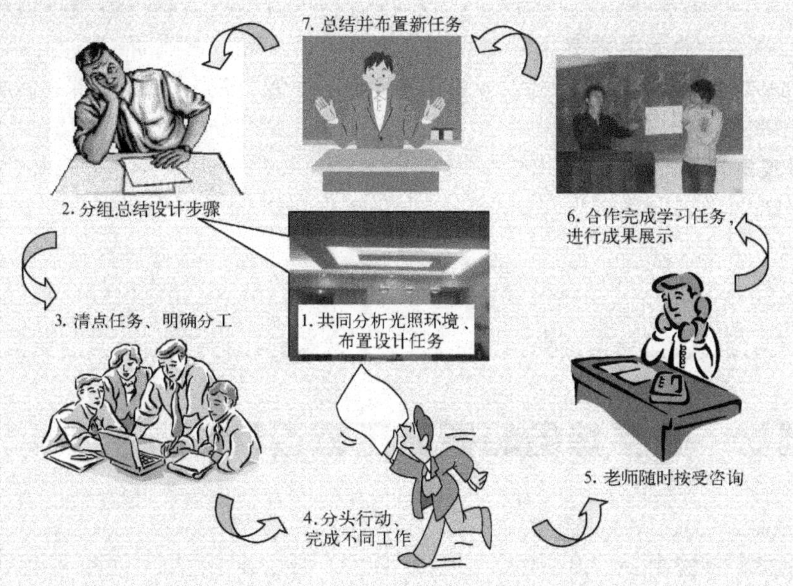

训练方式和手段

整个训练分为两个阶段：

第一训练阶段训练目的 —— 了解照明设备；

第二训练阶段训练目的 —— 光照设计研究。

第一阶段

训练方式

学生身份：

身份1：某灯具厂技术开发部工程师。

身份2：某灯具厂销售部业务经理。

身份3：照明设备展销会主办单位负责人。

教师身份：展销会投资方。

训练步骤：

1. 教师布置任务，进行必要的学习引导；
2. 学生分组研究任务分工，明确不同身份人员的工作职责；
3. 学生收集相关资料（光源及灯具的图文资料 —— 产品样本、技术参数等）；
4. 展销会主办人进行必要准备，并与投资方共同商讨展销事宜；

（投资方可做广告，广告由主办方设计，是创新思维之处，建议内容与本课程或本专业相关）

5. 召开展销会，各灯具厂技术部展示产品资料，销售部进行产品宣传。

（实际上是进行学习汇报，非汇报学生扮演观看展销会的人，可以提出相关问题）

第二阶段

训练方式

第二阶段可以设“室内灯具布置设计”和“室内照度计算”两个训练任务。

1. 教师布置任务，提供相关资料（照度计算书、计算表的格式、设计条件图等）；
2. 学生收集学习资料（包括设计规范、标准、照明设计手册等），研究设计条件；

3. 分组研究室内灯具布置方法与步骤，进行灯具布置，画照明平面图；
4. 分组研究室内照度计算方法与步骤，计算室内照度，并完成照度计算表和照度计算书；
5. 设计成果展示与评价。

学生学习成果展示：
1. 自制灯具产品样本
2. 照度计算表
3. 照度计算书
4. 照明平面图

教学载体　教学综合楼照明工程设计

【设计条件】

某学院教学综合楼由 A、B、C、D、E、F、G 七个区组成，总面积48 000m^2，最高处49.7m。A 区为主楼，共 11 层；B、D、E、G 为教学用房，其中一层 4.2m，五层 5.9m，其他层 3.9m，三层阶梯教室占用四层空间；C、F 区为大阶梯教室，共两层。

【设计范围】D 区 1 ～ 5 层室内光照设计。

【设计要点提示】

（1）教室荧光灯纵向布置，与黑板垂直，以减少眩光和光幕反射区。黑板照明选用专用黑板灯，其布置与黑板平行。

（2）普通教室桌面 0.75m 水平面上照度不低于 300lx。

（3）普通教室前后墙上设带保护门型组合插座两组。

（4）多媒体、微机教室、美术教室的光源选用显色性较好的三基色荧光灯，照度不低于 500lx。

（5）若有实验室，则电源插座宜设在实验台上。

【温馨提示】

以角色扮演的训练方式，熟悉不同电光源和控照器的参数、性能，并在此基础上，通过教室灯具布置和照度计算两大训练任务，完成照度计算表和计算书的填制，画出照明平面图。

图纸目录及说明如表 2-1 所示。

表 2-1　图纸目录及说明

序　号	图纸名称	图　别	图　号	图　幅
35	D 区一层照明平面图	电施	图 2-1（81－35）	1#
36	D 区二层照明平面图	电施	图 2-1（81－36）	1#
37	D 区三层照明平面图	电施	图 2-1（81－37）	1#
38	D 区四层照明平面图	电施	图 2-1（81－38）	1#
39	D 区五层照明平面图	电施	图 2-1（81－39）	1#
40	D 区一层插座平面图	电施	图 2-1（81－40）	1#
41	D 区二、四层插座平面图	电施	图 2-1（81－41）	1#
42	D 区三层插座平面图	电施	图 2-1（81－42）	1#
43	D 区五层插座平面图	电施	图 2-9（81－43）	1#

任务2.1　照明工程光照设计任务分析

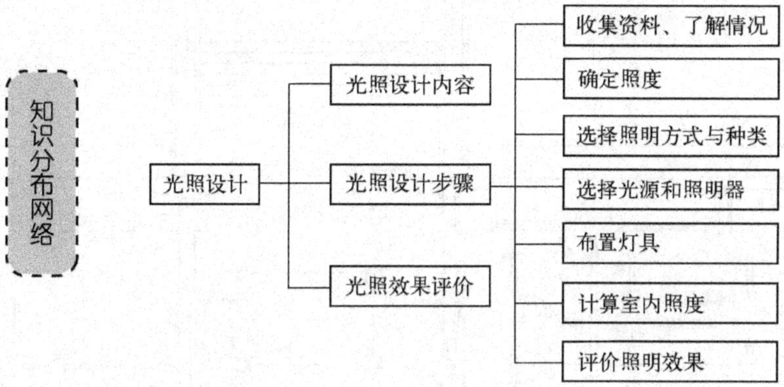

在进行照明工程光照设计之前，首先要收集原始资料，了解工艺及建筑情况，根据房间的性质，确定房间的设计照度；根据建筑和工艺对电气的要求，选择合理的照明方式；结合房间对照明效果的要求，完成光源和照明器的选择，而后，合理布置照明器；最后还需验算一下实现的照度是否遵守了相关标准的要求。

2.1.1　室内光照设计的内容与要求

照明光照设计包括照度的选择、光源的选用、灯具的选择与布置、照明控制策略与方式的确定、照明计算等诸多方面。

对以工作面上的视看对象为照明对象的照明技术称为明视照明，主要涉及照明生理学；对以周围环境为照明对象的照明技术称为环境照明，主要涉及照明心理学。这两种照明设计需要考虑的主要问题如表2-2所示。

表2-2　明视照明和环境照明设计的要求对照

明 视 照 明	环 境 照 明
工作面上要有充分的亮度	亮或暗要根据需要进行设计
亮度应当均匀	照度要有差别，不可相同，采用变化的照明可造成不同的感觉
不应有眩光，要尽量减少乃至消除眩光	可以应用金属、玻璃或其他有光泽的物体，以小面积眩光造成魅力感
阴影要适当	需将阴影夸大，从而起到强调突出的作用
光源的显色性要好	宜用特殊颜色的光作为色彩照明，或用夸张手法进行色彩调节
灯具布置与建筑物协调	可采用特殊的装饰照明手段（灯具及其设备）
要考虑照明心理效果	有时与明视照明要求正好相反，却能获得很好的效果
照明方式应当经济	从全局来看是经济的，从局部看可能是不经济的或比较豪华的

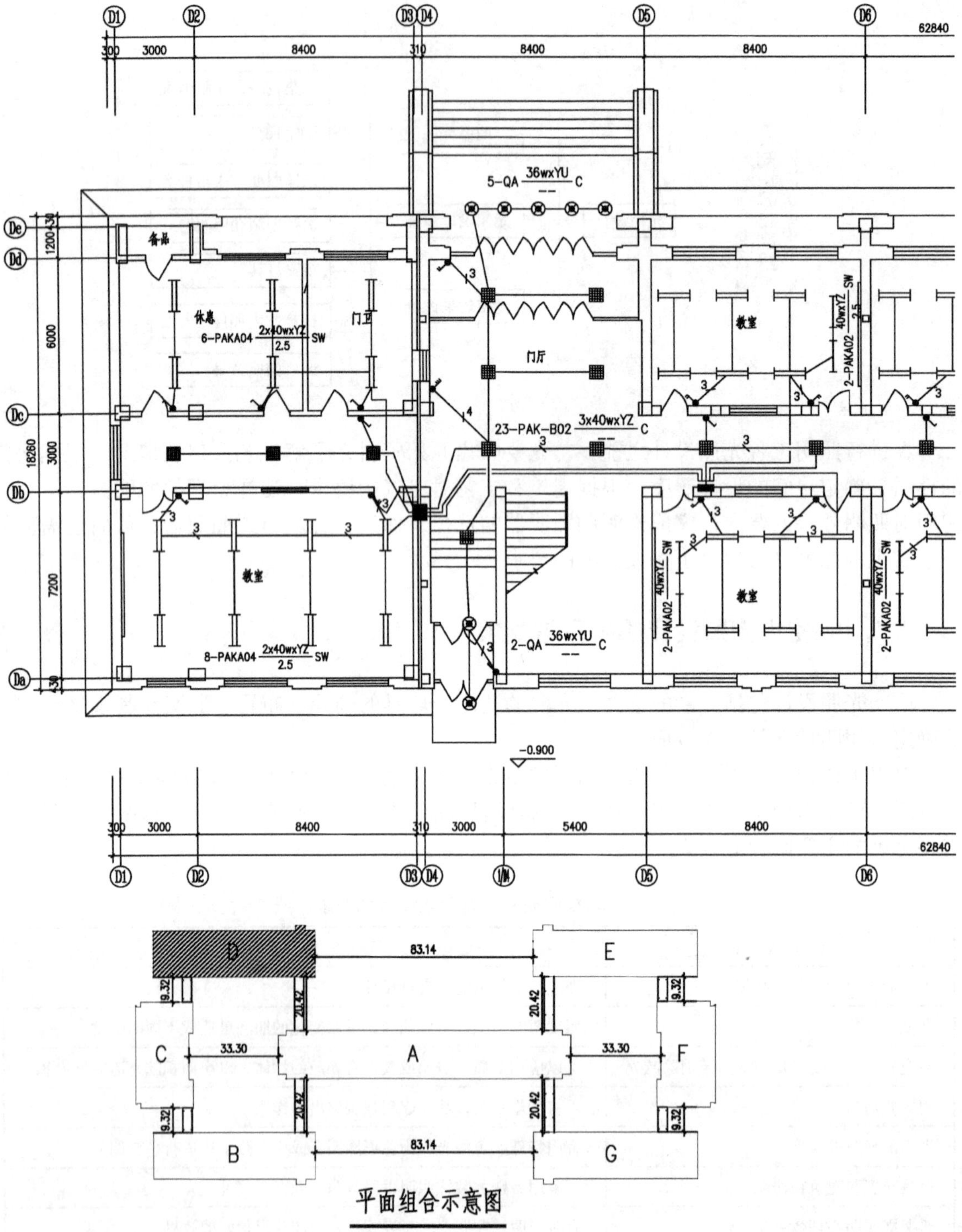

D1
D2
D3
D4
D5
D6
62840
300
3000
8400
310
8400
8400
5-QA 36wxYU C
De
Dd
Dc
Db
Da
1200
6000
3000
18260
7200
备品
休息
门卫
6-PAKA04 2x40wxYZ 2.5 SW
门厅
教室
40wxYZ 2.5 2-PAKA02 SW
23-PAK-B02 3x40wxYZ C
8-PAKA04 2x40wxYZ 2.5 SW
2-QA 36wxYU C
-0.900
300
3000
8400
310
3000
5400
8400
62840
1/M
D
E
A
B
C
F
G
83.14
33.30
20.42
9.32
平面组合示意图

图 2-1　D 区一层

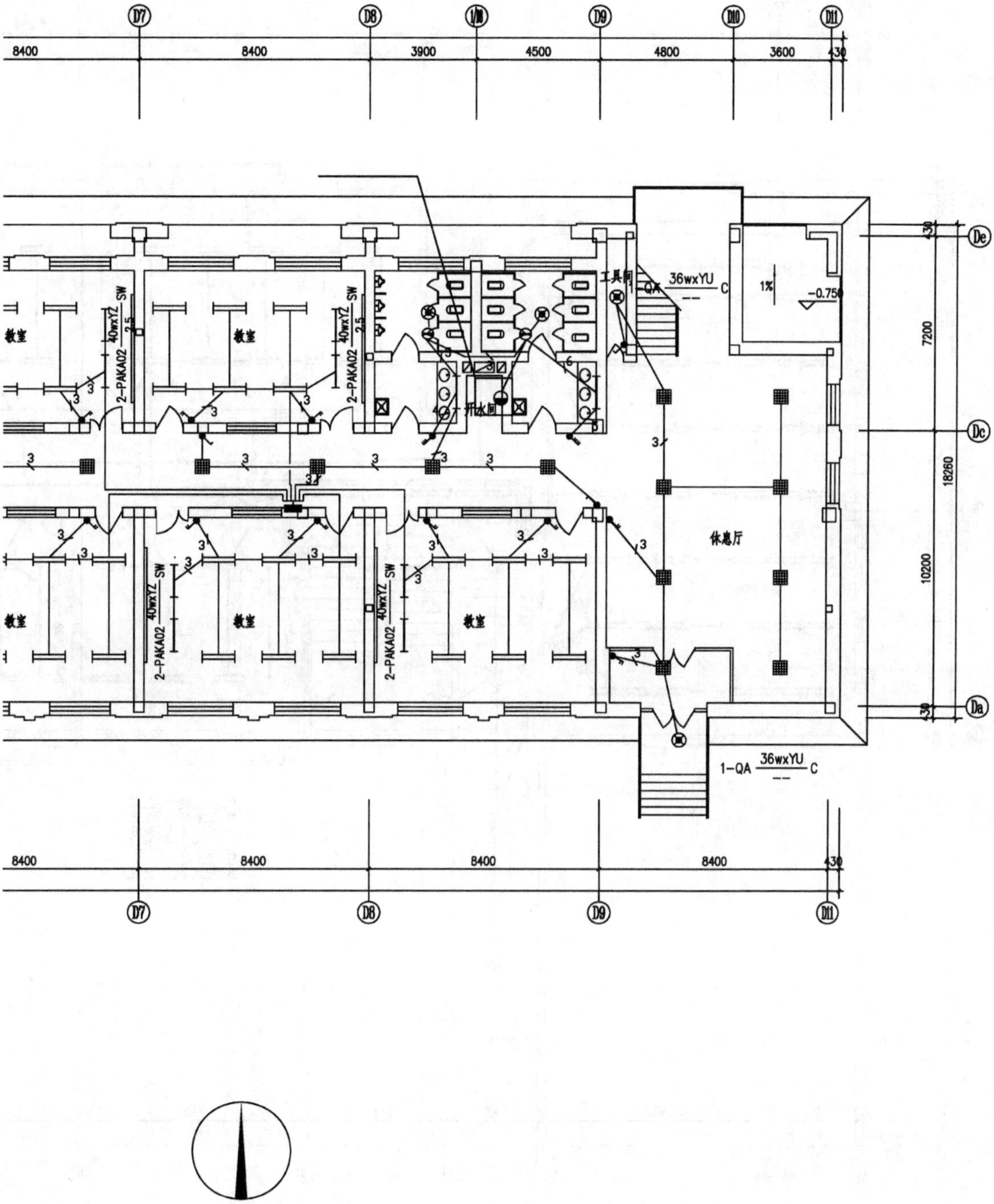

D7
D8
1/D8
D9
D10
D11
8400
8400
3900
4500
4800
3600
430
De
Dc
Da
7200
18260
10200
教室
教室
教室
教室
教室
工具间
开水间
休息厅
2-PAKA02 $\frac{40wxYZ}{2.5}$ SW
QA $\frac{36wxYU}{--}$ C
1-QA $\frac{36wxYU}{--}$ C
1%
-0.750

照明平面图

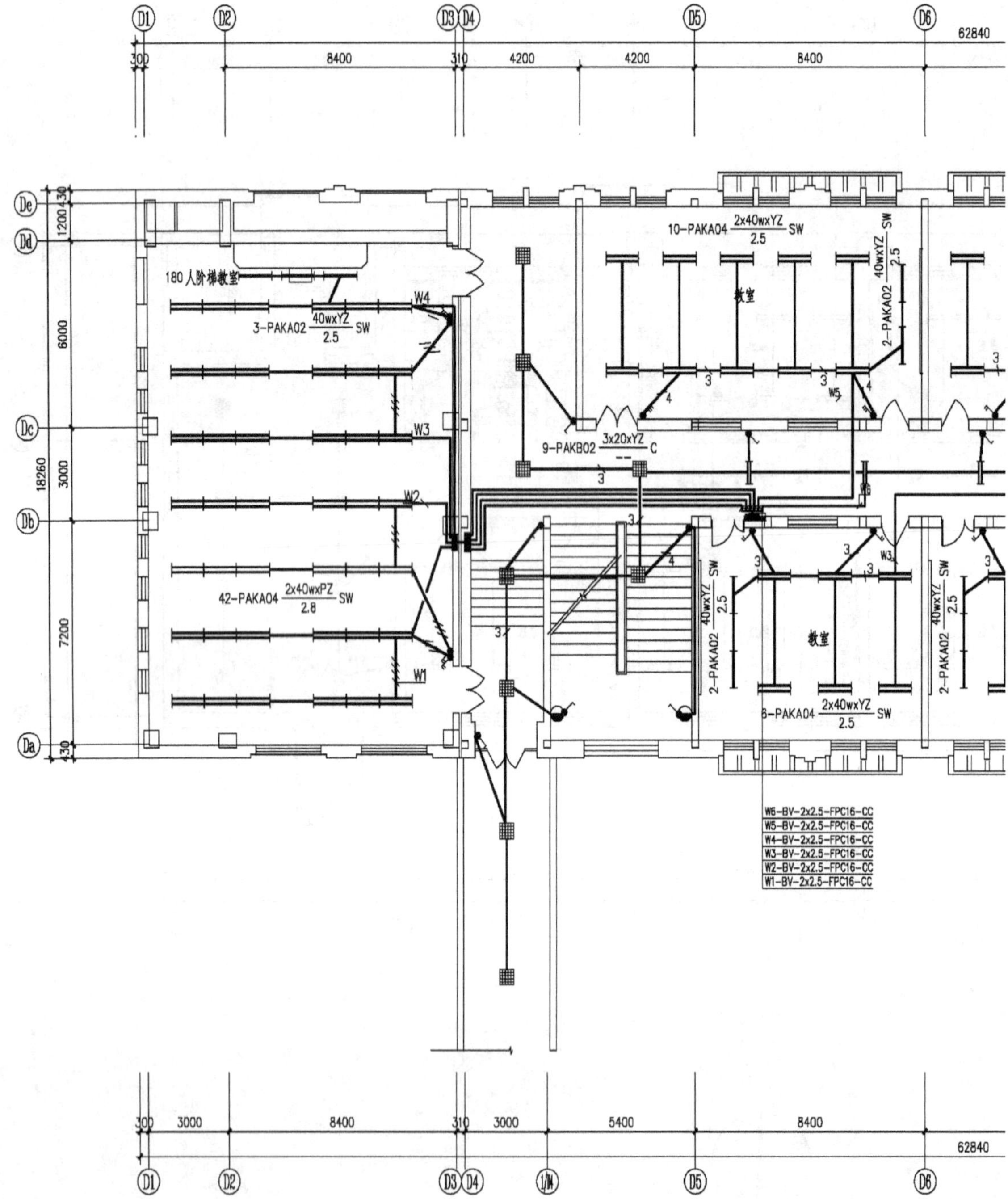
D1
D2
D3
D4
D5
D6
62840
300
8400
310
4200
4200
8400
De
Dd
Dc
Db
Da
1200
6000
3000
7200
18260
180人阶梯教室
3-PAKA02 40wxYZ/2.5 SW
W4
W3
W2
W1
42-PAKA04 2x40wxPZ/2.8 SW
10-PAKA04 2x40wxYZ/2.5 SW
2-PAKA02 40wxYZ/2.5 SW
教室
9-PAKB02 3x20xYZ C
W5
6-PAKA04 2x40wxYZ/2.5 SW
W6-BV-2x2.5-FPC16-CC
W5-BV-2x2.5-FPC16-CC
W4-BV-2x2.5-FPC16-CC
W3-BV-2x2.5-FPC16-CC
W2-BV-2x2.5-FPC16-CC
W1-BV-2x2.5-FPC16-CC
300
3000
8400
310
3000
5400
8400
62840
D1
D2
D3
D4
1/W
D5
D6

图 2-2　D 区二层

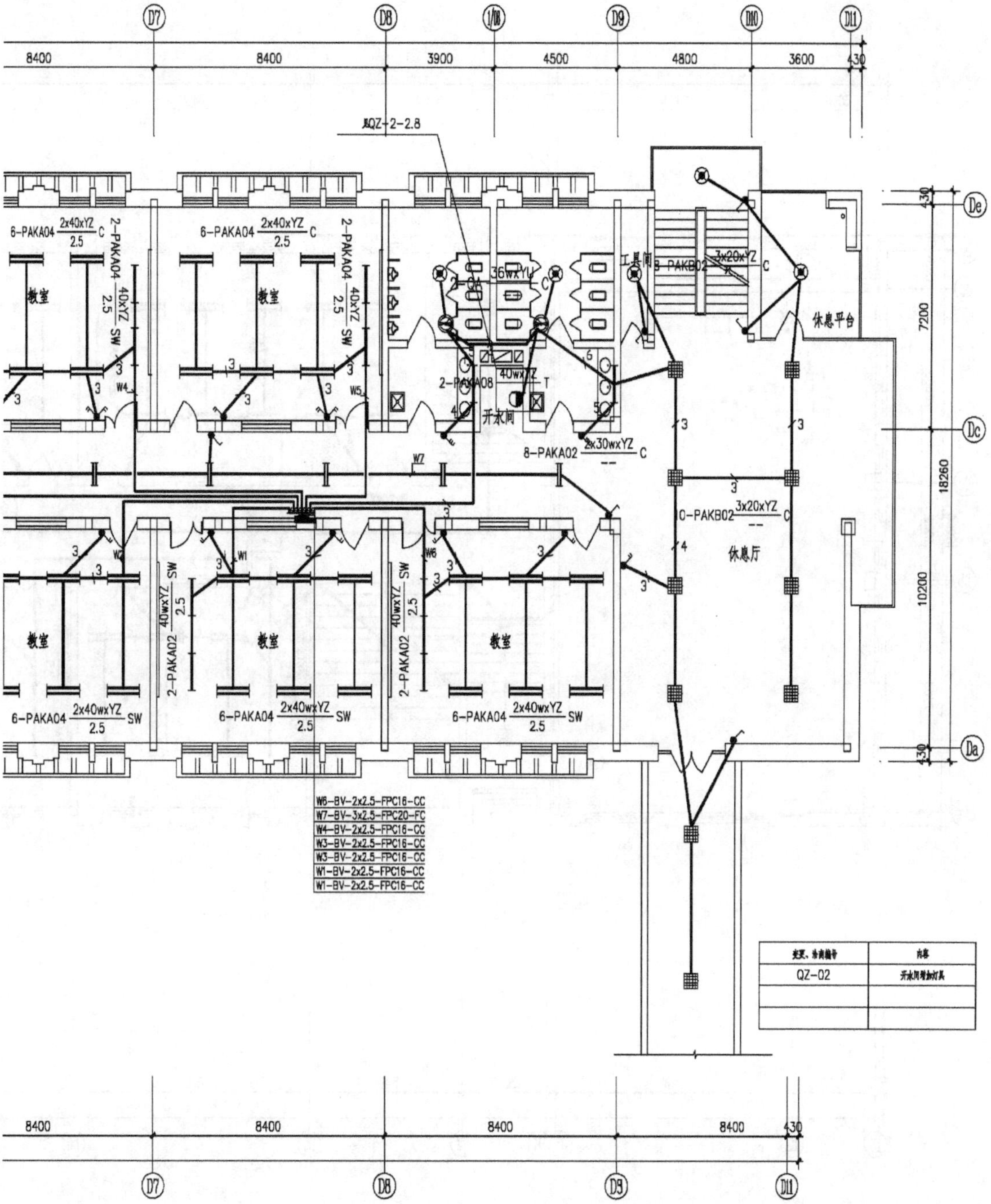
D7
D8
1/D8
D9
D10
D11
8400
8400
3900
4500
4800
3600
430
QZ-2-2.8
6-PAKA04 2x40xYZ/2.5 C
2-PAKA04 40xYZ/2.5 SW
教室
36wxYU C
40wxYZ T
2-PAKA08
开水间
工具间
8-PAKB02 3x20xYZ C
休息平台
8-PAKA02 2x30wxYZ C
W7
0-PAKB02 3x20xYZ C
休息厅
De
Dc
Da
7200
18260
10200
2-PAKA02 40wxYZ/2.5 SW
6-PAKA04 2x40wxYZ/2.5 SW
W6-BV-2x2.5-FPC16-CC
W7-BV-3x2.5-FPC20-FC
W4-BV-2x2.5-FPC16-CC
W3-BV-2x2.5-FPC16-CC
W3-BV-2x2.5-FPC16-CC
W1-BV-2x2.5-FPC16-CC
W1-BV-2x2.5-FPC16-CC
QZ-02

照明平面图

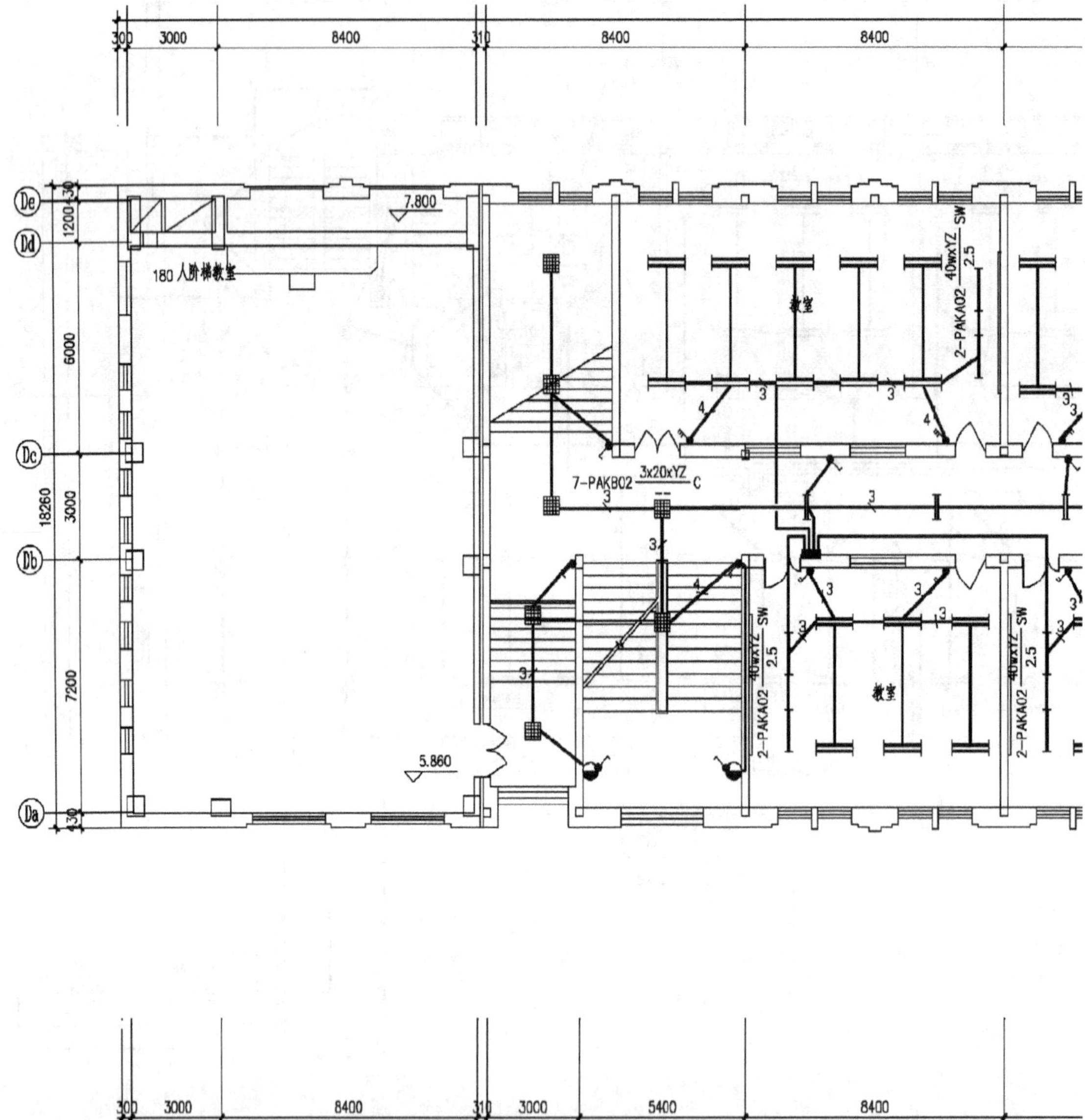
300
3000
8400
310
8400
8400
De
Dd
Dc
Db
Da
1200
6000
3000
7200
18260
7.800
180人阶梯教室
教室
2-PAKA02 40wxYZ SW 2.5
7-PAKB02 3x20xYZ C
5.860
3000
5400
D1
D2
D3
D4
D5
D6

图 2-3　D 区三层

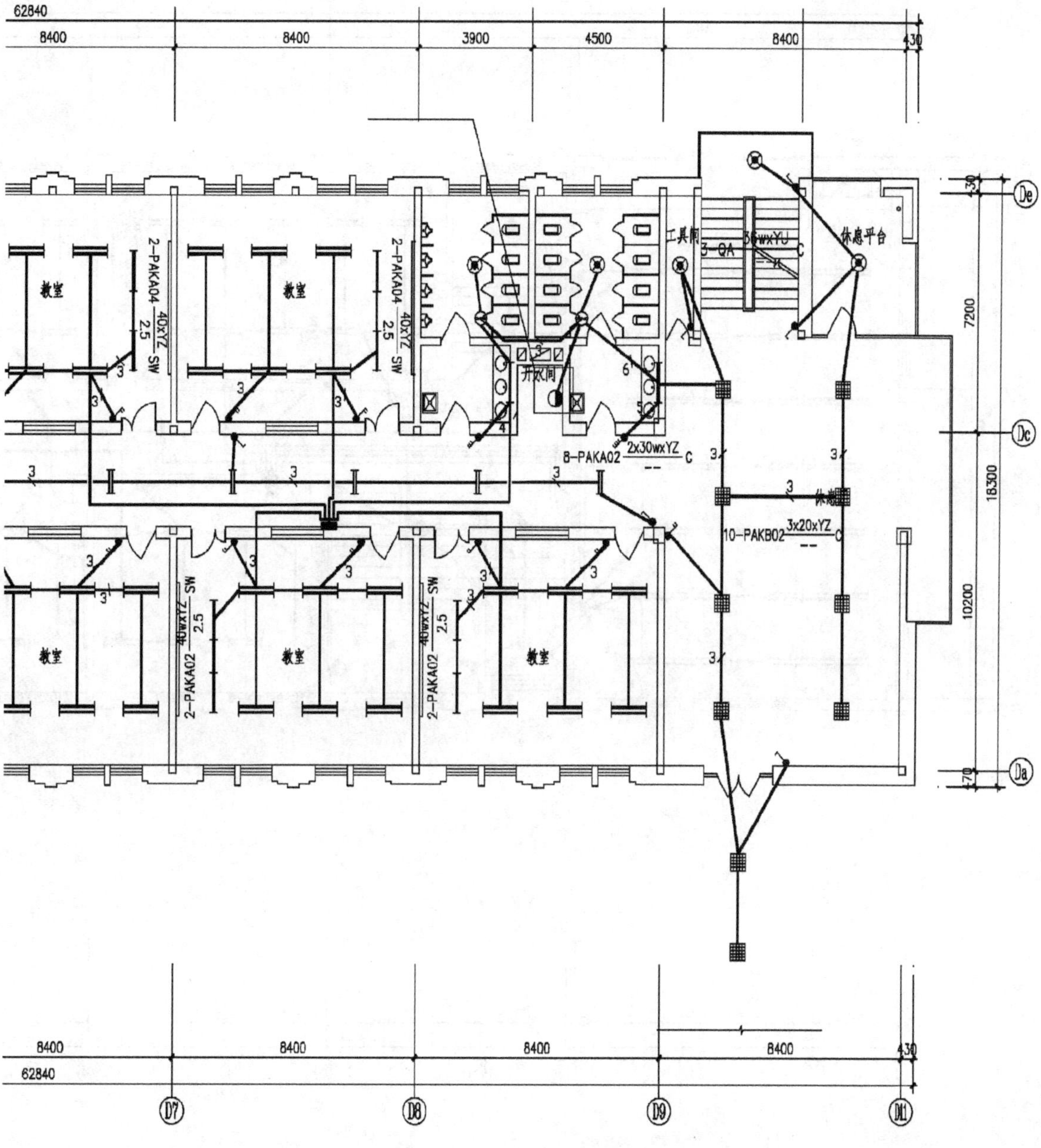
62840
8400
8400
3900
4500
8400
430
教室
2-PAKA04 40xYZ 2.5 SW
工具间
3-QA 36wxYU C
休息平台
开水间
B-PAKA02 2x30wxYZ C
10-PAKB02 3x20xYZ C
2-PAKA02 40wxYZ 2.5 SW
7200
18300
10200
De
Dc
Da
D7
D8
D9
D11

照明平面图

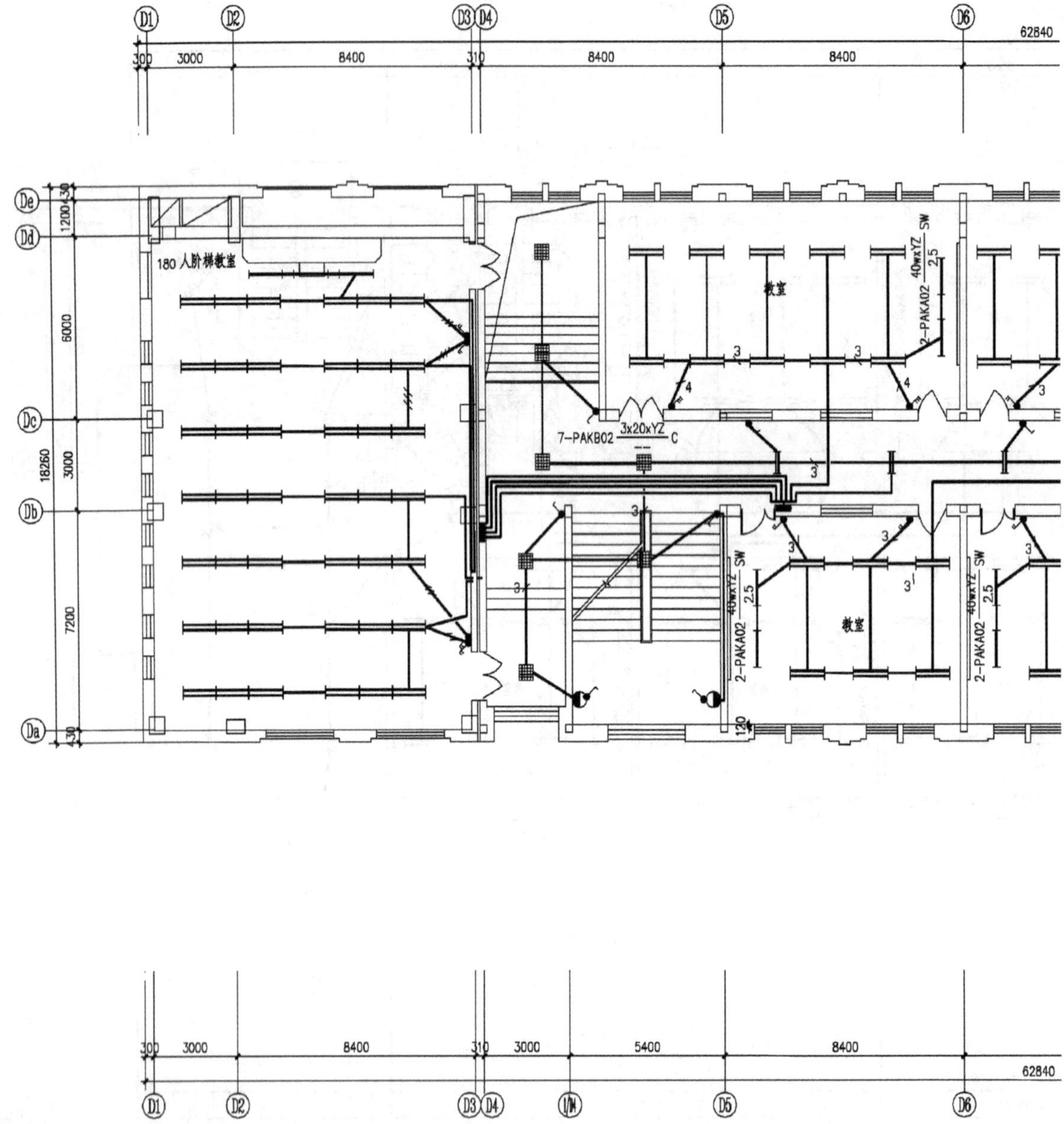
D1
D2
D3
D4
D5
D6
62840
300
3000
8400
310
8400
8400
De
Dd
Dc
Db
Da
1200
30
6000
3000
18260
7200
430
180 人阶梯教室
教室
7-PAKB02 $\frac{3\times20\times YZ}{}$ C
2-PAKA02 $\frac{40w\times YZ}{2.5}$ SW
教室
2-PAKA02 $\frac{40w\times YZ}{2.5}$ SW
2-PAKA02 $\frac{40w\times YZ}{2.5}$ SW
120
300
3000
8400
310
3000
5400
8400
62840
D1
D2
D3
D4
1/M
D5
D6

图 2-4　D 区五层

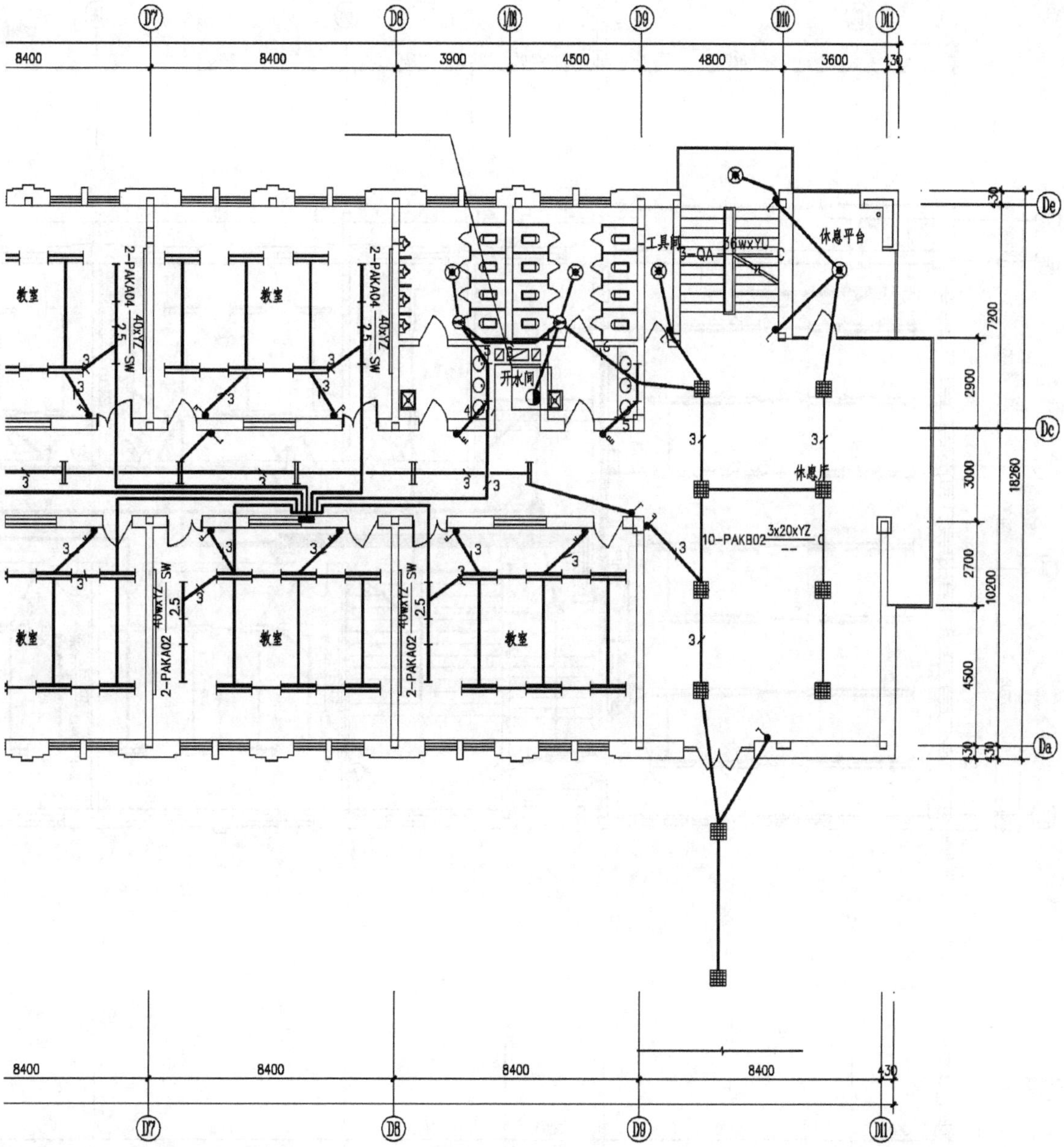
D7
D8
1/D8
D9
D10
D11
8400
8400
3900
4500
4800
3600
430
教室
教室
教室
教室
教室
2-PAKA04
40xYZ
2.5
SW
2-PAKA04
40xYZ
2.5
SW
开水间
工具间
3-QA
36wxYU
C
休息平台
休息厅
10-PAKB02
3x20xYZ
C
2-PAKA02
40wxYZ
2.5
SW
2-PAKA02
40wxYZ
2.5
SW
De
Dc
Da
430
7200
2900
3000
2700
4500
430
18260
10200
8400
8400
8400
8400
430
D7
D8
D9
D11

照明平面图

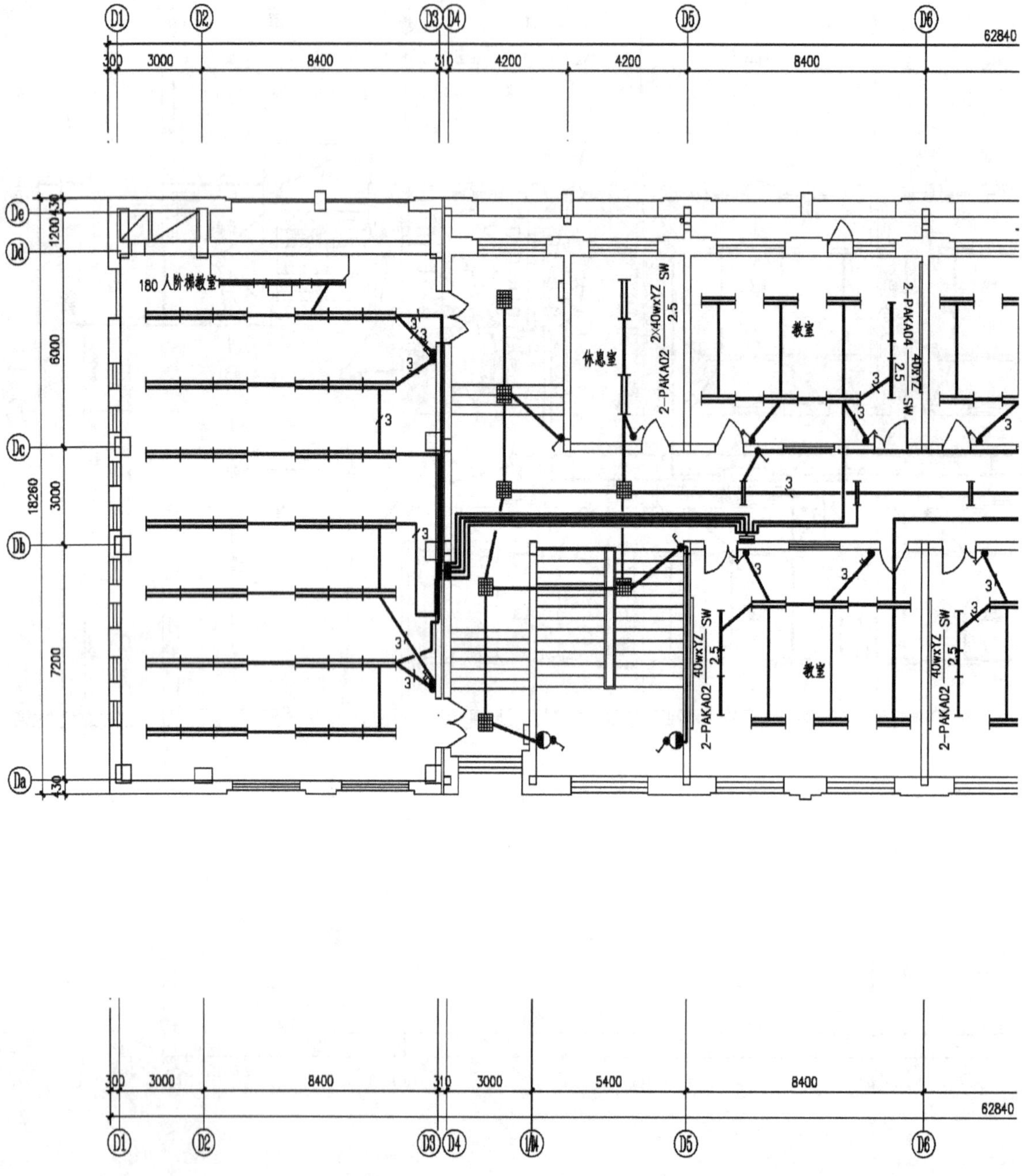
D1
D2
D3
D4
D5
D6
62840
300
3000
8400
310
4200
4200
8400
De
Dd
Dc
Db
Da
430
1200
6000
3000
7200
18260
180人阶梯教室
休息室
教室
教室
2-PAKA02 $\frac{2\times40wxYZ}{2.5}$ SW
2-PAKA04 $\frac{40xYZ}{2.5}$ SW
2-PAKA02 $\frac{40wxYZ}{2.5}$ SW
2-PAKA02 $\frac{40wxYZ}{2.5}$ SW
3
300
3000
8400
310
3000
5400
8400
62840
D1
D2
D3
D4
1/M
D5
D6

图2-5　D区五层

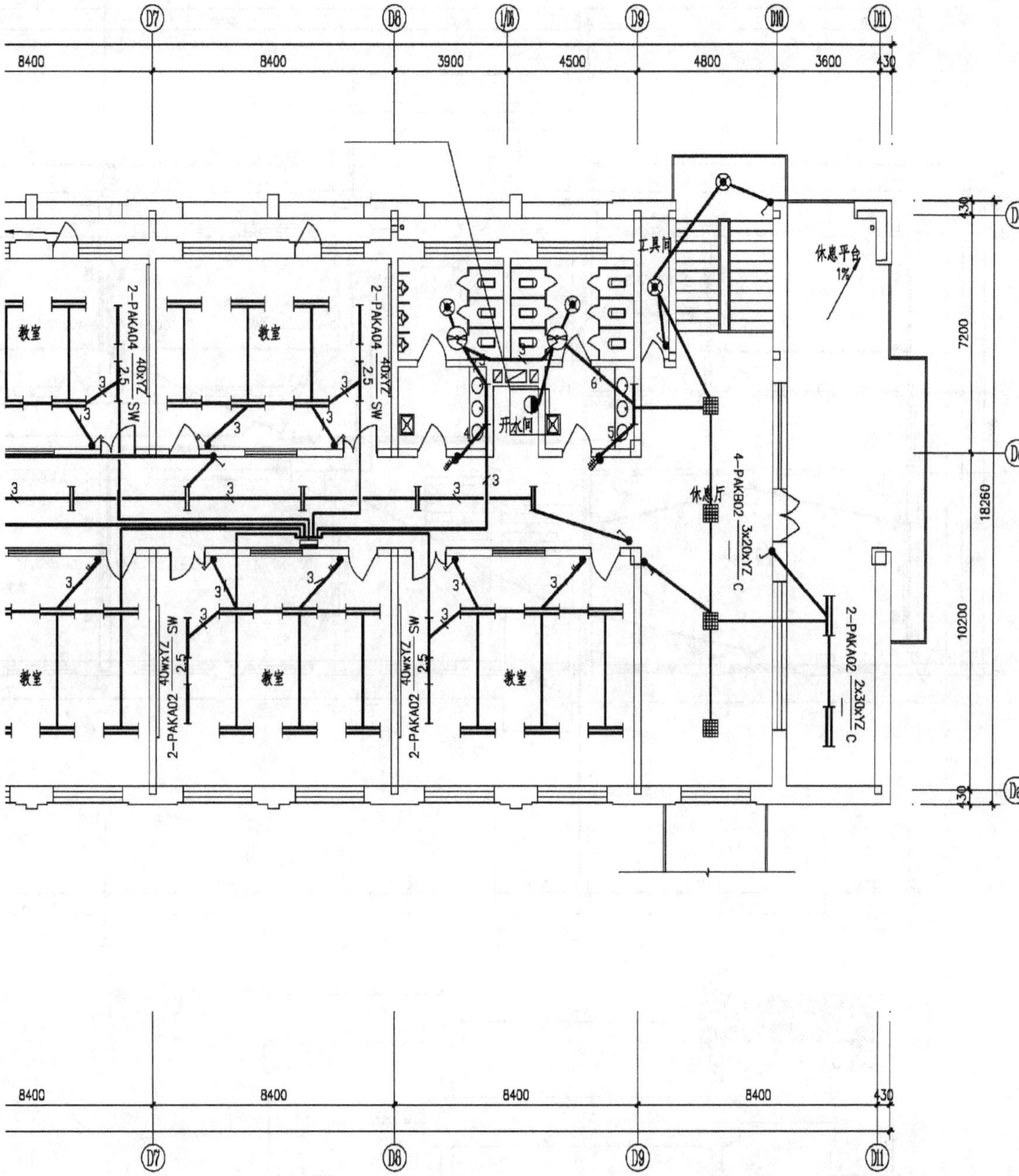

D7
D8
1/D8
D9
D10
D11
8400
8400
3900
4500
4800
3600
430
De
Dc
Da
7200
18260
10200
430
430
教室
教室
教室
教室
教室
2-PAKA04 40xYZ 2.5 SW
2-PAKA04 40xYZ 2.5 SW
2-PAKA02 40wxYZ 2.5 SW
2-PAKA02 40wxYZ 2.5 SW
4-PAKB02 3x20xYZ C
2-PAKA02 2x30xYZ C
工具间
开水间
休息厅
休息平台
1%
8400
8400
8400
8400
430
D7
D8
D9
D11

照明平面图

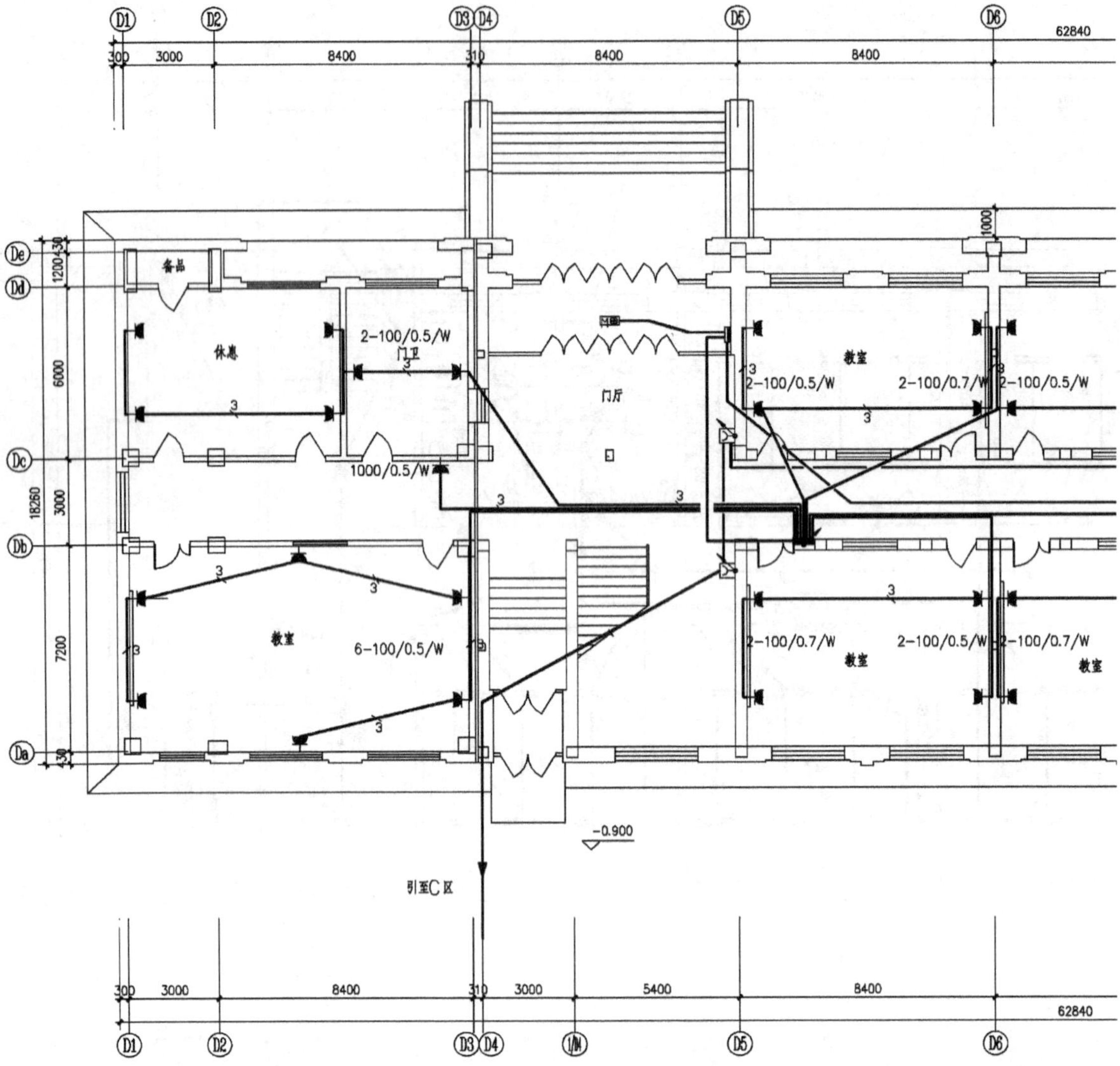

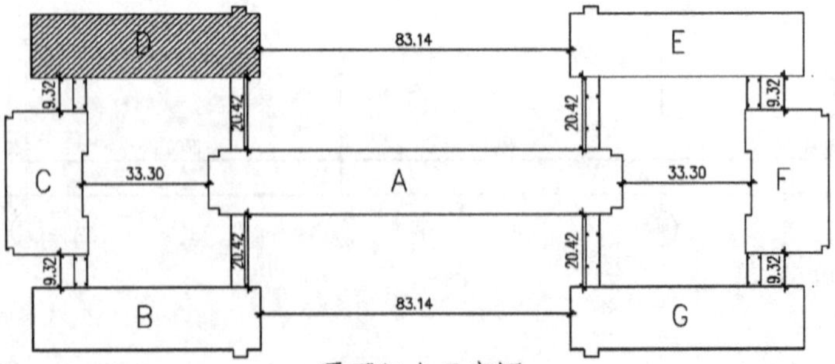

平面组合示意图

图 2-6　D 区一层

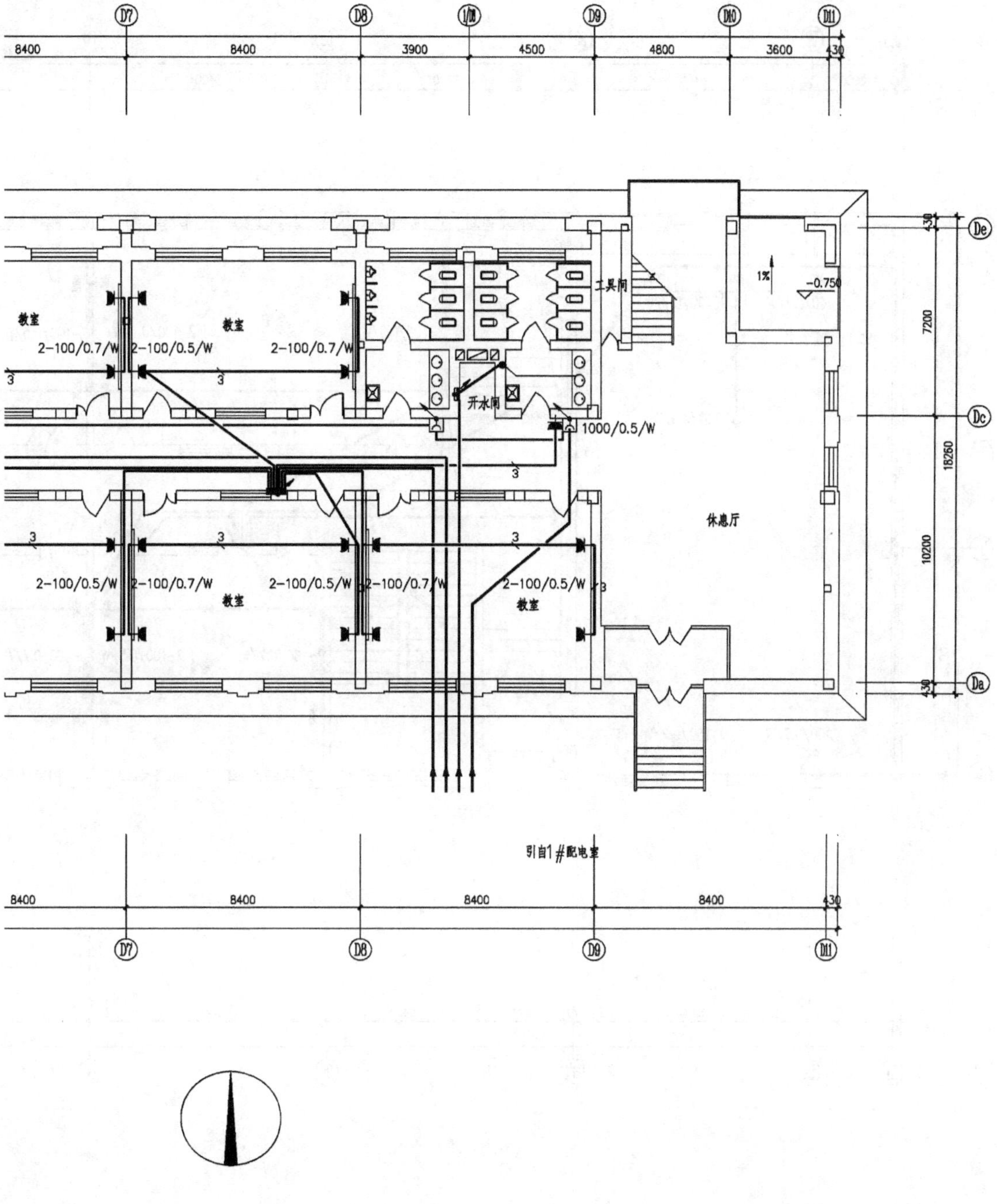

D7
D8
1/D8
D9
D10
D11
8400
8400
3900
4500
4800
3600
430
教室
教室
2-100/0.7/W
2-100/0.5/W
2-100/0.7/W
3
3
工具间
1%
-0.750
开水间
1000/0.5/W
3
休息厅
3
3
3
2-100/0.5/W
2-100/0.7/W
2-100/0.5/W
2-100/0.7/W
2-100/0.5/W
3
教室
教室
7200
18260
10200
430
430
De
Dc
Da
引自1#配电室
8400
8400
8400
8400
430
D7
D8
D9
D11

插座平面图

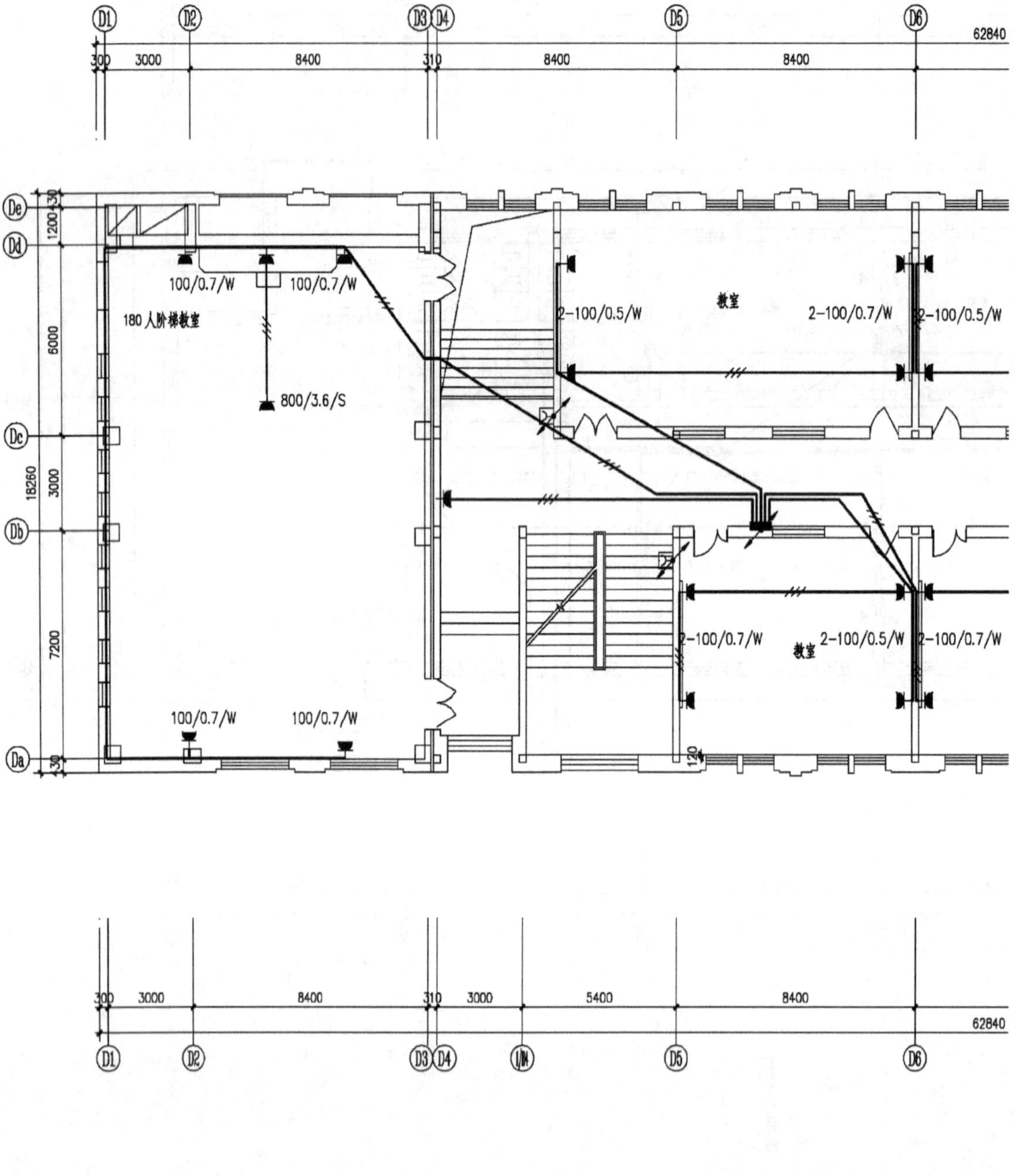

D1
D2
D3
D4
D5
D6
62840
300
3000
8400
310
8400
8400
De
Dd
Dc
Db
Da
1200
30
6000
3000
18260
7200
30
100/0.7/W
100/0.7/W
180人阶梯教室
800/3.6/S
2-100/0.5/W
教室
2-100/0.7/W
2-100/0.5/W
2-100/0.7/W
教室
2-100/0.5/W
2-100/0.7/W
100/0.7/W
100/0.7/W
120
300
3000
8400
310
3000
5400
8400
62840
D1
D2
D3
D4
1/M
D5
D6

图 2-7　D 区二、四层

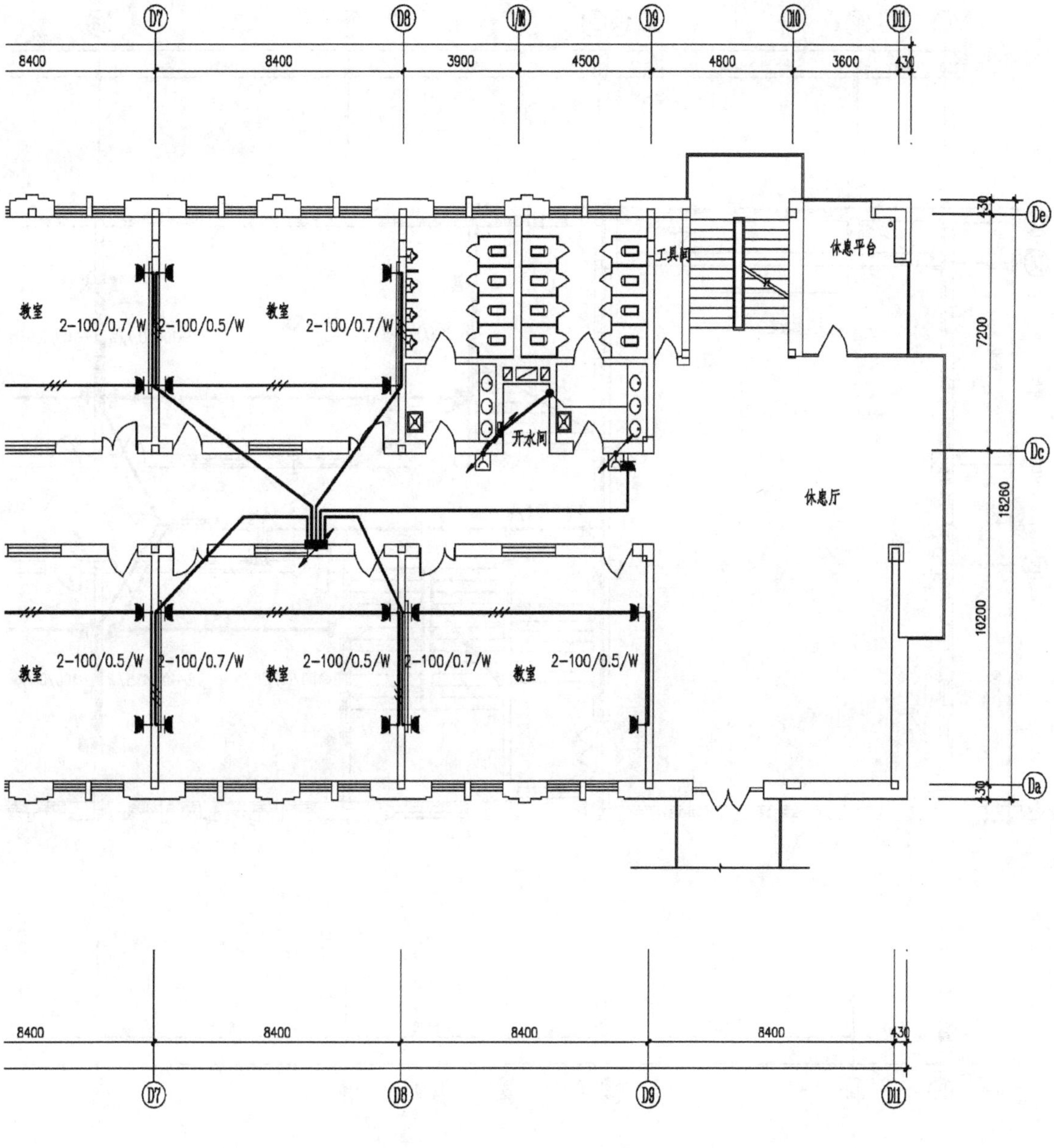
D7
D8
1/D8
D9
D10
D11
8400
8400
3900
4500
4800
3600
430
De
Dc
Da
7200
18260
10200
430
430
教室
2-100/0.7/W
2-100/0.5/W
教室
2-100/0.7/W
工具间
休息平台
开水间
休息厅
教室
2-100/0.5/W
2-100/0.7/W
教室
2-100/0.5/W
2-100/0.7/W
教室
2-100/0.5/W
8400
8400
8400
8400
430
D7
D8
D9
D11

插座平面图

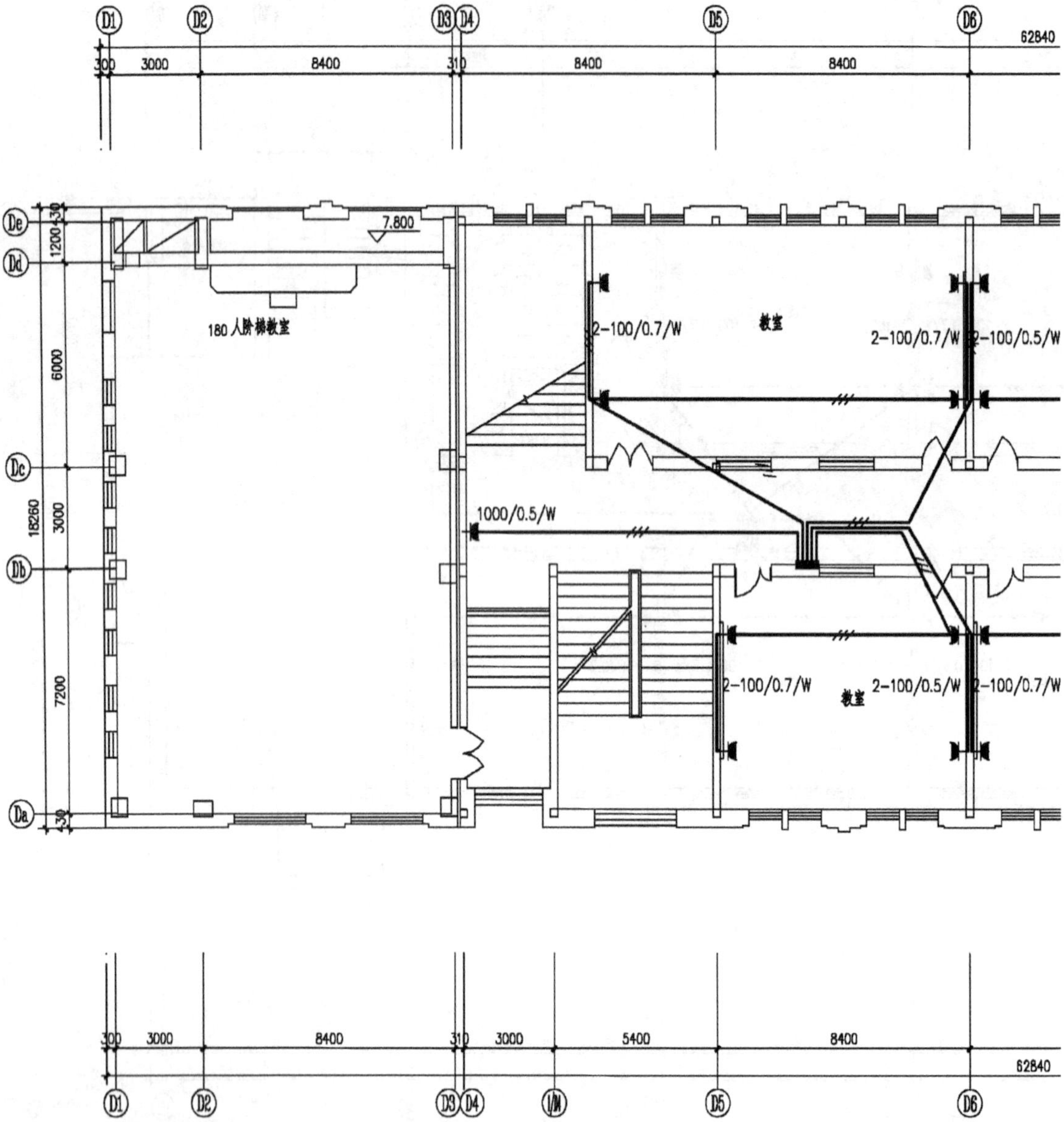

D1
D2
D3
D4
D5
D6
62840
300
3000
8400
310
8400
8400
De
Dd
Dc
Db
Da
1200
6000
3000
7200
18260
7.800
180人阶梯教室
教室
2-100/0.7/W
2-100/0.7/W
2-100/0.5/W
1000/0.5/W
2-100/0.7/W
2-100/0.5/W
2-100/0.7/W
教室
300
3000
8400
310
3000
5400
8400
62840
D1
D2
D3
D4
1/M
D5
D6

图2-8　D区三层

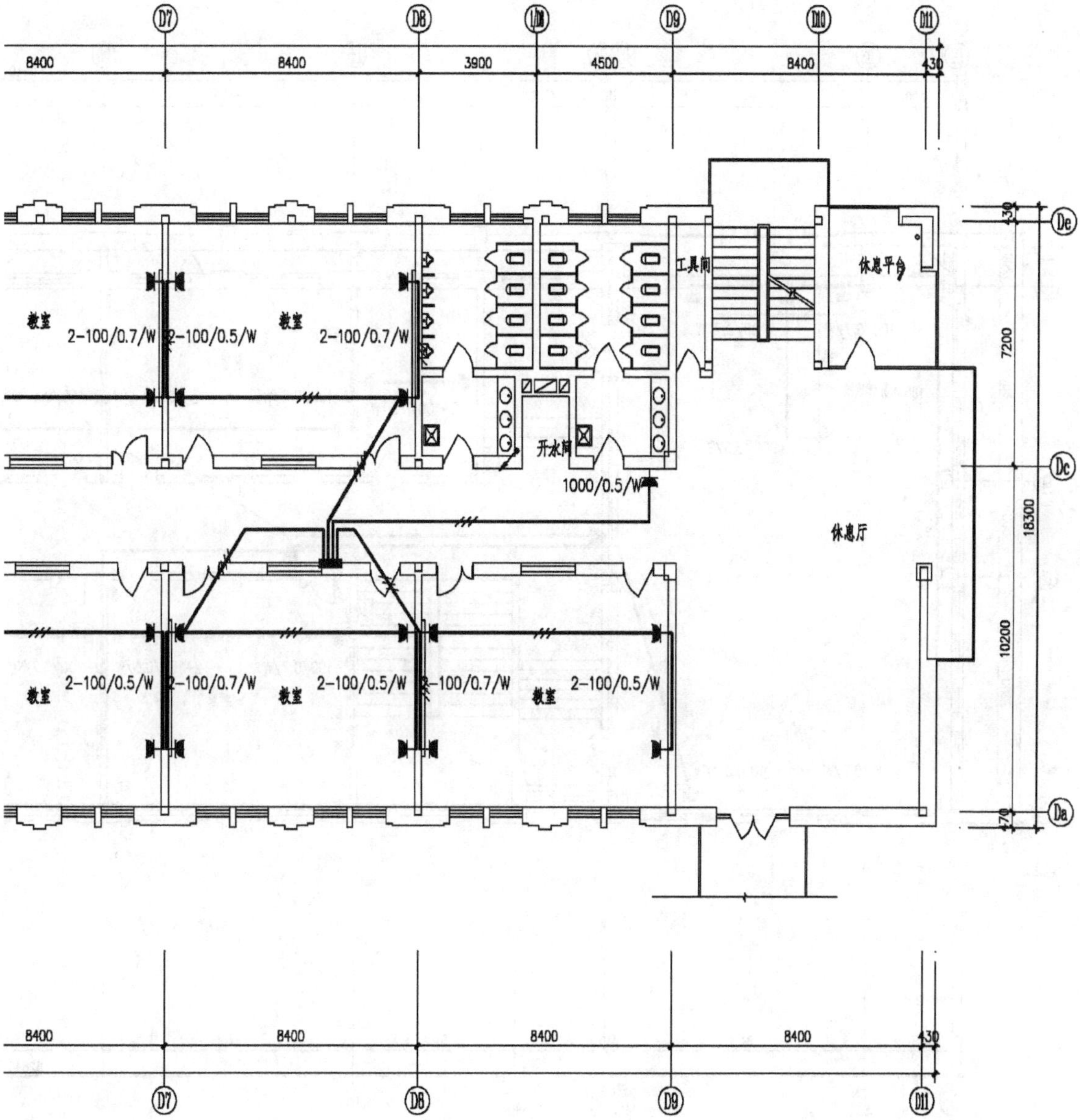

D7
D8
1/D8
D9
D10
D11
8400
8400
3900
4500
8400
430
De
Dc
Da
7200
18300
10200
70
教室
2-100/0.7/W
2-100/0.5/W
教室
2-100/0.7/W
工具间
休息平台
开水间
1000/0.5/W
休息厅
教室
2-100/0.5/W
2-100/0.7/W
教室
2-100/0.5/W
2-100/0.7/W
教室
2-100/0.5/W
8400
8400
8400
8400
430
D7
D8
D9
D11

插座平面图

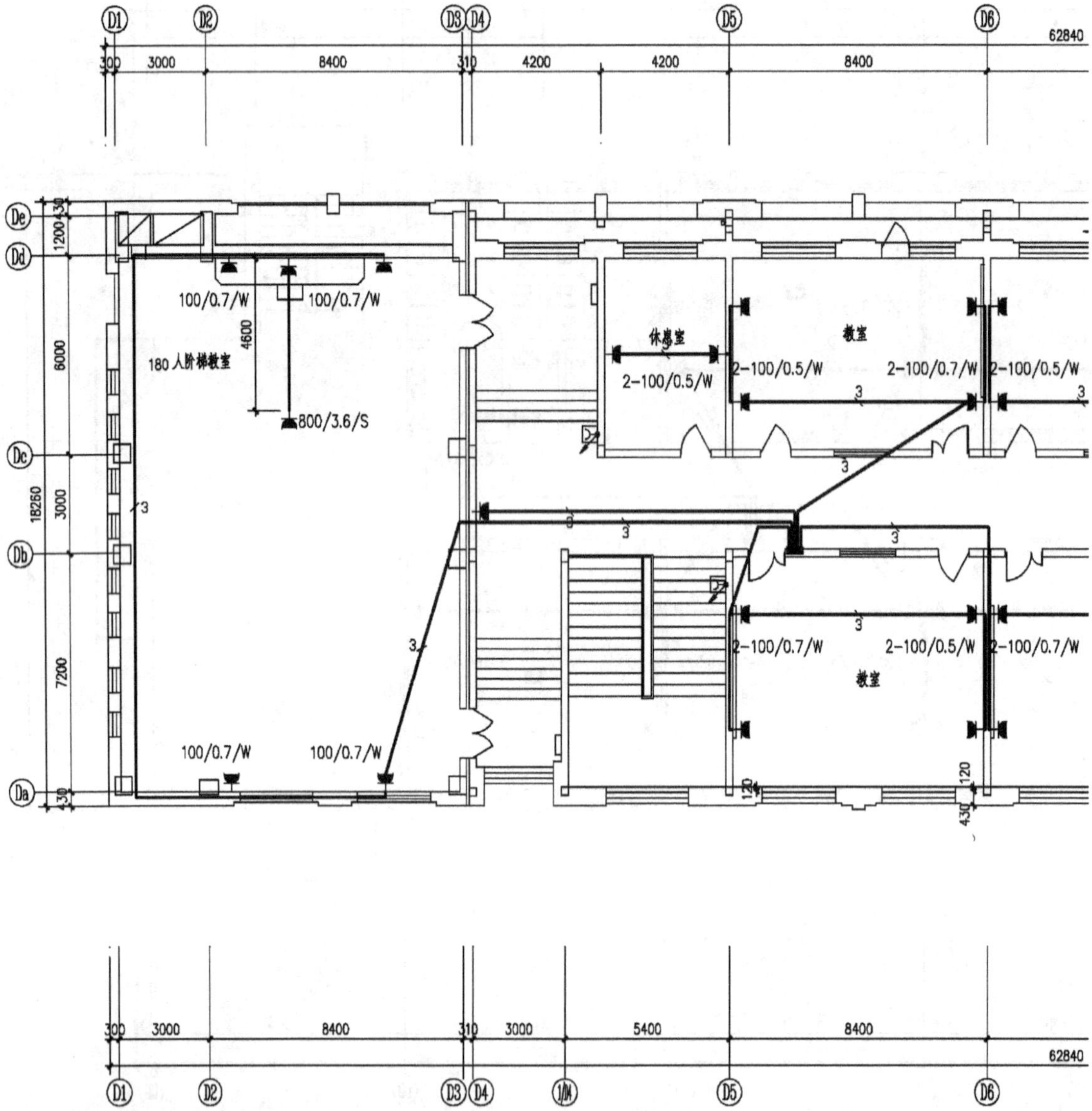
D1
D2
D3
D4
D5
D6
62840
300
3000
8400
310
4200
4200
8400
De
Dd
Dc
Db
Da
1200
430
6000
3000
7200
18260
100/0.7/W
100/0.7/W
4600
180 人阶梯教室
800/3.6/S
休息室
教室
2-100/0.5/W
2-100/0.5/W
2-100/0.7/W
2-100/0.5/W
2-100/0.7/W
2-100/0.5/W
2-100/0.7/W
教室
100/0.7/W
100/0.7/W
120
120
430
3000
5400
1/D4

图 2-9　D 区五层

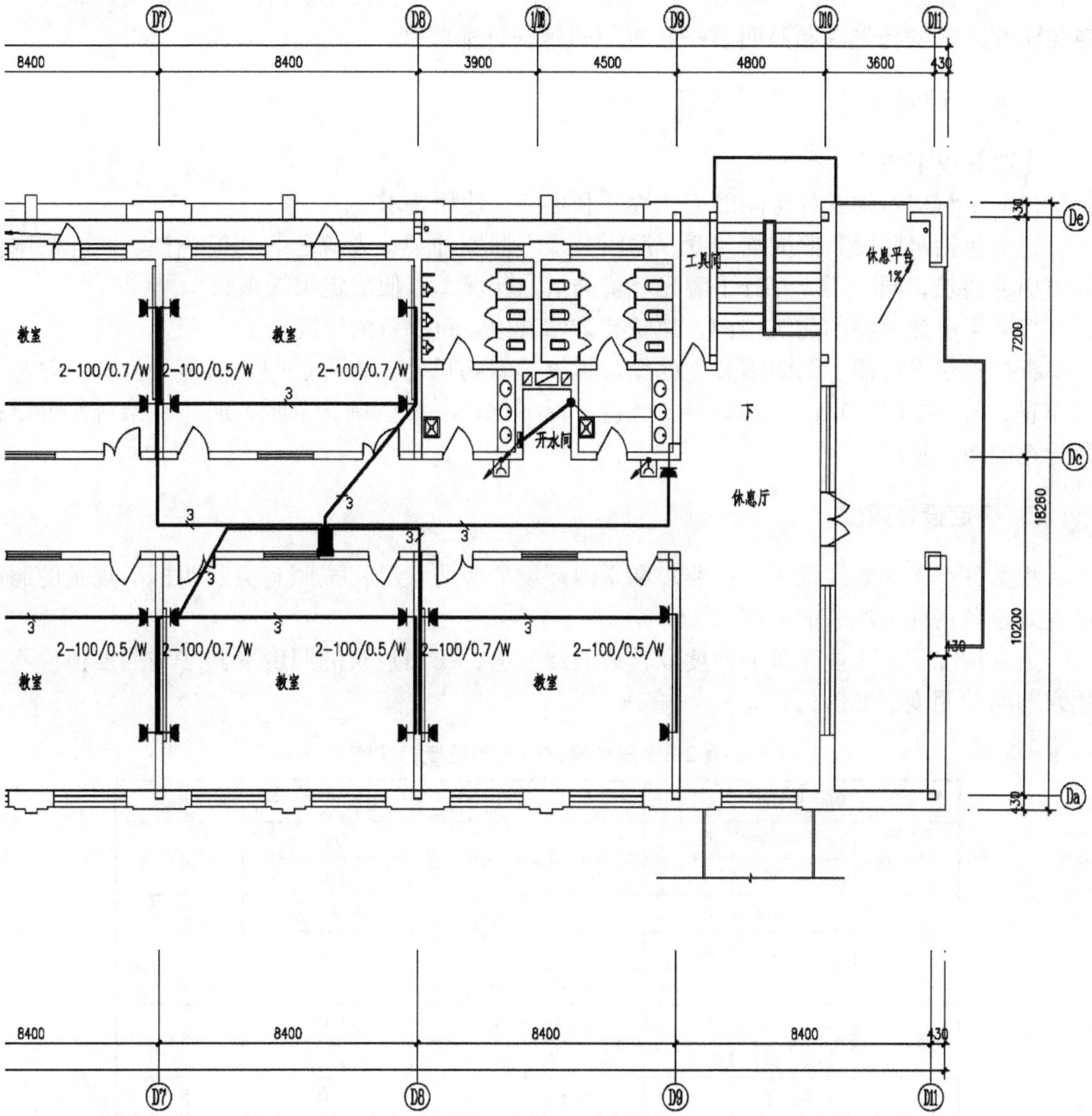
D7
D8
1/D8
D9
D10
D11
8400
8400
3900
4500
4800
3600
430
De
Dc
Da
7200
18260
10200
430
工具间
休息平台
1%
教室
教室
2-100/0.7/W
2-100/0.5/W
2-100/0.7/W
3
开水间
下
休息厅
3
3
3/
3
3
3
3
3
2-100/0.5/W
2-100/0.7/W
2-100/0.5/W
2-100/0.7/W
2-100/0.5/W
教室
教室
教室
8400
8400
8400
8400
430
D7
D8
D9
D11

插座平面图

2.1.2 照明工程光照设计的步骤

照明工程光照设计的步骤为：收集原始资料，了解工艺及建筑情况→确定设计照度→选择照明方式→选择光源和照明器→布置照明器→计算照度。

1. 收集原始资料，了解工艺及建筑情况

主要有以下内容：

（1）了解建筑物及各房间的工艺性质和生产、使用要求。

这里包括对照度、照度均匀度、照明方式、照明种类、光源色表和显色性、眩光的限制等方面的要求，同时还应充分了解光环境的清洁状况，以便确定维护系数。

（2）了解建筑物的建筑结构、建筑装饰和其他建筑设备的情况。

根据建筑平面图、剖面图和立面图，了解建筑物尺寸，电梯、门、窗等的位置，熟悉屋面布置、吊顶情况、室内装饰材料及颜色、反射比，了解空调、采暖、通风、给排水等设备及管道的布置情况。

2. 确定设计照度

根据各个房间对视觉工作的要求和室内环境的清洁状况，按照有关照明标准规定的照度标准确定各房间或场所的照度。

通常情况下，工业建筑的照度取其最低照度值，民用建筑的照度取其平均照度值。不同建筑照明的照度标准值见表 2-3 ～表 2-6。

表 2-3　居住建筑照明的照度标准值

房间或场所		参考平面及其高度	照度标准值（lx）	Ra
起居室	一般活动	0.75m 水平面	100	80
	书写、阅读		300*	
卧　室	一般活动	0.75m 水平面	75	80
	床头、阅读		150*	
餐　厅		0.75m 餐桌面	150	80
厨　房	一般活动	0.75m 水平面	100	80
	操作台	台　面	150*	
卫 生 间		0.75m 水平面	100	80

注：* 宜使用混合照明。

表 2-4　图书馆建筑照明的照度标准值

房间或场所	参考平面及其高度	照度标准值（lx）	UGR	Ra
一般阅览室	0.75m 水平面	300	19	80
国家、省市及其他重要图书馆的阅览室	0.75m 水平面	500	19	80
老年阅览室	0.75m 水平面	500	19	80
珍善本、舆图阅览室	0.75m 水平面	500	19	80
陈列室、目录厅（室）、出纳厅	0.75m 水平面	300	19	80

续表

房间或场所	参考平面及其高度	照度标准值（lx）	UGR	Ra
书库	0.25m 垂直面	50	—	80
工作间	0.75m 水平面	300	19	80

表 2-5　办公建筑照明的照度标准值

房间或场所	参考平面及其高度	照度标准值（lx）	UGR	Ra
普通办公室	0.75m 水平面	300	19	80
高档办公室	0.75m 水平面	500	19	80
会议室	0.75m 水平面	300	19	80
接待室、前台	0.75m 水平面	300	—	80
营业厅	0.75m 水平面	300	22	80
设计室	实际工作面	500	19	80
文件整理、复印、发行室	0.75m 水平面	300	—	80
资料、档案室	0.75m 水平面	200	—	80

表 2-6　学校建筑照明的照度标准值

房间或场所	参考平面及其高度	照度标准值（lx）	UGR	Ra
教室	课桌面	300	19	80
实验室	实验桌面	300	19	80
美术教室	桌面	500	19	90
多媒体教室	0.75m 水平面	300	19	80
教师黑板	黑板面	500	—	80

说明：UGR——统一眩光值（unified glare rating），它是度量处于视觉环境中的照度装置发出的光对人眼引起不适感主观反应的心理参数，其值可按 CIE 统一眩光值公式计算。

Ra——一般显色指数（general colour rendering index），八个一组色试样的 CIE1974 特殊显色指数的平均值，通称显色指数，是描述光源显现物体固有颜色的指标。

3. 选择照明方式和种类

1）选择照明方式

根据建筑和工艺对电气的要求、房间的照明规定，选择合理的照明方式。

照明方式是指照明灯具按其布局方式或使用功能而构成的基本形式。根据现行规范，照明方式可分为一般照明、分区一般照明、局部照明和混合照明四种。

在设计时，按下列要求确定照明方式：

（1）工作场所通常应设置一般照明；

（2）同一场所内的不同区域有不同照度要求时，应采用分区一般照明；

（3）对于部分作业面照度要求较高，只采用一般照明不合理的场所，宜采用混合照明；

（4）在一个工作场所内不应只采用局部照明。

不同的照明方式各有优劣，在照明设计中，不能将它们简单地分开，而应该视具体的设计场所和对象，可选择一种或同时选择几种合适的照明方式。与视觉工作对应的照明分级范围，如表2-7所示。

表2-7　视觉工作对应的照明分级范围

视觉工作	照度分级范围（lx）	照明方式	适用场所示例
简单视觉工作的照明	<30	一般照明	普通仓库
一般视觉工作的照明	50～500	一般照明、分区一般照明、混合照明	设计室、办公室、教室、报告厅
特殊视觉工作的照明	750～2 000	一般照明、分区一般照明、混合照明	大会堂、综合性体育馆、拳击场

2）选择照明种类

（1）照明种类的划分

按照明用途的不同，照明可分为正常照明、应急照明、值班照明、警卫照明和障碍照明。

① 正常照明：正常工作时使用的永久安装照明。

② 应急照明：在正常照明时电源因故障失效的情况下，供人员疏散、保障安全或继续工作用的照明。应急照明必须采用能快速点亮的可靠光源，可细分为以下几种。

- 疏散照明：正常照明因故障熄灭后，为确保有效地辨认和应用安全出口通道，使人们安全撤离建筑物而提供的照明。
- 安全照明：正常照明因故障熄灭后，为确保处于潜在危险之中人员的安全而提供的照明。
- 备用照明：正常照明因故障熄灭后，为确保正常工作或活动继续进行而提供的照明。

暂时继续工作用的备用照明，照度不应低于一般照明的10%；安全照明的照度（一般建筑或影剧院）不低于一般照明的5%，体育建筑不低于正常照明的50%，医院手术室、科研院校的特殊危险的实验室保持正常照明的照度水平；保证人员疏散用的照明，主要通道上的照度不应低于0.5lx。

③ 值班照明：供值班人员使用的照明。值班照明可利用正常照明中能单独控制的一部分，设置专用控制开关。大面积场所宜设置值班照明。值班照明对照度要求不高（20lx以上）。

④ 警卫照明：根据警卫任务需要而设置的照明。

⑤ 障碍照明：装设在障碍物上或附近，作为障碍标志用的照明称为障碍照明。如高层建筑物的障碍标志灯，道路局部施工、管道入井施工标志灯，航标灯等。这三类障碍标志灯在颜色、闪光频率、可视范围和光强值等方面均各有规定，并不通用，使用时应引起注意。

此外，还可有以下几种照明。

装饰照明：为美化、烘托、装饰某一特定空间环境而设置的照明。如建筑物轮廓照明、广场照明、绿地照明等。

广告照明：以商品的品牌或商标为主，配以广告词和其他图案的照明。该照明方式用内照式广告牌、霓虹灯广告牌、电视墙等灯光形式渲染广告的主题思想，同时又为夜幕下的街景增添了情趣。

艺术照明：通过运用不同的光源、不同的灯具、不同的投光角度、不同的灯光颜色，营造出一种特定的空间气氛的照明。

（2）照明种类的确定

应按下列要求确定照明种类。

① 工作场所均应设置正常照明。

② 工作场所下列情况应设置应急照明：

- 正常照明因故障熄灭后，需确保正常工作或活动继续进行的场所，应设置备用照明。如大型商场、超市的大营业厅、贵重物品柜台、收银台和门厅等。
- 正常照明因故障熄灭后，需确保处于潜在危险之中的人员安全的场所，应设置安全照明。如一般建筑的残疾人坡道、医院建筑的手术室等。
- 正常照明因故障熄灭后，需确保人员安全疏散的出口和通道，应设置疏散照明。如住宅建筑长度超过20m的内走道，以及疏散楼梯间、安全出口等。

③ 大面积场所宜设置值班照明。如商店营业厅、仓库、酒店及大型建筑的主要出入口。

④ 有警戒任务的场所，应根据警戒范围的要求设置警卫照明。

⑤ 在危及航行安全的建筑物、构筑物上，应根据航行要求设置障碍照明。

4. 光源和照明器的选择

依据房间装饰色彩、配光、光色的要求和环境条件等因素来选择光源和照明器。

选用电光源时应综合考虑照明设施的要求、使用环境及经济合理性等因素。一般情况下，各种使用场所都需要高效的光源，同时还应考虑显色性、色温等其他性能要求，以及初期投资和年运行费用等问题。

5. 合理布置照明器

照明器的布置从照明光线的投射方向、工作面的照度、照度的均匀度和眩光的限制，以及建设投资运行费用、维护检修方便和安全等因素综合考虑。

灯具的布置包括灯具悬挂的高度及平面的布置两个内容。对室内灯具的布置除了要求保证最低的照度条件外，还应使工作面上照度均匀、光线的射向适当、无眩光阴影、维护方便、使用安全、布置上整齐美观，并与建筑空间相协调。

6. 照度的计算

照度计算是照明工程设计中重要的计算内容之一，尤其是大面积室内照明场所，照度计算结果用来检验照明设计是否合乎标准。照度计算的方法有多种，实际设计时应根据房间的用途和具体的情况选择恰当的方法。

7. 根据需要计算室内各面亮度和眩光评价

《建筑照明设计标准》中已对照明质量从照度要求、照度均匀度、眩光的限制、光源的颜色和各面反射比做了规定，依此进行照明质量的评价。

8. 进行节能计算，校验灯具和光源的选择

在进行照明设计时，应充分融入节能的设计理念，在自然光的利用、节能灯具的选择等方面予以重视。《建筑照明设计标准》中已对各种建筑照明功率密度值进行了规定，照明设计完成后，应按照给定的照明功率密度值进行检验。

9. 确定照明控制的方法

随着电子技术的发展，照明控制技术也不断地发展。现代照明控制技术发展趋势是将照明控制技术和计算机智能控制联系在一起，常用的控制方法有时间程序控制、光敏控制、感应控制、区域场景控制、无线遥控控制和智能照明控制等。

从控制层次上分为光源的控制、房间的控制和楼宇的控制三种情况，在设计时可根据实际情况和要求进行选择。

例如：公共建筑和工业建筑的走廊、楼梯间、门厅等公共场所的照明，宜采用集中控制，并按建筑使用条件和天然采光状况采取分区、分组控制措施；体育馆、影剧院、候机厅、候车厅等公共场所应采用集中控制，并按需要采取调光或降低照度的控制措施；旅馆的每间（套）客房应设置节能控制型总开关；居住建筑有天然采光的楼梯间、走道的照明，除应急照明外，宜采用节能自熄开关等。

技能训练8　照明质量的评价

光照设计的优劣主要用照明质量来衡量，在进行光照设计时，应全面考虑和适当处理照度、亮度分布、照度的均匀度、照度的稳定性、眩光、光的颜色、阴影等主要的照明质量指标。

1. 照度水平

照度是决定物体明亮程度的直接指标。在一定的范围内，照度增加可使视觉能力得到提高。合适的照度有利于保护人的视力，提高劳动生产率。

各场所的照度标准可参考《建筑照明设计标准》（GB 50034—2004）。“照度标准”中给出的照度值是指各种场所参考工作面的平均照度值（若未加说明，该参考平面指距地面0.75m 的水平面）。

2. 亮度分布

作业环境中各表面上的亮度分布是照度设计的补充，是决定物体可见度的重要因素之一。相近环境的亮度应当尽可能低于被观察物体的亮度，CIE 推荐被观察物的亮度为它相近环境的3倍时，视觉清晰度较好，即相近环境与被观察物本身的反射比之比最好控制在0.3～0.5 的范围内。

在工作房间，为了减弱灯具与周围及顶棚之间的亮度对比，特别是采用嵌入式安装灯具时，因为顶棚上的亮度来自室内多次反射，顶棚的反射比要尽量高（不低于0.6）；为避免顶棚显得太暗，顶棚照度不应低于作业面照度的1/10；工作房间内的墙壁或隔断的反射比最好在0.5～0.7之间，地板的反射比在0.2～0.4之间。因而在大多数情况下，要求采用浅

色的家具和浅色的地面。

此外，适当增加作业对象与作业背景的亮度之比，较之单纯提高工作面上的照度能更有效地提高视觉功能，而且比较经济。

3. 照度均匀度

照度均匀度的不良会导致视觉的疲劳。照明的均匀度包含两个方面，一是工作面上照明的均匀性；二是工作面与周围环境的亮度差别。根据我国国标，照明均匀度常用给定工作面上的最低照度与平均照度之比来衡量，即 E_{min}/E_{av}。我国《建筑照明设计标准》规定，工作区域内一般照明的均匀度应不低于0.7，CIE推荐的值为0.8，工作房间内交通区的照度不宜低于工作面照度的1/5。

为了获得满意的照度均匀度，一般照明方式中，灯具均采用均匀布置，并且实际布灯的距高比不应大于所选灯具的允许距高比。

4. 照度的稳定性

为了提高照明的稳定性，从照明供电方面考虑，可采取以下措施。

(1) 照明供电线路与负荷经常变化大的电力供电线路分开，以减少负荷变化引起的电压波动，必要时可采用稳压措施。

(2) 灯具安装注意避开工业气流或自然气流引起的摆动。吊挂长度超过1.5m的灯具宜采用管吊式。

(3) 被照物体处于转动状态的场合，避免使用有频闪效应的光源，可将单相供电的两根灯管采用移相接法，或以三相电源分相接三根灯管来达到降低闪烁效应的目的。

5. 限制眩光

一般来说，被视物与背景的亮度比超过1:100就容易产生眩光；当被视物亮度超过16cd/m^{2}时，在任何条件下都会产生眩光。

我国规定民用建筑照明对直接眩光限制的质量等级分为三级，规定了相应的眩光程度和应用场所。

为了限制眩光，可采用如下措施。

(1) 限制光源的亮度、降低灯具的表面亮度。如采用磨砂玻璃等。

(2) 局部照明的灯具应采用不透明的反射罩，且灯具的保护角（遮光角）$\gamma \geq 30°$；若灯具的安装高度低于工作者的水平视线时，γ 应限制在10°～30°之间。

(3) 选择好灯具的悬挂高度。

(4) 采用各种玻璃水晶灯。

(5) 选择合适的亮度分布等。

6. 光源的颜色和显色性

不同的场所对光源的颜色和显色性各有不同的要求。

在需要正确辨色的场所，应采用显色指数较高的光源，也可采用两种光源混合照明的办法。

7. 绿色照明

“绿色照明（green light）”是1991年提出的概念，是指通过提高照明电器和系统的效率，减少发电排放的大气污染物和温室气体，改善生活质量，提高工作效率。完整的绿色照明内涵包含高效节能、环保、安全、舒适4项指标，不可或缺。高效节能意味着以消耗较少的电能获得足够的照明，从而明显减少电厂大气污染物的排放，达到环保的目的。安全、舒适指的是光照清晰、柔和及不产生紫外线、眩光等有害光照，不产生光污染。

绿色照明的宗旨如下：

（1）保护环境，包括减少照明器具生命周期内的污染物排放，采用洁净光源、自然光源和绿色材料，控制光污染；

（2）节约能源，以紧凑型荧光灯替代白炽灯为例，可节电70%以上，高效电光源可使冷却灯具散发出热量的能耗明显减少；

（3）有益健康，提够舒适、愉悦、安全的高质量照明环境；

（4）提高工作效率，这比节省电费更有价值；

（5）营造体现现代文明的光文化。

实现绿色照明，还要推广采用各种照明节能的控制设备，常用的有光传感器、热辐射传感器、超声传感器、时间程序控制和直接或遥控调光等。

【温馨提示】

国际照明委员会（CIE）就节能方面具体提出的9条节能原则：

（1）根据视觉工作需要，决定照明水平；

（2）得到所需照度的节能照明设计；

（3）在考虑显色性的基础上采用高光效光源；

（4）采用不产生眩光的高效率灯具；

（5）室内表面采用高反射比的材料；

（6）照明和空调系统的热结合；

（7）设置不需要时能关灯或灭灯的可变装置；

（8）不产生眩光和差异的人工照明同天然采光的综合利用；

（9）定期清洁照明器具和室内表面，建立换灯和维修制度。

知识梳理

1. 照明光照设计包括照度的选择、光源的选用、灯具的选择与布置、照明控制策略与方式的确定、照明计算等诸多方面。

2. 光照设计的步骤是：收集原始资料，了解工艺及建筑情况→确定设计照度→选择照明方式→选择光源和照明器→照明器的布置→照度计算。

3. 按照明用途的不同，照明可分为正常照明、应急照明、值班照明、警卫照明和障碍照明。

4. 照明质量应从照度、亮度分布、照度的均匀度、照度的稳定性、眩光、光的颜色、阴影等方面进行评价。

5. 绿色照明的内涵包含高效节能、环保、安全和舒适4项指标。

任务2.2 电光源及其选择

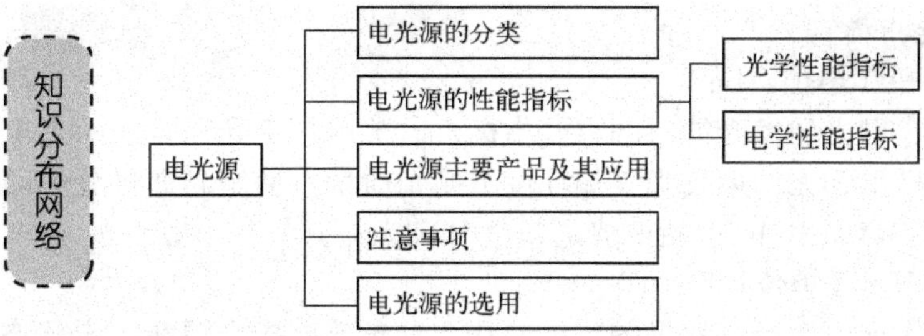

建筑电气照明设备包括电光源、照明器（又称灯具或控照器）及其附件和各类专用材料等。电光源是电气照明设备的核心部分，因此只有熟悉电光源的分类、各类产品的性能指标、工作原理、适用场合等基本知识，才能在工程中具有正确选型及安装的能力。

在本任务中，主要介绍建筑照明工程光照设计中所用到的电光源的性能、参数及其选择方法等。

2.2.1 电光源的分类及其性能指标

1. 电光源的分类

根据发光原理，电光源可分为三类四代：热辐射电光源、气体放电电光源、固体电光源。前两类是工程上常用的、成熟的、已形成系列的产品；后一类为新型的、带有方向性研究的产品，有些已形成规模、成熟的系列产品，有些则尚未实现成熟的工程应用。

热辐射电光源：利用电能使物体（耐高温、低挥发）加热到白炽程度而发光的光源。

气体放电电光源：利用气体或蒸汽的放电而发光的光源。

固体电光源：在电场作用下，使固体物质发光的电源。它将电能直接转变为光能。包括场致发光光源和发光二极管两种。

常见电光源如表2-8所示。

表2-8 常见电光源

电光源类别	俗称代数	电光源主要代表	
热辐射电光源类	第一代产品	白炽灯、卤钨灯	
气体放电电光源类	第二代产品	低压气体放电灯	普通荧光灯
			低压钠灯
	第三代产品	高压气体放电灯（HID灯）	高压汞灯、钠灯
			氙灯
			金属卤化物灯
			稀土节能灯
固体电光源类	第四代产品	发光二极管（LED灯）	

2. 电光源的性能指标

电光源的性能指标包括光学性能指标和电学性能指标，统称电光源的光电参数。

1）光学性能指标

（1）光通量 Φ（单位：lm）

光通量是衡量电光源发光能力的重要指标，通常用额定光通量表示。额定光通量指电光源在额定工作条件下，无约束发光工作环境下的光通量。额定光通量分为两种计量情况：初始光通量（如卤钨灯）和100h后的光通量（如荧光灯）。

（2）发光效率 η（单位：lm/W）

发光效率是表征光源经济效果的重要参数。发光效率指光源在额定状态下消耗1W电功率所发出的光通量。

（3）寿命 τ（单位：h）

寿命是衡量电光源可使用时间长短的重要指标。又有下面几种记法：

全寿命——某光源从第一次点燃到不能使用的时间；

平均寿命——取一组同一规格的电光源一同点燃，至50%的损坏，所经过的小时数；

有效寿命——电光源从点燃起到不能使用的时间。

（4）显色性 Ra

显色性是衡量光源颜色质量的指标，描述光源对被照物体颜色的显现能力。一般用显色指数 Ra 表示，Ra =0 ～ 100，指数越高显色性越好。

（5）点燃时间和稳定时间（单位：min）

点燃时间——指光源接通电源到光源达到额定光通量输出时所需要的时间。

再点燃时间——指光源正常工作时熄灭后再点燃所需要的时间。

稳定时间——指光源点燃后达到额定光通量或额度状态的时间。

2）电学性能指标

（1）额定电压 U_N——即规定的电光源的正常工作电压（单位：V）。

（2）额定功率 P_N——即电光源设计功率（单位：W）。

3. 环境条件对两种光源性能的影响

（1）频闪效应——指气体放电电源在交流电源的作用下，其光通量随电流一同作周期变化。

（2）电压特性——指电光源电压与额定电压不符时，对其使用造成的影响。

（3）温度特性——指环境温度过高或过低会影响其使用性能。

2.2.2 常用的电光源

1. 普通白炽灯

1）结构、种类和工作原理

结构：由玻璃壳、灯丝、支架、引线和灯头等几部分组成，见图2-10和图2-11。

种类：真空灯泡—— 一般 <40W；

充气灯泡—— 一般≥40W。

工作原理：当钨丝因通电而加热至白炽状态（2 400 ～ 3 000K）时，发出可见光。

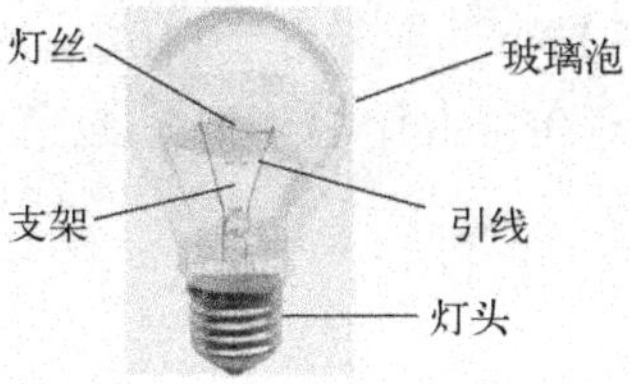

图2-10　白炽灯的结构

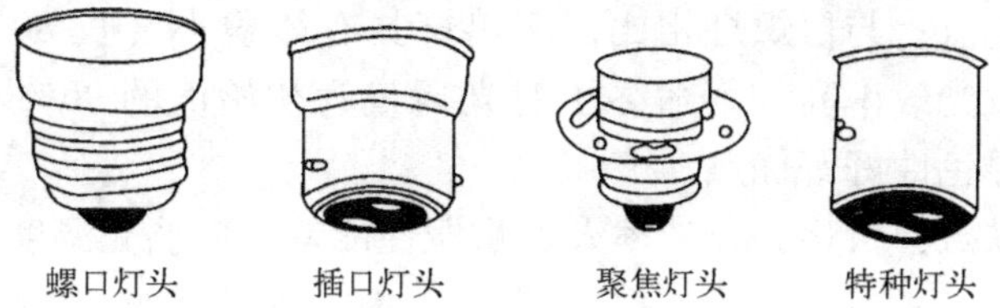

图2-11　几种白炽灯灯头的外形

2）特点

优点：具有高度的集光性，便于控制，适于频繁开关，点燃和熄灭对灯的性能寿命影响小，辐射光谱连续，显色性好（Ra＝95 ～ 99），价格便宜，使用方便，便于控光，开灯即亮。

缺点：使用时放热，光效较低，寿命短。

3）用途

可用于居室、客厅、大堂、客房、商店、餐厅、走廊、会议室、庭院。

色温较高（3 200K）：摄影、舞台、电影放映光源。

色温中等（2 700 ～ 2 900K）：家庭、旅馆、饭店、艺术照明、信号照明。

色温较低（＜2 500 K）：红外线灯。

4）主要类别

可分为普通照明用白炽灯、装饰白炽灯、反射型灯泡、局部照明灯泡。

5）使用时注意事项

（1）启动电流大（12 ～ 16I_N），一个开关控制数量有限。

（2）对电压敏感：U↑5%→寿命↓50%；U↓5%→光通量↓18%。

（3）使用时间↑→灯丝细→P_L↓→光通量↓。

（4）表面温度高（40 ～ 200℃），需防止烫伤和炸裂。

2. 卤钨灯

1）结构和工作原理

卤钨灯的结构如图2-12所示。

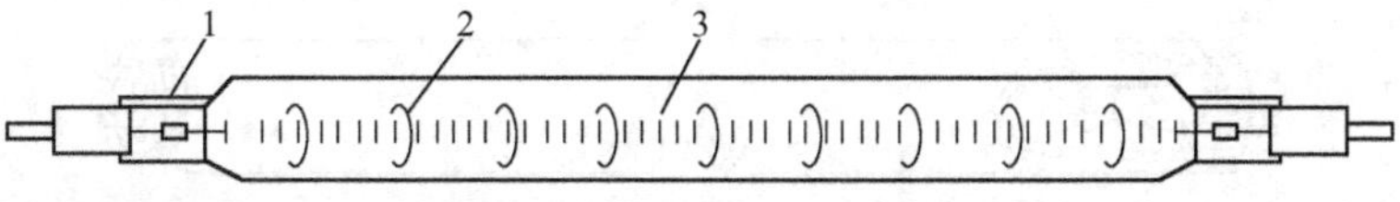

1—钼箔；2—支架；3—灯丝

图2-12　管型卤钨灯的结构

结构：石英管、灯丝、支架、电极，管内充入惰性气体和少量卤族元素或相应的卤化物。

工作原理：被蒸发的钨和卤素在管壁附近化合成卤化物，卤化物由管壁向灯丝扩散迁移，在钨丝周围，由于温度高而使卤化钨分解为卤素和钨蒸汽，这样，一部分钨蒸汽重新回到钨丝上，可以防止钨沉积在管壁上导致发黑，同时又抑制了钨的蒸发，延长其使用寿命。

2）特点

优点：与白炽灯相比，卤钨灯具有体积小（长 80 ～ 330mm、直径 8 ～ 10mm）、寿命长、发光效率高（寿命终了时光通量为初始值的 95% ～ 98%）、工作温度高、光色得到改善、显色性好等优点。

缺点：价格高、功率大、耐振性能差、玻璃壳温度高。

3）应用

会议室、展览展示厅、客厅、商业照明、影视舞台、仪器仪表、汽车、飞机及其他特殊照明。

4）分类

卤钨灯按用途分为以下 6 类。

（1）照明卤钨灯。又分为高压双端灯、低压单端灯和多平面冷反射低压定向照明灯 3 种，广泛用于商店、橱窗、展厅、家庭室内照明。

（2）汽车卤钨灯。又分前灯、近光灯、转弯灯、刹车灯等。

（3）红外、紫外辐照卤钨灯。红外辐照卤钨灯用于加热设备和复印机上，紫外辐照卤钨灯已开始用于牙科固化粉的固化工艺。

（4）摄影卤钨灯。已在舞台影视和新闻摄影照明中取代普通钨丝白炽灯。

（5）仪器卤钨灯。用于现代显微镜、投影仪、幻灯及医疗仪器等光学仪器上。

（6）冷反射仪器卤钨灯。用于轻便型电影机、幻灯机、医用和工业用内窥镜、牙科手术着色固化、彩色照片扩印等光学仪器上。

5）使用时注意事项

（1）不适于有易燃、易爆物的场合，且管角引线耐高温。

（2）水平安装，倾斜角范围 ±4℃。

（3）不宜做移动式照明。

（4）定期用酒精或丙酮擦洗，保持其透光性。

3. 荧光灯

1）结构和种类

荧光灯的结构如图 2-13 所示。

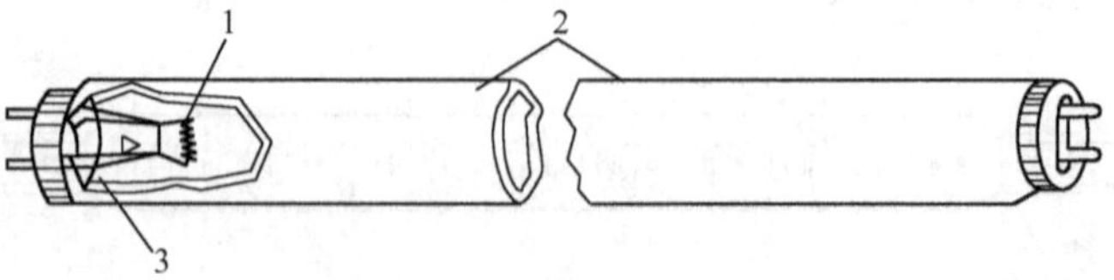

1—电极；2—玻璃管（内表面涂荧光粉）；3—水银

图 2-13　荧光灯的结构

结构：玻璃管、镇流器、启辉器。

种类：直管型、环型、紧凑型等。紧凑型荧光灯多为单端，通常为电子型镇流器，其几种常见的类型如图 2-14 所示。

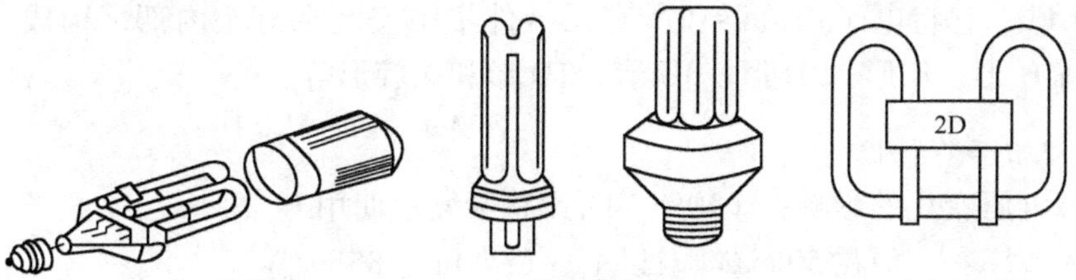

（a）双曲灯　　（b）H灯　　（c）双D灯

图 2-14　常见的单端荧光灯

2）特点

优点：表面亮度低、光线柔和、发光效率高、寿命长、属冷色光，适用于办公、阅览场所。

缺点：点燃慢、有频闪效应、可造成汞伤害、显色性差。

3）附件

镇流器、启辉器、补偿电容器。

4）接线方式和工作原理

以电感式的附件荧光灯的工作原理为例，其工作线路图如图 2-15 所示。工作原理为：接通电源→220V 加在启辉器的金属片上→启辉器产生辉光放电→双金属片伸开→两极短接通电→灯丝加热至 800 ～ 1 000℃→灯丝上涂的氧化钡产生热电子发射，同时汞少量气化（1. 3Pa）→此时辉光放电结束→镇流器产生高压电动势（600 ～ 1 500V）→加在灯管两端使汞蒸汽电离→电离的汞产生光辐射（紫外光 253. 7nm）→紫外光激发荧光粉，产生可见光并点亮后，加在灯管上的电压只有 100V，而启辉器的熄灭电压在 130V 以上。电容的作用：提高功率因数（0. 5 →0. 9）。

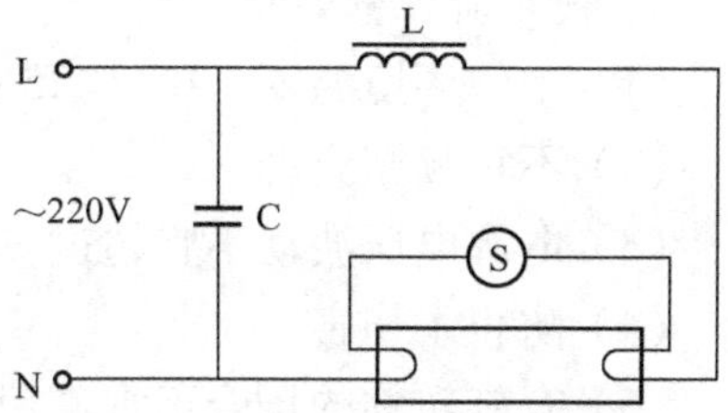

图 2-15　荧光灯工作线路图

目前市场上供应的电子型镇流器，不需要启辉器，由低通滤波器、整流器、缓冲电容、高频功率放大器和灯电流稳压器五个部分组成，图 2-16 是电子镇流器原理图。

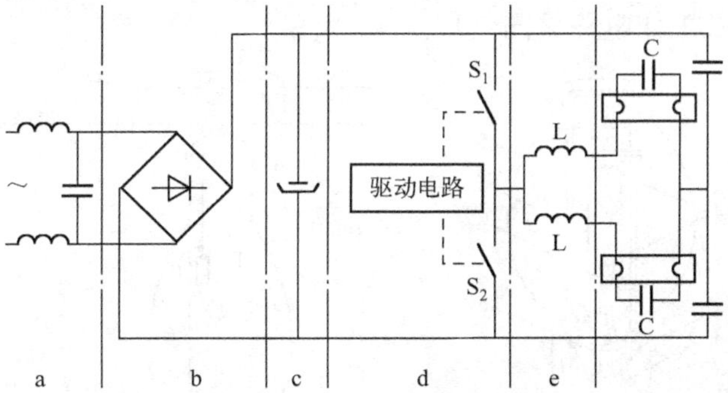

a—降压电路；b—整流电路；c—滤波电路；d—驱动电路；e—镇流电路

图 2-16　电子镇流器原理图

电子型镇流器具有节能（30% ～ 40%）、启动时间短（0. 4 ～ 1. 5s）、无频闪、体积小、寿命长（2 倍以上）等优点。常用的电子型镇流器荧光灯有直管型和紧凑型，紧凑型俗称节能灯，简称 CFL，它将电子镇流器和所有元器件集中安装在灯头内部，构成一个完整的灯体。常见的有 H 形、U 形、2U 形、3U 形、2D 形和螺旋形等。

5）荧光灯的工作特性

（1）电源电压变化的影响：±10%，否则将会缩短使用寿命。

（2）发光效率：一般在 50lm/W 及以上，最高可达 85lm/W。

（3）寿命：3 000 ～ 5 000h，最高可达 10 000h。

（4）显色指数：60 ～ 85。

（5）频闪效应：以 2 倍的电源频率闪烁。

（6）温度特性：20 ～ 35℃最佳。

用直管型荧光灯取代白炽灯，节电 70% ～ 90%，寿命增加 5 ～ 10 倍；对直管型荧光灯进行升级换代，节电 15% ～ 50%；用紧凑型荧光灯取代白炽灯，节电 70% ～ 80%，寿命增加 5 ～ 10 倍。

6）使用时注意事项

（1）工作环境温度：18 ～ 25℃。

（2）不宜频繁启动。

（3）电源电压波动不宜超过 ±5%。

（4）防止汞伤害。

（5）有旋转物的场合不宜使用。

4. 高强度气体放电光源（HID 光源）

所谓高强度气体放电光源是指灯管内的工作压强超过 6at，依赖高压汞蒸汽、高压钠蒸汽被热激发而产生辐射发光。高强度气体放电光源从结构和工作原理上与低压气体放电光源有着很大的不同。

1）高压汞灯

高压汞灯的结构及工作电路见图 2-17。

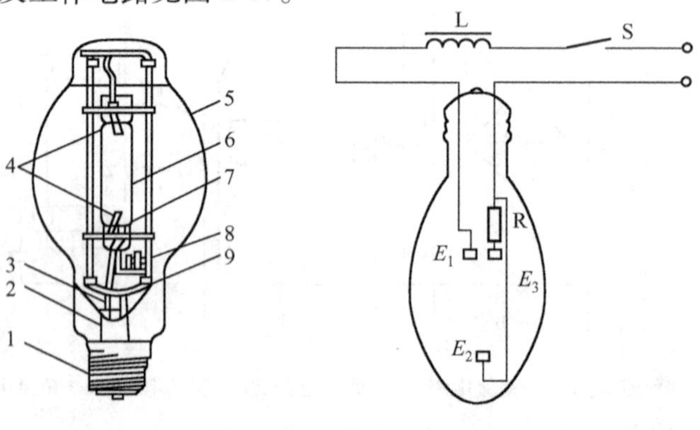

1—灯头；2—抽气管；3—导线；4—主电极 E_1、E_2；5—玻璃壳；6—石英放电管；7—辅助电极 E_3；8—启动电阻；9—支架

图 2-17　高压汞灯的结构及工作电路

工作原理：当接通开关 S 时，首先是主电极 E_1 与辅助电极 E_3 之间产生辉光放电，同时产生大量热电子和离子。由于热电子和离子的扩散，使主电极 E_1 和 E_2 之间产生弧光放电，石英放电管起燃、辐射紫外线，灯泡内壁的荧光粉受紫外线激发而发出可见光，此时镇流器起限制灯管电流的作用。

特点：发光效率高、平均寿命长、显色性差、亮度较高、成本相对较低。

用途：广场、道路照明、室内外工业照明、商业照明、施工场所的室外照明。

2）高压钠灯

高压钠灯的结构及工作电路见图 2-18。

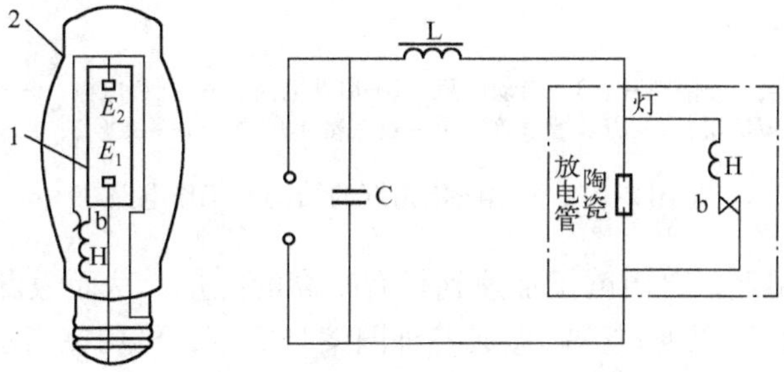

1—陶瓷放电管；2—玻璃外壳

图 2-18　高压钠灯的结构及工作电路

工作原理：当接通电源时钠灯的启动电流经加热线圈 H 和双金属片触点 b 形成电路，使加热线圈 H 发热。达到一定温度后，双金属片触点 b 断开，镇流器 L 上产生很高的自感电压，加在陶瓷放电管两端，使放电管击穿放电点燃发光。放电管点燃发光时产生的热量使双金属片触点保持分断状态。

特点：显色性差、光效比较高、寿命长、亮度高、紫外辐射少、透雾性强，属节能型光源。

用途：车站照明、广场照明、体育馆照明，特别是城市道路照明。

3）金属卤化物灯

金属卤化物灯是在高压汞灯的基础上，在放电管中加入了各种不同的金属卤化物而制成的。它依靠这些金属原子的辐射，提高灯管内金属蒸汽的压力，有利于发光效率的提高，从而获得比高压汞灯更高的光效和显色性。其结构及工作电路见图 2-19。

工作原理：金属卤化物灯管中虽然像高压汞灯那样也充入有汞，但这些金属的激发电位低于汞，因此在放电辐射中金属谱线占主要地位。由于金属卤化物比汞难蒸发，充入汞的作用就是为了使灯容易起燃。刚起燃时，金属卤化物灯就如高压汞灯，起燃后，金属卤化物被蒸发，放电辐射的主导地位转移到金属离子的辐射。

特点：体积小、质量轻、寿命长、光效高、显色性好、抗电压波动稳定性较高。

用途：工业照明、城市亮化工程照明、商业照明、车站码头和体育场馆照明及道路照明等。

5. 其他照明光源

1）场致发光灯（屏）

场致发光灯（屏）是利用场致发光现象制成的发光灯（屏）。场致发光灯（屏）的工作

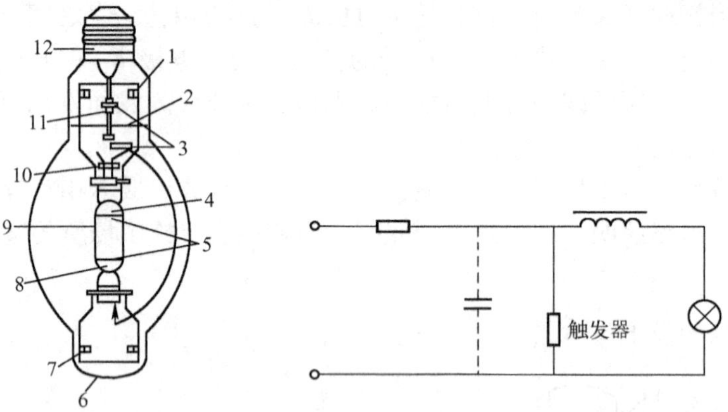

1、7—支架；2—隔热片；3—启动电阻；4—启动电极；5—钍钨电极；6—外玻璃壳；
8—保温涂层；9—石英放电管；10—双金属片开关；11—二极管；12—灯头

图 2-19　金属卤化物灯的结构及工作电路

原理为：在电场的作用下，自由电子加速到具有很高的能量，从而激发发光层，使之发光。

场致发光灯（屏）可以通过分割做成各种图案与文字，可用在指示照明、广告、计算机显示屏等照度要求不高的场所。

2）发光二极管（LED）

LED 是 Light Emitting Diode（发光二极管）的缩写，它的基本结构是一块电致发光的半导体材料，置于一个有引线的架子上，四周用环氧树脂密封，起到保护内部芯线的作用，所以 LED 的抗振性能好。发光二极管的核心部分是由 P 型半导体和 N 型半导体组成的晶片，在 P 型半导体和 N 型半导体之间有一个过渡层，称为 PN 结。在某些半导体材料的 PN 结中，注入的少数载流子与多数载流子复合时会把多余的能量以光的形式释放出来，从而把电能直接转换为光能。PN 结加反向电压，少数载流子难以注入，故不发光。这种利用注入式电致发光原理制作的二极管叫发光二极管，通称 LED。当它处于正向工作状态时（即两端加上正向电压），电流从 LED 阳极流向阴极，半导体晶体发出从紫外到红外不同颜色的光线，光的强弱与电流有关。

由于发光二极管具有寿命长、可靠性高、节能、无噪声等优点，因此普遍制作成指示灯、显示器、交通信号灯、汽车灯、舞台聚光灯、红外线灯，目前还多用于城市景观照明。

LED 光源的特点如下。

（1）电压：LED 使用低压电源，供电电压在 6 ～ 24V 之间，根据产品不同而异。所以它是一个比使用高压电源更安全的电源，特别适用于公共场所。

（2）效能：消耗能量较同光效的白炽灯减少 80%。

（3）适用性：体积很小，每个单元 LED 小片是 3 ～ 5mm 的正方形，所以可以制备成各种形状的器件，并且适合于易变的环境。

（4）稳定性：100 000h，光衰为初始的 50%。

（5）响应时间：白炽灯的响应时间为毫秒级，LED 灯的响应时间为纳秒级。

（6）对环境污染：无有害金属汞。

（7）颜色：改变电流可以变色，发光二极管方便地通过化学修饰方法，调整材料的能带结构和带隙，实现红、黄、绿、蓝、橙多色发光。如小电流时为红色的 LED，随着电流的增加，可以依次变为橙色、黄色，最后为绿色。

（8）价格：LED 的价格比较昂贵，较之于白炽灯，几只 LED 的价格就可以与一只白炽灯的价格相当，而通常每组信号灯需由 300 ～ 500 只 LED 构成。

技能训练 9　电光源的选用

电光源的选用，首先要符合国家现行的相关标准、规范的有关规定，其次应满足照明要求。

选用电光源时应综合考虑照明设施的要求、使用环境及经济合理性等因素。一般情况下，各种使用场所都需要高效的光源，同时还应考虑显色性、色温等其他性能要求，初期投资和年运行费用等问题，还应突出绿色照明工程要求。

1. 根据照明设施的目的与用途选择光源

对显色性要求较高的场所应选用平均显色指数 Ra≥80 的光源，如美术馆 、商店、化学分析实验室、印染车间等。

对色温的选用主要根据使用场所的要求。办公室、阅览室宜选用高色温光源，使办公、阅读更有效率感；休息的场所宜选用低色温光源，给人以温馨、放松的感觉。

频繁开关的场所，宜采用白炽灯，需要调光的场所，宜采用白炽灯、卤钨灯；当配有调光镇流器时，也可选用荧光灯。需要瞬时点亮的照明装置，如各种场所的事故照明，不能采用启动时间和再启动时间都较长的 HID 灯。美术馆展品照明，不宜采用紫外线辐射量多的光源。要求防射频干扰的场所，对气体放电灯的使用要特别谨慎。

2. 按照环境的要求选择光源

低温场所，不宜选择配用电感镇流器的预热式荧光灯管，以免启动困难；在空调的房间内，不宜选用发热量大的白炽灯、卤钨灯等，以降低空调工作用电量；电源电压波动急剧的场所，不宜采用容易自熄的 HID 灯；机床设备旁的局部照明，不宜选用气体放电灯，以免产生频闪效应；对于有振动或紧靠易燃物品的场所，不宜选用卤钨灯，可使用高压汞和高压钠灯；当悬挂高度在 4m 及以下时，宜采用荧光灯；当悬挂高度在 4m 以上时，宜采用高强气体放电灯，若不宜采用高强气体放电灯，也可采用白炽灯。

3. 按投资与年运行费用选择光源

选择电光源还要考虑到电气设备的费用、材料的费用、安装的费用、运行的费用等影响因素。提高光源的光效，可节约电费、减少灯数、降低维护费用。对于室外广告、室外饰景美化等处，尽量选用新型光源，如 LED、高频无极灯等，以降低运行费用。对于高大厂房，有复杂生产设备的厂房及维护困难的场所，适用高效、高寿命光源，以减少维护更换工作，降低运行费用。年运行费用包括电力费、年耗用灯泡费、照明装置的维护费及折旧费，其中电费和维护费占较大比重。

4. 以实施绿色照明工程为基点选择光源

在节约电能、保护环境的“绿色照明”概念提出之后，照明的质量和水平已成为衡量社会现代化程度的一个重要标志，成为人类社会可持续发展的一项重要措施。在推进绿色照明工程实施过程中，电光源的选择应遵循以下一般原则：

（1）限制白炽灯的应用；

（2）采用卤钨灯取代普通白炽灯；

（3）推荐采用紧凑型荧光灯取代白炽灯；

（4）推荐采用 ϕ26mm、ϕ16mm 细管荧光灯；

（5）推荐采用钠灯和金属卤化物灯。

选择电光源时要注意，玻璃外壳应光滑不允许有气泡和沙眼，否则运行中不但会影响到电光源的发光、影响到电光源的寿命，甚至会发生电光源玻璃外壳的爆裂。灯泡内若有支架，应观察灯丝及支架的分布状况，支架位置应对称、灯丝缠绕疏密要一致。依安装地点、条件选择光源时还要考虑：选择有无防紫外线辐射的灯罩？安装地点有无良好散热条件？安装地点需要什么样的安装方式？关于光源安装要考虑安装方式应注意的问题，对于破损或报废的光源不应随意丢弃，防止汞污染。

表 2-9 和表 2-10 给出了电光源的主要性能指标及不同电光源的使用范围，在进行照明设计时，可作为参考。

表 2-9　住宅光源的选择种类

序号	房间名称	基本要求	适用光源
1	起居室	明亮、高照度、点亮连续时间长	紧凑型、环型、直管荧光灯
		要求较高的艺术装修和豪华的场所	白炽灯的花灯、台灯、壁灯，重点照明用低压卤钨灯
2	卧室	暖色调、低照度、需要宁静温馨的气氛，在卧室内长时间阅读书写时需要高照度	白炽灯做一般照明 台灯可用紧凑型荧光灯
3	梳妆台	暖色调、显色性好、富于表现人的肌肤和面貌，照度要求高	白炽灯为主
4	小厅	亮度高，连续点亮时间长，要求节能	紧凑型荧光灯
5	餐厅	以暖色调为主，显色性好，还原食物色泽，增加食欲	白炽灯
6	书房	书写及阅读要求照度高，重点以照明为主	紧凑型荧光灯
7	卫生间	光线柔和，灯泡开关次数频繁	白炽灯
8	门厅楼梯间、储藏室	照度要求较低，开关频繁	白炽灯

表 2-10　常用照明电光源的主要特性比较

性能指标＼光源种类	白炽灯	卤钨灯	荧光灯	紧凑荧光灯	高压汞灯	高压钠灯	金属卤化物灯
额定功率(W)	10 ～ 1 500	60 ～ 5 000	4 ～ 200	5 ～ 55	50 ～ 1 000	35 ～ 1 000	35 ～ 3 500
发光效率(lm/W)	7.3 ～ 25	14 ～ 30	44 ～ 87	30 ～ 50	70 ～ 100	52 ～ 130	—
平均寿命(h)	1 000 ～ 2 000	1 500 ～ 2 000	8 000 ～ 15 000	5 000 ～ 10 000	10 000 ～ 20 000	12 000 ～ 24 000	3 000 ～ 10 000
一般显色指数 Ra	95 ～ 99	95 ～ 99	70 ～ 95	>80	30 ～ 60	23 ～ 85	60 ～ 90

续表

光源种类 / 性能指标	白炽灯	卤钨灯	荧光灯	紧凑荧光灯	高压汞灯	高压钠灯	金属卤化物灯
色温(K)	2 400～2 900	2 800～3 300	2 500～6 500	2 500～6 500	4 400～5 500	1 900～3 000	3 000～7 000
表面亮度(cd/m^2)	10^7～10^8	10^7～10^8	10^4	(5～10)×10^8	10^5	(6～8)×10^8	(5～78)×10^4
启动稳定时间	瞬时	瞬时	1～4s	10s	4～8min	4～8min	4～10min
再启动稳定时间	瞬时	瞬时	1～4s	10s	5～10min	10～15min	10～15min
功率因数	1	1	0.33～0.7	0.5～0.9	0.44～0.67	0.44	0.4～0.6
闪烁	无	无	有	有	有	有	有
电压变化对光通量输出的影响	大	大	较大	较大	较大	大	较大
环境变化对光通量输出的影响	小	小	大	大	较小	较小	较小
耐振性能	较差	差	较好	较好	好	较好	好
附件	无	无	有	有	有	有	有
适用场合	家用照明、商店照明(橱窗)、餐厅和旅馆照明、医院照明(检查)、剧场和电视照明	商店照明(橱窗)、餐厅和旅馆照明、音乐厅照明、电影照明	家用照明、办公、学术照明、医院照明、剧场和电视照明、餐厅和旅馆照明	家用照明、音乐厅照明	商店照明、餐厅和旅馆照明、工业照明(低天花板)、体育馆照明、道路照明、广场照明	道路照明、广场照明	商店照明(普通)、体育馆照明、公园和广场照明

知识梳理

1. 建筑照明中通常用的电光源分为两类，即热辐射光源和气体放电光源。常用的热辐射光源是白炽灯和卤钨灯；常用的气体放电光源有荧光灯、高压钠灯、高压汞灯和金属卤化物灯等。

2. 电光源的光学性能指标有光通量、发光效率、寿命、显色性、启燃时间和再启燃时间等，熟悉这些性能指标在各种电光源上的具体体现，有助于正确选择电光源。

3. 许多电光源的性能都会受周围环境及其使用条件的影响，因此在进行选型时，要关注如电源电压、电源频率、环境温度等因素。更重要的是，要尽可能选用高效节能、环保的电光源，以实现绿色照明的目的。

任务2.3　照明器及其选择

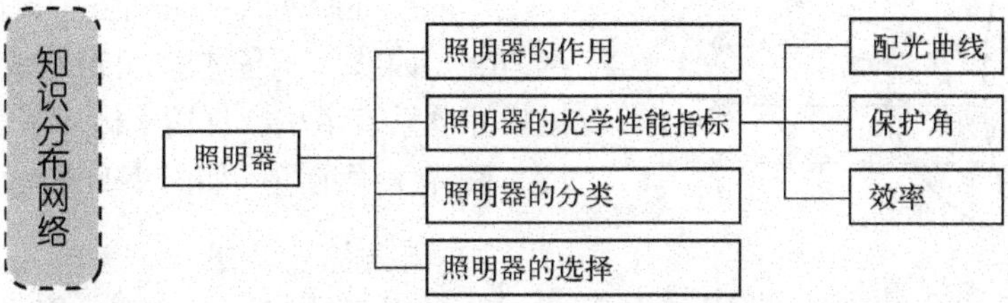

照明器又称灯具或控照器。照明器的选择是照明工程光照设计中照明设备选择的内容之一，合理的电光源要配上适合的照明器，因为它不但可以对光进行有效的分配，对节能、提高照明质量具有重要作用，还具有美化装饰的效果，这一点在现代生活中尤为重要。

在本任务中，主要介绍照明器的性能、参数及其选择方法等。

灯具是透光、分配和改变光源光的分布的器具，包括除光源外所有用于固定和保护光源的全部零部件及电源连接所必需的线路附件。

2.3.1 灯具的作用

1. 控光作用

利用灯具如反射罩、透光棱镜、格栅或散光罩等，将光源所发出的光重新分配，照射到被照面上，满足各种照明场所的光分布，达到照明的控光作用。

2. 保护光源作用

保护光源免受机械损伤和外界污染；将灯具中光源产生的热量尽快散发出去，避免灯具内部温度过高，使光源和导线过早老化和损坏。

3. 安全作用

采用符合使用环境条件（如能够防尘、防水，确保适当的绝缘和耐压性）的电气零件和材料，避免发生触电与短路。

4. 美化环境作用

灯具分功能性照明器具和装饰性照明器具。功能性主要考虑保护光源、提高光效、降低眩光，而装饰性就要达到美化环境和装饰的效果。所以，要考虑灯具的造型和光线的色泽。

2.3.2 灯具的光学性能指标

照明器的主要光学特性体现在配光曲线（光强分布）、遮光角（保护角）和照明器效率三个方面。

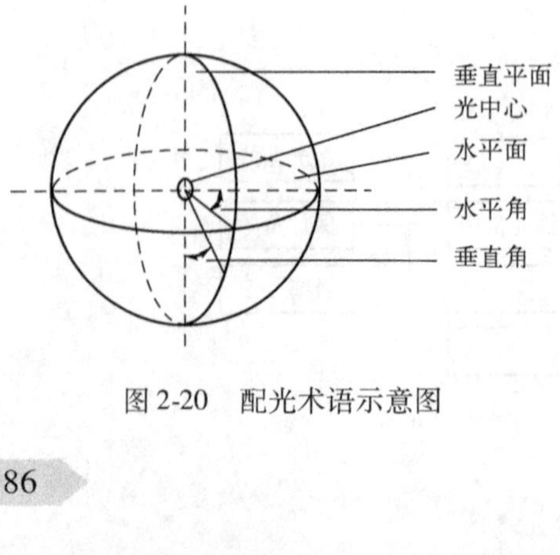

图 2-20 配光术语示意图

1. 配光曲线

用以描述照明器在空间各个方向光强分布的曲线称为配光曲线。工程中，配光曲线有三种表示方法：极坐标体系表示法、直角坐标体系表示法、列表法。

配光术语示意图如图 2-20 所示。

1）极坐标表示法

这种表示法最适合于具有旋转对称配光曲线特

性的照明器，如装有白炽灯、高压汞灯、高压钠灯的照明器。

画配光曲线的方法：以极坐标原点为中心，以极坐标的角度表示灯具的垂直角，以极坐标的矢量长度表示光强的大小，以一定比例的光强值为半径，作一系列同心圆表示光强线。

非对称配光特性照明器的光强空间分布不对光轴旋转对称，但在一个垂直面内一般关于光轴对称，一般情况下，画出3个水平面不同角度（0℃、45℃、90℃）垂直面上的配光曲线即可，如图2-21所示。

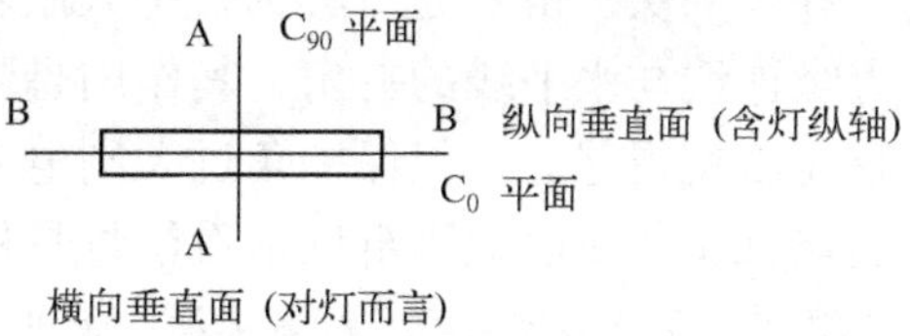

图2-21 非对称配光特性照明器的光强空间分布

注意：把荧光灯管的轴线称纵轴（B－B），荧光灯照明器最主要的垂直配光曲线是垂直于纵轴的垂直面的配光曲线（A－A）（即灯长方向为B－B轴方向）。

2）直角坐标表示法

这种方法最适合于聚光型照明器，聚光型照明器光束角小，若用极坐标表示法读数比较困难。

配光曲线的极坐标表示法和直角坐标表示法如图2-22所示。

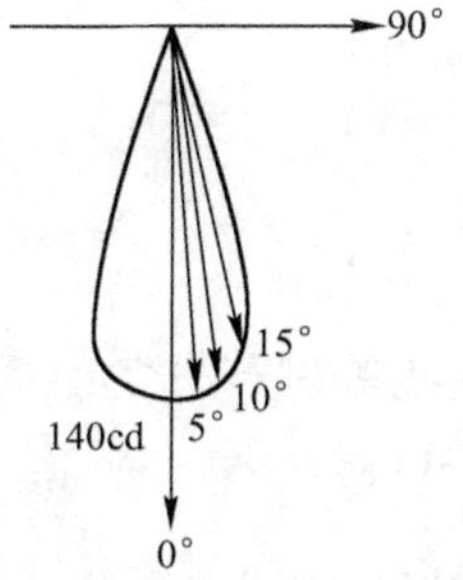

极坐标表示法

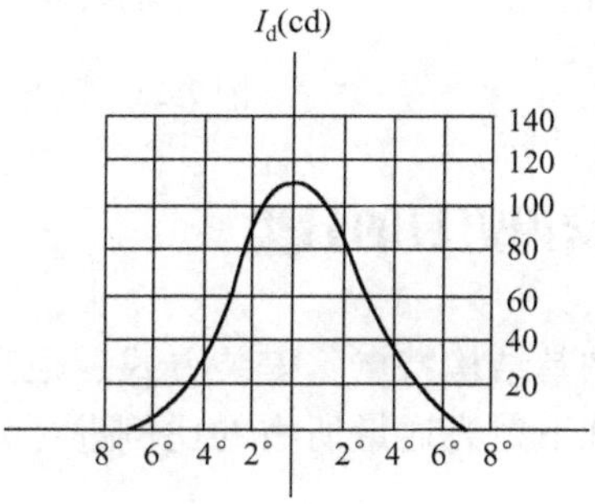

直角坐标表示法

图2-22 配光曲线的极坐标表示法和直角坐标表示法

3）列表表示法

这种方法的实质与极坐标表示法完全一样，只是将曲线用表中的数值表示而已，可用插入法由表求出各点的光强值。

【温馨提示】 无论极坐标法还是列表法，表示的光强均是在光源的光通量输出为1 000lm时的值。

当实际光源的光通量输出不是1 000lm时，求光强应进行换算，换算公式如下：

$$I_\theta = 【\Phi \cdot I_\theta\ (1\,000)】/1\,000$$

2. 灯具的效率

照明器的效率是反映照明器技术经济效果的重要指标。它是指从一个照明器输出的光通量与光源发出的总光通量之比：$\eta = \Phi_L/\Phi_S$。

又分：上射光通量输出比，$\eta_U = \Phi_U/\phi_S$；

下射光通量输出比，$\eta_D = \Phi_D/\Phi_S$。

影响照明器效率的因素有灯具的形状、所用材料及灯具内光源的位置。

3. 灯具的保护角

灯具的保护角 α 是灯具为保护人眼不受直射眩光作用而设计的角，它为光源下端到灯具下边缘连线与水平线的夹角，其作用是限制眩光，因此 α 又被称为遮光角。理论上讲此角越大眩光限制得越好，但保护角过大则电光源的光通量会被灯具吸收掉相当一部分，造成输出光通量减少，所以应当辩证地看待灯具保护角。灯具保护角有一个限制范围值，如格栅灯具保护角是 $25° < \alpha < 45°$，若 $\alpha < 25°$，则无法限制眩光；若 $\alpha > 45°$，则灯具效率下降。一般灯具保护角为 $15° < \alpha < 30°$，如图 2-23 所示。

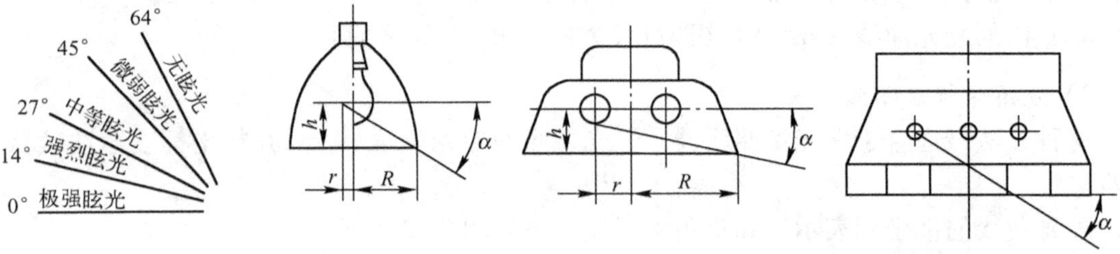

眩光与视角的关系　　灯具的保护角　　格栅的保护角

图 2-23　眩光与保护角的示意图

2.3.3 常用灯具的分类

灯具可以按其结构特点、安装方式、距高比、配光曲线等进行分类。通常按配光曲线分类，即按上射和下射光通量所占的比例进行分类，见表 2-11。

表 2-11　按光通量在空间上下部分的分配比例分类

类　型		直接型	半直接型	漫射型	半间接型	间接型
光通量分布	上半球	0 ～ 10%	10% ～ 40%	40% ～ 60%	60% ～ 90%	90% ～ 100%
	下半球	100% ～ 90%	90% ～ 60%	60% ～ 40%	40% ～ 10%	10% ～ 0
使用材料		不透光材料	半透光材料	漫射透光材料	半透光材料	不透光材料
配光曲线			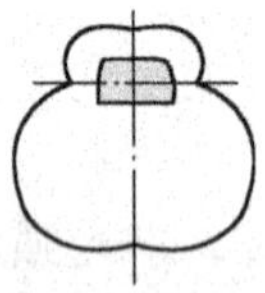	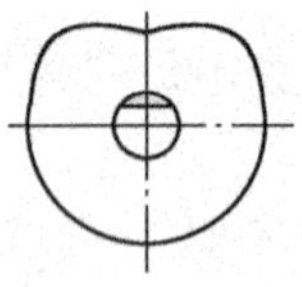	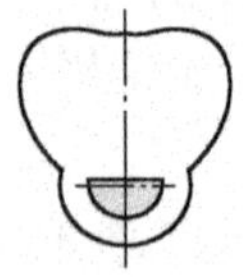	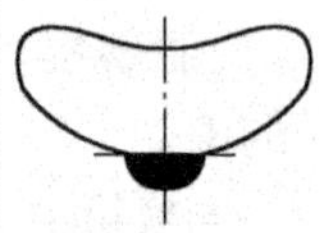
特　点		光线集中、工作面上可获得充分照度	光线能集中在工作面上，空间也得到适当的照度。比直接型眩光小	空间各个方向光强基本一致，可达到无眩光	增加了反射光的作用，使光线比较均匀柔和	扩散性好，光线柔和均匀，但光的利用率低

按照灯具的安装方式进行分类，如图 2-24 所示。

按照灯具的结构特点进行分类，如图 2-25 所示。

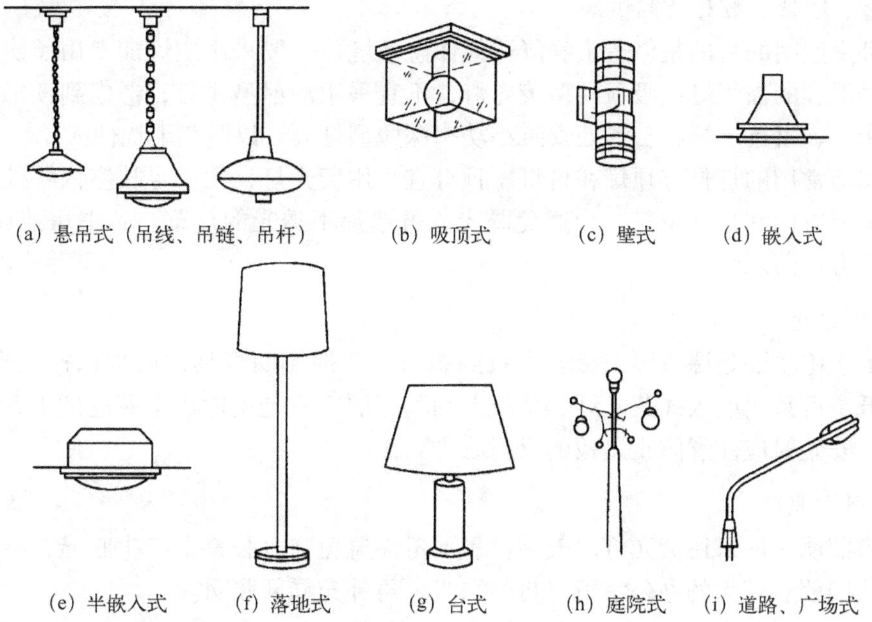

图 2-24　灯具按安装方式分类

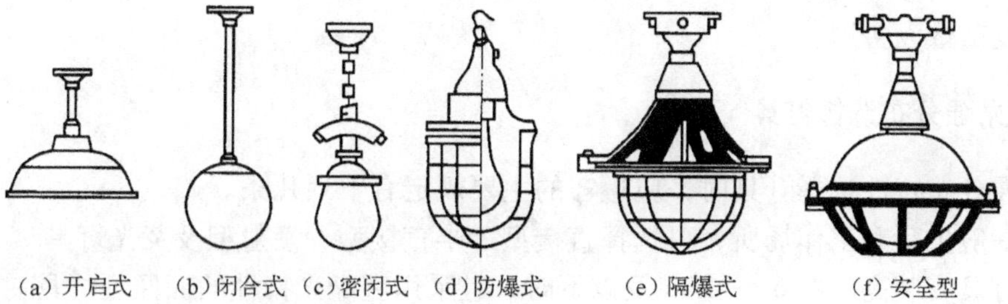

图 2-25　灯具按结构特点分类

技能训练 10　灯具的选型

1. 一般场所使用灯具的选择

灯具一般应根据使用环境、房间用途、光强分布、限制眩光等要求，选用效率高、维护检修方便的。对于不同的环境，从满足室内照明功能出发，考虑光色、显色性、光效，正确选择光源与灯具，力求造型美观，视觉舒适。同时，灯具的布置也要与其他设施相协调，如空调通风口、扩音器等，尽量使其混为一体，与建筑及装饰风格协调一致。

1）住宅照明

住宅照明根据居室照度不同，布灯方式趋于多样化，但仍以混合照明为大多数，以小功率白炽灯、荧光灯为主光源。

(1) 起居室可兼有客厅、餐厅等功能，亮度和气氛应能适应这种变化，一般设有一组主灯和几处辅灯。主灯选择装饰性较强的灯具，辅灯施以局部照明，且照明以 30 ～ 50lx 为宜，以适于会客、团聚、娱乐等目的。

（2）卧室照明的目的是创造宁静舒适的休息环境，一般采用主灯加专用照明方式，顶灯可采用光线柔和的白炽灯或吸顶异型荧光灯，不宜采用漫射型主灯，考虑到读书、梳妆等要求，可在床头、书桌、梳妆台等处安装小功率深照型灯具，以避免干扰他人。

（3）书房常用的灯具有顶灯和台灯。顶灯宜采用荧光灯，便于寻找室内各处的资料。台灯可任意调节方向和移动位置。为避免眩光，可选择不透光的灯罩。若书房兼做会客室时，一般在沙发旁设落地灯。

2）教室照明

教室的设施主要是课桌和黑板。课桌照明采用一般照明灯具，通常选择荧光灯为光源，若顶棚较低也可采用嵌入式荧光灯。黑板上的垂直照度应是室内水平照度的1.5倍，可采用局部照明，安装时应注意防止黑板的反射眩光。

3）办公室照明

办公室照明一般采用荧光灯。安装位置要考虑避免在办公桌上产生眩光，并尽量采用自然采光方法照明。较大的办公室可以自然采光，再补充局部照明。

4）会议室照明

会议室照明通常将灯具布置在会议桌上方，大多采用吊灯，也有的采用发光顶棚做装饰，四周设壁灯以备用。

2. 按光强分布选择灯具

按光强分布特性选择灯具时，应遵守的主要规定有下列几条。

（1）一般生活和工作场所，可选择直接型、半直接型、漫射型及荧光灯具。

（2）灯具安装高度在6～15m及以下时，宜采用宽配光特性的深照型灯具。

（3）安装高度在6m时，宜采用集中配光的直射型灯具，如窄配光深照型灯具。

（4）安装高度在15～30m时，宜采用高纯铝深照灯或其他高光强灯具。

（5）当灯具上方有需要观察的对象时，宜采用上半球有光通量分布的漫射型灯具（如用乳白玻璃圆球罩灯）。

（6）对于室外大面积工作场所，一般选用广照型灯具，道路照明可选用投光灯具。

3. 根据环境条件选择灯具

（1）在正常环境中，可选用开启型灯具。

（2）在潮湿、多灰尘的场所，应选用密闭型防水、防潮、防尘灯。

（3）在有爆炸危险的场所，可根据爆炸危险的级别适当地选择相应的防爆灯具。

（4）在有化学腐蚀的场所，可选用耐腐蚀性材料制成的灯具。

（5）在易受机械损伤的环境中，应采用带保护网罩的灯具。

总之，应根据不同工作环境条件，灵活、实用、安全地选用开启式、防尘式、封闭式、防爆式、防水式及直接和半直接照明型等多种形式的灯具。有关手册中给出了各种灯具的选型表，供选择时参考。

4. 灯具形状应与建筑物风格相协调

（1）建筑物按建筑艺术风格可分为古典式和现代式、中式和欧式等。若建筑物为现代式建筑风格，其灯具应采用流线型，具有现代艺术的造型灯具。灯具外形应与建筑物相协调，不要破坏建筑物的风格。

（2）建筑物按结构形式分又有直线形、曲线形、圆形等。选择灯具时应根据建筑结构的特征合理地选择和布置灯具，如在直线形结构的建筑物内，宜采用直管日光灯组成的直线光带或矩形布置，突出建筑物的直线形结构特征。

（3）建筑物按功能又分为民用建筑物、工业建筑物和其他用途建筑物等。在民用建筑物照明中，可采用照明与装饰相结合的照明方式；而在工业建筑物照明中，则以照明为主。

此外，在选择灯具时还应考虑经济性，应选用灯具效率高、使用寿命长和节能光源型灯具，降低运行成本。

表2-12 ～表2-15 给出了选择照明器的一些参考数据。

表2-12　照明器的防触电保护分类

照明器等级	照明器主要性能	应用说明
0类	依赖基本绝缘防止触电，一旦绝缘失败，靠周围环境提供保护，否则，易触及部分和外壳会带电	安全程度不高，适用于安全程度好的场合，如空气干燥、尘埃少、木地板等条件下的吊灯、吸顶灯
Ⅰ类	除基本绝缘外，易触及的部分和外壳有接地装置，一旦基本绝缘失效，不致有危险	用于金属外壳的照明器，如投光灯、路灯、庭院灯等
Ⅱ类	采用双重绝缘或加强绝缘作为安全防护，无保护导线（地线）	绝缘性好，安全程度高，适用于环境差、人经常触摸的照明器，如台灯、手提灯等
Ⅲ类	采用安全电压（交流有效值不超过 50V），灯内不会产生高于此值的电压	安全程度最高，可用于恶劣环境，如机床工作灯、儿童用灯

表2-13　按照明器配光曲线分类

类　别	特　点
正弦分布型	光强是角度的正弦函数，在 $\theta=90°$时，光强最大
广照型	最大的光强分布在较大的角度处，可在较为宽广的面积上形成均匀的照度
均匀配照型	各个角度的光强基本一致
配照型	光强是角度的余弦函数，在 $\theta=0°$时，光强最大
深照型	光通量和最大光强值集中在 $\theta=0°\sim30°$所对应的立体角内
特深照型	光通量和最大光强值集中在 $\theta=0°\sim15°$所对应的立体角内

表2-14　按照明器结构特点分类

结　构	特　点
开启型	光源与外界空间直接接触（无罩）
闭合型	透明罩将光源包合起来，但内外空气仍能自然流通
密闭型	透明罩固定处加严密封闭，与外界隔绝相当可靠，内外空气不能流通
防爆型	符合《防爆电气设备制造检验规程》的要求，能安全地在有爆炸危险性介质的场所使用，有安全型和隔爆型。安全型在正常运行时不产生火花电弧，或把正常运行时产生的火花电弧的部件放在独立的隔爆室内；隔爆型在照明器内部产生爆炸时，火焰通过一定间隙的防爆面后，不会引起照明器外部的爆炸
防振型	照明器采取防振措施，安装在有振动的设施上

表 2-15　按照明器安装方式分类

安装方式	特　　点
壁灯	安装在墙壁上、庭柱上，用于局部照明或没有顶棚的场所
吸顶灯	将照明器吸附在顶棚面上，主要用于没有吊顶的房间。吸顶式的光带适用于计算机房、变电站等
嵌入式	适用于有吊顶的房间，照明器是嵌入在吊顶内安装的，可以有效消除眩光；与吊顶结合能形成美观的装饰艺术效果
半嵌入式	将照明器的一半或一部分嵌入顶棚，其余部分露在顶棚外，介于吸顶式和嵌入式之间。适用于顶棚吊顶深度不够的场所，在走廊处应用较多
吊灯	最普通的一种照明器安装形式，主要利用吊杆、吊链、吊管、吊灯线来吊装饰照明器
地脚灯	主要作用是照明走廊，便于人员行走，用在医院病房、公共走廊、宾馆客房、卧室等
台灯	主要放在写字台上、工作台上、阅览桌上，作为书写阅读使用
落地灯	主要用于高级客房、宾馆、带茶几沙发的房间及家庭的床头或书架旁
庭院灯	灯头或灯罩多数向上安装，灯管和灯架多数安装在庭、院地坛上，特别适于公园、街心花园、宾馆及机关学校的庭院内
道路广场灯	主要用于夜间的通行照明。广场灯用于车站前广场、机场前广场、港口、码头、公共汽车站广场、立交桥、停车场、集合广场、室外体育场等
移动式灯	用于室内、外移动性的工作场所及室外电视、电影的摄影等场所
自动应急照明灯	适用于宾馆、饭店、医院、影剧院、商场、银行、邮电、地下室、会议室、动力站房、人防工程、隧道等公共场所，可以作为应急照明、紧急疏散照明、安全防火照明灯

知识梳理

1. 照明工程中常用的照明器有多种分类形式，一般按灯具的用途和防护形式分类。

2. 灯具的选择原则是合适的配光曲线、足够的照度、合适的使用场所的环境条件，符合安全要求、经济性好。

3. 描述灯具的光学性能参数有配光曲线、保护角和灯具效率。

任务 2.4　灯具的布置

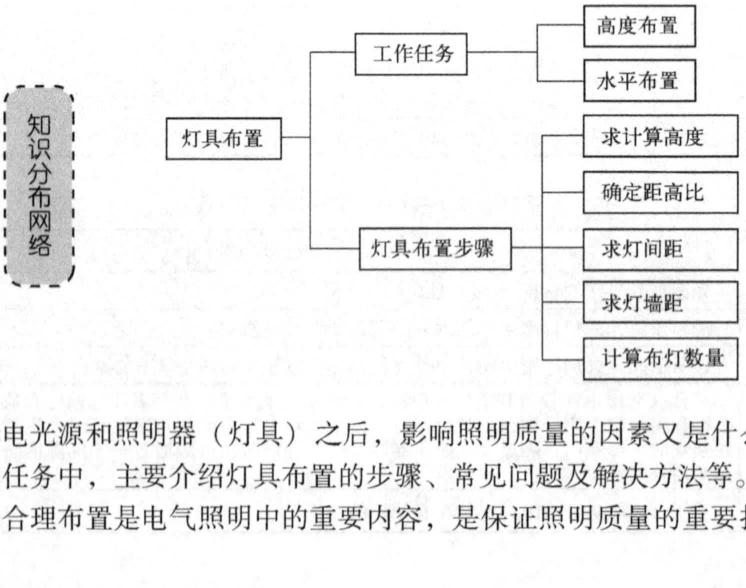

在正确选择电光源和照明器（灯具）之后，影响照明质量的因素又是什么呢？是灯具的空间位置。在本任务中，主要介绍灯具布置的步骤、常见问题及解决方法等。

照明灯具的合理布置是电气照明中的重要内容，是保证照明质量的重要技术措施，也是确定照度的基础。灯具的布置包括灯具高度的布置及平面的布置两个内容，对室内灯具的布置除了要求保证最低的照度条件外，还应使工作面上照度均匀、光线的射向适当、无眩光阴影、维修方便、实用安全、整齐美观，并与建筑空间相协调。

2.4.1 灯具的高度布置

灯具的高度布置即确定灯具与灯具之间、灯具与顶棚、墙面之间等的距离。

1. 几种高度的具体规定

图2-26表示出了与布灯有关的高度参数，各名称如下。

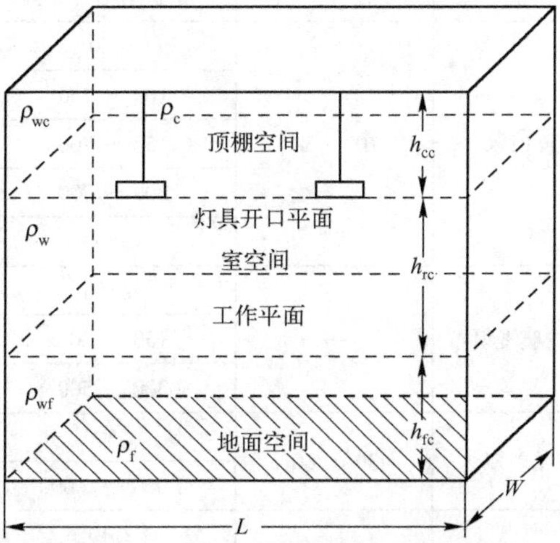

L—房间的长（m）；
W—房间的宽（m）；
h_{cc}—顶棚空间高度（m）；
h_{rc}—室空间高度（m）；
h_{fc}—地面空间高度（m）；
ρ_c—顶棚反射比；
ρ_{wc}—顶棚空间墙面反射比；
ρ_w—室空间墙面反射比；
ρ_f—地面反射比；
ρ_{wf}—地面空间墙面反射比

图2-26 房间的空间特征

1）照明器的垂吊高度 h_{cc}（垂度）

照明器的垂吊高度是固定照明器的位置至照明器中心的距离。

2）照明器的悬挂高度（安装高度）

照明器的悬挂高度是照明器的中心至地面的距离。

3）照明器的计算高度 h_{rc}

照明器的计算高度是照明器的中心高度至工作面的距离。

4）工作面高度 h_{fc}

工作面高度是被照面至地面的距离。有时被照面是地面，这时工作面就是地面。

5）房间高度 H

房间高度是固定照明器的位置至地面的距离。

2. 确定照明器高度时要考虑的因素和确定方法

1）悬挂高度（安装高度）的确定

选择适合的灯具悬挂高度是光照设计的主要内容。我国《建筑照明设计标准》（GB 50034—2004）中，综合考虑了使用安全、无机械损坏、限制眩光、提高灯具的利用系数、便于安装维护、与建筑物协调美观等因素，规定了室内一般照明灯具的最低悬挂高度（见表2-16），供设计人员参考。

表2-16　照明灯具最低悬挂高度与保护角

光源种类	灯具类型	灯具遮光角（°）	光源功率（W）	最低悬挂高度（m）
白炽灯	有反射罩	10～30	≤60	2.0
			100～150	2.5
			150～200	3.0
			200～300	3.5
			≥500	4.0
	乳白玻璃漫射罩	—	≤100	2.0
			150～200	2.5
			300～500	3.0
卤钨灯	有反射罩	30～60	≤500	6.0
			1 000～2 000	7.0
荧光灯	无反射罩	—	≤40	2.0
			>40	3.0
	有反射罩	0～10	≤40	2.0
			>40	2.0
荧光高压汞灯	有反射罩	10～30	≤125	3.5
			125～250	5.0
			≥400	6.0
	有反射罩带格栅	>30	≤125	3.0
			125～250	4.0
			≥400	5.0
金属卤化物灯	搪瓷反射罩	10～30	≤400	6.0
	铝抛光反射罩		≥1 000	14.0
高压钠灯	搪瓷反射罩	10～30	<125	3.5
	铝抛光反射罩		125～250	6.0
混光光源	有反射罩	10～30	<150	4.5
			150～200	5.5
			250～400	6.5
			>400	7.5

要考虑的主要因素有以下几个方面。

第一，是对照明器的安全防护问题。当照明器在房间悬挂时其高度必须保证工作人员在正常工作时不能够触及到照明器，以免产生将照明器损坏和工作人员触电的现象。对于不同的房间有着不同的最低悬挂高度值，根据实际情况制定了有关规定。

第二，安装和维护问题。照明器的悬挂高度和安装高度应考虑安装和维护方便。在采用一般的辅助工具就可以进行安装和维护时的高度，应该是首先选择的高度值。

第三，照明器（光源）的适宜高度。照明器中光源的特征决定了它只能适合某种高度的照明，超出这个值的时候光源不能正常工作。

例如：普通的直管荧光灯（YG1-40），只有在高度 3 ～ 4m 时才可以正常工作；60W 的白炽灯，只有在 2 ～ 3m 时才可以正常工作。当超出这些数值时光源产生的辐射能量损失非常大，以致照射到工作面时几乎没有光通量。因此每一种形式的照明器（光源）都有其自身适宜的高度。

2）工作面高度和计算高度的确定

工作面的高度是根据被照面的高度而确定的。例如：大厅的被照面是地面，则工作面就是地面的高度；办公室的被照面是办公桌，则办公桌距地的高度就是工作面的高度。

而计算高度可根据安装高度和工作面高度的差值确定：

$$计算高度 = 安装高度 - 工作面高度$$

3）垂吊高度的确定

灯具的垂度通常为 0.3 ～ 1.5m 之间，一般取 0.7 ～ 1.0m。灯具垂度过大，易使灯具摆动；灯具垂度过小，照度不足影响照明质量。

2.4.2 灯具的平面布置

灯具的平面布置即确定灯具之间、灯具与墙之间的距离。

1. 平面布置的分类

1）均匀布置

该方式不考虑室内设施位置，将灯具有规律地均匀布置，能使工作场所获得一致的照度，一般为办公室、阅览室采用。具体又分为正方形布置、矩形布置和菱形布置三种主要形式。

均匀布置主要是确定距高比 L/h_{rc}（照明器的等效距离与计算高度的比值）。

均匀布置的形式和等效距离计算如图 2-27 所示。其中，L_1 和 L_2 为实际灯间距，在已知 L 的前提下，可通过假设 L_1 和 L_2 的比例关系来确定二者的具体值。

2）选择布置

这是一种满足局部照明要求的灯具布置方案。对于局部照明（或定向照明）方式，当采用均匀布置达不到所需求的照度分布时，多采用这种布灯方案。其特点是可以加强某个局部的照度，或突出某一部位。

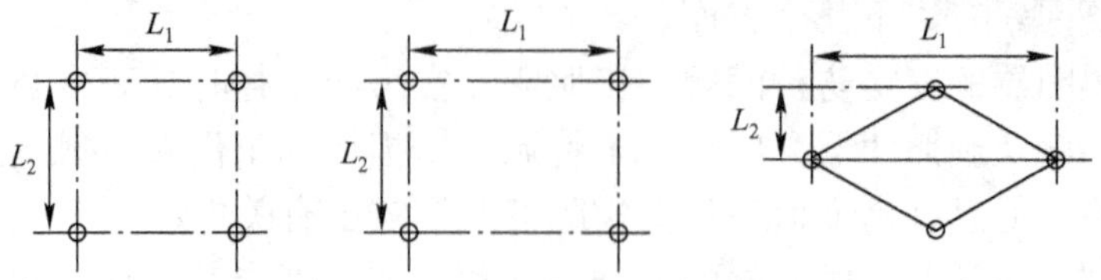

$L=L_1=L_2$　正方形布置　　$L^2=L_1\times L_2$　长方形布置　　$L^2=L_1\times L_2$　菱形布置

图 2-27　灯具均匀布置的几种形式

2. 平面布置的方法

灯具布置的合理与否取决于室内照度的均匀度，照度的均匀度又取决于距高比是否合理。若距高比值小，则灯具密度增大，照度均匀度好，但投资增加；距高比值大，则灯具密度减小，照度均匀度差。

各种灯具都有各自最大的允许距高比，满足灯具的最大允许距高比，就基本能保证照度的均匀性。表 2-17 是部分灯具的最大允许距高比。各灯具厂家生产的不同型号的灯具，都在产品样本中表明其最大允许距高比，供设计人员参考。

表 2-17　部分灯具的最大允许距高比

照明器	型　号	光源种类及容量（W）	最大允许值 L/(H)		最低照度系数 Z 值
			A－A	B－B	
配照型照明器	GC1－$\frac{A}{B}$－1	B150	1.25		1.33
		G125	1.41		1.29
广照型照明器	GC1－$\frac{A}{B}$－2	G125	0.98		1.32
		B200，150	1.02		1.33
深照型照明器	GC5－$\frac{A}{B}$－3	B300	1.40		1.29
		G250	1.45		1.32
	GC5－$\frac{A}{B}$－4	B300，500	1.40		1.31
		G400	1.23		1.32
筒式荧光灯	YG1-1	1 × 40	1.62	1.22	1.29
	YG2-1	2 × 40	1.46	1.28	1.28
	YG2-2	2 × 40	1.33	1.28	1.29
吸顶式荧光灯	YG6-2	2 × 40	1.48	1.22	1.29
	YG6-3	3 × 40	1.5	1.26	1.30
嵌入式荧光灯	YG15-2	2 × 40	1.25	1.20	—
	YG15-3	3 × 40	1.07	1.05	1.30
搪瓷罩卤钨灯	DD3-1 000	1 000	1.25	1.40	—
卤吊灯	DD1-1 000	1 000	1.08	1.33	—
筒式双层卤钨灯	DD6-1 000	1 000	0.62	1.33	—

续表

照明器	型　　号	光源种类及容量（W）	最大允许值 L/(H)		最低照度系数 Z 值
			A－A	B－B	
房间较低并且反射条件较好		灯排数≤3	—		1.15～1.2
		灯排数＞3			1.10
其他白炽灯（B）布置合理时			—		1.1～1.2

【温馨提示】 在实际布置中，实际距高比≤理想距高比。

灯具布置计算的步骤如下。

(1) 对称光源照明器的布置

① 确定计算高度 h_{rc}。

② 查距高比 λ：由已知条件（主要指灯具的类型）查距高比。

③ 求照明器之间的距离：按公式 $L=\lambda \cdot h_{rc}$ 求出灯间距。

若为正方形布置，L 即为灯间距；

若为矩形布置，L 为等效间距，可先确定 L_1，再按公式 $L_2=L^2/L_1$ 求出 L_2；

若为菱形布置，与矩形算法相同。

④ 求灯具与墙边的距离：

靠墙无工作面，为（1/3～1/2）L 或（0.4～0.5）L；

靠墙有工作面，为（1/4～1/3）L 或（0.25～0.3）L。

(2) 非对称光源照明器的布置（如荧光灯具，见图2-28）

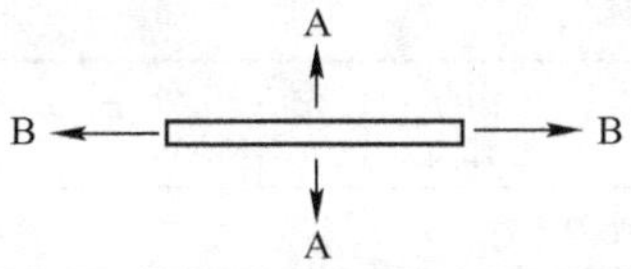

图2-28　荧光灯具规定方向参考图

在某些资料中，A－A 和 B－B 方向的规定有可能相反，在读取距高比数值时应注意方向的规定。

① 确定计算高度 h_{rc}。

② 查距高比 λ_{A-A} 和 λ_{B-B}：由已知条件（主要指灯具的类型）查距高比。

③ 求照明器之间的距离：按公式 $L_{A-A}=\lambda_{A-A} \cdot h_{rc}$ 和 $L_{B-B}=\lambda_{B-B} \cdot h_{rc}$ 求出灯间距。

④ 求灯具与墙边的距离：由于荧光灯的结构特点决定了在其灯长方向（B 方向）发出的光受到固定灯管的支架和灯管两端灯角限制，所发出的光通量要比另一方向（A 方向）少，建议荧光灯的端部至墙边的距离取 300～600mm，或按下列要求计算。

B－B 方向：靠墙有工作面时，灯端与墙边的距离为（1/5～1/3）×灯长；

靠墙无工作面时，灯端与墙边的距离为（1/3～1/2）×灯长。

A－A 方向：灯与墙间的距离和对称的算法相同。

在以上灯具布置的基础上，还可以根据房间的长和宽计算出均匀布置灯具的行、列数量，从而确定出房间内所安装的灯具的总数量，为下一步的室内照度计算做准备。这一问题留给读者自己思考。

技能训练11 室内灯具布置

任务单（2.4）

项目名称	照明工程光照设计	总学时	20
任务名称	室内照明器的布置	学 时	4
教学目标	1. 熟悉照明器布置过程中应注意哪些问题； 2. 熟悉照明器布置涉及哪些计算； 3. 熟练掌握照明器布置的步骤与方法； 4. 熟悉相关设计规范和设计标准的应用； 5. 能够独立完成室内灯具布置的训练任务。		
教学载体	某一建筑房间		
学习资料	1.《民用建筑电气设计规范》JGJ 16—2008； 2.《建筑照明设计标准》GB 50034—2004； 3. 照明器的技术参数表。		
学习总结	说明：针对以上要求进行学习内容的总结和归纳		
问题及解决			
相关能力	1. 室内灯具布置能力； 2. 设计相关资料应用能力； 3. 设计结果图纸表达能力。		
过程设计	任务布置（10分钟） 分组学习讨论（30分钟） 学习总结整理（10分钟） 学生汇报（30分钟） 教师总结（20分钟） 灯具布置练习（2学时）		
教学方法	分组学习讨论法、模拟实练法		

技能训练12 确定某车间灯具布置距离

某车间空间高度4m，灯具悬挂高度3m，工作面高度1m，选用GC－A－1配照型灯具，其最大允许距高比为1.25。

要求：用正方形布置方案，确定灯的间距和与墙的距离。

分析：灯具的计算高度 $h_{rc}=3-1=2\text{m}$

查表2-17得GC－A－1配照型灯具最大允许距高比 $\lambda=1.25$

灯的间距 $L=1.25\times2=2.5\text{m}$

灯与墙的距离 $L'=(0.25\sim0.3)\times2.5=(0.625\sim0.75)\text{m}$

取 $L'=0.7\text{m}$

技能训练13 确定某教室灯具布置距离

在某教室布置荧光灯，选用荧光灯的型号为YG1-1，教室空间高度3.5m，灯具的垂度

0.7m，工作面高度0.75m。

要求：计算确定灯具的间距和与墙之间的距离。

分析：灯具的计算高度 $h_{rc}=3.5-0.7-0.75=2.05$m

查表2-17得YG1-1型荧光灯具最大允许距高比 $\lambda_{A-A}=1.62$、$\lambda_{B-B}=1.22$

灯具A－A方向的间距 $L_{A-A}\leqslant 1.62\times 2.05=3.32$m

灯具B－B方向的间距 $L_{B-B}\leqslant 1.22\times 2.05=2.50$m

灯与墙的距离 $L'_{A-A}=(1/4\sim 1/3)\times 3.32=(0.83\sim 1.11)$m

$$L'_{B-B}=(1/5\sim 1/3)\times 2.50=(0.5\sim 0.83)\text{m}$$

取

$$L'_{A-A}=1.0\text{m}$$

$$L'_{B-B}=0.6\text{m}$$

在进行完上述计算之后，还可以根据计算结果画出灯具平面布置图，并进行尺寸标注。

【问题】 如何绘制照明平面图？

照明平面图是表示建筑物内照明设备、配电线路平面布置的图纸。在照明平面图上需要表达的内容主要有：电源进线位置、导线的根数及敷设方式、灯具及各种用电设备的安装位置、安装方式、规格型号及数量等。具体包括以下内容：

(1) 应包括建筑门窗、墙体、轴线、建筑主要尺寸、标注房间名称；

(2) 绘制配电箱、灯具、开关、插座的、线路等平面位置，必要时标注安装尺寸；

(3) 标明配电箱编号，干线、分支线路编号、相别，导线型号、规格，管材、管径、敷设方式、安装部位和高度等；

(4) 注明灯具类型或符号、代号，光源的类型、额定功率、数量（包括单个灯具内光源数），标注灯具安装形式（吸顶式、嵌入式、管吊式、壁装式），灯具距地高度，非垂直下射的灯具应注明仰角或俯角、俯斜角等，以上标注可做图例表来完成；

(5) 注明开关、插座的类型或符号、代号，标注型号、额定电流、极数及孔数，标注其安装形式（明装、暗装）、距地高度，以上标注可做图例表来完成；

(6) 注明配电箱线路的类型或符号、代号，标注其安装形式（挂墙明装、嵌墙暗装）、距地高度，以上标注可做图例表来完成；

(7) 凡需二次装修部位，其照明平面随二次装修图设计，在配电或照明平面图上相应标注预留的照明配电箱，并标注预留容量、照度标准、功率密度值要求；

(8) 图纸应有比例，一般采用1∶100，特殊情况可采用1∶50、1∶150、1∶200；

(9) 灯具及配电设备的图例符号应按比例画出，但最小尺寸不能小于常规做法，以1∶100图为例，开关直径为1.50～2.00mm，点式灯具为4.00～5.00mm，配电箱长度×宽度为5.00×2.00mm；

(10) 图中表达不清楚的，可随图做相应说明（如注、注释、说明等）。

知识梳理

1. 灯具的布置包括高度布置和平面布置两项内容。高度布置的主要任务是确定计算高度；平面布置的主要任务是根据灯具的型号找到合适的距高比，从而计算出灯具与灯具、灯具与墙之间的距离。

2. 灯具的布置分为均匀布置和选择布置两种方式，其中，均匀布置可以获得均匀的照明效果，比较适合于公共场所室内外照明灯具的布置。

3. 一般情况下，灯具布置的步骤是：求计算高度→确定距高比→求灯间距和灯墙距→计算布灯数量。

任务 2.5　室内照度计算

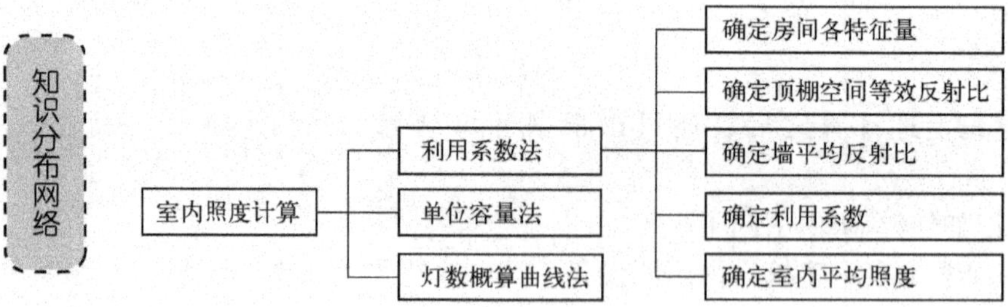

当灯具的类型和布置方案确定以后，就可以根据室内的照度标准要求，确定每盏灯的功率及装设总功率。反之，也可根据已知的灯功率，计算出工作面的照度，以检验其设计是否符合照度标准。

照明计算包括照度、亮度及眩光等功能效果计算和照明负荷计算两大部分内容。一般情况下，照明工程设计中只需要照度计算和负荷计算，本任务主要讲授照度计算。照度计算的目的，一是依据所需照度及其他条件，确定光源容量与数量及灯具布置；二是依据光源情况及其他条件，验算照度是否符合规范。

有关照度计算的方法主要有两种：一是逐点法，二是平均法。逐点照度计算法是以被照面上一点为对象，用于局部照明计算；平均照度计算法是以整个被照面为对象，用于一般照明计算。两种方法各有特点和用途，计算误差约为 10% ～ 20% 。在民用建筑电气照明设计计算中一般采用平均照度计算法。

平均照度计算方法主要有利用系数法、单位容量法、灯具概算曲线法等，其中利用系数法是主要的计算方法。在方案设计阶段和初步设计阶段，多采用单位容量法，而在施工图设计阶段，多采用利用系数法。

2.5.1　利用系数法

1. 基本公式及相关概念

1）基本公式

$$E_{av}=\frac{\phi_s\cdot N\cdot U\cdot K}{A}$$

式中　E_{av}——工作面的平均照度（lx）；

N——灯具数；

ϕ_s——每个灯具中光源的额定总光通量（lm）；

U——利用系数；

K——维护系数；

A——工作面面积（m^2）。

2）相关概念

（1）利用系数：由光源发出的额定光通量与最后落到工作面上的光通量之比。它表示照明光源光通量被利用的程度。

利用系数与房间形状、装饰材料性质、灯罩形式及使用材料等因素有关，其求法是进行照度计算的关键。

（2）维护系数（又称减光系数）：考虑到灯具在使用的过程中，因光源光通量衰减、灯具房间的污染等因素而引起照度下降，从而引入维护系数的概念。其公式如下：

$$K = \frac{\text{某光源规定时间产生的照度}}{\text{初始照度}}$$

维护系数由光源光通量衰减系数 K_1、灯具积尘减光系数 K_2 和房间积尘减光系数 K_3 决定，即

$$K = K_1 \cdot K_2 \cdot K_3$$

各减光系数值可查表2-18～表2-21。

表2-18 光源光通量的衰减程度系数（K_1）

光源类型	白炽灯	荧光灯	卤钨灯	高压钠灯	高压汞灯
K_1	0.85	0.8	0.9	0.75	0.87

表2-19 照明器表面灰尘造成的光通量衰减系数（K_2）

房间清洁程度	照明器清洁次数（次/年）	K_2		
		直接式照明器	半间接式照明器	间接式照明器
比较清洁	2	0.95	0.87	0.85
一般清洁	2	0.86	0.76	0.60
不清洁	3	0.75	0.65	0.50

表2-20 房间灰尘造成的光通量衰减系数（K_3）

房间清洁程度	K_3		
	直接式照明器	半间接式照明器	间接式照明器
比较清洁	0.95	0.9	0.85
一般清洁	0.92	0.8	0.73
不清洁	0.9	0.75	0.55

表 2-21　维护系数 K

环境污染特征	工作房间或场所	维护系数	灯具擦洗次数（次/年）
清洁	卧室、办公室、阅览室、餐厅、病房、客房、电子元器件装配车间、仪器仪表装配车间等	0.8	2
一般	商店营业厅、影剧院观众厅、机加工车间、机械装配车间、体育馆等	0.7	2
污染严重	铸工、锻工车间、厨房、水泥车间等	0.6	3
室外	道路、广场、雨篷、站台等	0.65	2

2. 平均照度的计算

平均照度的计算步骤如下。

1）确定房间各特征量

房间的空间划分和各参量可参考图 2-26。

（1）室形指数 RI：用以表示照明房间的几何特征。

$$室形指数=\frac{等效地面面积+等效顶棚面积}{室空间部分墙面面积}$$

对长方形房间：

$$RI=\frac{2L\cdot W}{2(L+W)\cdot h_{rc}}=\frac{L\cdot W}{(L+W)\cdot h_{rc}}$$

为了便于计算，一般将室形指数划分为 0.6、0.8、1.0、1.25、1.5、2.0、2.5、3.0、4.0、5.0 十个等级。

（2）室空间比：用以表示房间的空间特征。

如图 2-26 所示，将室内划分为三个空间：顶棚空间、地面空间、室空间。

顶棚空间比：

$$CCR=\frac{5h_{cc}\cdot(L+W)}{L\cdot W}$$

室空间比：

$$RCR=\frac{5h_{rc}\cdot(L+W)}{L\cdot W}$$

地面空间比：

$$FCR=\frac{5h_{fc}\cdot(L+W)}{L\cdot W}$$

在这三个参数中，RCR 是最重要的，是查利用系数的依据。RCR 共有 10 个等级，分别为 1、2、3、4、5、6、7、8、9、10。

2）确定顶棚空间等效反射比

由顶棚和顶棚空间部分墙面构成的顶棚空间内表面的平均反射比为：

$$\rho_{ca}=\frac{\rho_c\cdot A_c+\rho_{wc}\cdot A_{wc}}{A_c+A_{wc}}$$

式中　ρ_c、A_c——顶棚面的反射比和面积，$A_c=L\cdot W$；

ρ_{wc}、A_{wc}——顶棚空间内墙面的反射比和面积，$A_{wc}=2h_{cc}\cdot(L+W)$。

顶棚空间等效反射比为：

$$\rho_{cc}=\frac{\rho_{ca}\cdot A_c}{(A_c+A_{wc})-\rho_{ca}\cdot(A_c+A_{wc})+\rho_{ca}\cdot A_c}$$

或
$$\rho_{cc}=\frac{2.5\rho_{ca}}{2.5+(1-\rho_{ca})\cdot CCR}$$

3）确定墙面的平均反射比

室空间的墙面除墙外，还可能有门、窗等结构。由于它们与墙使用的材料不同，因此对光的反射能力不同，所以应考虑它们的作用。

一般情况下，只考虑窗（玻璃）的影响。

墙的平均反射比为：
$$\rho_{wa}=\frac{\rho_w\cdot(A_w-A_g)+\rho_g\cdot A_g}{A_w}$$

式中　ρ_w、ρ_g——墙体、窗的反射比，一般 $\rho_g=0.1$；

A_w——室空间部分墙的总面积（m^2），$A_w=2h_{rc}\cdot(L+W)$；

A_g——窗的总面积（m^2）。

可见，当室空间墙面由多种材料组成时，其平均反射比的计算公式是：
$$\rho_{wa}=\frac{\sum\rho_i\cdot A_i}{\sum A_i}$$

式中　ρ_i—第 i 块面积的反射比；

A_i——第 i 块面积值。

4）确定利用系数

由以上求出 RCR、ρ_{cc}、ρ_{wa}的值后，按灯具形式查利用系数表求出利用系数 U 的值（利用系数表详见表2-22）。

表2-22　利用系数 U 表（YG1-1 型 40W 荧光灯，距高比为 1.0）

有效顶棚反射系数 ρ_{cc}		0.70				0.50				0.30				0.10			
墙反射系数 ρ_{wa}		0.70	0.50	0.30	0.10	0.70	0.50	0.30	0.10	0.70	0.50	0.30	0.10	0.70	0.50	0.30	0.10
室空间比RCR	1	0.75	0.71	0.67	0.63	0.67	0.63	0.60	0.57	0.59	0.56	0.54	0.52	0.52	0.50	0.48	0.46
	2	0.68	0.61	0.55	0.50	0.60	0.54	0.50	0.46	0.53	0.48	0.45	0.41	0.46	0.43	0.40	0.37
	3	0.61	0.53	0.46	0.41	0.54	0.47	0.42	0.38	0.47	0.42	0.38	0.34	0.41	0.37	0.34	0.31
	4	0.56	0.46	0.39	0.34	0.49	0.41	0.36	0.31	0.43	0.37	0.32	0.28	0.37	0.33	0.29	0.26
	5	0.51	0.41	0.34	0.29	0.45	0.37	0.31	0.26	0.39	0.33	0.28	0.24	0.34	0.29	0.25	0.22
	6	0.47	0.37	0.30	0.25	0.41	0.33	0.27	0.23	0.36	0.29	0.25	0.21	0.32	0.26	0.22	0.19
	7	0.43	0.33	0.26	0.21	0.38	0.30	0.24	0.20	0.33	0.26	0.22	0.18	0.29	0.24	0.20	0.16
	8	0.40	0.29	0.23	0.18	0.35	0.27	0.21	0.17	0.31	0.24	0.19	0.16	0.27	0.21	0.17	0.14
	9	0.37	0.27	0.20	0.16	0.33	0.24	0.19	0.15	0.29	0.22	0.17	0.14	0.25	0.19	0.15	0.12
	10	0.34	0.24	0.17	0.13	0.30	0.21	0.16	0.12	0.26	0.19	0.15	0.11	0.23	0.17	0.13	0.10

若 RCR 不为整数，且 $RCR_1<RCR<RCR_2$（RCR_1、RCR_2 为两个相邻的值），则查出对应的两组数（RCR_1，U_1）和（RCR_2，U_2），再按插入法求出对应于实际 RCR 值的利用系数。插入法公式如下：
$$U=U_1+\frac{U_2-U_1}{RCR_2-RCR_1}\cdot(RCR-RCR_1)$$

在确定利用系数时，应注意以下几个问题。

(1) 利用系数在利用系数表中查取，条件是已知灯具的型号，并求出有效顶棚反射比 ρ_{cc}、墙面平均反射比 ρ_{wa} 和室空间比 RCR。

(2) 在灯具的利用系数表中，RCR 都是 1 ～ 10 之间的整数，若实际计算的 RCR 不是整数，可以用直线内插入值进行计算。

(3) 在灯具的利用系数表中，ρ_{cc}、ρ_{wa} 均为 10 的倍数，若实际计算的 ρ_{cc}、ρ_{wa} 不是 10 的整数倍，可采用四舍五入的方法。

(4) 灯具的利用系数表是按地面空间等效反射比（下面介绍）$\rho_{fc}=20\%$ 编制的，若实际计算的 $\rho_{fc}\neq 20\%$，则应用适当的修正值进行修正。

(5) 灯具利用系数表中 ρ_{cc}、ρ_{wa} 为 0 的利用系数，用于室外照明设计。

5) 确定地面空间等效反射比

地面空间内表面平均反射比公式为：

$$\rho_{fa}=\frac{\rho_f\cdot A_f+\rho_{wf}\cdot A_{wf}}{A_f+A_{wf}}$$

式中 ρ_f、A_f——地面的反射比和面积；

ρ_{wf}、A_{wf}——地面空间内墙面的反射比和面积。

地面空间等效反射比为：

$$\rho_{fc}=\frac{\rho_{fa}\cdot A_f}{(A_f+A_{wf})-\rho_{fa}\cdot(A_f+A_{wf})+\rho_{fa}\cdot A_f}$$

或

$$\rho_{fc}=\frac{2.5\rho_{fa}}{2.5+(1-\rho_{fa})\cdot \mathrm{FCR}}$$

6) 确定利用系数的修正值

当 RCR、ρ_{fc}、ρ_{wa} 不是表 2-22 中分级的整数时，可以从修正系数表中查接近 ρ_{fc}（30%、10%、0%）、列表中接近 RCR 的两组数（RCR_1，γ_1）和（RCR_2，γ_2），然后用下列插入法求出对应于实际 RCR 的修正值 γ，修正系数表详见附录 E。

$$\gamma=\gamma_1+\frac{\gamma_2-\gamma_1}{\mathrm{RCR}_2-\mathrm{RCR}_1}(\mathrm{RCR}-\mathrm{RCR}_1)$$

式中 γ——修正系数，γ_1 和 γ_2 是接近于 γ 的两个值，且 $\gamma_1<\gamma<\gamma_2$；

RCR——室空间比，RCR_1 和 RCR_2 是接近于 RCR 的两个值，且 $\mathrm{RCR}_1<\mathrm{RCR}<\mathrm{RCR}_2$。

7) 确定室内平均照度

做完以上各步骤后，再按公式 $E_{av}=N\cdot\phi_s\cdot K\cdot(\gamma\cdot U)/A$ 求室内平均照度。如果已知平均照度，可以用公式 $N=E_{av}\cdot A/\phi_s\cdot K\cdot(\gamma\cdot U)$ 确定所需灯具的数量，进而进行灯具的布置。

2.5.2 单位容量法

实际照明设计中，常采用单位容量法对照明用电量进行估算，即根据不同类型灯具、不同室空间条件，列出单位面积安装电功率（W/m^2）的表格，以便查用，如表 2-23 所示。

表2-23　YG1-1型荧光灯的比功率（单位面积安装功率）

计算高度（m）	房间面积（m^2）	平均照度（lx）					
		30	50	75	100	150	200
2～3	10～15	3.2	5.2	7.8	10.4	15.6	21
	15～25	2.7	4.5	6.7	8.9	13.4	18
	25～50	2.4	3.9	5.8	7.7	11.6	15.4
	50～150	2.1	3.4	5.1	6.8	10.2	13.6
	150～300	1.9	3.2	4.7	6.3	9.4	12.5
	300以上	1.8	3.0	4.5	5.9	8.9	11.8
3～4	10～15	4.5	7.5	11.3	15	23	30
	15～20	3.8	6.2	9.3	12.4	19	25
	20～30	3.2	5.3	8.0	10.8	15.9	21.2
	30～50	2.7	4.5	6.8	9.0	13.6	18.1
	50～120	2.4	3.9	5.8	7.7	11.6	15.4
	120～300	2.1	3.4	5.1	6.8	10.2	13.5
	300以上	1.9	3.2	4.9	6.3	9.5	12.6

单位容量法的依据也是利用系数法，只是进一步简化了。单位容量法是一种估算方法。

1. 单位容量计算表的编制条件

单位容量计算表是在比较各类常用灯具效率与利用系数关系的基础上，按照下列条件编制的。

（1）室内顶棚反射比为70%；墙面反射比为50%；地面反射比为20%。由于是近似计算，一般不必详细计算各面的等效反射比，而是用实际反射比进行计算。

（2）计算平均照度E为1lx，维护系数K为0.7。

（3）白炽灯的光效为12.5lm/W（220V，100W），荧光灯的光效为60lm/W（220V，40W）。

（4）灯具效率不小于70%，当装有遮光格栅时不小于55%。

（5）灯具配光分类符合国际照明委员会的规定。

2. 基本公式

单位容量法的基本公式为：

$$\sum P = p_0 \cdot A$$

式中　$\sum P$——受照房间的光源总功率（W）；

p_0——光源的比功率，即单位面积安装功率（W/m^2）；

A——受照房间总面积（m^2）。

可由已知条件（计算高度、房间面积、所需平均照度、光源类型）查出相应光源的比功率 p_0，然后求出受照房间的总安装功率。

如果已知每盏灯的功率 P_N，还可以用公式 $N=\sum P/P_N$ 确定灯具数量。

应注意的是，实际的环境条件与单位容量计算表的编制条件一般不符，因此需将查得的单位面积安装功率的数值加以修正。这时有：

$$\sum P=p_0\cdot A\cdot C$$

式中 C——修正系数，且 $C=C_1\cdot C_2\cdot C_3$；

C_1——当房间内各部分的光反射比不同时的修正系数，详见表 2-24；

C_2——当光源为不足 100W 的白炽灯或 40W 的荧光灯时的调整系数，详见表 2-25；

C_3——当灯具的效率不足 70% 时的修正系数。当 $\eta=60\%$ 时，$C_3=1.22$；$\eta=50\%$ 时，$C_3=1.47$。

表 2-24　房间内各部分的光反射比不同时的修正系数 C_1

反射比	顶棚 ρ_c	0.7	0.6	0.4
	墙面 ρ_w	0.4	0.4	0.3
	地面 ρ_f	0.2	0.2	0.2
修正系数 C_1		1	1.08	1.27

表 2-25　当光源为不足 100W 的白炽灯或 40W 的荧光灯时的调整系数 C_2

光源类型及额定功率（W）	白炽灯（220V）										
	15	25	40	60	75	100	150	200	300	500	1 000
调整系数 C_2	1.7	1.43	1.34	1.19	1.1	1	0.9	0.86	0.82	0.73	0.68
额定光通量（lm）	110	220	350	630	850	1 250	2 090	2 920	4 610	8 300	18 600

光源类型及额定功率（W）	卤钨灯			荧光灯			
	500	1 000	2 000	15	20	30	40
调整系数 C_2	0.64	0.6	0.6	1.55	1.24	1.65	1
额定光通量（lm）	9 750	21 000	42 000	580	970	1 550	2 400

光源类型及额定功率（W）	自镇式荧光高压汞灯			荧光高压汞灯					
	250	450	750	125	175	250	400	700	1 000
调整系数 C_2	2.73	2.08	2	1.58	1.5	1.43	1.2	1.2	1.2
额定光通量（lm）	5 500	13 000	22 500	4 750	7 000	10 500	20 000	35 000	50 000

光源类型及额定功率（W）	镝灯	钠铊铟灯		高压钠灯					
	400	400	1 000	110	215	250	360	400	1 000
调整系数 C_2	0.67	0.86	0.92	0.825	0.8	0.75	0.67	0.63	0.6
额定光通量（lm）	36 000	28 000	65 000	8 000	16 125	20 000	32 400	38 000	100 000

2.5.3 灯具概算曲线法

为了简化计算，把利用系数法计算的结果制成曲线，并假设受照面上的平均照度为100lx，求出房间面积与所用灯具数量的关系曲线，该曲线称为概算曲线。它适用于一般均匀照明的照度计算。

应用概算曲线进行平均照度计算时，应已知以下条件：

(1) 灯具类型及光源的种类和容量（不同的灯具有不同的概算曲线）；

(2) 计算高度；

(3) 房间的面积；

(4) 房间的顶棚、墙壁、地面的反射比。

1. 换算公式

根据以上条件，就可以从概算曲线上查得所需灯具的数量 N。

概算曲线是在假设受照面上的平均照度为100lx、维护系数 K' 的条件下绘制的。因此，如果实际需要的平均照度为 E、实际采用的维护系数为 K，则实际采用的灯具数量 n 可按下列公式进行换算：

$$n = \frac{E \cdot K' \cdot N}{100K} \quad 或 \quad E = \frac{100K \cdot n}{K' \cdot N}$$

式中 n——实际采用的灯具数量；

N——根据曲线查得的灯具数量；

K——实际采用的维护系数；

K'——概算曲线上假设的维护系数（常取0.7）；

E——设计需要的平均照度（lx）。

2. 确定平均照度的步骤

各种灯具的概算曲线是由灯具生产厂商提供的，如图2-29所示的是YG1-1 40W荧光灯的概算曲线图。根据概算曲线，对室内灯具数量的计算就显得十分方便。其计算步骤如下：

(1) 确定灯具的计算高度 h_{rc}；

(2) 求室内的面积 A；

(3) 根据室内面积 A、灯具计算高度 h_{rc}，在灯具概算曲线上查出灯具的数量，如果计算高度 h_{rc} 处于图中 h_1 与 h_2 之间，则采用内插法进行计算；

(4) 通过 $n = E \cdot K' \cdot N/100K$ 或 $E = 100K \cdot n/K' \cdot N$ 即可计算出所需灯具的数量 n 或所要求的平均照度 E。

技能训练14 室内照度计算

任务单（2.5）

<table>
<tr><td>项目名称</td><td colspan="2">照明工程光照设计</td><td>总学时</td><td>20</td></tr>
<tr><td>任务名称</td><td colspan="2">室内照度的计算</td><td>学　时</td><td>4</td></tr>
<tr><td>教学目标</td><td colspan="4">1. 熟悉室内照度计算的方法、内容与步骤；
2. 熟悉相应技术参数的查取方法；
3. 能够根据房间性质选择正确的计算方法；
4. 能够根据房间条件进行室内照度的计算</td></tr>
<tr><td>教学载体</td><td colspan="4">某建筑资料</td></tr>
<tr><td>学习资料</td><td colspan="4">1.《建筑照明设计标准》GB 50034—2004；
2. 不同灯具的技术参数表；
3. 建筑图纸</td></tr>
<tr><td>学习记录</td><td colspan="4">说明：针对以上要求进行的学习内容的总结和归纳</td></tr>
<tr><td rowspan="3">相关知识（学生总结还需学习什么知识）</td><td>概念</td><td colspan="3"></td></tr>
<tr><td>计算</td><td colspan="3"></td></tr>
<tr><td>其他</td><td colspan="3"></td></tr>
<tr><td>相关能力</td><td colspan="4">1. 室内照度计算能力；
2. 设计相关资料应用能力</td></tr>
<tr><td>过程设计</td><td colspan="4">任务布置（10分钟）　教师讲解（40分钟）　分组研究讨论（50分钟）
室内照度计算训练（100分钟）　学生汇报（50分钟）
学习评价（10分钟）　教师归纳总结（40分钟）</td></tr>
<tr><td>教学方法</td><td colspan="4">分组学习讨论法、模拟训练法</td></tr>
</table>

技能训练15 用系数法确定某教室照明灯的数量

某教室长度为9m，宽度为6m，房间高度为3m，工作面距地高为0.75m。当采用单管筒式40W的荧光灯作照明时，若要满足照度的值不低于250lx，试用利用系数法确定照明灯的数量（顶棚反射系数为0.7，墙面平均反射系数为0.7，地面反射系数为0.3）。

分析：(1) 求RCR

取 $h_{cc}=0.5\text{m}$ 则 $h_{rc}=3-0.75-0.5=1.75\text{m}$

$$\text{RCR}=\frac{5h_{rc}\cdot(L+W)}{L\cdot W}=\frac{5\times1.75\times(9+6)}{9\times6}=2.43$$

(2) 求 ρ_{cc}

$$\rho_{ca}=\frac{\rho_c\cdot A_c+\rho_{wc}\cdot A_{wc}}{A_c+A_{wc}}=\frac{0.7\times9\times6+0.7\times(15\times2\times0.5)}{(9\times6)+(15\times2\times0.5)}=0.7$$

$$\rho_{cc}=\frac{\rho_{ca}\cdot A_c}{(A_c+A_{wc})-\rho_{ca}\cdot(A_c+A_{wc})+\rho_{ca}\cdot A_c}$$

$$=\frac{0.7\times54}{(15\times2\times0.5+54)(1-0.7)+0.7\times54}=0.646\quad 取0.7$$

（3）求ρ_{wa}

由题目已知条件知：$\rho_{wa}=0.7$

（4）求利用系数U

经查表得：（RCR_1，U_1）＝（2，0.85），（RCR_2，U_2）＝（3，0.78）

用插入法求U：

$$U=U_1+\frac{U_2-U_1}{RCR_2-RCR_1}(RCR-RCR_1)=0.85+\frac{0.78-0.85}{3-2}\times(2.43-2)=0.82$$

（5）求ρ_{fc}

$$\rho_{fa}=\frac{\rho_f\cdot A_f+\rho_{wf}\cdot A_{wf}}{A_f+A_{wf}}=\frac{0.3\times54+0.7\times(15\times2\times0.75)}{15\times2\times0.75+54}=0.42$$

$$\rho_{fc}=\frac{\rho_{fa}\cdot A_f}{(A_f+A_{wf})-\rho_{fa}\cdot(A_f+A_{wf})+\rho_{fa}\cdot A_f}$$

$$=\frac{0.42\times54}{(15\times2\times0.75+54)\times(1-0.42)+0.42\times54}=0.34\quad 取0.3$$

（6）求γ

经查表得：$(RCR_1,\gamma_1)=(2,1.068),(RCR_2,\gamma_2)=(3,1.061)$

用插入法求γ：$\gamma=\gamma_1+\frac{\gamma_2-\gamma_1}{RCR_2-RCR_1}(RCR-RCR_1)$

$$=1.068+\frac{1.061-1.068}{3-2}\times(2.43-2)=1.065$$

（7）求N

查维护系数表得$k_1=0.8,k_2=k_3=0.95$，则$k=k_1\cdot k_2\cdot k_3=0.722$。

$$N=\frac{E_{av}\cdot L\cdot W}{\phi\cdot(\gamma\cdot U)\cdot K}=\frac{250\times54}{2\,000\times(1.065\times0.82)\times0.722}=10.7(盏)$$

为了布灯方便，取$N=12$盏。

技能训练16 用单位容量法确定某教室照明灯的数量

有一教室面积A为$9\times6=54$（m^2），房间高度为3.6m。已知室内顶棚反射比为70%、墙面反射比为50%、地板反射比为20%，$K=0.7$，拟选用40W普通单管荧光吊链灯具（简式荧光灯具），$h_{cc}=0.6m$，要求设计照度为150lx，试用单位容量法确定照明灯具数量。

分析：由题 $h_{rc}=h-h_{cc}-h_{fc}=3.6-0.6-0.75=2.25(m)$

由 $h_{rc}=2.25m,E_{av}=150lx$ 及 $A=54m^2$，查表2-22得：$p_0=10.2W/m^2$

所以总的安装功率为：

$$\sum P=p_0\cdot A=10.2\times54=550.8(W)$$

需要装设灯的数量为：

$$N=\frac{\sum P}{P_N}=\frac{550.8}{40}=13.77(盏)$$

为了便于布置，可取14盏。

技能训练 17　用灯具概算曲线法确定某教室灯的数量

某教室面积为 54m^2，安装了 9 盏 YG1-1 40W 荧光灯，安装高度为 3.1m，课桌高度为 0.8m，已知室内顶棚反射比为 70%，墙面反射比为 50%，地板反射比为 20%，$K=0.7$，若要求教室设计照度为 150lx，试用灯具概算曲线法确定灯具数。

分析：1. 选定光源和灯具（已知给定），确定相应的概算曲线，见图 2-29。

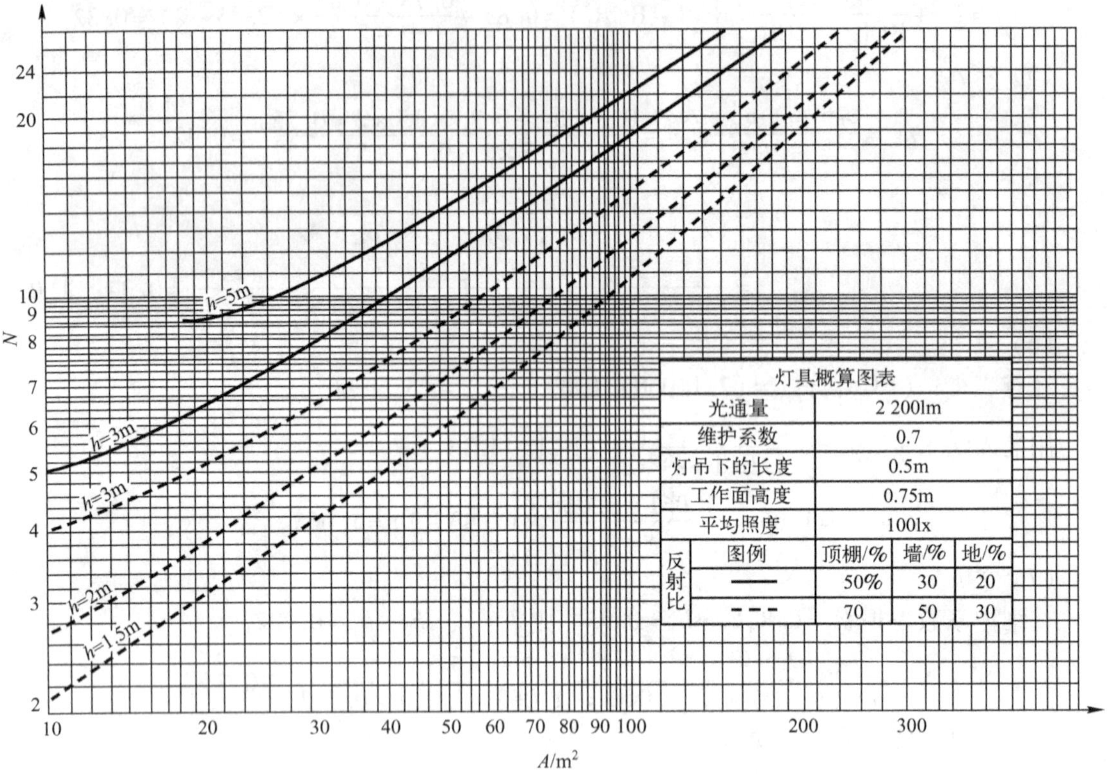

图 2-29　YG1-1 40W 荧光灯的概算曲线图

2. 确定计算高度 $h_{rc}=3.1-0.8=2.3$m

3. 计算房间面积 $A=54$m^2

4. 根据 $A=54$m^2、$\rho_c=70\%$、$\rho_w=50\%$、$\rho_f=20\%$，查图 2-29 得 $N=7.6$。

5. 求灯具数量 $n=E\cdot K'\cdot N/100K=150\times0.7\times7.6/100\times0.7=11.4$(盏)

可取 12 盏

知识梳理

1. 在工业与民用建筑中，照度计算主要是室内平均照度的计算。

2. 照度计算的方法有利用系数法、逐点计算法、单位容量法和灯具概算曲线法等。

3. 平均照度计算法的关键是根据房间特征量、灯具型号和室内装饰材料的条件确定出光通量的利用系数。它适用于一般照明的照度计算，用来计算平均照度及所需灯的数量。单位容量法通常用于做方案设计或初步设计时估算照明用电量。

4. 利用系数法计算室内平均照度的步骤是：确定房间各特征量→确定顶棚空间有效反射比→确定墙面的平均反射比→确定利用系数→确定地面空间有效反射比→确定利用系数的修正值→确定室内平均照度。

思考与练习题 2

1. 简述光照设计的内容。
2. 简述光照设计的步骤。
3. 简述照明的方式，并举例说明其适用范围。
4. 简述照明的种类。
5. 建筑照明工程中常用的照明控制方法有哪些？
6. 如何进行照明质量的综合评价？
7. “绿色照明”的含义是什么？包括哪几项指标？
8. 国际照明委员会的英文缩写是什么？
9. 限制眩光常用哪些办法？
10. 常用的电光源有哪些光电参数？它们如何反应光源的特性？
11. 常用的电光源可以分为哪几类？
12. 画出荧光灯的工作原理图，简述荧光灯的发光原理，并说明荧光灯的各种分类。
13. 高压钠灯的最大优点是什么？常用于哪些场合？
14. 选用电光源应遵循的原则是什么？
15. 简述 LED 光源的特点。
16. 卤钨灯在使用时应注意哪些事项？
17. 按配光曲线分类，常用的灯具有哪些类型？按安装方式分类，又有哪些类型？
18. 灯具具有哪些作用？
19. 什么叫灯具的保护角？其作用是什么？保护角的范围一般是多少？
20. 简述灯具的选用方法。
21. 什么是灯具的效率？如何提高灯具的效率？
22. 什么叫配光曲线？它有哪些表示方法？各种方法的适用场合如何？
23. 什么是最大允许距高比？设计时应如何考虑？
24. 照明方式有哪几种？其特点是什么？
25. 什么是照度均匀度？如何保证照明场所的照度均匀度？
26. 某房间灯具安装高度 3m，工作面高度 0.8m，采用平圆形吸顶灯（白炽灯 60W），求灯间最大距离。（设正方形布置）
27. 某教室长 7.2m，宽 5.4m，高 3.6m，采用简易直管荧光灯（1×40W），试确定布灯方案，并根据房间的尺寸确定布灯的数量。
28. 某房间长 10m，宽 6m，高 3m，工作面为地面，采用白炽灯，距高比为 1.5，若采用矩形布灯方案，试确定所需灯具的数量。
29. 照明计算的基本方法有哪些？常用的平均照度计算方法有哪几种？
30. 简述利用系数法进行照度计算的步骤。
31. 分析影响减光系数的因素。
32. 分析说明室空比与光通量利用系数之间的关系。
33. 有一教室长 12m，宽 8.8m，高 3.6m，灯具距地面高度 3.1m，课桌高度 0.75m，当要求桌面的平均照度为150lx时，请用单位容量法确定采用YG2-1荧光灯具的数量和灯具的布置。

34. 有一实验室长9.5m，宽6.6m，高3.6m，在顶棚下方0.5m处均匀安装9盏YG1-1型40W荧光灯（光通量2 400lm），设实验桌高度为0.8m，实验室内各表面的反射比如图2-30所示，试用利用系数法计算实验课桌上的平均照度。

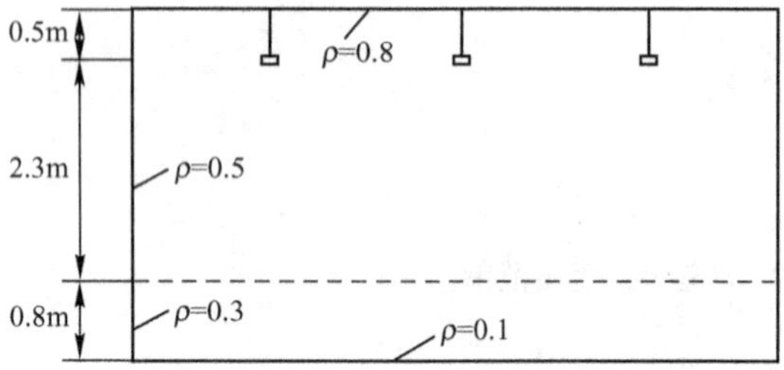

图2-30　实验室内各表面的反射比示意图

35. 已知某绘图室长14.6m，宽7.2m，高3.2m，在离棚顶0.5m的高度内安装YG1-1型40W荧光灯（荧光灯的光通量取2 200lm），要求室内照度不低于150lx，课桌高度为0.7m，教室内各反射比如下：$\rho_{cc}=0.5$，$\rho_{wa}=0.7$，减光系数$M=0.8$。试用利用系数法确定灯具数量N。

36. 已知某教室长6.6m，宽6.6m，高3.6m，在离棚顶0.5m的高度内安装6只YG1-1型40W荧光灯（荧光灯的光通量取2 400lm），课桌高度为0.75m，教室内各反射比如下：$\rho_w=0.5$，$\rho_c=0.8$，$\rho_{wc}=0.5$，$\rho_{fc}=0.2$，减光系数$M=0.8$。试用利用系数法计算课桌面上的平均照度E_{av}。

考考你的能力

方法与步骤

1. 经过实地考察，对某一场所（教室、寝室、阅览室、实验室等）进行室内灯具布置和照度计算。

2. 将计算结果与实际结果进行比较，并找出不同之处。

3. 对不同之处进行分析，判断哪个方案更为合理。

4. 若你的方案更加合理，就找老师求证一下吧。

你的能力指数（满分10分）

完成第1步：得5分（灯具布置2分，照度计算3分）

完成第2步：得7分

完成第3步：得9分

完成第4步：满分喽!!!（前提是：你的方案更加合理，且老师被说服，此项由老师打分。若你的方案不够合理，想得满分就另找一个场所重新再来!）

项目3 舞台调光设计与光效果检测

教学导航

教	项目简介	舞台灯光是照明工程中非常典型的光照应用实例，本项目旨在掌握舞台灯光功能，学会灯光系统的调试，操纵调光设备，进行电气线路的安装
	教学载体	结合××学院新建设的文化艺术中心舞台灯光设计施工实例，让学生身临其境，教师做现场教学。然后回到课堂教学，以提高理论认识，将实践和理论相结合，完成该项目内容
	推荐教学方式	现场教学
	建议学时	6学时
学	学生知识储备	1. 光源的光学技术指标、电学技术指标 2. 材料的光学技术指标 3. 电气工程照明工程图纸的识读
	能力目标	掌握调光的方法；根据不同调光效果完成计算机编程工作；学会调光设备的安装及管线的敷设；学会使用专业仪表对调光效果进行检测的方法；培养学生对舞台灯光设备的运行维护和操作能力

训练方式和手段

训练步骤：

1. 下发舞台电气照明工程图纸、布置任务，提供相关资料（舞台照明设计规范）；

2. 学生对照舞台的实际设计图纸和资料，统计照明器的种类和数量，同时对照明方式给予界定，按照不同的照明方式列出照明器种类、光源种类的对应表；

3. 学生对统计的结果提出问题（如为什么某种照明方式的光源是如此类型的？数量为什么是若干个？……图纸中可以直接反映出来的问题），教师对问题归类，为所要学习的新知识点做好铺垫，并和学生针对工程图纸内容发现的问题互相讨论切磋；

4. 结合统计表中的内容，找到设计规范中的条例规定，结合本项目，进一步学习和研究设计规范如何使用；

5. 进行专业术语的引入、普通知识和专业知识的转换。

任务 3.1　舞台照明的种类和功能

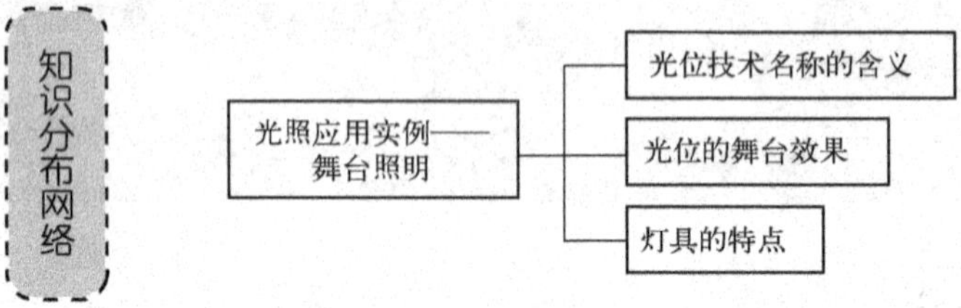

3.1.1　舞台灯光的常用光位

（1）面光：自观众席顶部正面投向舞台的光，主要作用为人物正面照明及整台基本光。

（2）耳光：位于台口外两侧，斜投于舞台的光，分为上下数层，主要辅助面光，加强面部照明，增加人物、景物的立体感。

（3）柱光（又称侧光）：自台口内两侧投射的光，主要用于人物或景物的两侧面照明，增加立体感、轮廓感。

（4）顶光：自舞台上方投向舞台的光，由前到后分为一排顶光、二排顶光、三排顶光……主要用于舞台普遍照明，增强舞台照度，并且有很多景物、道具的定点照射，主要靠顶光解决。

（5）逆光：自舞台逆方向投射的光［如顶光、桥光（桥光是指安装在维护桥、灯光桥上的光位）等反向照射］，可勾画出人物、景物的轮廓，增强立体感和透明感，也可作为特定光源。

（6）侧光：在舞台两侧天桥处投向舞台的光，主要用于辅助柱光，增强立体感，也用于其他光位不便投射的方位，还可作为特定光源。

（7）脚光：自台口前的台板上向舞台投射的光，主要辅助面光照明和消除由于面光等高位照射人物面部和下颚所形成的阴影。

（8）天、地排光：自天幕上方和下方投向天幕的光，主要用于天幕的照明和色彩变化。

(9) 流动光：位于舞台两侧的流动灯架上，主要辅助桥光，补充舞台两侧光线或其他特定光线。

(10) 追光：自观众席或其他位置需用的光位，主要用于跟踪演员表演或突出某一特定光线，也用于主持人，是舞台艺术的特写之笔，起到画龙点睛的作用。

图 3-1 是某学院新建设的文化艺术中心舞台灯光位置图，由于某学院舞台使用的特殊要求，舞台灯光仅仅设立了以上所列灯光中的一部分。

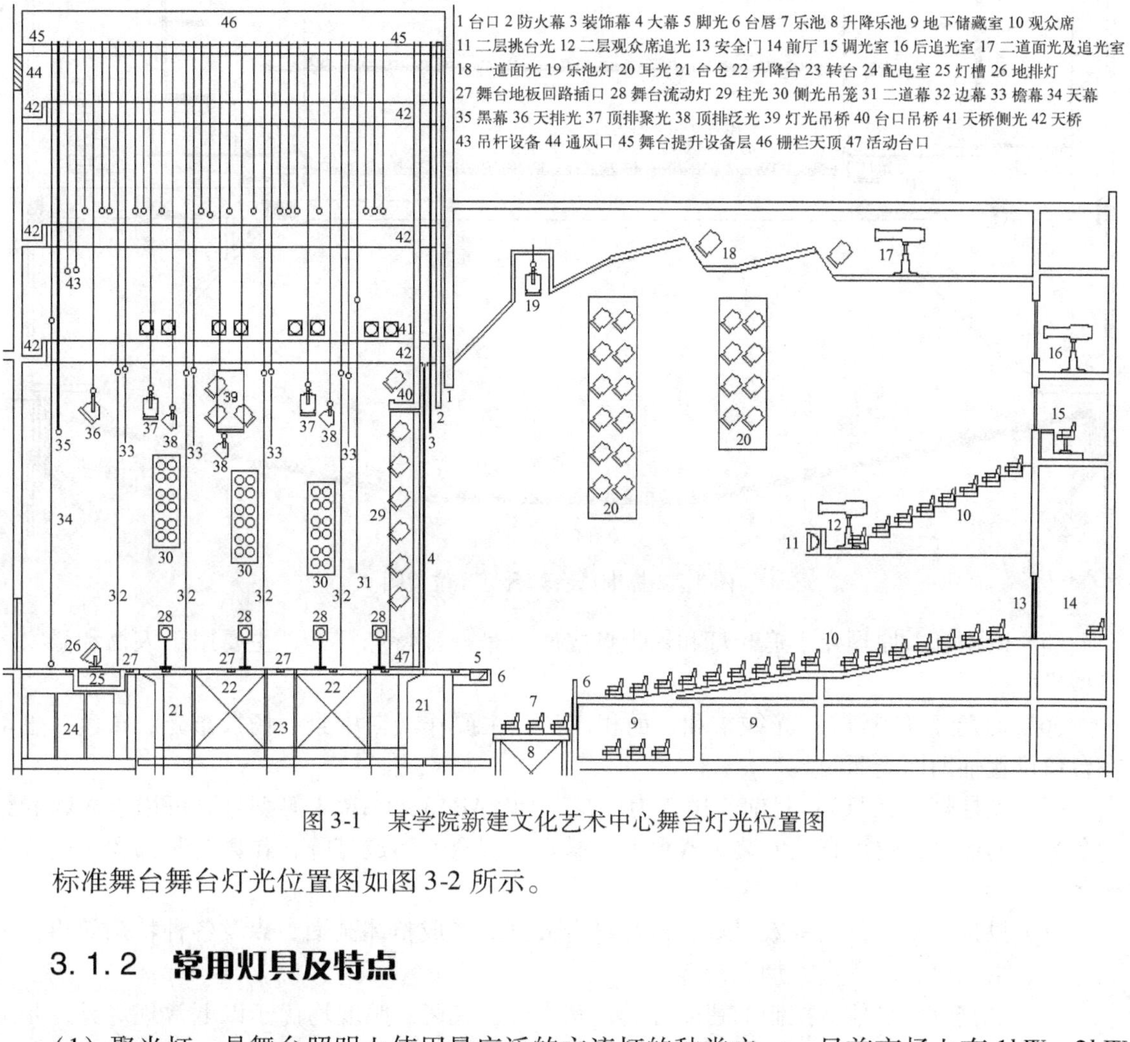

图 3-1　某学院新建文化艺术中心舞台灯光位置图

标准舞台舞台灯光位置图如图 3-2 所示。

3.1.2　常用灯具及特点

(1) 聚光灯：是舞台照明上使用最广泛的主流灯的种类之一，目前市场上有 1kW、2kW 两种类型，以 2kW 使用最广。它照射光线集中，光斑轮廓边沿较为清晰，能突出一个局部，也可放大光斑照明一个区域，作为舞台主要光源，常用于面光、耳光、侧光等光位。

(2) 柔光灯：光线柔和匀称，既能突出某一部分，又没有生硬的光斑，便于几个灯相衔接，常见的有 0.3kW、1kW、2kW 等。多用于柱光、流动光等近距离光位。

(3) 回光灯：是一种反射式的灯具，其特点是光质硬、照度高和射程远，是一种既经济、又高效的强光灯，常见的有 0.5kW、1kW、2kW 等，以 2kW 使用最多。

(4) 散光灯：光线漫散、匀称、投射面积大，分为天排散光和地排散光，常见的有

0.5kW、1kW、1.25kW、2kW 等，多用于天幕照射，也可用于舞台主席台的普遍照明。

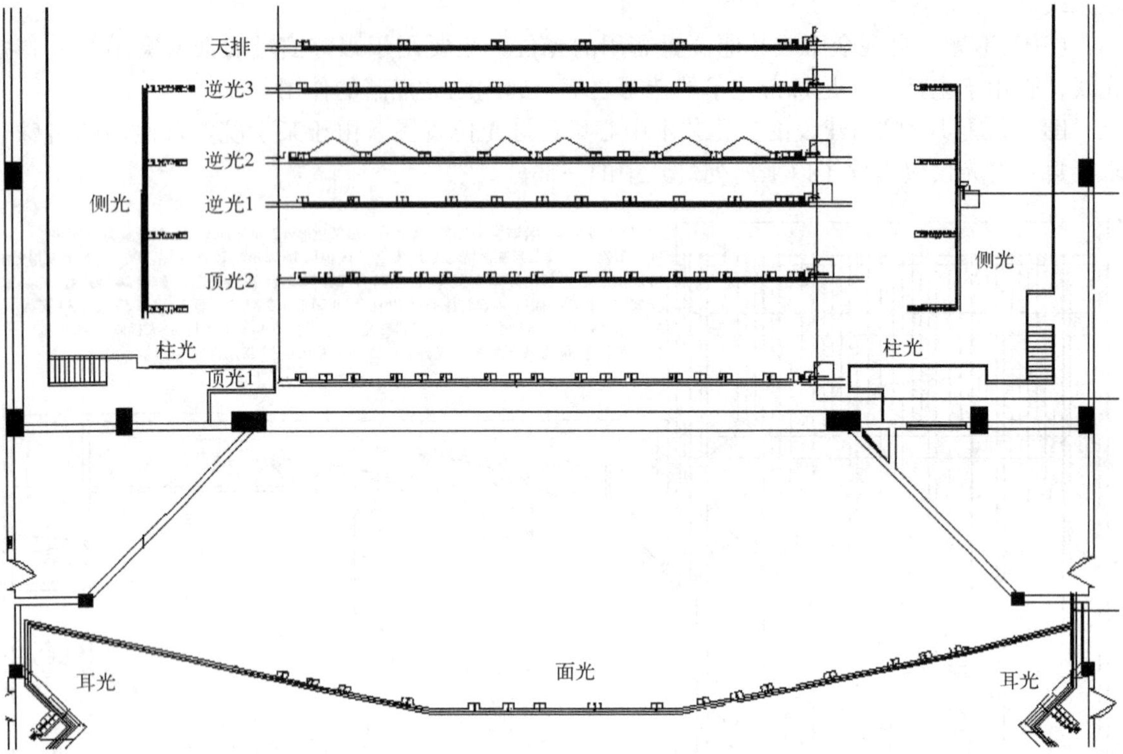

图 3-2　标准舞台舞台灯光位置图

(5) 造型灯：原理介于追光灯和聚光灯之间，是一种特殊灯具，主要用于人物和景物的造型投射。

(6) 脚光灯（条灯）：光线柔和，面积广泛，主要作为向中景、场景布光、布色，也可在台口位置辅助面光照明。

(7) 光柱灯（筒灯）：目前使用较为广泛，如 PAR46、PAR64 等型号。可用于人物和景物各方位的照明，也可直接安装于舞台上，暴露于观众，形成灯阵，作舞台装饰和照明双重作用。

(8) 投景、幻灯及天幕效果灯：可在舞台天幕上形成整体画面，以及各种特殊效果，如风、雨、雷、电、水、火、烟、云等。

(9) 电脑灯：是信号控制的智能灯具，其光色、光斑、照度均优于以上常规灯具，是近年发展起来的一种智能灯具，常安装在面光、顶光、舞台后台阶等位置，其运行中的色、形、图等均可编制运行程序。由于功率大小不同，在舞台上使用要有所区别。一般小功率电脑灯，只适合舞厅使用。在舞台上小功率电脑灯的光线、光斑常被舞台聚光灯、回光灯等淡化掉，所以在选用上要特别留意。

(10) 追光灯：是舞台灯光的灯具，特点是亮度高、运用透镜成像，可呈现清晰光斑，通过调节焦距，又可改变光斑虚实。有活动光栏，可以方便地改换色彩，灯体可以自由运转等。目前市场上品种较多，标注指标方式也不一样，有以功率为标准的如 1kW 卤钨光源、1kW 镝光源、1kW 金属卤化物光源、2kW 金属卤化物光源等，也有以距离为标准的追光灯

（在特定距离下的光强、照度），如 8 ～ 10m 追光灯、15 ～ 30m 追光灯、30 ～ 50m 追光灯、50 ～ 80m 追光灯等，并且在功能上区分为：机械追光灯，其调焦、光栏、换色均为手动完成；另一种为电脑追光灯，其调焦、光栏、换色、调整色温均通过推拉电器自动完成，所以在选用时一定要对各种指标认真考虑。

舞台常用几种灯光的外形如图 3-3 所示。

图 3-3　舞台常用几种灯光的外形

技能训练 18　计算照明装置的照度

查找舞台上各个部位照明装置和光源的技术参数，用利用系数法和工程估算方法计算各个用途照明装置的照度值，并且对照设计规范验算实际工程的照度值是否符合设计规范的要求。

1. 分析照明器的配光曲线验证是否符合设计规范的要求。
2. 学会使用照度测量装置测量舞台各个地点的实际照度。

知识梳理

舞台灯光是光照设计的典型应用实例，通过设置不同的灯位和选择不同光学特性的灯具可以达到最佳的舞台照明效果。

任务 3.2　调光

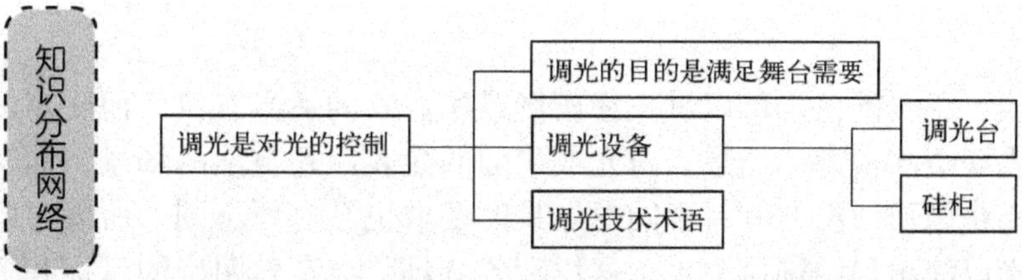

3.2.1　调光的目的

舞台灯光系统通过调光台的控制信号对硅柜进行控制来实现控制整个舞台的灯光。舞台灯光可以为烘托某种气氛发挥巨大作用，使舞台具有生命力，灯光如同演员一样也在演出。灯光可以产生以下效果。

1. 清晰

清晰是舞台灯光最主要的目的，清晰取决于舞台大小、舞台距观众的距离、射向舞台的灯光强度、灯光设备的优劣、灯光颜色。黄色灯光的穿透力最强，其他颜色依次是蓝、绿、橙、红。但灯光强并不等于清晰，为了使观众迅速、容易地看清希望他们看到的部分，可以借重灯光，不希望观众看见的部分，则用灯光隐去。在景与景之间，或舞蹈与舞蹈之间有时用灯光来代替幕布，可以利用灯暗迅速地在黑暗中换幕布，换演员或别的人物，这样做可以不必拉幕。

2. 突出

如果舞台上的灯光强度都一样，射向后景的灯光同演员脸部或舞蹈者身上的灯光一样强，演员的重要性就会减弱，或者舞蹈者的外貌特征就显示不出来。台上的一切，布景、美工、人物处于同样的灯光下，就好像一帧照片，或一幅没有层次、没有深浅的油画。灯光的效果之一就是突出人物，把他们同后景或天幕区分开来，在他们与他们背后的事物之间形成层次，以示区别，同时创造必要的阴影，从而突出人物。可减弱后景灯光，使之只及照射在演员身上灯光的十分之一，以此来突出人物。侧面灯光也有助于突出人物，背后射来的灯光如同摄影一般，有时也能达到同样的目的，但不能让观众看见灯光来源。

3. 模仿自然

运用灯光可以模仿自然，特别是用来表示季节更替，或者表示一天的不同时辰，如晚上、白天、黎明、傍晚。灯光还可以暗示热带的骄阳或寒带的寒冷，可以表示明月之夜的美和魅力，灯光颜色的变化对于传达这类意义和情感有极大的作用。

4. 结构

如能像画家绘画着色一样运用舞台灯光，通过光线、阴影和色彩表现不同的构思和结构，那么舞台就好似艺术家的一幅艺术杰作，而且是一幅不断运动着的画，随着戏剧情节发展设计的灯光，不断地变化着。

5. 暗示效果

明亮的光线、温暖的色彩可以烘托喜庆场景所需要的适当气氛，而明亮的光线加上暗淡的阴影则适于表现暧昧模糊的场景；磷光或华丽的光表示超自然的场景，而灰暗的灯光会产生悲剧效果。舞台因所演出的剧目不同对灯具的要求也会有所不同。所以在配用灯具前必须清楚在此舞台上以演出何种剧目为主，这样配置灯具就会有较明确的目标和意图。因此首先要了解舞台灯具的常用光位，这是正确选用配置的一个重要环节。

图 3-4 是某学院新建设的文化艺术中心舞台调光系统。

调光台外形见图 3-5，其配置如下。

（1）自带液晶显示器，另配 VGA 彩色显示器。

（2）调光台有面板锁功能，配有工作灯座（工作灯为选配件，另外购买）。

（3）无硬盘、全固化软件系统设计，瞬间开机启动，工作稳定可靠。

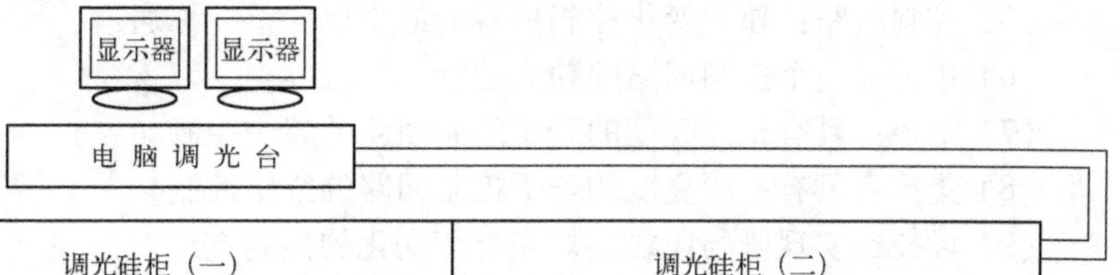

调光硅柜	调光硅柜（一）										调光硅柜（二）								
灯光位置	右流动光	左流动光	地排光	右柱光	左柱光	逆光三	逆光二	逆光一	右侧光	右耳光	天排光	左侧光	面光	左耳光	顶光一	顶光二	工作灯	工作灯	工作灯
安装位置	舞台面	舞台面	舞台面	假台口侧面	假台口侧面	灯光吊杆	灯光吊杆	灯光吊杆	侧光吊杆	右耳光室	灯光吊杆	侧光吊杆	面光桥	左耳光室	假台口升降片	灯光吊杆	灯光吊杆	灯光吊杆	灯光吊杆
回路数(139路)	3	3	4	6	6	6	6	6	12	16	4	12	24	16	6	6	1	1	1

图3-4　某学院新建文化艺术中心舞台调光系统

图3-5　调光台外形

（4）配有中文面板操作表，易学易用。
（5）预留网络接口。

3.2.2　调光设备

1. 调光设备及常用的技术术语

（1）调光器：在控制信号作用下，能实现灯光亮度变化的装置。
（2）调光柜：调光器的柜式组合。
（3）控制台：向调光器输出控制信号，进行调光控制的工作台。
（4）控制信号：设备控制部分传给调光器的信号。

（5）控制回路：独立变化控制信号的最小单元，简称通道。

（6）单控：一个控制回路的独立控制。

（7）组控：具有相同亮度的若干控制回路的集中控制。

（8）集控：具有不同亮度的若干控制回路的集中控制。

（9）段控：实现段与段之间灯光交替变化的控制方式。

（10）总控：最高一级的控制。

（11）最大输出电压：在规定的电网电源和额定负载条件下，调光器可输出电压的最大值。

（12）最小输出电压：在规定的电网电源和额定负载条件下，调光器可输出电压的最小值。

（13）输出电压的不一致性：含有两回路或两回路以上的调光器，在同一测试环境、相同负载、相同控制信号的条件下，各调光回路输出电压的不一致程度。

（14）调光回路输出直流分量：由于输出电压正、负半周波形的不对称而产生的直流分量。

（15）输出电压的温度漂移：在标准电网、额定负载及设定的控制电压下，因环境温度而引起的回路输出电压的变化。

2. 调光设备的外形和技术参数

1）外形

某学院文化艺术中心的调光硅柜选择的是RGB数字调光硅柜，其外形如图3-6所示。数字硅柜是实现大功率负荷调光的载体，也是调光系统的核心硬件，具有全数字智能网络功能，外观设计新颖，性能稳定可靠，可满足大型舞台、会堂、电视台等调光系统配置的需要；每路6kW，带有DMX-512接口、网络接口，为1024级高触发精度，可将硅柜的柜温、硅温、三相输入电压、硅路输出电压和电流、散热风扇转速等系统状态通过LAN网络或RGB遥测送回控制室，进行系统状态的遥测与报告。

图3-6 调光硅柜外形

2）主要技术参数

（1）单机版/网络型。

（2）输入：380/220V AC。

（3）输出：

输出回路——12路可编程调光输出；

输出电流——20A/路最大输出电流；

输出电压——0～220V AC/单相；

输出形式——可控硅输出；

控制模式——模块内部调压的方式分闭环和开环两种，闭环调压的范围为AC 20～220V，开环调压的范围为AC 0～220V。

（4）调光器自带CPU。

（5）具备通信接口。

（6）通信速率：最大38 400b/s。

（7）应用环境：通风，无强腐蚀性场合。

（8）散热方式：自然通风散热。

（9）环境温度：运行，－10℃～50℃；储存，－20℃～60℃。

（10）尺寸：370mm×500mm×450mm（$L \times W \times H$）。

（11）质量：10～30kg。

3. 电脑换色控制装置

采用电脑换色装置可以使灯光的颜色有规律有计划地改变，并且达到颜色和剧情变化的协调。一般的电脑换色装置均可以达到大屏幕蓝色背光液晶全中文菜单显示，可任意编组、编场、编色，按键次数少，编程效率高；数字化多级和无级飞梭调速，分组延时输出，可在任何输出状态下单独调号，精确控制到每一个灯，给灯光设计人员提供了很大的创作空间；具有USB的外存接口，可直接操作外存，同类型控制台只需插入闪存盘即可操作，不破坏原有的存储内容，特别适合异地流动演出，大大提高设备利用率；可控制换色器复位、开关风扇和工作指示灯，以适应环境要求；信号通过高速光电隔离输出，稳定准确，抗干扰能力极强，传输距离可达1 200m，且不怕强电回馈烧坏控制台；人性化设计，手感好，操作简捷。

1）某学院文化艺术中心电脑换色装置系统

图3-7是某学院文化艺术中心电脑换色装置系统图。

2）电脑换色装置外形图和主要技术参数

图3-8是电脑换色装置外形图。

电脑换色装置的主要技术参数如下。

（1）信号标准：DMX512。

（2）人机界面：240×128液晶图形中文菜单，蓝色LED背光。

（3）额定编组：16组。

（4）最大编组：256组（16组/页×16页）。

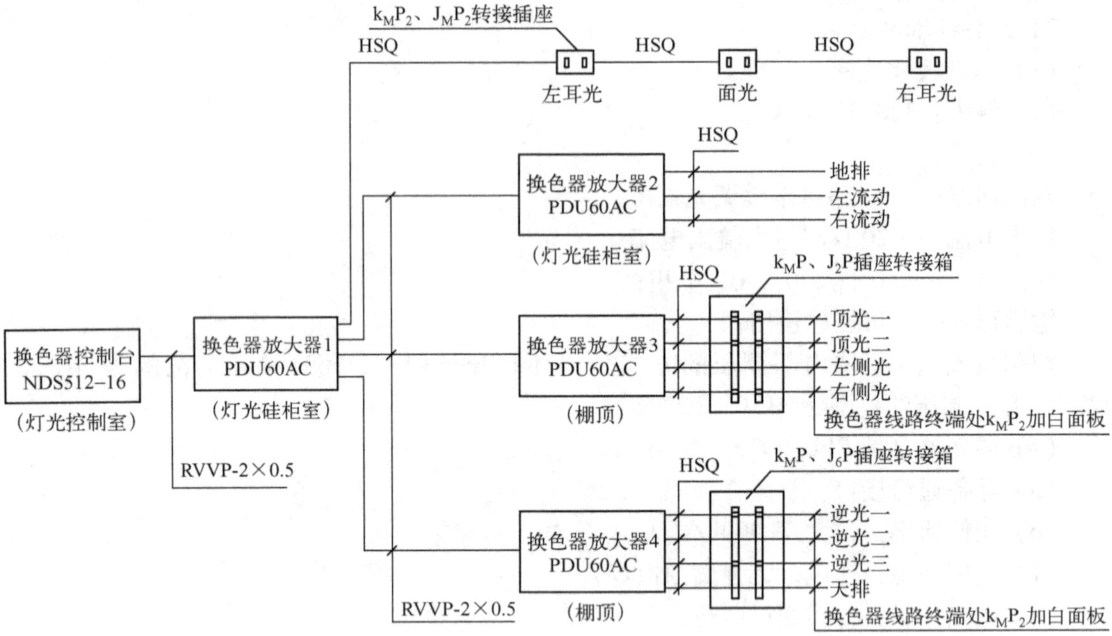

图 3-7　××学院文化艺术中心电脑换色装置系统图

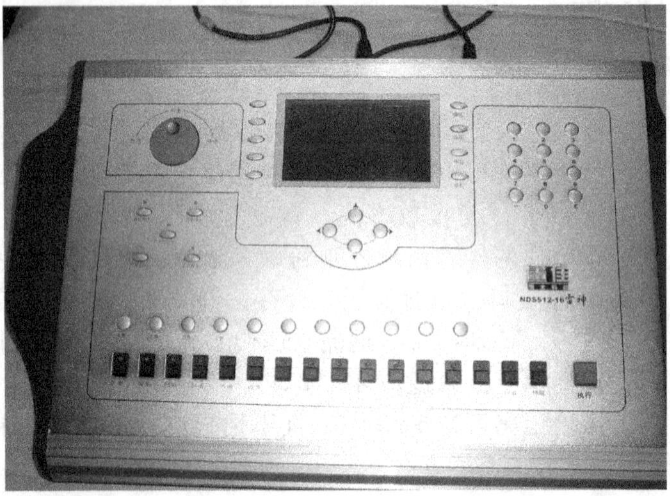

图 3-8　电脑换色装置外形图

(5) 编址范围：512 个独立通道。

(6) 可控色数：8 ～ 11 色。

(7) 调速范围：高、中、低三挡调速或连续无级调速。

(8) 记忆场数：128 场景（内存）。

(9) 外存场数：USB 闪存盘，每盘存 128 场。

(10) 输出模式：直接 + 预备 + 记忆 + 循环 + 延时。

(11) 信号输出：符合 RS485 标准。

(12) 信号接口：2 个 J5F2。

(13) 控制距离：≤1 200m。

技能训练 19　舞台灯光设计

1. 根据舞台灯光的回路数量设计调光回路，确定回路容量和回路的调光范围。
2. 实际操作调光的效果，测定调光范围内照度值的变化。
3. 查找设计规范对专业术语所表述的内容进行整理，找到对应的英语单词。
4. 理解调光的原理并学会电脑编程，进行实际灯光的调控。

知识梳理

为了满足舞台上各种功能的要求而进行的调光是对光的控制，它不仅是对光强度的控制，还包括控制光学的其他指标。灯光的控制内容还涉及控制技术等多个技术环节。

任务 3.3　舞台灯光及设备的安装

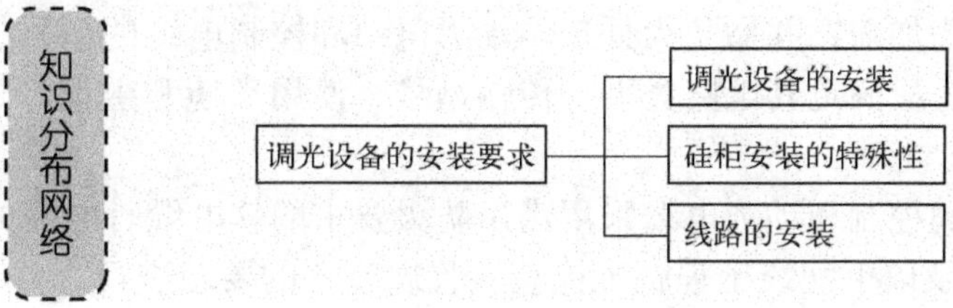

3.3.1　灯光系统电气设备运行中的安全设置

1. 合理配置输出

每个调光、直通输出由 1 只 32A 的插座配出，每个插座三根导线的长度一致，通过绞合输出。

2. 良好的接地

为消除可控硅干扰，使音、视频设备达到使用要求，应在灯光系统设计中选择比较合理、实用的接地系统。扩声系统和灯光系统都设有独立接地干线，采用共用地极，接地电阻≤1Ω。电力电缆和灯线全部安装在金属线槽内，金属线槽设有良好的接地装置。

3. 触电保护

由于灯光配电线路大部分经插座接到舞台灯光，按低压配电系统常规作法插座回路应装设漏电保护，作间接接触保护，因漏电开关容易误动作，直接影响舞台灯光系统的可靠性，因此采取 PE 线与相关回路相线一起配线的方式，以减小零序阻抗，保证在发生单相接地故障时，保护装置能可靠动作，保障人身安全。

4. 雷电防护

在变电所低压母线装设避雷器，调光灯光配电柜装设浪涌保护器，防止文化艺术中心舞台或附近建筑物遭受雷击时由于电磁感应、静电感应产生过电流、过电压，损坏调光柜及灯光控制计算机系统，保证调光硅柜及灯光控制计算机系统的安全。

3.3.2 灯光系统电气线缆及线路敷设设置

(1) 硅柜安装的位置到所有插座的输出导线均由三根长度一致的导线通过绞合输出，并且和音、视频等信号线相互远离，必须相遇时做90°交叉，留有0.5m距离；无法避免、必须平行时，间距设置大于1m。

(2) 所有信号连接线缆应选用五芯屏蔽线，以防止电磁干扰。

(3) 设有独立的接地干线，电力电缆和灯线安装在金属线槽内，金属线槽接地。

(4) 插座箱强、弱电之间用金属隔板分隔，避免强电对弱电的干扰，保证弱电系统安全。

(5) 电缆桥架采用热敏电缆做火灾探测，预防电缆发生火灾。

(6) 桥架或线槽加盖，并做防火处理。动力电缆和控制电缆的型号、电压、载流量、截面、芯数、外护套等应满足其电路类型、传输型号、使用环境和敷设方式的要求，并符合有关规范。

(7) 移动部件的控制和动力电缆采用满足防火要求的软电缆。电缆的敷设应按照《电气装置安装工程 1kV 及以下配线工程施工检验验收规范》的要求进行。

(8) 电缆敷设时应将电磁干扰降低到最低程度。当采用电缆软管时，其长度不能超过1m。动力或控制线路用的悬挂或下垂的软电缆应设有应力释放中心芯线，其两端应夹紧，以释放导线应力。

(9) 动力或控制线路所用的多芯和屏蔽电缆的芯线要易于按编号识别，少于25 芯的电缆才可使用颜色代码，不利用电缆敷设形式或顺序来识别电缆芯数。

(10) 每根动力和控制电缆两端的电缆编号相同，并打上有唯一编号的永久标记。

(11) 应有足够长度的电缆以满足有关设备总行程的要求，其中包括到维修位置所需的行程。所有电缆进线设备上有适当的进线接头，以便更换电缆，剩余汇总电缆应卷在电缆盘上或放在设备内，并牢牢固定。

(12) 箱盒安装时应垂直于墙面对齐，垂直偏差不大于2mm，进出线箱排列整齐，并留有适当的余量。管内穿线，不同回路、不同电压和交直流的导线，不得穿入同一根管子内，导线在管内不得有接头和扭曲；导线穿入管子内，在出口处，装护套来保护导线。电缆敷设前，仔细检查电缆是否有机械损伤，并进行绝缘摇测。动力和照明配电箱的安装，其质量标准应符合国家电气工程施工规范。落地动力配电箱牢固安装在角钢或槽钢基础上，用螺钉固定，并做好接地。进出线的管子在基础内高出基础面10cm左右，后面不开检修门的靠墙安装。落地式动力配电箱安装时垂直度为1.5mm/m，盘间接缝为2mm。照明箱一般为挂墙安装，暗装的挂墙式配电箱在砌墙时直接安装在墙内，也可在墙上预留洞然后再装。应保证安装牢固，接地良好，安装平、正、尺寸符合设计要求，底边距地面1.5m，垂直偏差不大于3mm，进出配电箱的管路配到配电箱内并用管帽和锁紧螺母固定。安装配电箱，其盖板表面和粉刷层一样平，进出箱内的管线采用暗敷方式。

3.3.3　灯光电气设备柜设置

1. 结构

电气设备的机柜和机架都采用经过防锈处理的金属和钢板制作，必要时用钢板或型钢的柜架加强。电气设备柜有防尘和防潮措施，除通风处和电缆进出口外，所有机柜和机架全部封闭。每个机柜的深度能保证适当的设备和接线的空间，每一特定组的各机柜深度、高度和颜色都相同。

2. 通风

所有电气元件或装置都能在所用外罩内和规定的环境下连续运行。机柜设有适当的自然通风口，以散去设备产生的热量，通风口采用细网或泡沫隔栅保护，以防杂物进入。

3. 电缆进出线

电缆孔在工厂按所需位置预留，并设有可拆卸板以便在现场最后加工。电缆进出线处考虑电缆的外径、敷设方式和足够的弯曲半径，并有电缆固定装置。

4. 机柜门及检修面板

门和面板设计有足够的刚性，门和面板可拆卸检修，面板装有防尘密封条。所有外壳和面板都在彻底清除油脂和锈迹后涂烘干漆。

5. 标识

设备柜内的部件标志应为永久性标志，不得使用临时粘贴标志或钢笔识别印记。铭牌与标志的尺寸应足够大，在正常光线下2m的距离能看清楚铭牌与标志。

3.3.4　硅柜室施工要求

（1）由于可控硅工作时会散发出大量的热量，为了保证可控硅的正常工作，硅柜室必须装有单独的空调系统和通风设备。

（2）置放可控硅、供电柜和场灯柜的底部设有10号槽钢机座。

（3）硅柜室防静电地板高为300mm。

（4）调光配电室内楼板荷载要求为每平方米800kg。

（5）电缆桥架穿过楼板、墙体处留洞尺寸由设计者提供。

（6）电缆桥架敷设后所有孔洞需用耐火材料作防火封堵。

技能训练20　舞台设备安装

1. 查找电气安装施工图集和弱电设备安装图集，找到相关的设备安装标准图，结合某施工现场，检查舞台设备安装是否符合要求，写出修改方案。

2. 学会硅柜安装和接线。

3. 掌握舞台灯光、设备和管线的安装特殊性和安装方法。

知识梳理

舞台调光设备、灯光和线路的安装除了满足一般安装要求以外，还有一些特殊的要求和特殊规定。

任务3.4　舞台灯光设计

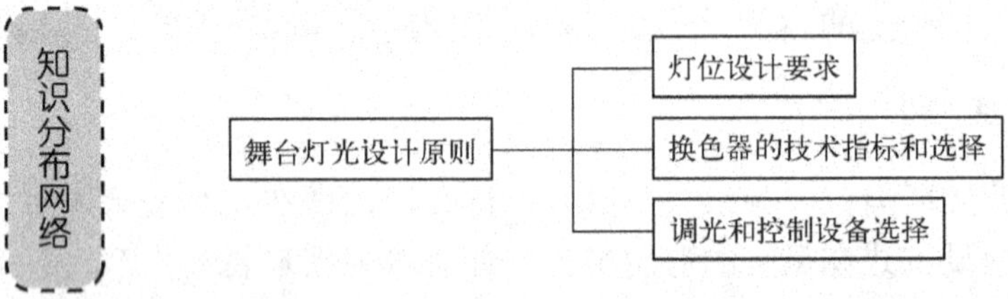

3.4.1　舞台灯光设计原则

舞台灯光系统设计是遵循舞台艺术表演的规律和特殊使用要求进行配置的，其目的在于将各种表演艺术再现过程所需的灯光工艺设备，按系统工程进行设计配置，使舞台灯光系统准确、圆满地为艺术展示服务。

舞台灯光设计原则如下：

（1）创造完全的舞台布光自由空间，适应一切布光要求；

（2）为使该系统能够持续运行，适当加大储备和扩展空间；

（3）系统的抗干扰能力和安全性作为重要设计指标；

（4）高效节能冷光新型灯具被引入系统设计中；

（5）DMX512数字信号网络技术被引入系统设计的各个环节中。

3.4.2　舞台灯光系统工艺设计要求

（1）工艺设计和设备配置具有综合舞台的使用功能，在短时间内可轮换多种不同剧种的灯光操作方案。

（2）系统设计可以从一种照明方案快速转换到另外一种照明方案，转换时间在2h内完成。

(3) 允许使用全部配置的各种类型灯具和其他补充设备。

(4) 有足够的安全性和存储容量，整个系统在不中断主电力供应的前提下，可对主控台进行持续的诊断检查。

(5) 设备完全符合舞台背景噪声的技术要求。

3.4.3　舞台灯光系统设计说明

舞台灯光中面光、耳光和追光等设计特别有针对性，设计时根据具体要求一对一进行布置即可。舞台灯光灯位布置的顶光要求较多，如区位构成布光阵列，舞台各部位均有布光点等，因此杜绝死区、灵活多变地按需组合是顶光设计时的复杂之处。

1. 顶光系统设计配置

顶光的作用是对舞台纵深的表演空间进行必要的照明，顶光配置中采用的各种灯具大大地提高了光的透光性，透光率比目前国产镜提高150%，遮光叶设计美观新颖，四页设置合理，遮光效果好，可作舞台顶光或染色用。

配置灯具分布如下：

舞台上空共设有多道灯具吊杆，其中每道顶光分别用不同数目的灯具，如螺纹聚光灯（配换色器）、平凸聚光灯（配换色器）等。

灯具的排列及投射方法为：

第一道顶光与面光相衔接照明主演区，衔接时注意人物的高度，可将第一道顶光位置作为定点光及安置特效灯光，并选择部分灯加强表演区支点的照明；第二道至第十道可向舞台后直投，也可垂直向下投射、加强舞台人物造型及景物空间的照明。前、后排光相衔接，使舞台表演区获得比较均匀的色彩和亮度。

2. 灯光换色器设计配置

安装在部分灯具上的换色器，其作用为产生舞台光、染色、进行色彩变化、衬托剧情，达到多姿多彩的效果。

3. 换色器配置

选用换色器控制台与其他设备串接。

换色器的设计推广，大大简化了舞台灯具的数量，减轻了灯光工作者的劳动强度，也节约了投资金额，所以它是一种舞台配置不可缺少的器械，目前市场上主要有机械换色器和电脑换色器两种。

(1) 舞台机械换色器：其设计简便，价格较低，为20世纪八九十年代中期主流产品，目前已接近于淘汰。

(2) 舞台电脑换色器：是近几年发展起来的新型换色器，其采用国际标准的DMX512信号输出，可由专用控制台控制，也可连接于电脑调光台使用，它有多模式、高精度、大容量、控制距离远等特点，成为目前市场换色器的主流产品。

现代的舞台灯光设计者对舞台灯光提出了一个新的管理理念——统一管理，集中控制。

就是把多台功能效果各异的数字灯光设备连接起来由一部数字调光台控制。例如，将数字调光硅箱、数字换色器、电脑效果灯、电脑换色灯、数字烟机、数字泡泡机等统统连接在一张电脑控制台上，由一位灯光师来控制。

4. 换色器的技术指标

无论是在建筑照明还是在舞台照明等各种不同的艺术照明领域中，照明色彩的运用都是其中的一个重要内容。正确运用不同的照明色彩，可以达到意想不到的良好效果。即使是传统的戏剧和话剧，现在也越来越离不开色彩的变化；大型歌舞演出中除了电脑灯和变色灯以外，其余的舞台灯具几乎都配上了换色器。因此，在当代舞台艺术表演中，自动换色器已成为灯光器材中极其重要的一员，换色器质量的好坏也直接关系到一场演出的成功与否。

根据换色器实际使用情况，其产品的外观及工艺是保证产品质量的重要指标，检测的内容含：结构工整、表面装饰或涂层光洁、牢固可靠；文字符号的标识清晰端正，符合有关标准要求；表面无划伤、挂流；内部接线工艺及元件的安装整洁、安全、可靠，通风散热性能良好；各种操作开关灵活可靠；绝缘性能及对电压的适应性能符合国家电子产品的技术要求；放大器使用的电源类别匹配；换色器有固定在灯具的板卡及安全链。

测试方法：使用高压试验或高压摇表测试及目测。

5. 主要技术指标及测量方法

1）最快换色时间

回光灯平均每色的最快换色时间，是将换色器从色纸上一端的第一种颜色转换至最后一种颜色的总时间和总换色数之比，并与相邻单色转换的时间核实。该技术指标采用数字式秒表测试三次后进行平均。

2）换色的准确性

以目测及量具测量的方式，在任意换色的操作方式下，检查换色的准确性及重复换色定位的准确性（≤3mm），并检查是否有过冲，测试三次。

3）换色的同步性能

采用6台换色器同时进行换色，用目测方式检查各台换色器换色的同步情况，测试三次。

4）拉力

将拉力计用胶带粘在色纸上（从第一色开始），启动换色器，待平衡稳定后读出拉力。6台换色器拉力进行平均。

5）噪声

噪声（静止时）：61dB（A）。

噪声（运动时）：63dB（A）。

6）易用性

检查安装、拆卸是否方便，放大器的负载能力、色纸的通用性和最多换色种类、控制台操作界面是否良好等。

6. 舞台灯光控制设备配置

目前市场上的调光台主要有模拟调光器和数字调光器，一般在条件允许时采用数字式的调光装置。数字调光器使用单片机技术，为 DM512 数字信号，使用方便（特别是大回路），其调光功能、备份功能、编组功能、调光曲线等均优于模拟调光台，性能价格比合理，很受用户欢迎，常见的有 12 路、36 路、72 路、120 路、240 路、1 000 路等，每路多为 2kW、4kW、6kW、8kW 等。

在了解了灯位、灯具特点和控制设备及换色器后，即可依照剧场各自的特点、使用规模的大小、用灯繁简，因地制宜地设计出正确的使用方案。

知识梳理

舞台灯光的设计包括灯位、换色器和调光设备的选择，无论哪种选择都是为了满足舞台要求进行的。只有做到这几种技术指标的合理匹配，才能准确地根据舞台上演剧目的不同做好舞台灯光设计。

思考与练习题3

1. 舞台上哪些灯位的设置是为了突出人物、哪些是为了突出景物，在图 3-2 标准舞台舞台灯光位置图中找到具体位置。
2. 舞台上哪些灯位需要调光？调光设备硅柜中的控制回路如何划分？
3. 接地、触电保护和雷电的防护在舞台设备安装中有哪些特殊要求？
4. 在考虑顶光排列及投射方法时，各道顶光的作用是什么？

项目4 照明工程电气设计

教学导航

教	项目简介	照明电气设计通常是在光照设计的基础上进行的，其主要任务是保证电光源和灯具能正常、安全、可靠而经济地工作。为达到这一目的，必须设计合理的供配电系统，使之符合照明技术设计标准和电气设计规范的要求。照明电气设计的步骤：收集原始资料、了解电源情况→确定供电电源形式→确定配电系统→进行负荷分配→进行负荷计算→照明电器设备选择
	教学载体	本项目以××学院教学楼建筑照明工程设计为教学载体，在分析照明工程电气设计内容的基础上，完成以下任务：确定照明负荷电源容量，进行照明用电负荷的计算，选择照明线路上的导线、保护设备及开关设备，熟练绘制各种系统图，熟练编制负荷计算表和计算书，从而达到照明电气设计及配电设备的选型能力
	推荐教学方式	分组学习、任务驱动
	建议学时	20 学时
学	学生知识储备	1. 导线及开关设备的产品知识 2. 照明工程设计规范和标准 3. 负荷计算的表格式、内容与含义
	能力目标	具有进行负荷计算的能力；具有配电导线选择的能力；具有照明线路开关及保护电器的选型能力；具有漏电保护器的知识；具有照明配电箱的设计能力；具有独立完成照明工程电气系统设计的能力

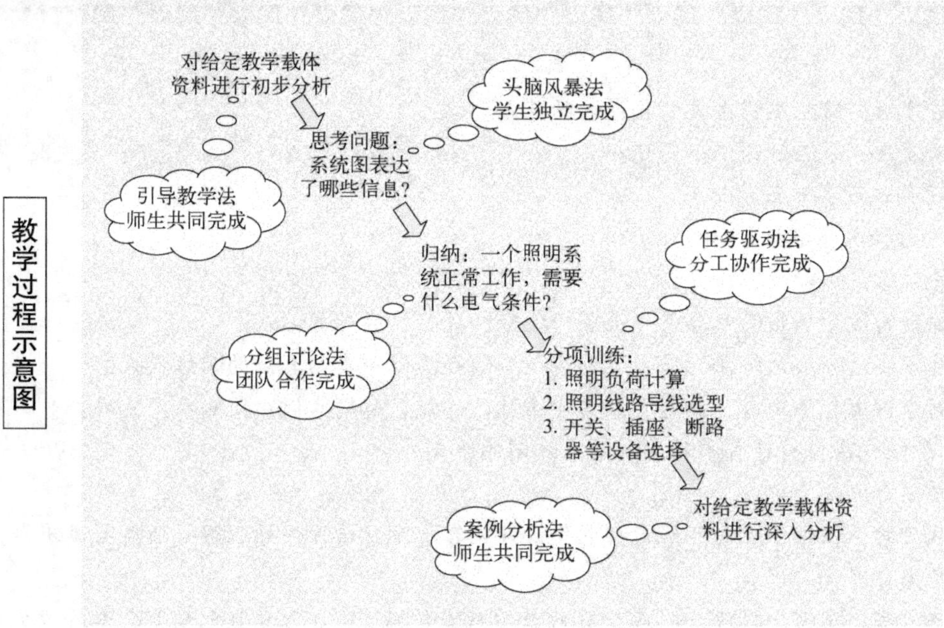

训练方式和手段

整个训练分为五个阶段：

第一阶段

训练目的：结合工程图纸，初步了解照明工程电气设计的内容。

训练方法：教师针对本项目教学内容提出相关问题，引导学生从图纸中寻求答案。

问题如下：

1. 系统图上画了哪些设备？
2. 系统图上体现了哪些数据？
3. 系统图有哪几种？

第二阶段

训练目的：熟悉系统图应表达的内容。

训练方法：利用头脑风暴法实施教学。

训练步骤：

1. 总结系统图表达什么内容（每位学生结合图纸和第一阶段的问题自行总结不同系统图的表达内容，要求独立完成）。
2. 找出三位同学回答该问题。
3. 学生自由补充。
4. 教师给出完整答案。
5. 学生个人查缺补漏。
6. 独立思考遗漏的内容用途何在，进行记录。

第三阶段

训练目的：研究照明系统电气设计的范围。

训练方法：分组讨论以下问题。

1. 选什么设备？如何选？
2. 进行什么参数的计算？如何算？

第四阶段

训练目的：学会照明线路电气设备选型和相关数据的计算方法。

训练方法：分项训练法，采用案例分析→假题真做→真题真做的训练模式。

案例分析由教师完成，假题真做由学生独立完成，真题真做由团队共同完成。

（本阶段完成负荷计算表的编制、系统图的绘制）

第五阶段

训练目的：强化学生对照明工程电气设计内容、步骤与方法的理解，使学生具有相应的设计能力。

训练方法：案例分析法（对本项目的教学载体资料进行深入细致的研究。本阶段完成照明工程电气设计步骤的归纳）。

学生学习成果展示：

1. 负荷计算表
2. 系统图
3. 照明工程电气设计步骤与内容说明图（格式不限）

教学载体　教学综合楼电气设计

【设计条件】

某学院教学综合楼由A、B、C、D、E、F、G七个区组成，总面积48 000m²，最高处49.7m。A区为主楼，共11层；B、D、E、G为教学用房，其中1层4.2m，5层5.9m，其他层3.9m，3层阶梯教室占用4层空间；C、F区为大阶梯教室，共两层。

【设计范围】 D区1～5层室内电气设计。

【设计要点提示】

（1）照明、插座均由不同的支路供电。

（2）所有插座回路均设漏电断路器保护。

（3）开关、插座分别距地1.4m、0.3m暗装。

（4）照明分支线路导线一般选择2.5m²BV线。

（5）每条照明回路一般连接照明器20个，最多不超过25个或$I_c \leqslant 16$A。

【温馨提示】

照明负荷为单相负荷，在照明设备线路分配时，注意各相均匀分配。

图纸目录及说明如表4-1所示。

表 4-1　图纸目录及说明

序　　号	图 纸 名 称	图　别	图　号	图　幅
6	B、D 区照明系统图	电施	图 4-1（81-6）	1 #
8	事故照明系统图、动力系统图	电施	图 4-2（81-8）	1 #

任务 4.1　照明工程电气设计任务分析

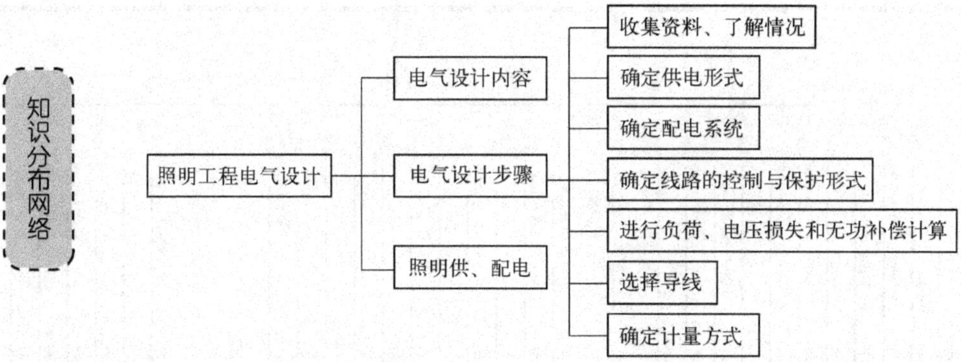

照明工程电气设计是电气照明系统设计的又一个重要组成部分，一般是在光照设计的基础上进行的，它不但要求具有照明负荷计算、导线上电压损失的计算、照明配电线路的选择、照明线路的保护和开关设备的选择等能力，而且还要求具备照明供配电系统的设计方法等知识。

4.1.1　电气设计的基本要求

1. 安全

对于任何一个与电有关的系统，安全总是最重要的第一要求，这里所说的安全包括人身安全和设备安全两个方面。在日常生活中，照明设备的应用和分布很广泛，而且线路分支较复杂，为了保障照明设备和人身安全，必须重视照明设备及其线路的电气安全。系统如果设计考虑不周或施工质量不良，或材料、设备选用不当，都可能直接造成设备或人身事故，或大面积停电，或火灾等严重后果。为此电气设计和光照设计都应严格执行有关规程，力求把人身触电事故和设备损坏事故降低到最低限度。

2. 经济

"经济"指一方面尽量采用高效新型节能光源和灯具，充分发挥照明设施的实际效益，尽量能以较少的投资获得较好的照明效果；另一方面是在符合各项规程、指标的前提下，还要符合国家当前的电力、设备和材料等方面的生产水平，尽量节省投资。

3. 美观

由于照明装置不但要保证生产和生活需要的能见度要求，同时还具有装饰房间、美化环

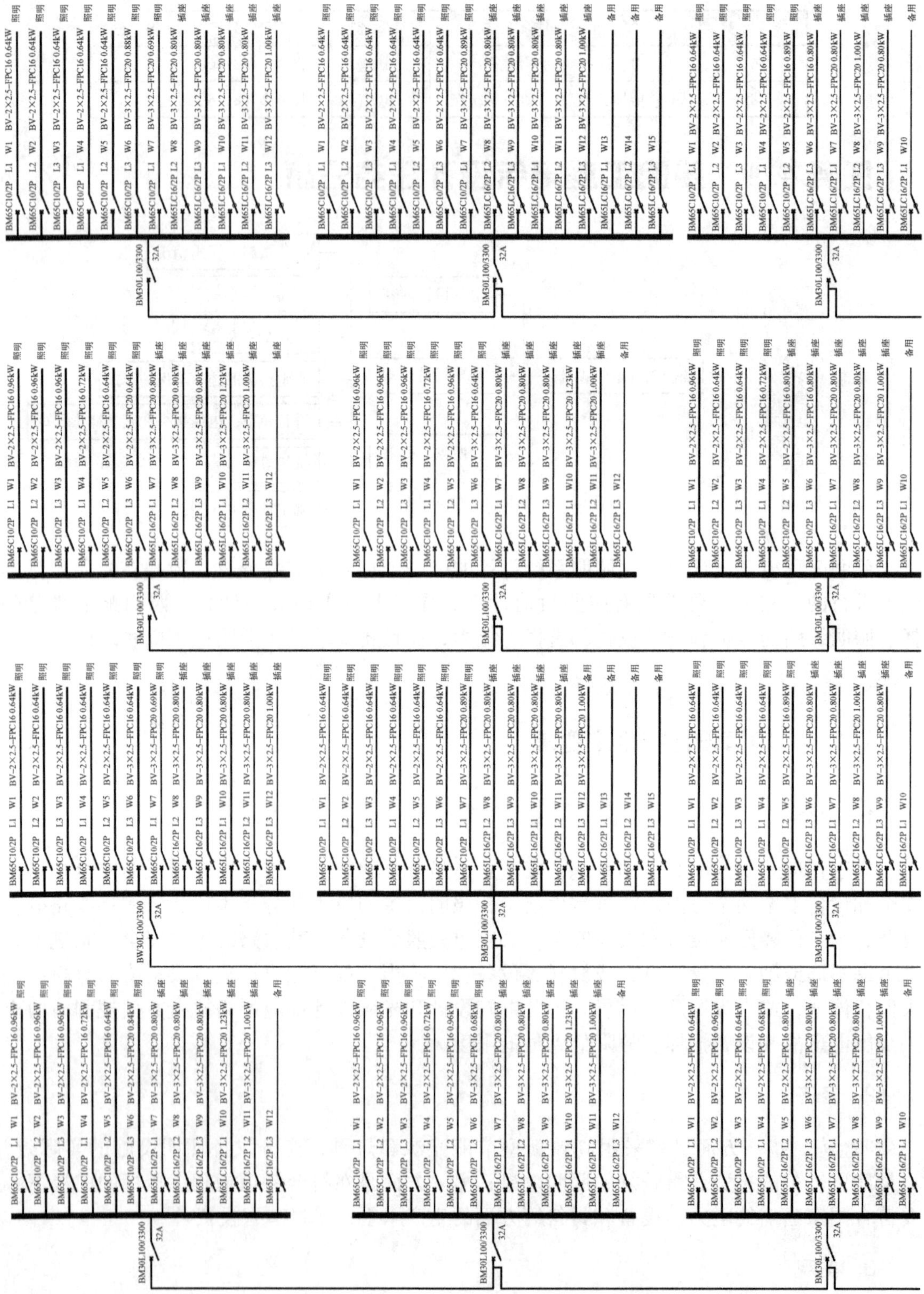

图 4-1　B、D

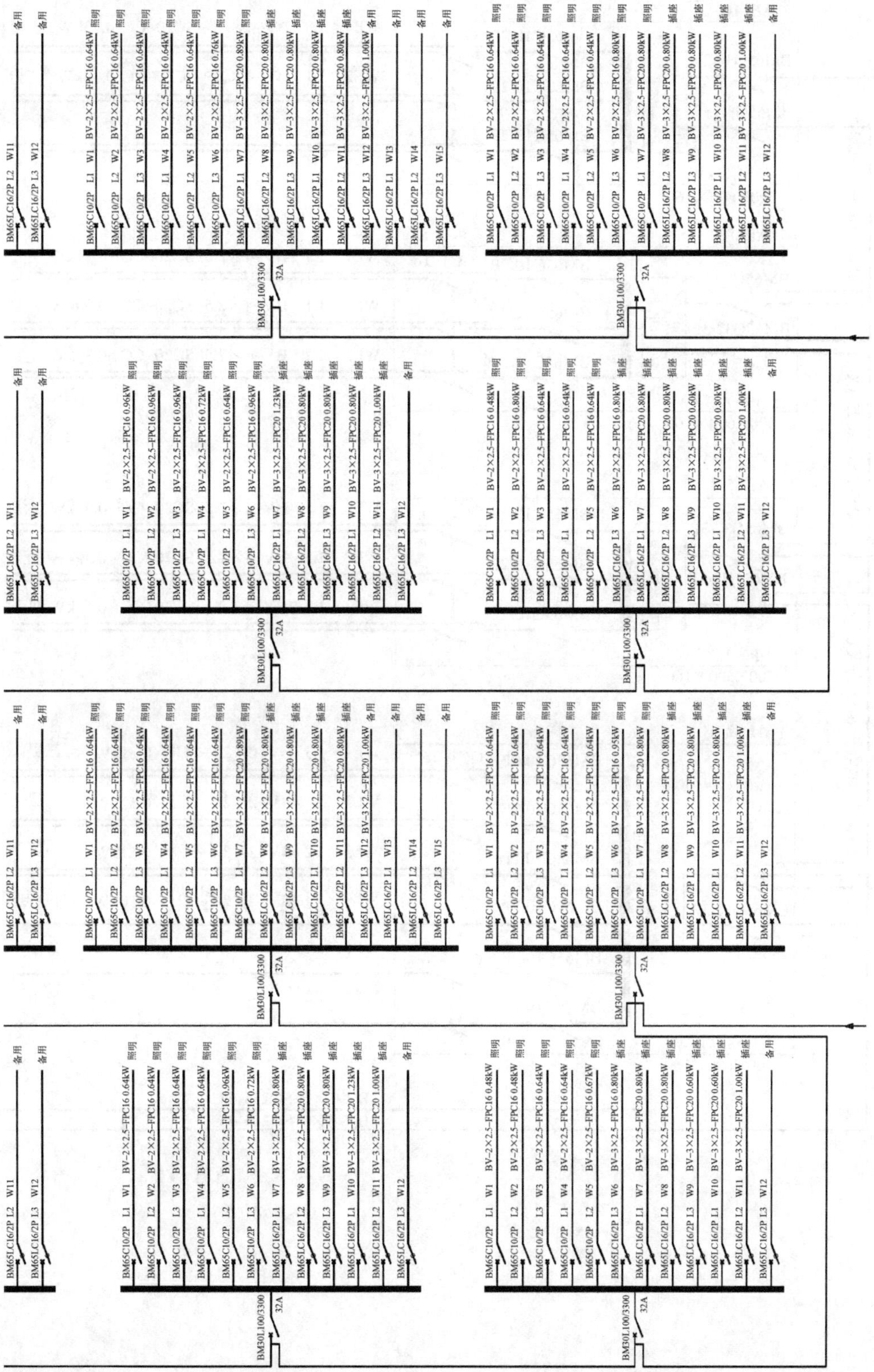

区照明系统图

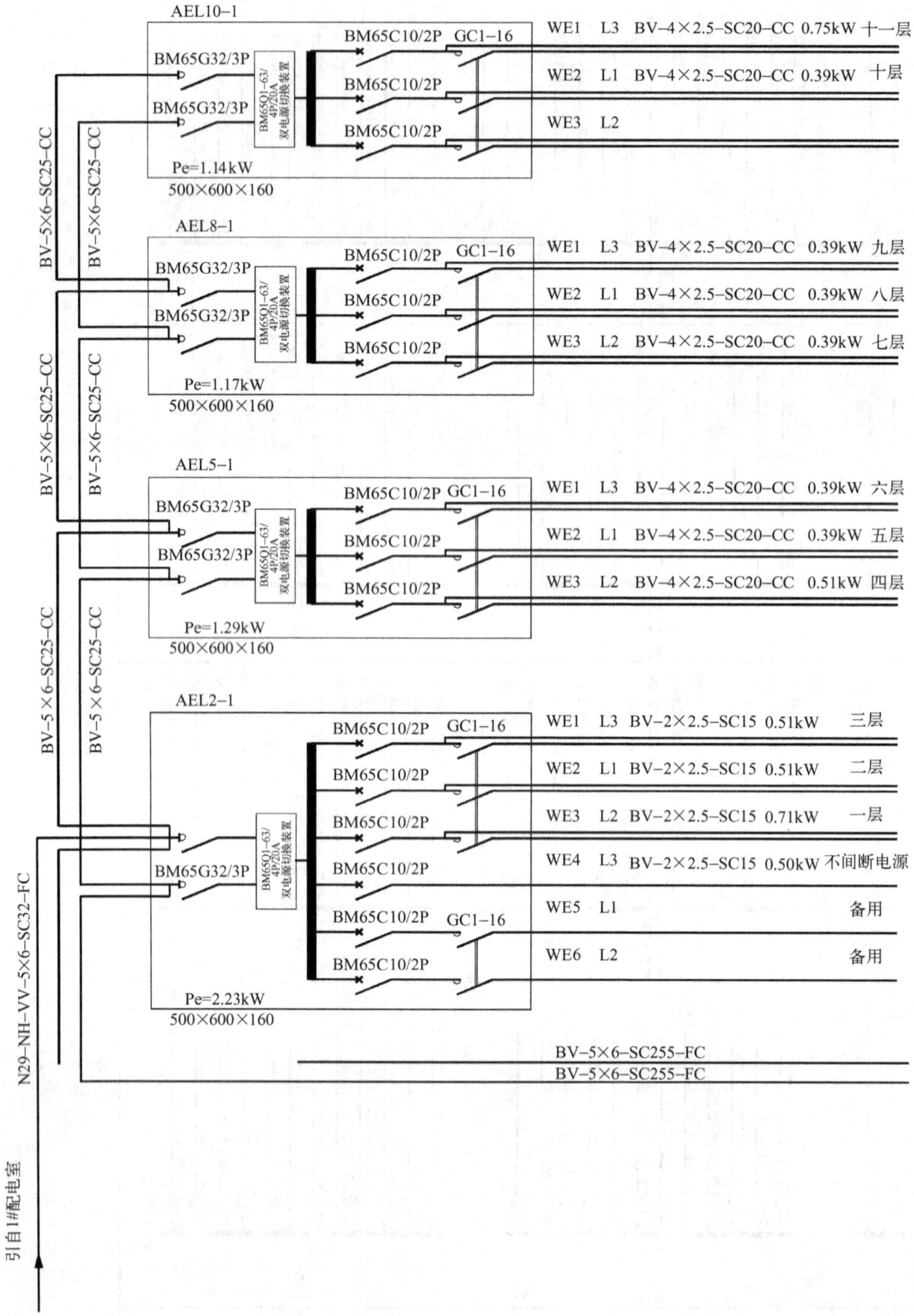
AEL10-1
BM65G32/3P
BM65G32/3P
BM65Q1-63/4P/20A 双电源切换装置
BM65C10/2P
GC1-16
BM65C10/2P
BM65C10/2P
Pe=1.14kW
500×600×160
WE1 L3 BV-4×2.5-SC20-CC 0.75kW 十一层
WE2 L1 BV-4×2.5-SC20-CC 0.39kW 十层
WE3 L2
AEL8-1
BM65G32/3P
BM65G32/3P
BM65Q1-63/4P/20A 双电源切换装置
BM65C10/2P
GC1-16
BM65C10/2P
BM65C10/2P
Pe=1.17kW
500×600×160
WE1 L3 BV-4×2.5-SC20-CC 0.39kW 九层
WE2 L1 BV-4×2.5-SC20-CC 0.39kW 八层
WE3 L2 BV-4×2.5-SC20-CC 0.39kW 七层
AEL5-1
BM65G32/3P
BM65G32/3P
BM65Q1-63/4P/20A 双电源切换装置
BM65C10/2P
GC1-16
BM65C10/2P
BM65C10/2P
Pe=1.29kW
500×600×160
WE1 L3 BV-4×2.5-SC20-CC 0.39kW 六层
WE2 L1 BV-4×2.5-SC20-CC 0.39kW 五层
WE3 L2 BV-4×2.5-SC20-CC 0.51kW 四层
AEL2-1
BM65G32/3P
BM65Q1-63/4P/20A 双电源切换装置
BM65C10/2P
GC1-16
BM65C10/2P
BM65C10/2P
BM65C10/2P
BM65C10/2P
GC1-16
BM65C10/2P
Pe=2.23kW
500×600×160
WE1 L3 BV-2×2.5-SC15 0.51kW 三层
WE2 L1 BV-2×2.5-SC15 0.51kW 二层
WE3 L2 BV-2×2.5-SC15 0.71kW 一层
WE4 L3 BV-2×2.5-SC15 0.50kW 不间断电源
WE5 L1 备用
WE6 L2 备用
BV-5×6-SC25-CC
BV-5×6-SC25-CC
BV-5×6-SC25-CC
BV-5×6-SC25-CC
BV-5×6-SC25-CC
BV-5×6-SC25-CC
BV-5×6-SC255-FC
BV-5×6-SC255-FC
N29-NH-VV-5×6-SC32-FC
引自1#配电室

图 4-2　事故照明系统图、

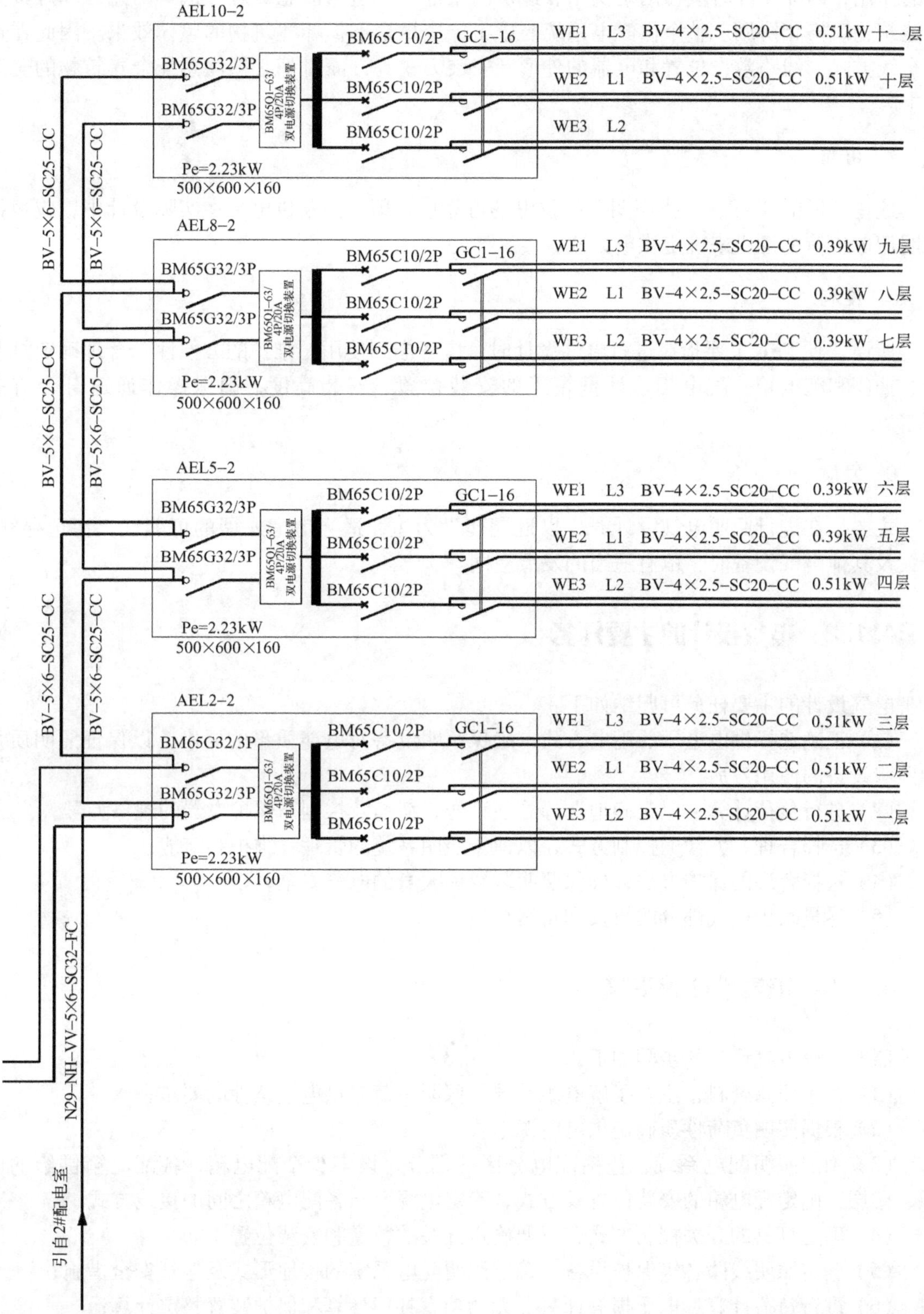
AEL10–2
BM65G32/3P
BM65G32/3P
BM65Q1–63/4P/20A 双电源切换装置
BM65C10/2P
BM65C10/2P
BM65C10/2P
GC1–16
WE1 L3 BV–4×2.5–SC20–CC 0.51kW 十一层
WE2 L1 BV–4×2.5–SC20–CC 0.51kW 十层
WE3 L2
Pe=2.23kW
500×600×160
AEL8–2
WE1 L3 BV–4×2.5–SC20–CC 0.39kW 九层
WE2 L1 BV–4×2.5–SC20–CC 0.39kW 八层
WE3 L2 BV–4×2.5–SC20–CC 0.39kW 七层
AEL5–2
WE1 L3 BV–4×2.5–SC20–CC 0.39kW 六层
WE2 L1 BV–4×2.5–SC20–CC 0.39kW 五层
WE3 L2 BV–4×2.5–SC20–CC 0.51kW 四层
AEL2–2
WE1 L3 BV–4×2.5–SC20–CC 0.51kW 三层
WE2 L1 BV–4×2.5–SC20–CC 0.51kW 二层
WE3 L2 BV–4×2.5–SC20–CC 0.51kW 一层
BV–5×6–SC25–CC
N29–NH–VV–5×6–SC32–FC
引自2#配电室

动力系统图

境的作用，因此设计时应在满足实用、经济的条件下，适当注意美观。选择的光源和灯具要与建筑物风格相协调。整个供配电系统与施工，应尽量不损坏建筑物的整体效果。因此在选择布线方式、线路敷设位置和电器的外形及安装方式等方面时都必须注意配合建筑物的美观要求。

4. 可靠

这里所说的“可靠”指照明系统供电的可靠性，即不间断供电，在实际设计中，应根据照明用电负荷的等级来确定供电方式。

5. 便利

所谓“便利”主要指在进行电气设计时，应考虑到使用、维护的方便性。合理确定灯开关、插座和配电箱、配电柜、计量箱等的安装位置、安装高度，确保操作通道符合有关要求。

6. 发展

主要指在进行照明电气设计时，以近期建设为主，适当考虑发展的可能性，在选导线、开关及其他电气设备时，留有适当的发展空间。

4.1.2 电气设计的主要任务

电气设计的主要任务可归纳如下：

(1) 正确选择供电电压、配电方式，确保照明设备对电能质量的要求，以保证照明质量和照明设备的使用寿命；

(2) 进行负荷计算，以正确地选择导线型号、截面及控制与保护电器的规格型号；

(3) 选择合理、方便的控制方式，以便于照明系统的管理、维护和节能；

(4) 选择合理的保护方法，确保照明装置和人身的电气安全；

(5) 尽量减少电气部分的投资和年运行费。

4.1.3 电气设计的步骤

照明工程电气设计的步骤如下：

(1) 收集原始资料，主要了解电源情况、照明负荷对供电连续性的要求；

(2) 根据照明负荷性质确定供电电源形式；

(3) 确定照明配电系统，包括配电分区的划分，设多少个配电箱，各配电箱供给的区域、楼层，确定配电箱的安装位置及方式，确定电源点至各配电箱之间的接线方式；

(4) 确定灯具的开关控制方式，以便确定开关的数量和安装位置；

(5) 确定照明线路各级保护设备，确定照明配电系统的接地形式及电气安全措施；

(6) 进行负荷计算、电压损失计算、无功功率补偿计算和保护装置整定计算；

(7) 选择导线型号、截面及敷设方式；

(8) 确定电能的计量方式。

以上步骤具体介绍如下。

1. 收集原始资料

(1) 熟悉建筑的平面、立面和剖面图

了解该建筑及邻近建筑物的概况、建筑层高、楼板厚度、地面、楼面、墙体做法；熟悉主次梁、结构柱、过梁的结构布置及所在轴线的位置；熟悉屋顶有无设备间、水箱间等。

(2) 全面了解该建筑的建设规模、工艺、建筑构造和总平面布置情况。

(3) 向当地供电部门调查电力系统的情况，了解该建筑供电电源的供电方式、供电的电压等级、电源的回路数、对功率因数的要求、电费收取方法、电能表如何设置等情况。

(4) 向建筑单位及有关专业人员了解工艺设备布置图和室内布置图。

(5) 向单位了解建设标准。

2. 确定供电电源形式

1) 照明系统供电要求

(1) 照明负荷应根据中断供电可能造成的影响及损失，合理地确定负荷等级，并应正确地选择供电方案。

(2) 当电压出现偏差或波动不能保证照明质量或光源寿命时，在技术经济合理的条件下，可采用有载自动调压电力变压器、调压器或照明专用变压器供电。

(3) 备用照明应由两路电源或两回路供电；当采用两路高压电源供电时，备用照明的供电干线应接自不同的变压器。

(4) 当设有自备发电机组时，备用照明的一路电源应接自发电机作为专用回路供电，另一路可接自正常照明电源（如为两台以上变压器供电时，应接自不同的母线干线上)。在重要场所应设置带有蓄电池的应急照明灯或用蓄电池组供电的备用照明，作为发电机组投运前过渡期间的使用。

(5) 当采用两路低压电源供电时，备用照明的供电应从两段低压配电干线分别接引。

(6) 当供电条件不具备两个电源或两回线路时，备用电源宜采用蓄电池组或带有蓄电池的应急照明灯。

(7) 备用照明作正常照明的一部分同时使用时，其配电线路及控制开关应分开装设。备用照明仅在事故情况下使用时，则当正常照明因故断电，备用照明应自动投入工作。

(8) 当疏散照明采用带有蓄电池的应急照明灯时，正常供电电源可接自本层（或本区）分配电盘的专用回路上，或接自本层（或本区）的防灾专用配电盘。

2) 照明供电方式

(1) 正常照明的供电方式

① 一般工作场所

一般工作场所的照明负荷可由一个单变压器的变电所供电，即照明与电力共用变压器，常用形式如图4-3所示。

图4-3（a)：变电所低压侧采用放射式配电，照明和电力在母线上分开供电，照明电源

接自变压器低压侧总开关之后的照明专用低压屏上，即采用独立的照明干线；若变电所低压屏的出线回路有限，则可采用低压屏引出少量回路，再利用动力配电箱作照明配电。

图4-3（b）：采用“变压器—干线”，且对外无低压联络线，正常照明电源接自变压器低压总断路器前。

图4-3（c）：一台变压器及蓄电池组的供电方式。

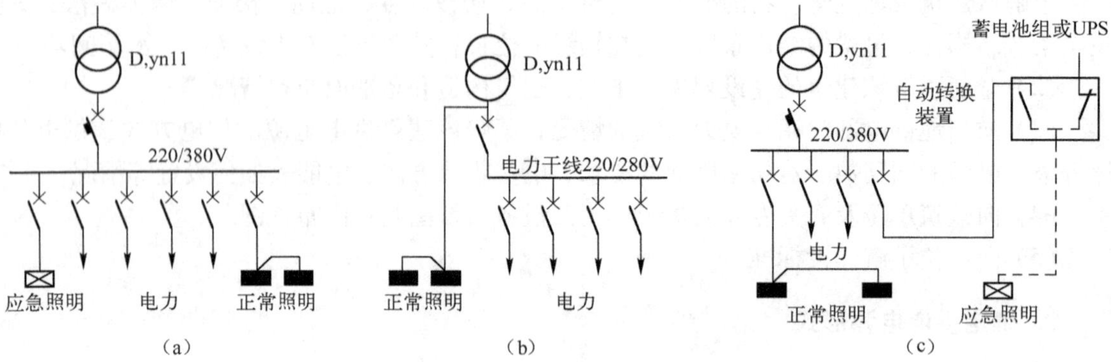

图4-3　一般照明负荷的供电方式

② 较重要工作场所

较重要的工作场所多采用两台变压器的供电方式，常用形式如图4-4所示。

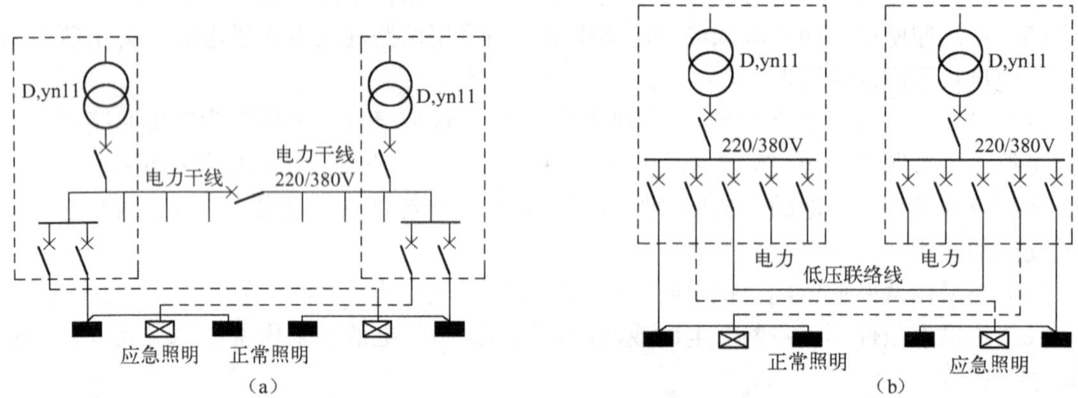

图4-4　较重要照明负荷的供电方式

图4-4（a）：由两台变压器供电的“变压器—干线”，照明电源接自变压器低压总断路器后，当一台变压器停电后，通过联络断路器接到另一段干线上。

图4-4（b）：照明与电力在母线上分开供电。

③ 重要的工作场所

重要的工作场所多采用双变压器的供电方式，且两个电源是独立的，如图4-5所示。

④ 特别重要的工作场所

特别重要的工作场所除采用两路独立电源外，最好另设第三个独立电源。如设自启动发电机作为第三独立电源，如图4-6（a）所示；也可设蓄电池组或UPS等作为第三独立电源，如图4-6（b）所示。第三独立电源应能自动投入。

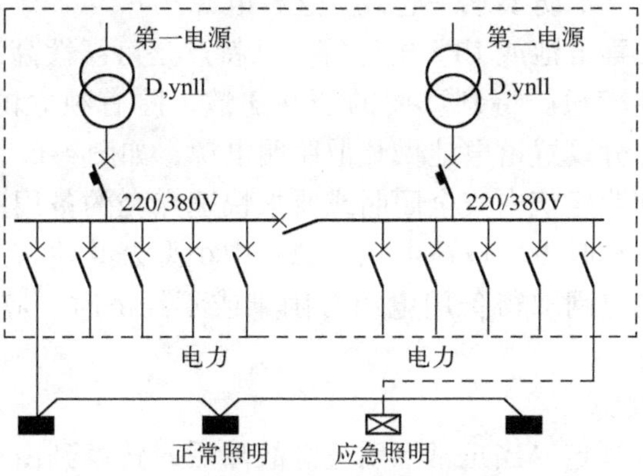

图4-5 重要照明负荷的供电方式

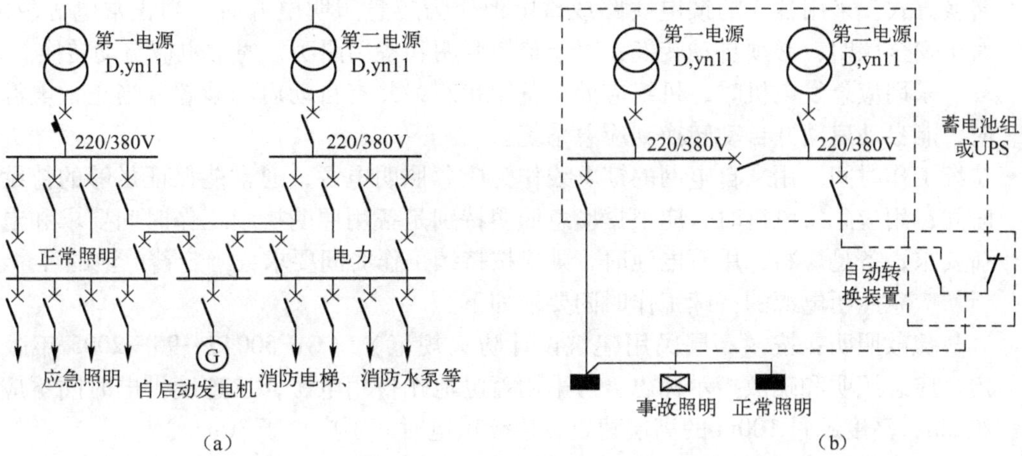

图4-6 特别重要照明负荷的供电方式

（2）应急照明的供电方式

应急照明的供电方式和其他具体设计要求如下。

① 供电电源

应急照明是在正常照明电源故障时使用的照明设施，因此应由与正常照明电源分开的独立电源供电，可以选用以下几种方式的电源。

- 供电网络中独立于正常电源的专用馈电线路，如接自有两回路独立高压线路供电变电所的不同变电器引出的馈电线路，如图4-5所示。重要的公共建筑常使用这种方式，或该方式与其他方式共同使用。

  对于不是特别重要的场所，独立的馈电线路难以实现时，允许根据使用条件适当放宽要求，可将应急照明电源与正常照明电源接自不同变压器，如图4-4所示；或者接自同一变压器引出的不同低压馈线，如图4-3（a）所示。

- 独立于正常电源的发电机组，如图4-6（a）所示。一般是根据电力负荷、消防及应急照明三者的需要综合考虑，单独为应急照明而设置往往是不经济的。对于难以从电网取得第二电源，又需要应急电源的工厂及其他建筑，通常采用这种方式；高层或超高层民用建筑通常是和消防要求一起设置这种电源。

◆ 独立于正常电源的蓄电池或 UPS 电源等，其特点是可靠性高，灵活、方便，但容量较小，持续工作时间较短。特别重要的公共建筑，除有独立的馈电线路作为应急电源外，还可设置或部分设置蓄电池做疏散照明电源，如图 4-6（b）所示；重要的公共建筑或金融建筑、商业建筑中安全照明或要求快速点亮的备用照明，当来自电网的馈电线作电源可靠性不够时可增设蓄电池电源；中小型公共建筑，电力负荷和消防设有应急电源要求，而自电网取得备用电源有困难或不经济时，应急照明电源宜用蓄电池，如图 4-3（c）所示。

② 转换时间和转换方式

◆ 转换时间。按 CIE 规定，当正常照明电源故障后，转换到由应急电源供电点亮的时间要求如下：疏散照明不大于 5s；安全照明不大于 0.5s；备用照明不大于 15s，对于银行、大中型商场的收款台、商场贵重物品销售柜等场所的备用照明不大于 1.5s。

◆ 转换方式。采用独立的馈电线路或蓄电池作为应急照明电源时，当正常电源故障时，对于安全照明，必须自动转换；对于疏散照明和备用照明，通常也应自动转换。

采用应急发电机时，机组应处于备用状态，并有自动启动装置，当正常电源故障时，能自动启动并自动转换到应急系统。

◆ 持续工作时间。用来自电网的馈电线作为应急照明电源，通常能保证足够的持续工作时间；用应急发电机时，应根据应急照明特别是备用照明持续工作时间要求和电力负荷要求，备足燃料；用蓄电池时，则应按持续工作时间要求，确定蓄电池的容量。

应急照明电源的持续工作时间要求如下。

疏散照明：按《高层民用建筑设计防火规范》（GB 50045—95—2005 年版）规定，应急照明和疏散指示标志，可采用蓄电池作备用电源，且连续供电时间不应少于 20min；高度超过 100m 的高层建筑，连续供电时间不应少于 30min。

安全照明和备用照明：其持续工作时间应根据该场所的工作或生产操作的具体需要确定。如生产车间某些部位的安全照明，一般不少于 20min 可满足要求；医院手术室的备用照明，持续时间往往要求 3 ～ 8h；作为停电后进行必要的操作和处理设备停运的生产车间，其备用照明可按操作复杂程度而定，一般持续 20 ～ 60min；为继续维持生产的车间备用照明，应持续到正常电源恢复。

3. 确定配电系统

1）照明供配电网络的组成

照明供配电网络主要由馈电线、干线和分支线组成。照明网络的基本形式如图 4-7 所示。

馈电线是将电能从变电所低压配电屏送至照明配电盘的线路，对于无变电所的建筑物，其馈电线多指进户线，是由进户点到室内总配电箱的一段导线。

干线是将电能从总配电箱送至各个照明分配电箱的线路，该段线路通常被称为供电线路。

分支线是将电能从分配电箱送至每一个照明负荷的线路，该段线路通常被称为配电线路。

2）照明配电网络的接线形式

照明配电网络主要有三种基本接线方式：放射式、树干式和混合式。

如图4-7所示，在配电屏与各建筑总配电箱之间以及总配电箱与各分配电箱之间，一般采用放射式接线方式，而在分配电箱与各用电设备之间多采用树干式或混合式的接线方式。

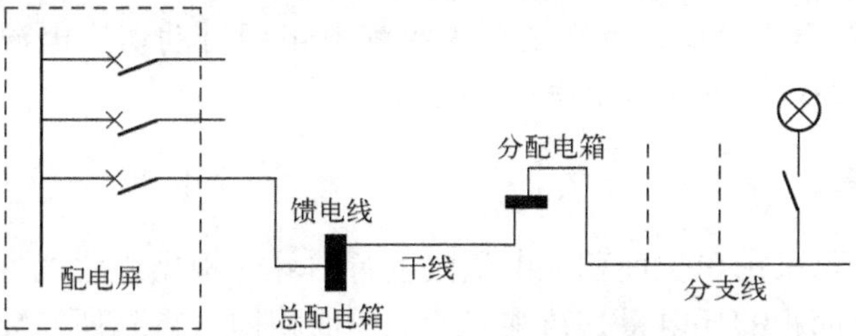

图4-7　照明网络的基本形式

照明配电系统的设计除了要正确选择配电方式外，还应进行各支线负荷的平均分配，确定线路走向，划分各配电盘的供电范围，确定各配电盘的安装位置等。

3）照明配电网络的设计原则

（1）由低压配电屏供电的三相照明线路的计算电流不宜大于100A，单相供电线路的电流不宜超过30A，每一回路连接的照明配电箱一般不超过4个，高层住宅的配电一般以六层为一个供电区段。

（2）从常用导线截面、导线长度、灯数和电压降的分配等综合考虑，室内每一单相分支回路的电流，对于一般电光源的照明不宜超过16A，对于高强气体放电灯或它的混合照明不宜超过30A；室内每一分支回路的长度，对于三相220/380V线路，一般不宜超过100m，对于单相220V线路，一般不宜超过35m，分支线供电半径宜为30～50m。

（3）从便于使用和管理等方面考虑，照明回路数量不宜超过18个，大型建筑组合灯具每一单相回路光源数量不宜超过60个，建筑物轮廓灯每一单相回路不宜超过100个。

（4）备用照明和疏散照明的回路上不应设置插座，并且备用照明作为正常照明的一部分同时使用时，其配电线路及控制开关应分开装设，备用照明仅在事故情况下使用时，则当正常照明因故障断电后，备用照明应自动投入工作。

（5）导线选择：配电箱进线不宜小于BV－450/750V－6mm^2，分支回路的导线一般选择为BV－450/750V－2.5mm^2；三相四线配线中中性线截面与相线相同。

（6）注意三相平衡度，最大相负荷不宜超过三相平均负荷值的115%，最小相负荷不宜小于三相平均负荷值的85%。

（7）不同回路的线路，不宜穿在同一根管内。（原《民规》为“不应”）

（8）断路器选择：照明工程一般选用微型断路器，其电流整定值大于计算电流值，且小于导线载流量值；有专业人员管理的工厂、公共建筑的分支回路可采用单极断路器。（原《民规》要求中性线与相线同时断开，故近十几年来选二极断路器居多，新《民规》已取消此规定）

（9）电器器件选择应满足一般工作条件，如额定电压、额定电流、保护特性、工作状态、工作环境等，还应注意满足在短路条件下，短路耐受电流的要求。（如变电所照明，母线段短路电流假设为20kA，而照明总开关选用市场上较好的C65N，其分段能力为6～

10kA，不能满足短路要求。处理方式为换其他断路器或断路器上级加一组熔断器）

（10）插座不宜和照明灯接在同一分支回路，每一分支回路所接插座数量不宜大于10个，插座回路除有特殊要求者外（如消防设备、安防设备、手术室）一般均设漏电保护器（剩余电流保护器），其动作电流不大于30mA。

（11）潮湿场所照明及手提式照明应采用安全低电压供电。

（12）特别重要的照明负荷，宜在负荷末级配电箱用自动切换电源的方式，也可采用由两个专用回路各带约50%照明灯具的配电方式。

4. 进行负荷计算

对于一般工程，可采用单位面积耗电量法进行估算。根据工程的性质和要求，查有关手册选取照明装置单位面积的耗电量，再乘以相应的面积即可得到所需要照明供电负荷的估算值。如需进行准确计算，则应根据实际安装或设计负荷汇总，并考虑一定的照明负荷同时系数，即利用需要系数法来确定照明计算负荷，以供电流计算之用。

知识梳理

1. 照明电气设计的主要任务是：正确选择供电电压、配电方式；进行负荷计算；选择合理、方便的控制方式；选择合理的保护方法；尽量减少电气部分的投资和年运行费等。

2. 照明电气应按照收集原始资料、了解电源情况，确定供电电源形式，确定配电系统，进行负荷分配，进行负荷计算，照明电器设备选择的步骤进行。

3. 不同的照明负荷应选择与之相适应的照明供电方式，同时在进行照明电气设计时应注意照明配电网络的设计原则等要求。

任务4.2 照明负荷计算

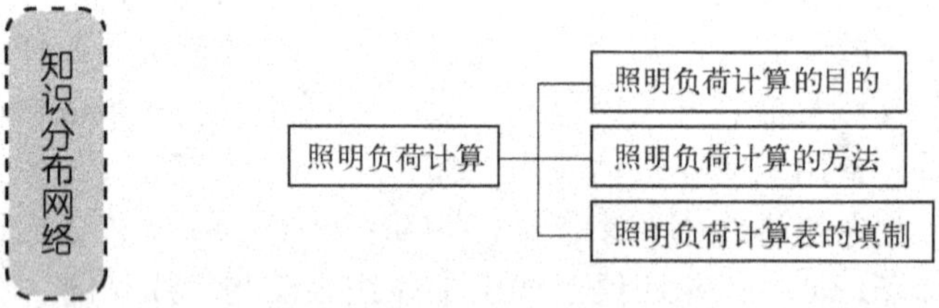

负荷计算主要包括求计算负荷、尖峰电流，确定一、二级负荷和季节性负荷容量等内容。

负荷计算中最重要的就是求计算负荷，计算负荷是指一组用电负载实际运行时，消耗电能最多的半小时的平均功率，用P_c、Q_c、S_c、I_c表示，工程上一般用P_{js}、Q_{js}、S_{js}、I_{js}表示。

求计算负荷的目的是将它作为按发热条件选择配电变压器、导体及电器的依据，并用来计算电压损失和功率损耗。在工程上为方便计算，也可作为电能消耗及无功功率补偿的计算依据。

求计算负荷常用的方法有需要系数法、二项式法、单位指标法、负荷密度法等，照明负荷计算的方法通常采用需要系数法和负荷密度法。

照明负荷的计算就是计算照明电路所消耗功率的大小，也可以说是求照明线路电流的大小，但并不是求功率和电流的实际值，而是求“计算功率”和“计算电流”，二者均被称做“计算负荷”。

求照明负荷的目的是为了合理地选择供电导线、变压器和开关设备等元件，使电气设备和材料得到充分的利用，同时也是确定电能消耗量的依据。照明负荷计算的方法通常采用需要系数法和负荷密度法。《民用建筑电气设计规范》（JGJ/T 16—2008）中指出：在初步设计及施工图设计阶段，照明负荷宜采用需要系数法计算。

下面将民用建筑电气工程设计中常用的照明负荷计算方法加以介绍。

4.2.1 需要系数法

采用需要系数法进行照明负荷计算时，应首先统计出各分支线路中照明设备的总安装容量，然后求出各照明分支线的计算负荷，最后再依次求照明干线、低压总干线、进户线的计算负荷。

1. 仅存在同一类光源的情况

1）确定照明分支线路的设备容量 P_e

（1）对于热辐射光源，如白炽灯、卤钨灯和带电子镇流器的气体放电光源，照明分支线路上的设备总容量为各设备额定功率之和，即

$$P_e = \sum P_N$$

（2）有电感镇流器、触发器、变压器等附件的气体放电光源，总设备容量等于灯管（泡）的额定功率 P_N 与附件功率损耗之和：

$$P_e = \sum (1+\alpha) P_N$$

式中 α 为点光源的功率损耗系数，其值详见表4-2。

表4-2 气体放电光源的功率损耗系数

光源的种类或名称	功率损耗系数 α	光源的种类或名称	功率损耗系数 α
普通荧光灯	0.2	金属卤化物灯	0.14 ~ 0.23
高压汞灯	0.08 ~ 0.3	高压钠灯	0.12 ~ 0.2
自镇流的高压汞灯	0.08 ~ 0.15	低压钠灯	

（3）对于民用建筑内的插座，当未明确接入设备时，每组（一个标准75或86系列面板上有2孔和3孔插座各一个）插座按100W计算。

2）分支线路的计算负荷 P_c

分支线路的计算负荷等于接在线路上照明设备的总容量，即 $P_c = P_e$。

3）照明干线上的计算负荷 $P_{c(L)}$

照明负荷一般都属于单相用电设备，设计时，首先应当考虑尽可能将它们均匀地分接到三相线路上，当计算范围内单相设备容量的和小于总设备容量的15%时，按三相平衡负荷确定干线上的计算负荷，此时干线上的计算负荷为：

$$P_{c(L)} = K_{n(L)} \times \sum P_e = K_{n(L)} \times (P_{eA} + P_{eB} + P_{eC})$$

式中　P_{eA}、P_{eB}、P_{eC}——分别为三个单相的总设备功率；

$K_{n(L)}$——需要系数，见表4-3。

表4-3　照明干线回路的需要系数

建筑物类别	需要系数 K_n	建筑物类别	需要系数 K_n
应急照明	1	汽机房	0.9
生产建筑	0.95	厂区照明	0.8
图书馆	0.9	教学楼	0.8～0.9
多跨厂房	0.85	实验楼	0.7～0.8
大型仓库	0.6	生活区	0.6～0.8
锅炉房	0.9	道路照明	1

在实际照明工程中要做到三相负荷平衡是很困难的，即上述条件较难满足，这时照明干线的计算负荷应按三相负荷中负荷最大的一相进行计算，即认为三相等效负荷为最大相单相负荷的三倍，即此时干线上计算负荷：

$$P_{C(L)}=3K_{n(L)}\cdot P_{em}$$

式中　P_{em}——P_{cA}、P_{eB}、P_{eC}中的最大值。

"三相平衡"和"三相不平衡"也可用"相不平衡率η"来衡量，即

$$\eta=\frac{P_{max}-P_{min}}{P_{av}}$$

式中　P_{max}、P_{min}——三相中最大的和最小的设备功率；

P_{av}——三相平均单相设备功率，即 $P_{av}=(P_{eA}+P_{eB}+P_{eC})/3$。

当 $\eta\leqslant15\%$ 时，按三相平衡计算，即 $P_{c(L)}=K_{n(L)}\times(P_{eA}+P_{eB}+P_{eC})$

当 $\eta>15\%$ 时，按三相不平衡计算，即 $P_{c(L)}=3K_{n(L)}\times P_{em}$

若欲求 Q_c、S_c、I_c，可用下面公式：

$$Q_{c(L)}=P_{c(L)}\cdot\tan\varphi$$

$$S_{c(L)}=\sqrt{P_{c(L)}^2+Q_{c(L)}^2}$$

$$I_{c(L)}=\frac{P_{c(L)}}{\sqrt{3}U_N\cdot\cos\varphi}$$

4）进户线、低压总干线的计算负荷 P_c

$$P_c=k_n\sum_{i=1}^{n}P_{c(L_i)}$$

式中　$P_{c(L_i)}$——各干线的计算负荷（kW）；

n——干线的数量；

k_n——进户线、低压总干线的需要系数，见表4-4。

表4-4　民用建筑照明负荷需要系数

建筑种类	需要系数 k_n	备　注
住宅楼	0.40～0.60	单元式住宅，每户两室6～8组插座，户装电能表
单身宿舍楼	0.60～0.70	标准单间，1～2盏灯，2～3组插座

续表

建筑种类	需要系数 k_n	备　注
办公楼	0.70 ~ 0.80	标准单间，2 ~ 4 盏灯，2 ~ 3 组插座
科研楼	0.80 ~ 0.90	标准单间，2 ~ 4 盏灯，2 ~ 3 组插座
教学楼	0.80 ~ 0.90	标准教室，6 ~ 10 盏灯，1 ~ 2 组插座
商店	0.85 ~ 0.95	有举办展销会可能时
餐厅	0.80 ~ 0.90	
门诊楼	0.35 ~ 0.45	
旅游旅店	0.70 ~ 0.80	标准单间客房，8 ~ 10 盏灯，5 ~ 6 组插座
病房楼	0.50 ~ 0.60	
影院	0.60 ~ 0.70	
体育馆	0.65 ~ 0.70	
博展馆	0.80 ~ 0.90	

注：1. 每组（一个标准75或86系列面板上有2孔和3孔插座各1个）插座按100W计。
2. 采用气体放电光源时，需计算镇流器的功率损耗。
3. 住宅楼的需要系数可根据各相电源上的户数选定：
① 25户以下取0.45 ~ 0.5；② 25 ~ 100户取0.40 ~ 0.45；③ 超过100户取0.30 ~ 0.35。

2. 多种光源混合的情况

若照明线路中同时存在热辐射光源（$\cos\varphi = 1$）和气体放电光源（$\cos\varphi < 1$），在求照明系统的计算电流时，必须考虑到不同光源的 $\cos\varphi$ 值不同这一因素，不能将各类照明设备的电流（或功率）直接相加作为总电流（或总功率），只能进行矢量相加，具体方法如下：

第一步，求出每种光源的 I_c 值（方法同前）；

第二步，求出每种光源 I_c 的有功分量 I_{cp} 和无功分量 I_{cq}；

其中

$$I_{cp} = I_c \cdot \cos\varphi = \frac{P_c}{U_p}$$

$$I_{cq} = I_c \cdot \sin\varphi = I_{cp} \cdot \tan\varphi$$

第三步，求总计算电流：

$$I_c = \sqrt{(\sum I_{cp})^2 + (\sum I_{cq})^2}$$

4.2.2　负荷密度估算法

负荷密度估算法是照明负荷的估算方法，一般在进行初步设计时用于计算用电量时使用。负荷密度估算法是根据不同类型的负荷在单位面积上的需求量，乘以建筑面积或使用面积得到的负荷量。其估算有功功率 P_c 的公式如下：

$$P_c = \frac{P_o \cdot A}{1\,000}(\text{kW})$$

式中　P_o——单位面积功率，即负荷密度（W/m^2）；

A——建筑面积（m^2）。

从上面的公式可以看出，使用负荷密度估算法的计算负荷是否准确，完全取决于单位面积功率 P_0 的准确程度。因此，在选择确定单位面积功率时，应综合考虑多方面的因素。

表 4-5 给出了部分建筑单位建筑面积照明计算负荷指标。

表 4-5　单位建筑面积照明用电计算负荷

建筑物名称	单位建筑面积计算负荷（W/m²）		建筑物名称	单位建筑面积计算负荷（W/m²）	
	白炽灯	荧光灯		白炽灯	荧光灯
一般住宅	6 ~ 12		餐厅	8 ~ 16	
高级住宅	10 ~ 20		高级餐厅	15 ~ 30	
一般办公楼		8 ~ 10	旅馆、招待所	11 ~ 18	
高级办公楼	15 ~ 23		高级宾馆	26 ~ 35	
科学研究楼		12 ~ 18	文化馆	15 ~ 18	
教学楼		11 ~ 15	电影院	12 ~ 20	
图书馆		8 ~ 15	剧场	12 ~ 27	
大中型商场		10 ~ 17	体育练习馆	12 ~ 24	
展览厅	16 ~ 40		门诊楼	12 ~ 25	
锅炉房	5 ~ 8		病房楼	8 ~ 10	
车房	4 ~ 9		车库	57	

4.2.3　单位指标法

单位指标法与负荷密度估算法基本相同，是根据已有的单位用电指标来估算计算负荷的方法。具体方法是已知不同类型的负荷在核算单位上的需求量，乘以核算单位的数量得到负荷量。其有功计算负荷的计算公式为：

$$P_c = \frac{P_{e'} \cdot N}{1\,000}(\mathrm{kW})$$

式中　$P_{e'}$——有功负荷的单位指标（W/床、W/户、W/人等）；

　　N——核算单位的数量（床、户、人等）。

应该注意的是，单位用电指标的确定与国家经济形势的发展、电力政策及人民消费水平的高低有很直接的关系，因此不是一成不变的数值。而且由于不同城市的经济发展水平不同，单位用电指标也会有很大的差别。

《民用建筑电气设计规范》对负荷计算方法的选取原则做了如下规定。

（1）在方案阶段可采用单位指标法；在初步设计及施工图阶段，宜采用需要系数法。对于住宅，在设计的各个阶段均可采用单位指标法。

（2）用电设备台数较多，各台设备用电容量相差不悬殊，宜采用需要系数法，一般用于干线、配电所的负荷计算。

（3）用电设备台数较少，各台设备用电容量相差悬殊时，宜采用二项式系数法，一般用于支干线配电屏（箱）的负荷计算。

技能训练21　照明负荷计算

任务单（4.2）

项目名称	照明工程电气设计	总学时	20
任务名称	负荷计算	学　时	6
教学目标	1. 了解照明负荷计算的目的； 2. 掌握照明负荷计算的方法及步骤； 3. 熟悉规范中对照明负荷在各相分配、单相负荷计算等方面的规定； 4. 能够独立完成负荷计算表的填写任务		
教学载体	某建筑照明工程资料		
任务要求	1. 照明负荷计算的单项训练 要求：（1）每位同学独立完成 （2）选择负荷计算的方法要正确 （3）有详细步骤 （4）完成时间40分钟 （5）自评10分钟 2. 照明负荷计算的综合训练 要求：（1）学习小组共同完成 （2）不同类步骤的计算要有计算方法的简单说明 （3）同时系数根据实际情况小组自选 （4）根据计算结果决定是否需要无功补偿计算 （5）完成时间50分钟 （6）任务分工，合作完成 （7）以抽签方式确定汇报人选		
问题思考	1. 如果在照明回路中存在两种不同类型的照明负荷，在进行照明负荷计算时应注意哪些问题？ 2. 从照明负荷计算过程中，总结无功补偿的计算过程		
过程设计	多媒体讲授　（100分钟）　案例分析　（50分钟） 单项训练　（40分钟）　自　评　（10分钟） 综合训练　（50分钟）　小组汇报　（40分钟）　小组互评　（10分钟）		
教学方法	多媒体教学法、分组模拟教学法		

技能训练22　照明线路负荷计算

某生产建筑物中的三相供电线路上接有250W荧光高压汞灯和白炽灯两种光源，各相负荷分配表4-6。

表4-6　负荷分配表

相　序	250W高压汞灯	白炽灯
L1（A相）	4盏1kW	2kW
L2（B相）	8盏2kW	1kW
L3（C相）	2盏0.5kW	3kW

试求：线路的计算电流。

分析：查表得 $K_n=0.95$，$\cos\varphi=0.56$，$\tan\varphi=1.48$

（1）求每相高压汞灯的有功计算功率

根据分支线路有功计算功率的计算公式 $P_c=P_e$，$P_e=\sum(1+\alpha)P_n$ 进行计算，这里 α 取0.2。

A相：1 000×(1+0.2)=1 200W

B相：2 000×(1+0.2)=2 400W

C相：500×(1+0.2)=600W

（2）求每相白炽灯的有功计算功率

A相：2 000W

B相：1 000W

C相：3 000W

（3）求每相高压汞灯的有功计算电流

A相：1 200/220=5.45A

B相：2 400/220=10.91A

C相：600/220=2.73A

（4）求每相高压汞灯的无功计算电流

A相：5.45×1.48=8.07A

B相：10.91×1.48=16.15A

C相：2.73×1.48=4.04A

（5）求每相白炽灯的计算电流

A相：2 000/220=9.09A

B相：1 000/220=4.55A

C相：3 000/220=13.64A

（6）求线路总的计算电流

$$I_{cA}=\sqrt{(5.45+9.09)^2+8.07^2}=16.63\text{A}$$

$$I_{cB}=\sqrt{(10.91+4.55)^2+16.15^2}=22.36\text{A}$$

$$I_{cC}=\sqrt{(2.73+13.64)^2+4.04^2}=16.86\text{A}$$

技能训练23　配电箱的负荷计算

已知某配电箱的系统图如图4-8所示，$K_x=0.9$，$\cos\varphi=0.9$，试进行该配电箱的负荷计算。

分析：$P_e=1.3+1.3+1.5+1.1+1.1+0.4+0.9+1.0+1.0+1.0+1.2+1.2=13\text{kW}$

$$P_{js}=K_x\cdot P_e=0.9\times13=11.7\text{kW}$$

$$I_{js}=\frac{P_{js}}{\sqrt{3}U\cdot\cos\varphi}=\frac{11.7}{\sqrt{3}\times0.38\times0.9}=19.75\text{A}$$

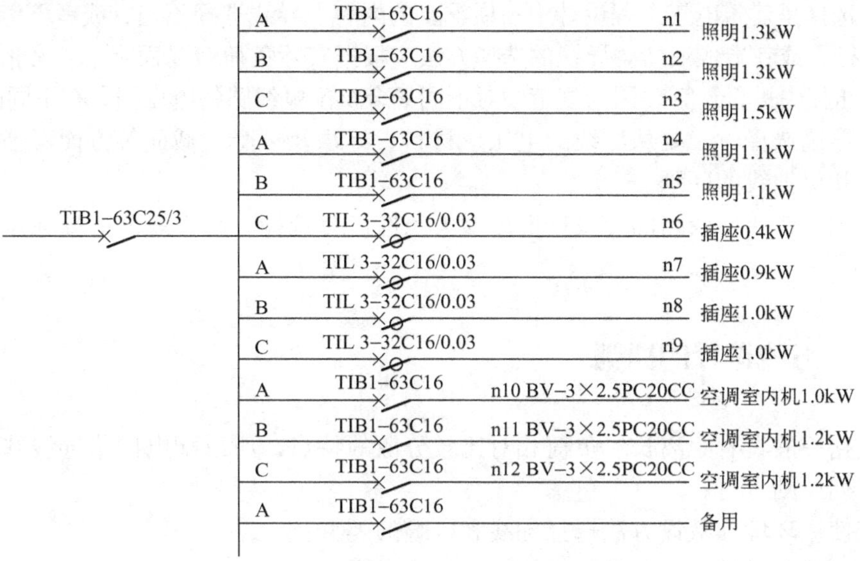

图4-8 某配电箱系统图

知识梳理

1. 负荷计算中最重要的就是求计算负荷，求计算负荷常用的方法有需要系数法、二项式法、单位指标法、负荷密度法等。

2. 明确负荷计算的目的就是为了合理选择照明供电系统的变压器、导线和开关设备，同时也是用来计算电压损失的基础。

3. 照明负荷计算的步骤如下。

仅存在一种光源时：确定照明分支线路的设备容量 P_e →分支线路的计算负荷 $P_c = P_e$ →照明干线上的计算负荷 $P_{c(L)} = K_{n(L)} \times \sum P_e = K_{n(L)} \times (P_{eA} + P_{eB} + P_{eC})$ →进户线、低压总干线的计算负荷 $P_c = k_n \sum_{i=1}^{n} P_{c(L_i)}$ →求出计算电流 I_c。

存在多种光源混合的情况时：求出每种光源的 I_c 值（方法同前）→求出每种光源 I_c 的有功分量 I_{cp} 和无功分量 I_{cq}（其中 $I_{cp} = I_c \cdot \cos\varphi = P_c / U_p$，$I_{cq} = I_c \cdot \sin\varphi = I_{cp} \cdot \tan\varphi$）→求总计算电流，$I_c = \sqrt{(\sum I_{cp})^2 + (\sum I_{cq})^2}$。

任务4.3 导线的选择

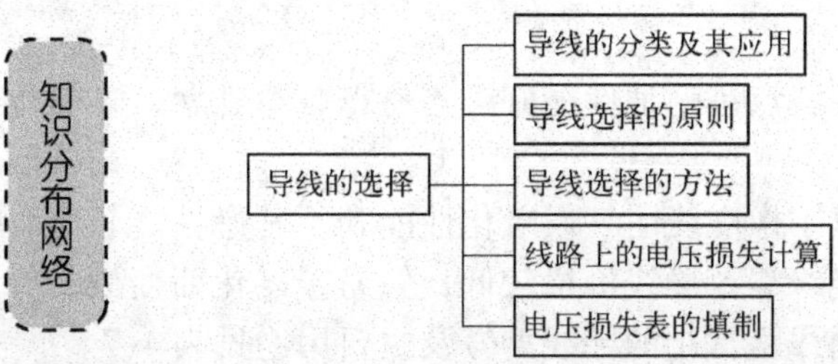

导线的选择是建筑电气工程设计中一项重要的内容。导线选择不当，或者不能保证电气线路的正常运行，或者造成浪费。导线的选择方法应根据实际负荷情况而定，通常情况下还要对导线上的电压损失进行计算，因为规范中对不同场合供配电线路的电压损失有不同的规定。

在进行导线选择时，要从导线的电压、材料、绝缘及护套、截面等方面考虑，还要区分相线、中线和保护线的区别。

通常情况下，照明线路的导线按电压损失条件进行选择，动力线路的导线按发热条件进行选择。

4.3.1 导线选择的原则

照明线路一般具有距离长、负荷相对比较分散的特点，所以配电网络导线和电缆的选择一般按照下列原则进行：

（1）按使用环境和敷设方法选择导线和电缆的类型；

（2）按线缆敷设的环境条件选择线缆和绝缘材质；

（3）按机械强度选择导线的最小允许截面；

（4）按允许载流量选择导线和电缆的截面；

（5）按电压损失校验导线和电缆的截面。

从上述可以看出，照明线路导线和电缆要有足够强的机械强度，避免因刮风、结冰或施工等原因被拉断；当长期流过电流时不会因过热而被烧坏；线路末端的电压损失不超过允许值；同时还要考虑到保护装置与照明线路的配合问题。按上述条件选择的导线和电缆具有几种规格的截面时，应取其中较大的一种。

4.3.2 选择导线类型的方法

1. 导体材料的选择

导线一般可采用铜芯或铝芯的线，照明配电干线和分支线，应采用铜芯绝缘电线或电缆；分支线截面不应小于 2.5mm^2。

2. 绝缘及护套的选择

塑料绝缘线的绝缘性能良好，价格较低，无论明设或穿管敷设均可代替橡皮绝缘线。由于不能耐高温，绝缘容易老化，所以塑料绝缘线不宜在室外敷设。

橡皮绝缘线根据玻璃丝或棉纱原料的货源情况选配编织层材料，其型号不再区分而统一用 BX 及 BLX 表示。

氯丁橡皮绝缘线的特点是耐油性能好、不易霉、不延燃、光老化过程缓慢，因此可以在室外敷设。

在各类导线中，氯丁橡皮线耐气候老化性能和不延燃性能较好，并且有一定的耐油、耐腐蚀性能；聚氯乙烯绝缘塑料导线价格较低，但易于老化而变硬；橡皮绝缘线耐老化性能较好，但价格较高。照明线路常用的导线型号及主要用途见表 4-7。

表 4-7　照明线路常用的导线型号及用途

导线型号	名　称	主要用途
BX（BLX）	铜（铝）芯橡皮绝缘线	固定明、暗敷设
BXF（BLXF）	铜（铝）芯氯丁橡皮绝缘线	固定明、暗敷设，尤其适用于户外
BV（BLV）	铜（铝）芯聚氯乙烯绝缘线	固定明、暗敷设
BV-105（BLV-105）	耐热 105℃铜（铝）芯聚氯乙烯绝缘线	用于温度较高的场所
BVV（BLVV）	铜（铝）芯聚氯乙烯绝缘、聚氯乙烯护套线	用于直贴墙壁敷设
BXR	铜芯橡皮绝缘软线	用于 250V 以下的移动电器
RV	铜芯聚氯乙烯软线	用于 250V 以下的移动电器
RVB	铜芯聚氯乙烯绝缘扁平线	用于 250V 以下的移动电器
RVS	铜芯聚氯乙烯绝缘软绞线	用于 250V 以下的移动电器
RVV	铜芯聚氯乙烯绝缘、聚氯乙烯护套软线	用于 250V 以下的移动电器
RV-105	铜芯耐热聚氯乙烯绝缘软线	用于 250V 以下的移动电器，耐热 105℃

4.3.3 导线截面的选择

1. 按发热条件选择导线和电缆的截面

1）三相系统相线截面的选择

电流通过导线或电缆时，要产生功率损耗，使导线发热。导线的正常发热温度不得超过额定负荷时的最高允许温度。

按发热条件选择三相系统中的相线截面时，应使其允许载流量 I_{al} 不小于通过相线的计算电流 I_c，即 $I_{al} \geq I_c$。

导线的允许载流量，应根据敷设处的环境温度进行校正，公式为 $KI_{al} \geq I_c$，温度校正系数可按下式计算：

$$K = \sqrt{\frac{t_1 - t_0}{t_1 - t_2}}$$

式中　K——温度校正系数；

t_0、t_1、t_2——分别为导体最高允许工作温度、敷设环境温度、表中采用的标准温度。

按发热条件选择导线所用的计算电流 I_c 时，对降压变压器高压侧的导线，应取为变压器额定一次电流 $I_{1N.T}$，对电容器的引入线，由于电容器充电时有较大的涌流，因此应取为电容器额定电流 I_{NC} 的 1.35 倍。

2）中性线和保护线截面的选择

（1）中性线（N 线）截面的选择

三相四线制系统中的中性线，要通过系统的不平衡电流和零序电流，因此中性线的允许载流量不应小于三相系统的最大不平衡电流，同时考虑到谐波电流的影响。

一般三相四线制线路的中性线截面 A_0 应不小于相线截面 A_ϕ 的50%，即

$$A_0 \geqslant 0.5A_\phi$$

而由三相四线制线路引出的两相三线线路和单相线路，由于其中性线电流与相线电流相等，因此中性线截面 A_0 和相线截面 A_ϕ 相等，即

$$A_0 = A_\phi$$

对于三次谐波电流相当突出的三相四线制线路，由于各相的三次谐波电流都要通过中性线，使得中性线电流可能接近甚至超过相线电流，因此在这种情况下，中性线截面 A_0 按下式选择：

$$A_0 \geqslant A_\phi$$

（2）保护线（PE 线）截面的选择

保护线要考虑三相系统发生单相短路故障时单相短路电流通过的短路热稳定度。

根据短路热稳定度的要求，保护线截面 A_{PE} 按《低压配电设计规范》（GB 50054—1995）选择：

① 当 $A_\phi \leqslant 16\text{mm}^2$ 时，$A_{PE} = A_\phi$；

② 当 $16\text{mm}^2 < A_\phi \leqslant 35\text{mm}^2$ 时，$A_{PE} = 16\text{mm}^2$；

③ 当 $A_\phi > 35\text{mm}^2$ 时，$A_{PE} \geqslant 0.5A_\phi$。

（3）保护中性线（PEN 线）截面的选择

保护中性线兼有保护线和中性线的双重功能，因此其截面选择应同时满足上述保护线和中性线的要求，取其中的最大值。

有关导线的载流量和各种校正系数见表 4-8 ～表 4-13。

表 4-8　BV、BLV 型单芯电线穿钢管敷设载流量

导线截面（mm^2）	长期连续负荷允许载流量（A）					
	穿二根		穿三根		穿四根	
	铜芯	铝芯	铜芯	铝芯	铜芯	铝芯
1.0	14		13		11	
1.5	19	15	17	12	16	12
2.5	26	20	24	18	22	15
4	35	27	31	24	28	22
6	47	35	41	32	37	28
10	65	49	57	44	50	38
16	88	63	73	56	65	50
25	107	80	95	70	85	65
35	133	100	115	90	105	80
50	165	125	140	110	130	100
70	205	155	183	143	165	127
95	250	190	225	170	200	152
120	300	220	260	195	230	172
150	350	250	300	225	265	200
185	380	285	340	255	300	230

表4-9 BV、BLV型单芯电线穿塑料管敷设载流量

导线截面（mm^2）	长期连续负荷允许载流量（A）					
	穿二根		穿三根		穿四根	
	铜芯	铝芯	铜芯	铝芯	铜芯	铝芯
1.0	12		11		10	
1.5	16	13	15	11.5	13	10
2.5	24	18	21	16	19	14
4	31	24	28	22	25	19
6	41	31	36	27	32	25
10	56	42	49	38	44	33
16	72	55	65	49	57	44
25	95	73	85	65	75	57
35	120	90	105	80	93	70
50	150	114	132	102	117	90
70	185	145	167	130	148	115
95	230	175	205	158	185	140
120	270	200	240	180	215	160
150	305	230	275	207	250	185
185	355	265	310	235	280	212

表4-10 聚氯乙烯绝缘电线明敷的载流量（A）（$\theta_e=65℃$）

截面（mm^2）	BLV铝线				BV、BVR铜线			
	25℃	30℃	35℃	40℃	25℃	30℃	35℃	40℃
1.0					10	17	16	15
1.5	18	16	15	14	24	22	20	18
2.5	25	23	21	19	32	29	27	25
4	32	29	27	25	42	39	36	33
6	42	39	36	33	55	51	47	43
10	59	55	51	46	75	70	64	59
16	80	71	69	63	105	98	90	83
25	105	98	90	83	138	129	119	109
35	130	121	112	102	170	158	147	134
50	165	154	142	130	215	201	185	170
70	205	191	177	162	265	247	229	209
95	250	233	216	197	325	303	281	257
120	285	266	246	225	375	350	324	296
150	325	303	281	257	430	402	371	340
185	380	355	328	300	490	458	423	387

表 4-11　交联聚乙烯绝缘电力电缆在空气中敷设的载流量（A）

主线芯数 * 截面 (mm^2)	铝　芯					铜　芯				
	6 ～ 10kV　θ = 90℃				35kV 单芯 θ = 80℃	6 ～ 10kV　θ = 90℃				35kV 单芯 θ = 80℃
	25℃	30℃	35℃	40℃	25℃	25℃	30℃	35℃	40℃	25℃
3 * 16	99	94	90	80		127	122	116	111	
3 * 25	128	123	117	112		166	159	152	145	
3 * 35	154	147	141	135		200	192	184	175	
3 * 50	188	180	172	165	216	243	233	233	213	272
3 * 70	229	220	210	201	259	294	282	270	258	332
3 * 95	274	263	252	240	310	351	337	322	308	395
3 * 120	317	304	291	278	355	407	391	374	357	453
3 * 150	364	349	334	319	405	467	448	429	410	516
3 * 185	413	396	379	363	458	530	509	487	465	583
3 * 240	482	463	443	423	538	616	591	566	541	682

表 4-12　交联聚乙烯绝缘电力电缆直埋地敷设的载流量（A）（ρt = 80℃　cm/W）

主线芯数 * 截面 (mm^2)	铝　芯				铜　芯			
	6 ～ 10kV　θ = 90℃			35kV 单芯 θ = 80℃	6 ～ 10kV　θ = 90℃			35kV 单芯 θ = 80℃
	20℃	25℃	30℃	25℃	20℃	25℃	30℃	25℃
3 * 16	99	96	92		127	123	118	
3 * 25	126	122	117		162	157	150	
3 * 35	150	145	139		194	187	179	
3 * 50	183	177	170	174	235	227	218	223
3 * 70	220	212	203	212	281	271	260	268
3 * 95	259	250	240	246	333	321	308	316
3 * 120	295	285	273	281	377	364	349	359
3 * 150	334	322	309	317	427	412	395	404
3 * 185	374	361	346	354	480	463	444	449
3 * 240	430	415	398	409	549	529	500	518

表 4-13　环境温度变化时载流量的校正系数 K_t

导线工作温度 (℃)	不同环境温度变化时载流量的校正系数								
	5℃	10℃	15℃	20℃	25℃	30℃	35℃	40℃	45℃
90	1.14	1.11	1.08	1.03	1.0	0.960	0.920	0.875	0.830
80	1.17	1.13	1.09	1.04	1.0	0.954	0.905	0.853	0.798
70	1.20	1.15	1.10	1.05	1.0	0.940	0.880	0.815	0.745
65	1.22	1.17	1.12	1.06	1.0	0.935	0.865	0.791	0.707
60	1.25	1.20	1.13	1.07	1.0	0.926	0.845	0.756	0.655
50	1.34	1.25	1.18	1.09	1.0	0.895	0.775	0.653	0.447

2. 按电压损失条件选择导线和电缆的截面

由于线路存在着阻抗，所以在负荷电流通过线路时要产生电压损耗。因此按规定，从变压器低压侧母线到用电设备受电端低压线路的电压损耗，一般不超过用电设备额定电压的5%；对视觉要求较高的照明线路，则为2%～3%。如线路的电压损耗超过了允许值，则应适当加大导线的截面，使之满足允许的电压损失要求。

按电压损失条件选择导线截面，首先要掌握电压损失的计算方法，然后再根据负荷情况具体计算。

1）集中负荷的三相线路电压损失计算

在系统正常运行时，线路电压降是负荷电流在线路的阻抗上产生的。三相交流线路中，当各相负荷平衡时，可计算一相的电压降，然后再换算成线电压降值。

图4-9是终端有一个集中负荷的三相电路，以终端电压为基准，做出一相的电压相量图，如图4-10所示。

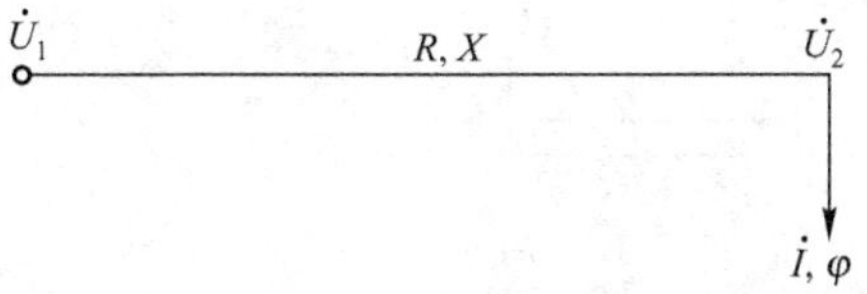

图4-9　终端有一个集中负荷的三相电路

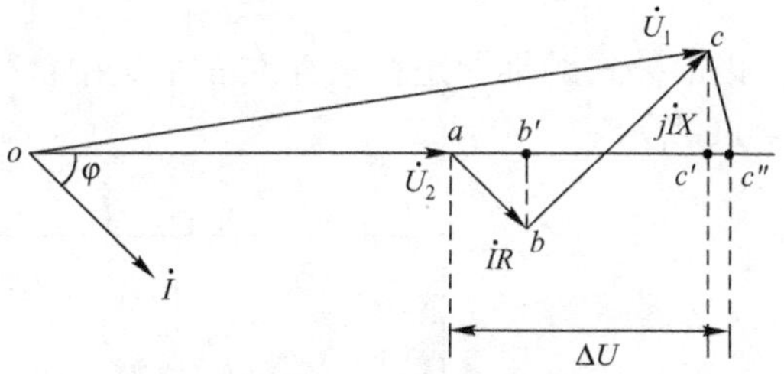

图4-10　计算电压降的电压相量图

图4-10中的始端电压 U_1 和终端电压 U_2 之差 ΔU 为电压降，图中 ab 是系统电阻引起的电压降，bc 是系统电抗引起的电压降。

我们把线路的始端电压有效值 U_1 与终端电压有效值 U_2 的代数差即 $\Delta U = U_1 - U_2$ 称为电压损失，即 ac''。由于 ac'' 大小的计算比较复杂，工程计算中常以 ac'' 代替。

由图4-10可以看出：

$$ac' = ab' + b'c' = IR\cos\varphi + IX\sin\varphi$$

式中　I——负荷的每相电流（A）；

R——线路的每相电阻，$R = r_0 L$（Ω）；

X——线路的每相电抗，$X = x_0 L$（Ω）；

r_0、x_0——单位长度线路的电阻、电抗值（Ω/km）；

L——线路的长度（km）。

于是得到相电压损失：$\Delta U_\varphi = IR\cos\varphi + IX\sin\varphi$

将相电压损失换算为线路电压损失：$\Delta U_L = \sqrt{3}\Delta U_\varphi = \sqrt{3}(IR\cos\varphi + IX\sin\varphi)$

以上两个公式是在已知负荷的功率因数和相电流的前提下得到的，通常称为电流计算法。如果已知负荷的有功功率和无功功率，则也可以得到功率计算法的计算公式。

相电压损失：$\Delta U_\varphi = \dfrac{PR + QX}{3U_\varphi}$

线电压损失：$\Delta U_L = \dfrac{PR + QX}{U_L}$

式中　P——负载三相有功功率（kW）；

Q——负载三相无功功率（kvar）；

U_L——线路终端线电压（kV）；

U_φ——线路终端相电压（kV）。

由于电网的额定电压不同，电压损失的绝对值 ΔU 并不能确切反映电压损失的程度，工程上通常用 ΔU 与额定电压的百分比来表示电压损失的程度，即

$$\Delta U\% = \frac{\Delta U}{U_N} \times 100\%$$

在三相系统中，电压损失常用线路额定电压的百分率表示，即

$$\Delta U\% = \frac{\Delta U}{U_N} \times 100\% = \frac{PR + QX}{U_N^2} \times 100\%$$

或

$$\Delta U\% = \frac{\sqrt{3}(IR\cos\varphi + IX\sin\varphi)}{U_N^2} \times 100\%$$

以上公式的推导是在只存在一个集中负荷的前提下得出的，有时存在多个集中负荷，如图 4-11 所示。

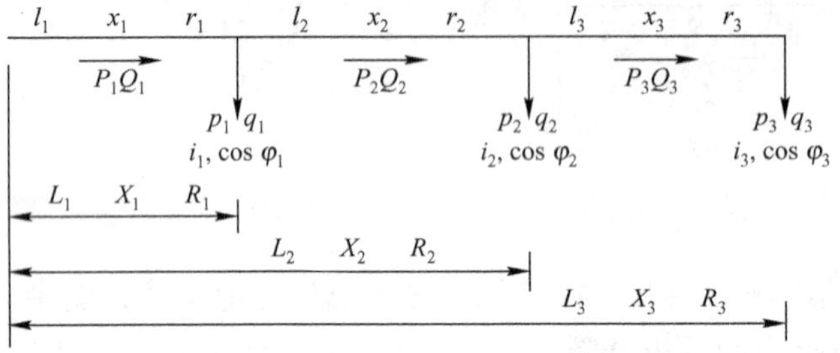

图 4-11　终端有多个集中负荷的三相电路

此时，可先分别求出各段线路的电压损失，再求出各段电压损失的和，便得出总的电压损失，计算过程如下：

$$\Delta U\% = \frac{\sum_{i=1}^{3}(p_iR_i + q_iX_i)}{U_N^2} \times 100\%$$

或

$$\Delta U\% = \frac{\sum_{i=1}^{3}(P_ir_i + Q_ix_i)}{U_N^2} \times 100\%$$

式中　$R_1 = r_1l_1$　　$X_1 = x_1l_1$

$R_2 = r_1l_1 + r_2l_2$　　$X_2 = x_1l_1 + x_2l_2$

$R_3 = r_1l_1 + r_2l_2 + r_3l_3$　　$X_3 = x_1l_1 + x_2l_2 + x_3l_3$

$P_1 = p_1 + p_2 + p_3$　　$Q_1 = q_1 + q_2 + q_3$

$P_2 = p_2 + p_3$　　$Q_2 = q_2 + q_3$

$P_3 = p_3$　　$Q_3 = q_3$

从上述公式可以看出，在使用电压损失公式的时候，功率用各负荷的，则电阻和电抗就要用电源点至负荷点全段的；功率若用负荷点处总的功率值，则电阻和电抗就要用各段上的对应数值。

2）均匀分布负荷的三相线路电压损失计算

均匀分布负荷的三相线路是指三相线路单位长度上的负荷是相同的，如图4-12所示。

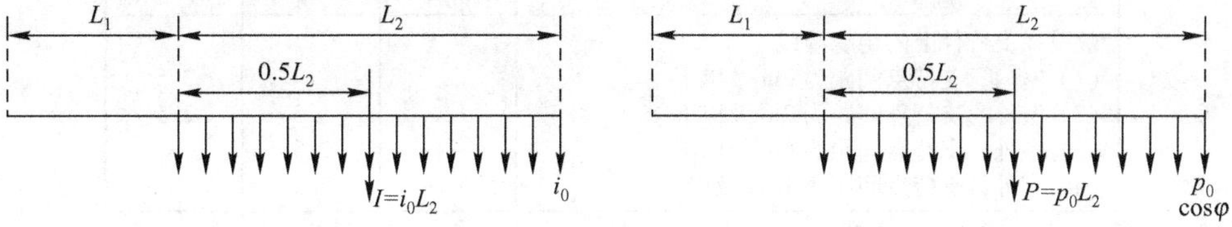

图4-12 均匀分布负荷示意图

在实际电路中，有许多情况下负荷并不是集中负荷，特别是照明线路，它往往是均匀分布负荷。图4-12（a）中，i_0 为单位长度线路上的负荷电流，其单位为A/m，分布负荷的总长为 L_2。若线路导线截面一致并忽略导线电抗，只考虑导线电阻时，对于带有均匀分布负荷线路的电压损失可按下式计算：

$$\Delta U=\sqrt{3}I\cdot r_0(L_1+0.5L_2)$$

式中 I——沿线路 L_2 分布的负荷的总和，$I=i_0\times L_2$。

这就是说，在计算带有均匀分布负荷的线路的电压损失时，可将分布负荷集中于分布线路 L_2 的中点，然后按集中负荷计算。此时电压损失的计算公式还可以写成：

$$\Delta U=\sqrt{3}I\cdot R=\sqrt{3}I\cdot r_0(L_1+0.5L_2)$$

式中 R——集中负荷后导线的电阻。

若同时考虑导线的电阻和电抗时，同理也可以确定，转化为集中负荷后导线电抗的计算公式为 $X=x_0(L_1+0.5L_2)$，此时可以使用前面集中负荷电压损失的计算公式计算均匀分布负荷线路的电压损失。

当均匀分布负荷用功率来表示时，如图4-12（b）所示，p_0 为单位长度线路上的负荷功率，其单位为W/m，同样可以使用上述方法将其转化为集中负荷后计算电路的电压损失，公式如下：

$$\Delta U=\frac{\sqrt{3}PR}{U_N}=\frac{\sqrt{3}Rp_0(L_1+0.5L_2)}{U_N}$$

3. 按机械强度要求选择导线和电缆的截面

导线截面必须满足机械强度要求，见表4-14。

表4-14 按机械强度要求的导线允许最小截面

导线敷设方式	最小截面（mm^2）		
	铜芯软线	铜 线	铝 线
照明用灯头线 （1）室内 （2）室外	 0.5 1	 0.8 1	 2.5 2.5
穿管敷设的绝缘导线	1	1	2.5
塑料护套线沿墙明敷设	1	1	2.5

续表

导线敷设方式	最小截面（mm^2）		
	铜芯软线	铜　线	铝　线
敷设在支持件上的绝缘导线 （1）室内，支持点间距为2m及以下 （2）室外，支持点间距为2m及以下 （3）室外，支持点间距为6m及以下 （4）室外，支持点间距为12m及以下		 1 1.5 2.5 2.5	 2.5 2.5 4 6
电杆架空线路380V低压		16	25
架空线引入 380V低压（绝缘导线长度不大于25m）		 6	 10（绞线）
电缆在沟内敷设、埋地敷设、明敷设380V低压		2.5	4

技能训练24　导线选择

任务单（4.3）

项目名称	照明工程电气设计	总学时	20
任务名称	导线的选择	学　时	8
教学目标	1. 熟悉导线的类型及其应用场合； 2. 掌握导线选择的原则与方法； 3. 熟悉规范中对电压损失方面的相关规定； 4. 能独立查找相关参数进而进行供电线路上电压损失的计算； 5. 能够独立完成电压损失计算表的填写任务		
教学载体	某建筑照明工程资料		
任务要求	1. 导线选择训练 要求：（1）每位同学独立完成； （2）选择导线的方法要正确； （3）相线、N线、保护线均应有选择的计算过程； （4）完成时间40分钟； （5）自评10分钟 2. 照明配电线路电压损失计算的综合训练 要求：（1）计算不同线路段的电压损失； （2）每一处的计算结果要有对应的计算过程； （3）负荷力矩法和电流力矩法均要完成； （4）根据计算结果决定是否需要进行导线规格的调整，若需要，如何调整？ （5）完成时间100分钟； （6）任务分工，合作完成； （7）以抽签方式确定汇报人选		
问题思考	电流损失计算方法中，“负荷力矩法”和“电流力矩法”在使用条件方面有何不同？		
过程设计	多媒体讲授（100分钟）　案例分析（100分钟） 导线选择训练（40分钟）　自评（10分钟） 电压损失计算综合训练（100分钟）　小组汇报（40分钟）　小组互评（10分钟）		
教学方法	多媒体教学法、分组模拟教学法		

技能训练 25 按发热条件选择导线截面

有一条采用 BLV－500 型铝芯橡皮线明敷的 220/380V 的 TN－S 线路，计算电流为 60A，敷设地点的环境温度为＋35℃。试按发热条件选择此线路的导线截面。

分析：此 TN-S 线路为 5 根线的三相五线制线路，包括相线、中性线和保护线。

（1）相线截面的选择

查表 4-11 得：环境温度为＋35℃时明敷的 BLV－500 型铝芯橡皮线，截面为 16mm^2，它的 $I_{al}=69\text{A}>I_c=60\text{A}$，满足发热条件，因此相线截面选 $A_\phi=16\text{mm}^2$。

（2）中性线截面的选择

按公式 $A_0 \geqslant 0.5A_\phi$，选 $A_0=10\text{mm}^2$。

（3）保护线截面的选择

由于 $A_\phi=16\text{mm}^2$，故取 $A_{PE}\geqslant A_\phi=16\text{mm}^2$。

所选导线型号规格可表示为 BLX－500－（3×16＋1×10＋PE16）。

技能训练 26 电压损失计算

1. 某单相两线制系统，电压 $U=220\text{V}$，负荷电流 $I=30\text{A}$，功率因数 $\cos\varphi=0.85$（滞后），每根导线的电阻 $R=0.0362\Omega$，电抗 $X=0.00138\Omega$，线路产生的电压降有多大？

分析：由 $\cos\varphi=0.85$ 知 $\sin\varphi=0.5268$

单相两根导线产生的总电压降

$$\begin{aligned}\Delta U &= 2(IR\cos\varphi+IX\sin\varphi)\\ &= 2\times30\times(0.0362\times0.85+0.00138\times0.5268)\\ &= 1.89(\text{V})\end{aligned}$$

$$\Delta U\% = \frac{\Delta U}{U_N}\times100\% = \frac{1.89}{220}\times100\% = 0.86\% < 5\%$$

即满足要求。

2. 某三相系统，已知电动机的容量为 100kVA，电压 380V，功率因数为 0.8，线路总阻抗为（0.00975＋j0.0057）Ω，电压损失百分率为多少？

分析：由 $\cos\varphi=0.8$ 知 $\sin\varphi=0.6$

$$P=S\cos\varphi=100\times0.8=80(\text{kW})$$

$$Q=S\sin\varphi=100\times0.6=60(\text{kvar})$$

$$\Delta U\% = \frac{PR+QX}{U_N^2}\times100\% = \frac{(80\times0.00975+60\times0.0057)\times1000}{380^2}\times100\% = 0.78\% < 5\%$$

也满足要求。

在通常情况下，是按发热条件选完导线后，再用电压损失条件进行校验，看导线的选择是否合适。但有时也需在已知电压损失的条件下来选择导体的截面。在低压供电线路（380/220V）中，网络的功率因数一般接近于 1，则由公式

$$\Delta U\% = \frac{\sum_{i=1}^{n} R_i P_i}{U_N^2} \quad 和 \quad R = \frac{L}{\gamma \cdot S} \quad 可以推出：$$

$$\Delta U\% = \frac{\sum_{i=1}^{n} P_i \frac{L_i}{\gamma \cdot S}}{U_N^2} = \frac{\sum_{i=1}^{n} R_i L_i}{\gamma \cdot S \cdot U_N^2}$$

$$S = \frac{\sum_{i=1}^{n} P_i L_i}{\Delta U\% \cdot \gamma \cdot U_N^2} = \frac{\sum_{i=1}^{n} P_i L_i}{C \cdot \Delta U\%}$$

式中　P_i——第 i 个设备功率（kW）；

L_i——从电源到第 i 个负荷点的距离（m）；

$\Delta U\%$——设备所在线路的允许电压损失百分比；

C——计算系数，是由电路的相数、额定电压及导线材料的电导率等决定的系数，当 $\cos\varphi=1$ 时，具体数值见表 4-15。

表 4-15　计算线路电压损失公式中的系数 C 值（$\cos\phi=1$）

线路额定电压（V）	供电系统	C 值	
		铜	铝
220/380	三相四线制	72	44.5
220/380	两相及零线	32	19.8
380	单相及直流	36.01	22.23
220		12.07	7.45
110		3.018	1.863
42		0.44	0.276
36		0.323	0.199 5
24		0.144	0.087
12		0.035 9	0.022 2

技能训练 27　按电压损失选择导线截面

如图 4-13 所示三相四线制系统中，采用 BLX 导线，杆距均为 40m，允许电压损失 5%，ab 段导线截面应选多大？

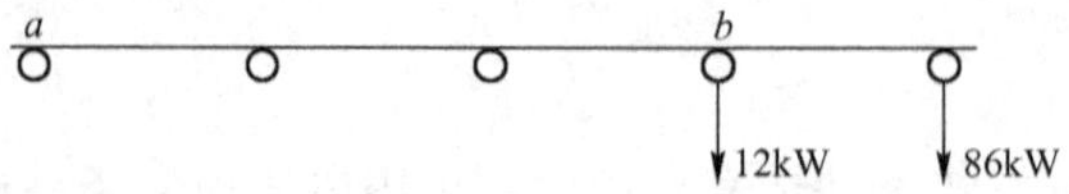

图 4-13

分析：由“三相四线制、铝线”查表 4-16 得 $C=44.5$

$$S = \frac{\sum P_i L_i}{C \cdot \Delta U\%} = \frac{12 \times 120 + 86 \times 160}{44.5 \times 5} = 68.31(\text{mm}^2)$$

或 $S = \frac{(12+86) \times 120 + 86 \times 40}{44.5 \times 5} = 68.31(\text{mm}^2)$

因此 ab 段导线截面应取 70mm^2。

知识梳理

导线的选择要从导线的电压、材料、绝缘及护套、截面等方面综合考虑。

通常情况下，照明线路的导线按电压损失条件进行选择，动力线路的导线按发热条件进行选择。

导线和电缆的选择一般按照下列原则进行：

1. 按使用环境和敷设方法选择导线和电缆的类型；
2. 按线缆敷设的环境条件选择线缆和绝缘材质；
3. 按机械强度选择导线的最小允许截面；
4. 按允许载流量选择导线和电缆的截面；
5. 按电压损失校验导线和电缆的截面。

任务4.4 照明电气设备的选型

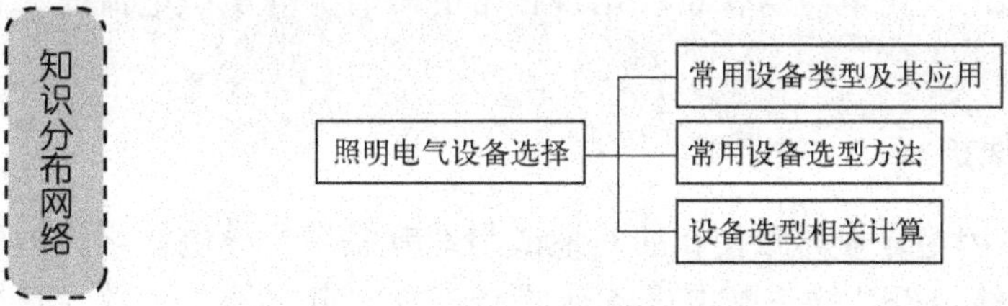

照明电气设备的选型与设计是照明电气设计的重要内容之一，主要包括开关、插座、断路器的选型，配电箱的设计与计算，以及照明线路保护等知识。

4.4.1 照明配电线路的保护

照明配电线路应装设短路保护、过负载保护和接地故障保护。

1. 短路保护

照明配电线路的短路保护，应在短路电流对导体和连接件产生的热作用和电动作用造成危害之前切断短路电流。短路保护电器的分断能力应能切断安装处的最大预期短路电流。

所有照明配电线路均应该设短路保护，主要选用熔断器、低压断路器及能承担短路保护的漏电保护器作为短路保护。采用低压断路器作为保护电器时，短路电流不应小于低压断路器瞬时（或短延时）过电流脱扣整定电流的1.3倍。对于照明配电线路，干线或分干线的保护电器应装设在每回线路的电源侧、线路的分支处和线路载流量减小处。

一般照明配电线路中，常采用相线上的保护电器保护N线。当N线的截面与相线截面相同，或虽小于相线但已能被相线上的保护电器所保护时，不需为N线设置保护；当N线不能被相线上的保护电器所保护时，则应为N线设置保护电器。

N线保护要求如下：

（1）一般不需将N线断开。

（2）若需要断开N线，则应装设能同时切断相线和N线的保护电器。

（3）装设剩余电流动作的保护电器时，应将其所保护回路的所有带电导线断开。但在TN系统中，如能可靠地保持N线为地电位，则N线不需要断开。

（4）在TN系统中，严禁断开PEN线，不得装设断开PEN线的任何电器。当需要为PEN线设置保护时，只能断开有关的相线回路。

（5）PEN线应满足导线机械强度和载流量的要求。

2. 过负载保护

照明配电线路过负载保护的目的是：在线路过负载电流所引起导体的温升对其绝缘、接插头、端子或周围物质造成严重损害之前切断电路。

过载保护电器宜采用反时限特性的保护电器，其分断能力可低于保护电器安装处的短路电流，但应能承受通过的短路能量。

过载保护电器的约定动作电流应大于被保护照明线路的计算电流，但应小于被保护照明线路允许持续载流量的1.45倍。

过载保护电器的整定电流应保证在出现正常的短时尖峰负载电流时，保护电器不应切断线路供电。

3. 接地故障保护

接地故障是指因绝缘损坏致使相线对地或与地有联系的导电体之间的短路，它包括相线与大地，以及PE线、PEN线、配电设备和照明灯具的金属外壳、敷线管槽、建筑物金属构件、水管、暖气管及金属屋面之间的短路。接地故障是短路的一种，仍需要及时切断电路，以保证线路短路时的热稳定。

照明配电线路应设置接地故障保护，其保护电器应在线路故障时，或危险的接触电压的持续时间内导致人身间接电击伤亡、电气火灾及线路严重损坏之前，能迅速有效地切除故障电路。由于接地故障电流较小，保护方式还因接地形式和故障回路阻抗不同而异，所以接地故障保护比较复杂。接地保护总的原则是：

（1）切断接地故障的时限，应根据系统接地形式和用电设备使用情况确定，但最长不宜超过5s。

（2）应设置总等电位连接，将电气线路的PE干线或PEN干线与建筑物金属构件和金属管道等导电体连接。

一般照明线路的接地故障保护采用能承担短路保护的漏电保护器，其漏电动作电流依据断路器安装位置不同而异。一般情况下，照明线路的最末一级线路（如插座回路、安装高度低于2.4m的照明灯具回路等）漏电保护的动作电流为30mA，分支线、支线、干线漏电保护的动作电流有50mA、100mA、300mA、500mA等。

4.4.2　照明配电设备的选择

照明配电设备主要有照明配电箱、插座和开关等。

1. 照明配电箱

配电盘（箱）是照明和动力线路中的重要组成部分，按控制对象可分为照明配电盘和动力配电盘，按控制层次又分为总盘、分盘和操作盘。

照明配电箱一般采用封闭式箱结构，悬挂式或嵌入式安装，箱中一般装有小型空气断路器、漏电开关、中性线（N）和保护线（PE）、汇流排等。

其常用型号含义如下：

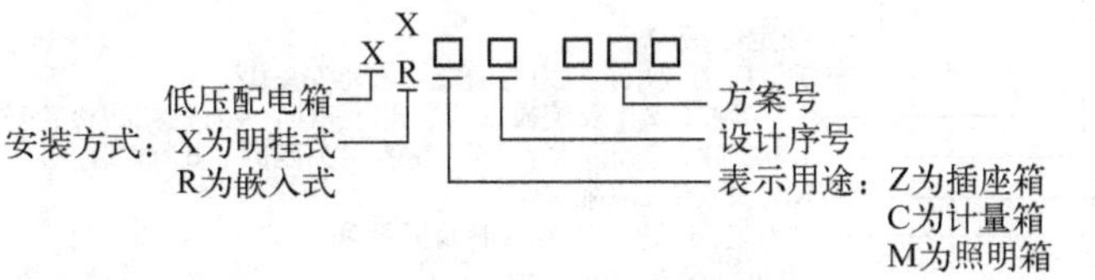

在照明设计中，应首先根据负荷性质和用途，确定选用照明箱、计量箱、插座箱，然后根据控制对象负荷电流的大小、电压等级以及保护要求，确定配电箱内支路开关电器的容量、电压等级，按负荷管理所划分的区域确定回路数，并应留有1～2个备用回路。选择配电箱时，还应根据使用环境和场合的要求，确定配电箱的结构形式（明装、暗装）、外观颜色及外壳保护等级（防火、防潮、防爆等）。

1）进线断路器的选择

进线断路器的整定值决定了住户可以用多大用电负荷，在装有5（20）A、5（30）A和10（40）A容量的电表时，其相应进线断路器整定值分别为20A、32A和40A时，才能带动上述负荷。当负载超过时，进线断路器跳闸，住户内所有电源都会断掉。同样，当断路器电流整定为16A时，如果负荷超过3kW，也会出现跳闸断电，所以不能将大容量用电负荷集中装于一条支路上。

2）出线断路器的选择

在照明、插座和空调三个支路的基础上，当住户家用电器较多时，增加厨房、电热水器等支路也是必要的。

① 照明支路的断路器一般采用16A的单极微断开关。

② 为了保证人身安全，除空调之外的插座支路应装有漏电保护装置，用于住宅的漏电开关动作电流为30mA，时间不大于0.1s。

2. 插座

工程中，插座可按相数分为单相和三相插座，按安装方式分为明装、暗装插座，按防护方式分为普通式和防水防尘式、防爆式插座。插座的额定电压一般为220～250V，额定电流有10A、13A、15A、16A几种规格。

干燥的正常环境，可采用普通型插座，潮湿环境可采用防潮型插座，有腐蚀性气体或易燃易爆环境，可采用防爆型插座。

3. 开关

开关按使用方式分为拉线开关和翘板开关；按安装方式分为明装开关和暗装开关；按控制数量分为单联、双联、三联开关；按控制方式分为单控、双控开关；按外壳防护形式分为普通式、防水防尘式、防爆式开关等。

室内开关的额定电压一般为220V，电流一般为3～10A。工程中，同一建筑物内的开关应采用同一系列的产品，并应操作灵活、接触可靠，还要考虑与使用环境适合的外壳防护形式。

开关和插座的型号说明如下：

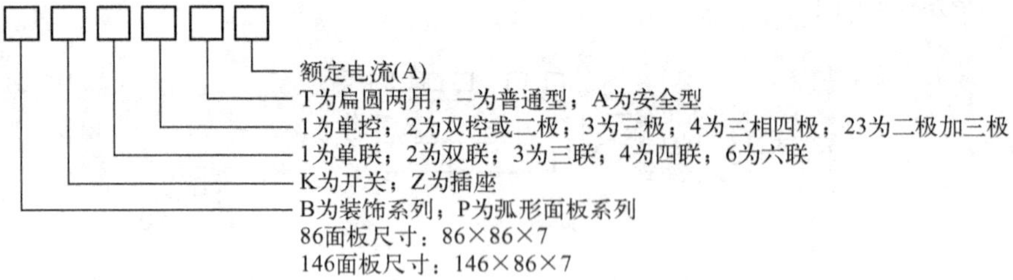

4.4.3　低压断路器的选型

1. 低压断路器的作用和分类

低压断路器是一种不仅能通断正常负荷电流，而且还能切断故障电流，保护人身安全和电力设备安全的重要电器元件。它用于不频繁地接通和切断设备的电源，并且具有交、直流线路过载、短路或欠电压和接地故障保护。通断正常负荷电流、切断故障电流，完成过载保护和断路保护是断路器的基本功能。

低压断路器有多种分类方式，按使用类别分，有选择型的B类断路器（有短时耐受电流I_{cw}要求）和非选择型的A类断路器（无短时耐受电流I_{cw}要求）；按结构形式分，有框架式（又称万能式）、塑壳式和微型断路器；按灭弧介质分，有空气式和真空式（目前多为空气式）；按操作方式分，有手动操作、电动操作和弹簧储能机械操作；按极数分，可分为单极、二极、三极和四极式；按安装方式分，有固定式、插入式、抽屉式等。根据市场和厂家的习惯，主要按断路器的结构型式分类，分为空气断路器（即框架断路器）、塑壳断路器、微型断路器。

通常在使用中，由于框架断路器的参数高（额定电压和额定电流，以及相应的分断能力等性能均高于其他两种低压断路器），因此通常安装在负荷电流和故障电流比较大，需要比较高的安全性和可靠性的地方；框架断路器多用于进线、联络及大电流负荷的馈线。它的下一级就可以使用塑壳式断路器，在线路的终端则使用微型断路器。低压断路器的配置顺序如图4-14所示。

从低压电源开始，一般应按照以下顺序确定线路中的低压开关：低压电源→框架断路器

（空气断路器）→塑壳断路器→微型断路器。

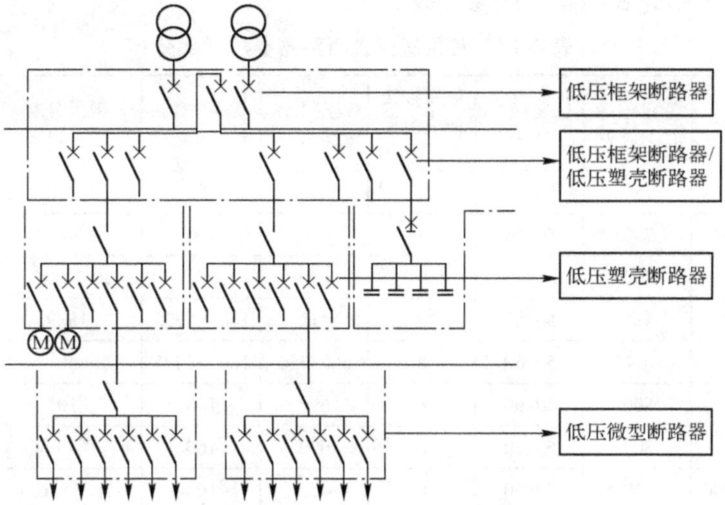

图 4-14　低压断路器的配置顺序

国内常见的框架式断路器为 DW 系列，通常用于交流 50Hz，额定工作电压 1 140V，额定电流为 4 000A 以下的配电网络中，也可用来保护电动机或在正常条件下不频繁启动的控制。西门子公司的 3WN 系列，可以在温度较高的环境下运行（可达到 +55℃）。

表 4-16 为国内常见框架式断路器的参数表。

表 4-16　常见框架式断路器参数（部分）

型号	规格	额定绝缘电压（V）	额定频率（Hz）	额定冲击耐受电压（V）	额定工作电压（V）	额定电流（A）	极限分断能力（kA）	使用分断能力	短时耐受电流（kA/s）	关合容量（kA 峰值）	分断类型
DW15	DW15-630	690	50/60	12	380	200	20	100%	20	50	Y
						400	30	100%	30	75	Y
						630	30	100%	30	75	Y
	DW15-1600	690	50/60	12	380	1 000	40	75%	40	100	Y
	DW15-2500	690	50/60	12	380	2 500	60	67%	60	150	Y
DW17	DW17-1600	1 140	50/60	12	690	630	30	100%	30	75	H
						800	30	100%	30	75	H
	DW17-2500	1 140	50/60	12	690	2 500	80	100%	80	200	H
	DW17-3200	1 140	50/60	12	690	3 200	80	100%	80	200	H
Emax	E1	1 000	50/60	12	690	800 ～ 1 600	42	100%	42	88.2	B
	E2	1 000	50/60	12	690	800 ～ 2 000	85	100%	65	187	S
	E3	1 000	50/60	12	690	800 ～ 3 200	130	100%	85	286	V

国内常见的塑壳式断路器有 Compact NS 系列，其特点是具有比较强的分断能力（I_{cs} = 100%，I_{cu} = 150kA）和限流能力；ABB 公司的 Tmax 系列，电流可高达 630A；西门子公司的

3VU/3VF 系列，可用于电动机的不频繁启动和保护，也可用于线路的保护等。

表 4-17 为常见塑壳式断路器的参数表。

表 4-17　常见塑壳式断路器参数（部分）

型号	规格	额定绝缘电压（V）	额定频率（Hz）	额定冲击耐受电压（V）	额定工作电压（V）	额定电流（A）	极限分断能力（kA）	使用分断能力	类别
Compact NS	NS100	750	50/60	8	690	100	36/50/70/150	100%	N/SX/H/L
	NS160	750	50/60	8	690	160	36/70/150	100%	N/ H/L
	NS250	750	50/60	8	690	250	36/70/150	100%	N/ H/L
3VF	3VF2	415	50/60	8	415	160 ~ 225	18/9	100%	
	3VF3	690/750	50/60	8	660/750	160 ~ 225	40	100%	
Tmax	T1	800	50/60	8	690	160	10	100%	B
	T2	800	50/60	8	690	160	30	100%	N
DZ20	DZ20-100	660	50/60	8	400	100	18/35/100		Y/J/G

国内常见的微型断路器有 C65 系列、Easy 系列、CDB 系列、DE47 系列产品，其中 C65 系列具有体积小、性能稳定、可配装多种附件的特点，而且可以为终端配电用户提供完善的保护，如短路、过载、防雷和接地故障的保护；CDB 系列产品具有过载和短路双重保护；DE47 系列适用于交流 50/60Hz，额定工作电压为 240V/415V 及以下，额定电流至 60A 的电路中。断路器主要用于现代建筑物电气线路及设备的过载、短路保护、也使用于线路的不频繁操作及隔离。

表 4-18 为常见微型断路器的参数表。

表 4-18　常见微型断路器参数

系列	型号	最大工作电压（V）	额定频率（Hz）	机械寿命（万次）	冲击耐受电压（kV）	额定电流范围（A）	分断能力（kA）	极数	脱扣曲线类型
C65	C65a	440	50/60	2	6	6,10,16,20,25,32,40,50,63	4.5	1－4P	C
	C65N	440	50/60	2	6	1,2,4,6,10,16,20,25,32,40,50,63	6	1－4P	C，D
	C65H	440	50/60	2	6	1,2,4,6,10,16,20,25,32,40,50,63	10	1－4P	C，D
	C65L	440	50/60	2	6	1,2,4,6,10,16,20,25,32,40,50,63	15	1－4P	C，D
DZ47		415	50/60	2	6	1,3,5,10,15,20,25,32	6	1－4P	B，C，D
		415	50/60	2	6	40,50,60	4.5	1－4P	B，C，D
CDB	CDB1	230/400	50	2	6	1,3,6,10,16,20,25,32,40,50,63	6	1－4P	B，C，D
	CDB2	230/400	50	2	10	63,80,100,125	10	1－4P	C，D
	CDB3	230	50	2	3	6,10,16,20,25,32	3	1P＋N	C，D
	CDB7	230/400	50	2	6	1,3,6,10,16,20,25,32,40,50,63	6	1－4P	B，C，D

2. 低压断路器的主要技术参数

1）额定电压 U_N

指断路器能够长期正常工作的最高电压值。

2）额定电流 I_N

对于塑壳断路器和空气断路器，分为断路器壳架额定电流和断路器脱扣器额定电流。断路器壳架额定电流是指能长期通过断路器本体的最大电流；断路器脱扣器的额定电流是指能够长期通过脱扣器的最大电流。

3）额定极限短路分断能力 I_{cu}

指断路器在规定的试验电压和操作条件下经过"分闸—3min—合分闸"（O—3min—CO）操作顺序之后，还能通过介电性能试验和脱扣器的试验，能够分断的最大电流值。

4）额定运行短路分断能力 I_{cs}

断路器在规定的试验电压和操作条件下，经过"分闸—3min—合分闸—3min—合分闸"（O—3min—CO—3min—CO）操作顺序后，还能通过介电性能试验、脱扣器的试验和温度试验，能够承受的最大电流值。

5）额定短时耐受能力 I_{cw}

指断路器在规定的试验条件下短时间能够承受的最大电流值，对于有选择型的B类断路器，需要有 I_{cw} 值，对于非选择型的A类断路器，不需要有 I_{cw} 值。

3. 低压断路器的选用原则

（1）断路器的额定电压 U_N ≥电源和负载的额定电压。

（2）断路器的额定电流 I_N ≥负载工作电流。

（3）断路器脱扣器的额定电流 I_N ≥负载工作电流。

（4）断路器极限通断能力 I_{cu} ≥电路的最大短路电流。

（5）脱扣器保护功能的选择：目前常见的断路器脱扣器形式有热磁式和电子式两种，这两种脱扣器的结构不一样，但都能够实现过载和短路保护。对于热磁式的脱扣器最多只能提供两段保护，即过载长延时保护和短路瞬动保护（或称为热保护和磁保护）；也有根据需要脱扣器只具有磁保护功能的，如有些用于电动机保护的断路器，与热继电器配合使用，断路器只提供短路保护就可以了。而对于电子式的脱扣器产品类型更多一些，有的具有两段保护；有的具有三段保护功能，即过载长延时保护、短路短延时保护和短路瞬动保护；还有把接地故障保护和过载、短路保护功能做在一起的脱扣器。

此外，由于微型断路器的动作曲线主要有A、B、C、D四种，因此需要根据不同的负荷选择不同曲线的断路器。A特性一般用于需要快速、无延时脱扣的使用场合，亦即用于较低的峰值电流值（通常是额定电流 I_N 的2～3倍），以限制允许通过的短路电流值和总的分断时间；B特性一般用于需要较快速度脱扣且峰值电流不是很大的使用场合，与A特性相比，B特性允许通过的峰值电流 $<3I_N$，一般用于白炽灯、电加热器等电阻性负载及住宅线路的保护；C特性一般适用于大部分电气回路，它允许负载通过较高的短时峰值，C特性一般适用允许通过的峰值电流 $<5I_N$，通常用于荧光灯、高压气体放电灯、动力配电系统的线路保护；D特性一般适用于很高峰值电流（$<10I_N$）的开关设备，通常用于交流额定电压与频率下的控制变压器和局部照明变压器的一次线路和电磁阀的保护。

技能训练28 低压断路器的选型

任务单（4.4）

项目名称	照明工程电气设计	总学时	20
任务名称	照明电气设备的选型	学　时	4
教学目标	1. 熟悉不同照明电气设备的用途及使用场合； 2. 掌握常用照明电气设备选择的原则与方法； 3. 熟悉规范中对照明电气设备选择方面的相关规定； 4. 能独立查找相关资料并进行照明电气设备选择的计算； 5. 能够独立完成照明电气设备选择任务		
教学载体	某照明工程设备选型案例　资料：JB/DQ 6143—1986《照明配电箱》		
任务要求	1. 断路器选择训练 要求：（1）每位同学独立完成； （2）选择断路器的方法要正确； （3）应有选择的计算过程； （4）完成时间30分钟。 2. 照明配电箱设计计算的综合训练 要求：（1）设计照明配电箱的结构； （2）选择每条回路的导线； （3）选择每条回路的开关设备； （4）设计回路的保护措施； （5）完成时间50分钟； （6）任务分工，合作完成； （7）以抽签方式确定汇报人选。		
问题思考	1. 配电箱设计应考虑哪些方面？需要进行什么计算？ 2. 配电箱设计中应考虑的线路保护包含什么内容？		
过程设计	多媒体讲授（50分钟）　案例分析（50分钟） 断路器选择训练（30分钟）　配电箱设计计算综合训练（50分钟） 小组汇报（20分钟）		
教学方法	多媒体教学法、分组模拟教学法		

技能训练29 框架式断路器的选用

已知一变电站内安装有2台互为备用的10kV/0.4kV、短路阻抗为6%、容量为1 600kVA的变压器，上级电网的短路容量为500MVA，安装方式为户内安装。高压侧经电缆与10kV系统相连，低压侧经母排与低压开关柜内的低压进线断路器连接。低压系统为单母线分段，用母联断路器连接两段母线。正常情况下母线上最大的工作电流均为1 200A。在一台变压器退出运行时，由另一台负担全部负荷。计算过程中母排的电压降和阻抗可忽略。则低压进线断路器的选择如下：

计算变压器低压侧出口短路电流为38kA（过程略）；

计算变压器满负荷运行电流为2 253A（过程略）；

断路器额定电压 $U_N \geq 400V$；

断路器额定电流 $I_N \geqslant 2\,431$A；

断路器脱扣器额定电流 $I_N \geqslant 2\,400$A；

断路器极限通断能力 $I_{cu} \geqslant 38$kA。

脱扣器选择：选择电子式脱扣器，具有接地故障保护和过载、短路保护的功能。

可选择 DW15-2500，其各个参数均满足上述要求。

技能训练 30　塑壳式断路器的选用

在前述变电站内部低压系统中有一三相电路，负荷为正常工作状况下需连续运行的三相四线接线的绕线式电动机，系统运行电压为 380V，功率为 18.5kW，$\eta = 0.7$，功率因数为 0.75。安装处的短路预期电流为 22kA，试选择低压断路器。

计算工作电流如下：
$$I = \frac{P}{\sqrt{3}U\cos\varphi \cdot \eta} = \frac{18.5}{\sqrt{3} \times 0.38 \times 0.75 \times 0.7} = 53.6(\text{A})$$

选择额定电流为 63A 的塑壳断路器，选择 DZ20-100。

脱扣器选择：选择电子式脱扣器，具有过载、短路保护功能。

技能训练 31　微型断路器的选用

在前述变电站低压配电系统内有一用于照明的配电箱内一回路，为 30 只 220V、40W 单相荧光灯供电，总容量为 1 200W。荧光灯在启动时可能会通过比较高的短时峰值电流（一般不大于 $5I_N$），必须保证微型断路器允许负载通过较高的短时峰值电流而断路器不动作，因此选择 C 特性曲线的微型断路器。计算工作电流，得 $30 \times 40/220 = 5.5$（A），可选择施耐德电气公司的 Mult9 产品，型号为 C65N-C6A/2P，也可选择 CDB7-6。

知识梳理

1. 照明电气设备的选型与设计主要包括开关、插座、断路器的选型，配电箱的设计与计算，以及照明线路保护等知识。

2. 照明配电线路应装设短路保护、过负载保护和接地故障保护。

3. 根据负荷性质、用途和电流的大小，确定配电箱内支路开关电器的容量、电压等级、回路数，并应留有 1 ～ 2 个备用回路。

4. 插座的额定电压一般为 220 ～ 250V，额定电流有 10A、13A、15A、16A 几种规格。

5. 室内开关的额定电压一般为 220V，电流一般为 3 ～ 10A。

6. 低压断路器的选用原则。

（1）断路器的额定电压 $U_N \geqslant$ 电源和负载的额定电压。

（2）断路器的额定电流 $I_N \geqslant$ 负载工作电流。

（3）断路器脱扣器的额定电流 $I_N \geqslant$ 负载工作电流。

（4）断路器极限通断能力 $I_{cu} \geqslant$ 电路的最大短路电流。

思考与练习题 4

1. 简述照明电气设计的内容。
2. 简述照明电气设计的基本步骤。
3. 画图说明照明供电方式。
4. 照明电气设计的基本原则是什么？
5. 计算照明负荷的目的是什么？
6. 负荷计算有哪几种方法？在照明工程设计的三个阶段中，分别常用什么方法？
7. 总结“需要系数法”的计算步骤。
8. 某生产建筑物中的三相供电线路上接有 250W 荧光高压汞灯和白炽灯两种光源，各相负荷分配见表 4-19。

表 4-19　负荷分配表

相　序	250W 高压汞灯	白　炽　灯
L1（A 相）	4 盏 1kW	2kW
L2（B 相）	8 盏 2kW	1kW
L3（C 相）	2 盏 0.5kW	3kW

试求：线路的计算电流。

9. 已知某建筑照明配电干线系统图如图 4-15 所示，若给定 $K_x=0.6$，求 π 接箱进线处的计算负荷 P_{js}、Q_{js}、S_{js} 和 I_{js}。

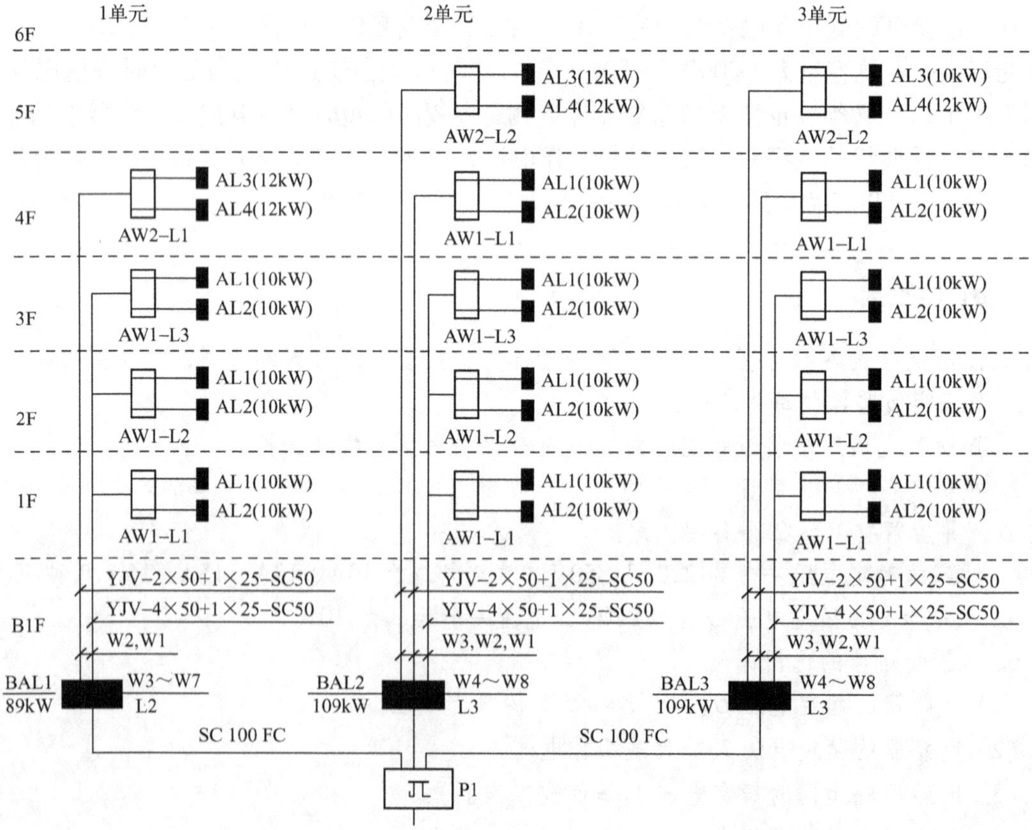

图 4-15

10. 某380V的三相线路，供电给16台4kW、$\cos\varphi=0.87$、$\eta=85\%$的电动机，各台电动机之间相距2m，线路全长50m。试按发热条件选择明敷的BLX－500型导线截面（环境温度为30℃），并校验机械强度，计算其电压损耗（取$K_{\Sigma}=0.7$）。

11. 照明系统设计时要进行哪些低压设备的选型？

12. 常用的断路器如何分类？各种类型分别在照明供电系统中什么地方使用？

13. 低压断路器的选型应考虑哪些参数？

14. 如何选择开关？

15. 照明配电箱的设计应体现的几个方面是什么？

16. 对图4-16给出的配电箱系统进行设计，要求进行必要的计算，完成相应的标注。

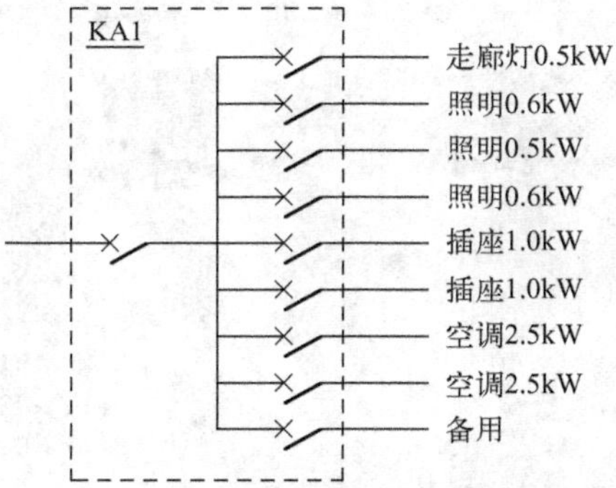

图4-16

考考你的能力

方法与步骤：

1. 实地考察所在学校的锅炉房、箱式变电站或教学楼等场所，了解其配电线路的结构；

2. 画出相应的系统图；

3. 在能力所及的范围内进行负荷计算；

4. 找出负荷距电源最远的一条配电线路，进行电压损失的计算。

你的能力指数：满分10分

完成第1步：得3分

完成第2步：得6分

完成第3步：得8分

完成第4步：满分喽！！！（老师必须提前做好答案）

项目5 建筑供电设计与设备选型

教学导航

教	知识重点	1. 建筑供电设计的内容与步骤 2. 负荷计算 3. 短路电流计算 4. 变压器的选择 5. 电气设备选择
	知识难点	电气设备选择和校验
	推荐教学方式	分组学习、任务驱动
	建议学时	32 学时
学	学生知识储备	1. 常用电气设备产品知识 2. 建筑供电工程设计规范和标准 3. 负荷计算的内容
	能力目标	具有负荷计算和短路计算的能力；具有变压器选择能力；具有高低压电气设备选择能力；具有导线选择的能力；具有变电所主结线设计能力

教学过程示意图

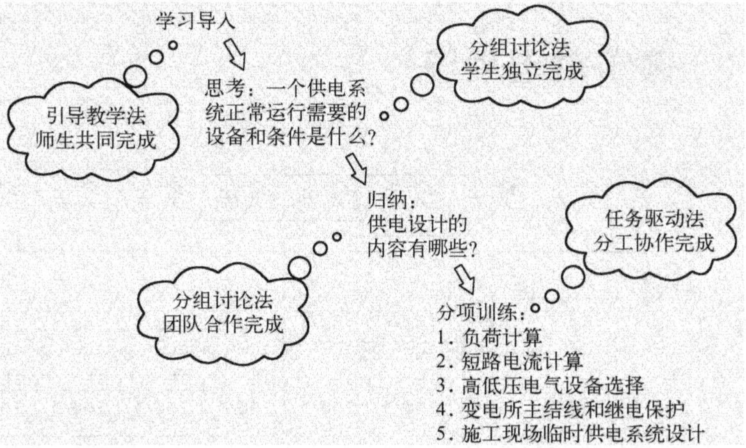

训练方式和手段

整个训练分为四个阶段：

第一阶段

训练目的：了解建筑供电设计的内容。

训练方法：结合变电所的主结线图，教师可针对教学内容提出相关问题。

第二阶段

训练目的：学会负荷计算和短路计算的方法。

训练方法：分项训练法，采用案例分析实施教学。

训练步骤：

1. 学生讨论计算的目的和方法。
2. 教师给出完整答案并讲述计算方法。
3. 学生练习。

第三阶段

训练目的：学会高低压电气设备的选择方法。

训练方法：分组讨论法。

训练步骤：

1. 配电变压器的分类、型号和选择方法。
2. 各种高压电气设备的特点、型号、表示符号和选择方法。
3. 各种低压电气设备的特点、型号、表示符号和选择方法。
4. 主结线的种类和应用环境。

第四阶段

训练目的：学会建筑供电设计内容、步骤与方法，具有相应的设计能力。

训练方法：案例分析法。

训练步骤：

1. 进一步分析变电所的主结线图。
2. 教师提出设计任务。
3. 学生完成设计。

学生学习成果展示：

1. 负荷计算表
2. 短路计算表
3. 主结线图

任务 5.1 建筑供电系统

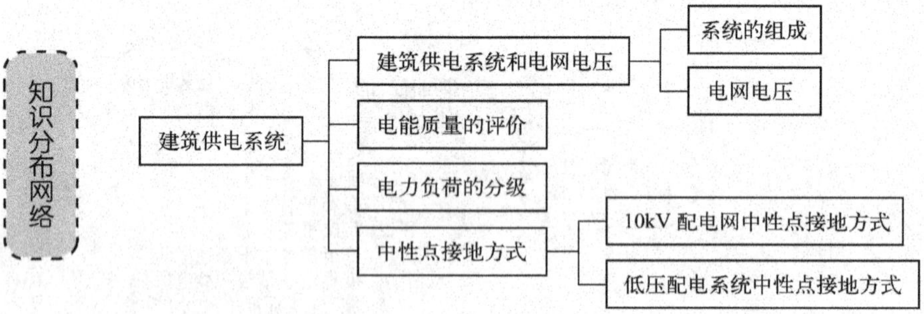

5.1.1 建筑供电系统和电网电压

1. 建筑供电系统的组成

由电力线路将发电厂、变电所和电力用户联系起来的一个发电、输电、变电、配电和用电的整体，称为电力系统。图 5-1 是电力系统的方框图，图 5-2 是电力系统的示意图，虚线部分表示建筑供电系统。

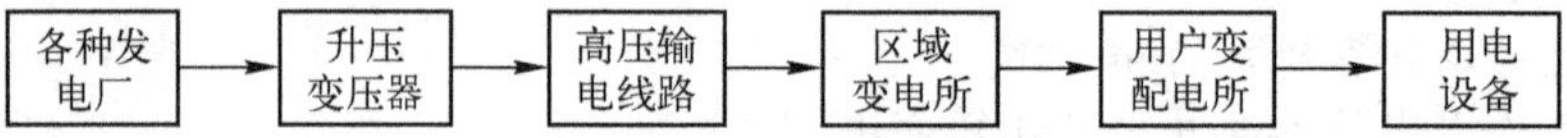

图 5-1 电力系统方框图

发电厂是将自然界蕴藏的各种一次能源转换成电能（二次能源）的工厂。发电厂按其利用的能源不同，可分为水力发电厂、火力发电厂、核能发电厂、地热发电厂、太阳能发电厂等。

变电所是变换电压和分配电能的场所，由变压器、配电装置和保护装置组成。变电所有升压变电所和降压变电所之分。变电所是各类建筑的电能供应中心。不变换电压，只分配电能的变电所叫配电所。

电力系统中各级电压的电力线路及其联系的变电所，称为电力网或电网。

建筑供电系统由高压及低压配电线路、变电所（包括配电所）和用电设备组成，如图 5-2 虚线部分所示。

一些大型、特大建筑设有总降压变电所，把 35 ～ 110kV 电压降为 6 ～ 10kV 电压，向各楼宇小变电所供电，小变电所再把 6 ～ 10kV 降为 220/380V 电压，对低压用电设备供电。中型建筑设施的供电，一般电源进线为 6 ～ 10kV，经过高压配电所，再由高压配电所分出几路高压配电线，将电能分别送到各建筑物变电所，降为 220/380V 低压，供给用电设备。小型建筑设施的供电，一般只需一个 6 ～ 10kV 降为 220/380V 的变电所。对于 100kW 以下用电负荷的建筑，一般不设变电所，只设一个低压配电室向设备供电。

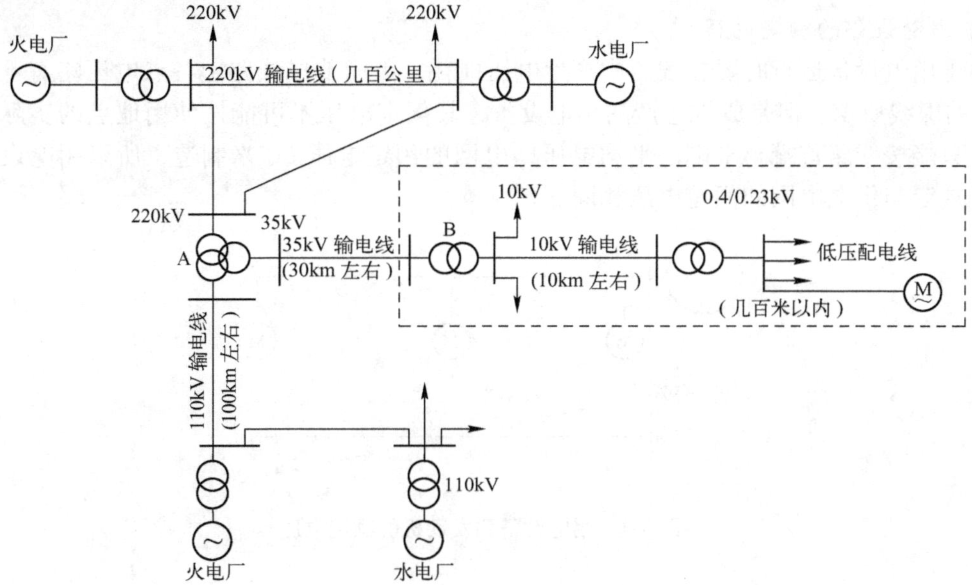

图 5-2　电力系统示意图

2. 电网的电压

为了使电气设备的设计与制造实现标准化、系列化，各种电器都规定有额定电压。电气设备在额定电压下运行时的技术、经济效益最好。我国规定的三相交流电网和电力设备的额定电压如表 5-1 所示。

表 5-1　我国三相交流电网和电力设备的额定电压

分　类	电网和用电设备额定电压（kV）	发电机额定电压（kV）	电力变压器额定电压（kV）	
			一次绕组	二次绕组
低压	0.38	0.4	0.38	0.4
	0.66	0.69	0.66	0.69
高压	3	—	3，3.15	3.15，3.3
	6	—	6，6.3	6.3，6.6
	10	—	10，10.5	10.5，11
	—	13.8，15.75，18，20	13.8，15.75，18，20	—
	35	—	35	38.5
	66	—	66	72.5
	110	—	110	121
	220	—	220	242
	330	—	330	363
	500	—	500	550

1）用电设备的额定电压

由于用电设备运行时要在线路中产生电压损耗，因而造成线路上各点电压略有不同，如图5-3的虚线所示。但是成批生产的用电设备，其额定电压不可能按使用地点的实际电压来制造，只能按线路首端与末端的平均电压即电网的额定电压 U_N 来制造，所以用电设备的额定电压规定与供电电网的额定电压相同。

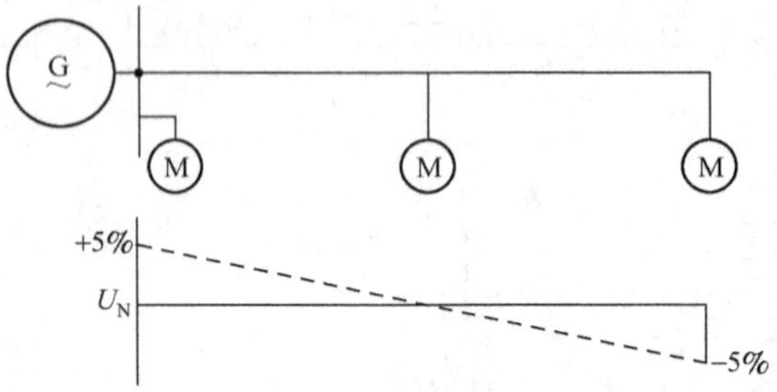

图5-3　用电设备和发动机的额定电压

2）发电机的额定电压

由于同一电压的线路一般允许的电压偏差是±5%，即整个线路允许有10%的电压损耗。因此，为了维持线路首端与末端的平均电压在额定值，线路首端电压应较电网额定电压高5%，如图5-3所示。而发电机是接在线路首端的，所以规定发电机额定电压高于所供电网额定电压5%。

3）电力变压器的额定电压

对于电力变压器一次绕组的额定电压，若变压器直接与发电机相连，如图5-4中的变压器 T_1，则其一次绕组额定电压应与发电机额定电压相同，即高于电网额定电压5%。

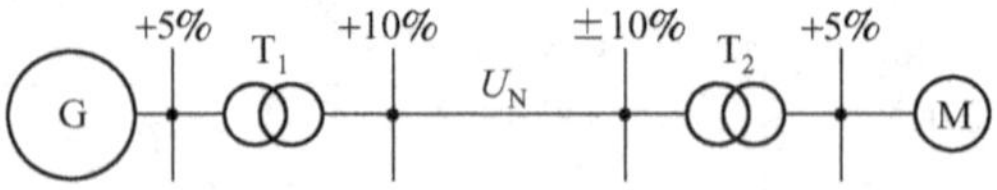

图5-4　电力变压器的额定电压

若变压器不与发电机直接相连，而是连接在线路的其他部位，则应将变压器看做是线路上的用电设备。因此变压器的一次绕组额定电压应与供电电网额定电压相同，如图5-4中的变压器 T_2。

电力变压器二次绕组的额定电压是指变压器在一次绕组加上额定电压时的二次绕组空载电压。而变压器在满载运行时，绕组内有大约5%的阻抗压降。因此，当变压器二次绕组供电线路较长时，变压器二次绕组额定电压应高于二次绕组电网额定电压10%，如图中 T_1；当变压器二次绕组的供电线路不长时，变压器二次绕组额定电压只需高于电网额定电压5%，如图中 T_2。

5.1.2　评价电能质量的基本指标

对于工业与民用建筑供电系统来说，提高电能质量主要是提高电压质量和供电可靠性的问题。

供电电源质量的评价主要有以下几个方面。

1. 供电可靠性

供电可靠性即供电的不间断性，供电可靠性指标是根据用电负荷的等级要求制定的，对于不同的用电负荷，分别采用相应的供电方式以达到对供电可靠性的要求。

2. 频率

我国采用的工业频率（简称“工频”）标准统一规定为50Hz。所有电力用户的用电设备都是按照50Hz设计的，如果电网频率过高或过低，将影响设备运行的经济性和安全性。所以规定频率允许偏差一般为±0.2Hz。系统容量较小时额率偏差可放宽到±0.5Hz。频率的调整主要依靠发电厂。

3. 电压质量

1）电压偏差

用电设备端子处的电压偏差，是以实际电压与额定电压之差的百分数表示的，即

$$\Delta U\% = \frac{U - U_N}{U_N} \times 100\%$$

式中 U_N——用电设备的额定电压（kV）；

U——用电设备的实际电压（kV）。

产生电压偏差的主要原因是系统内存在滞后的无功负荷所引起的系统电压损失。

《民用建筑电气设计规范》（JGJ 16—2008）中规定：正常运行情况下，用电设备端子处的电压偏差允许值，宜符合下列要求。

（1）对于照明，室内场所为±5%；对于远离变电所的小面积一般工作场所，难以满足上述要求时，可为+5%，-10%；应急照明、景观照明、道路照明和警卫照明宜为+5%，-10%。

（2）一般用途电动机宜为±5%。

（3）电梯电动机宜为±7%。

（4）其他用电设备，当无特殊规定时宜为±5%。

2）电压波动

电压波动是由于负荷的大幅度变化引起的。如电动机的满载启动等造成负荷电压急剧变化，大型混凝土搅拌机、轧钢机等冲击性负荷的工作引起电网电压的明显波动等。

3）高次谐波及其抑制

高次谐波（简称谐波）是具有非线性阻抗特性和非正弦电流特性的电气设备产生的。装有电力电子元件的设备，如整流、逆变、变频调速、调压等装置，具有非线性阻抗的电气设备，如气体放电灯、交流电动机、电焊机、变压器、感应炉等，都是产生谐波的根源。

高次谐波电流会使变压器、电动机、线路上的损耗增大，使系统继电保护和自动装置发生误动作，并且产生信号干扰，影响附近通信设备的正常工作。当前，高次谐波的干扰已成

为电力系统中影响电能质量的一大“公害”。

为了保证供电质量，控制各类非线性用电设备所产生谐波引起的电网电压正弦波形畸变在合理范围内，宜采用下列措施：

（1）三相整流变压器采用 Y、d 或 D、y 连接；

（2）增加整流变压器二次绕组的相数；

（3）按谐波次数装设分流滤波器；

（4）调整三相负载使其尽量保持三相平衡。

4. 建筑供电系统的电压

在供电系统中额定电压等级的确定应视用电量大小、供电距离的长短等条件来确定。此外，供电系统额定电压的大小还与用电设备的特性、供电线路的回路数、用电单位的远景规划、当地已有电网现状和它的发展规划，以及经济合理等因素有关。

在《民用建筑电气设计规范》（JGJ 16—2008）中对于民用建筑供配电系统电压选择做出了明确的规定：当用电设备总容量在 250kW 及以上或变压器容量在 160kVA 及以上时，宜以 10(6)kV 供电；用电设备总容量在 250kW 以下或变压器容量在 160kVA 以下时，可由低压方式供电。

在我国，建筑供配电系统的供电电压大小一般按下述方法选择：

对于 100kW 以下用电负荷的建筑，一般不设变电所，只设一个低压配电室向设备供电；

对于中型建筑设施的供电，一般电源进线为 6 ～ 10kV，经过高压配电所，再由高压配电所分出几路高压配电线将电能分别送到各建筑物变电所，降为 220/380V 低压，供给用电设备；

一些大型、特大型建筑有总降压变电所，把 35 ～ 110kV 电压降为 6 ～ 10kV 电压，向各楼宇变电所供电，楼宇变电所把 6 ～ 10kV 降为 220/380V 电压，对低压用电设备供电。

5.1.3 电力负荷的分级和对供电电源的要求

电力用户有各种用电设备，它们的工作特征和重要性各不相同，对供电的可靠性和供电的质量要求也不同。因此，应对用电设备或负荷分类，以满足负荷对供电可靠性的要求，保证供电质量，降低供电成本。

按对供电可靠性的要求及中断供电造成的损失或影响的程度，我国将电力负荷划分为以下三级。

1. 一级负荷

一级负荷为中断供电将造成人身伤亡者或中断供电将造成重大影响或重大损失者，如国民经济中重点企业的连续性生产过程被打乱，中央政府机关不能正常办公，等等。

在一级负荷中，当中断供电时将发生中毒、爆炸和火灾等情况的负荷，以及特别重要场所的不允许中断供电的负荷，称为特别重要的负荷。

一级负荷应由两个独立电源供电。所谓独立电源，就是当一个电源发生故障时，另一个电源应不致同时受到损坏。一级负荷中特别重要的负荷，除上述两个独立电源外，还必须增设应急电源。为保证对特别重要负荷的供电，严禁将其他负荷接入应急供电系统。应急电源一般包括独立于正常电源的发电机组、干电池、蓄电池和供电网络中有效地独立于正常电源的专门馈电线路。

2. 二级负荷

二级负荷为中断供电将造成较大影响或损失者，如停电造成主要设备损坏、大量产品报废、人员集中的重要公共场所秩序混乱等。

二级负荷应由双回线路供电，供电变压器亦应有两台（两台变压器不一定在同一变电所），做到当电力变压器发生故障或电力线路发生常见故障时，不致中断或中断后能迅速恢复供电。

3. 三级负荷

对一些非连续性生产的中小型企业，停电仅影响产量或造成少量产品报废的用电负荷，以及一般民用建筑的用电负荷等均称为三级负荷。三级负荷对供电电源没有特殊要求，一般由单回电力线路供电。

5.1.4　建筑供电系统中性点接地方式

中性点接地方式，是指供电系统中变压器的中性点与大地连接的方式。通常中性点接地方式有中性点不接地、中性点经阻抗接地和中性点直接接地三种。前两种称为小电流接地系统，后一种称为大电流接地系统。

1. 10kV配电网中性点接地方式

在我国10kV电力系统中，大多数采用中性点不接地方式。当系统单相接地电流大于30A时，采取中性点经消弧线圈接地。

2. 低压配电系统中性点接地方式

低压供电系统直接关系到用电设备及用电人员的安全，在建筑供电系统中普遍采用TN系统，即电源的中性点直接接地、设备外露可导电部分与电源中性点直接连接的系统。在TN系统中有三种具体接线方式。

1）TN-S系统

TN-S系统如图5-5（a）所示，电源中性点直接接地，并由中性点引出两根线，其中一根为中性线（N线），另一根为保护线（PE线）。中性线的作用是传输三相系统中的不平衡电流，以减少中性点的偏移使系统正常工作，同时也用来连接单相用电设备；保护线的作用是防止发生触电事故，保证人身安全。

2）TN-C系统

TN-C系统如图5-5（b）所示，它将N线与PE线合二为一，用PEN线来承担两者的功能。

3）TN-C-S 系统

TN-C-S 系统如图 5-5（c）所示，它是 TN-C 系统和 TN-S 系统的结合形式。

三种系统的使用应根据负荷的等级、负荷的性质、负荷的使用场合等几个方面的因素来确定。通常情况下供电系统的形式可以参照下列条件：

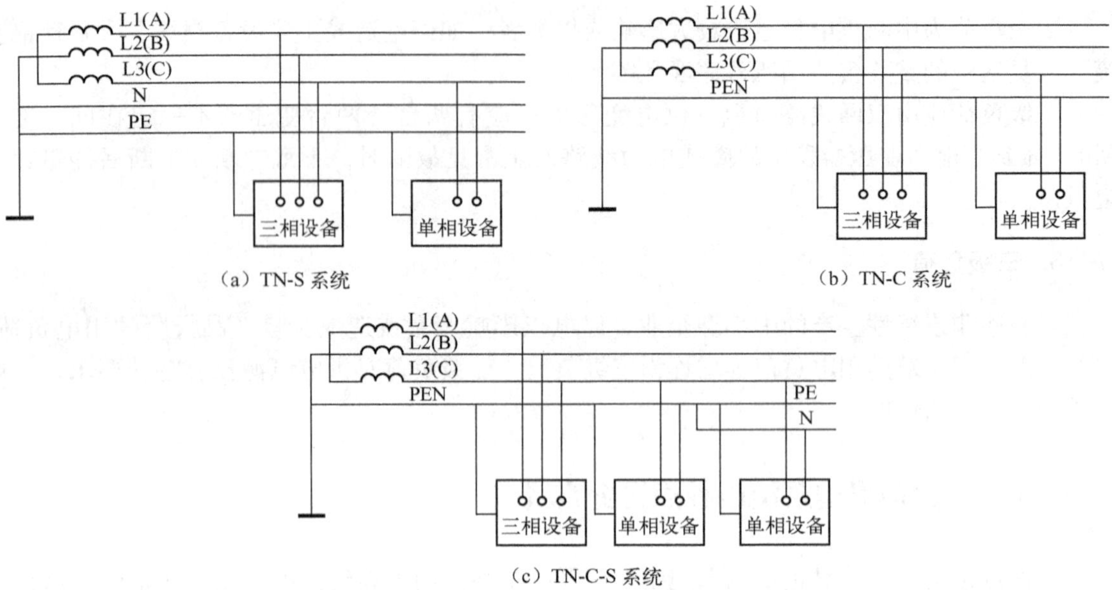

图 5-5　低压配电的 TN 系统

对于采用三相供电的三相对称负荷（动力负荷），如果这些设备在使用时操作人员与之接触的机会很少，可以采用 TN-C 系统；

对于采用三相供电的不对称负荷（照明负荷及其他单相用电负荷），而且这些用电设备对电源的要求较高，同时由于操作人员与这些用电设备接触的机会较多，为保证电源的可靠和用电人员的人身安全，应采用 TN-S 系统，该系统的保护线是专用的，故安全性较高；

对于采用三相供电的不对称负荷（照明负荷及其他单相用电负荷），如果这些用电设备对电源的要求不是很高（如一般民用建筑中的住宅建筑），同时由于操作人员与这些用电设备接触的机会较多，为了减少投资和保证操作人员的人身安全，应采用 TN-C-S 系统。

5.1.5 建筑供电设计的内容与步骤

1. 建筑供电设计的内容

建筑供电系统设计是建筑电气设计的重要组成部分。建筑供电系统设计内容包括确定供电电源及供电电压、确定高压电气主接线及低压电气主接线、选择变配电设备等。其具体设计内容如下：

（1）确定负荷等级和各类负荷容量。

（2）确定供电电源及电压等级、电源出处、电源数量及回路数、专用线或非专用线、电缆埋地或架空、近/远期发展情况。

（3）确定备用电源和应急电源容量及性能要求，有自备发电机时，说明启动方式及与市电网关系。

（4）高、低压供电系统接线形式及运行方式，正常工作电源与备用电源之间的关系，母线联络开关运行和切换方式，变压器之间低压绕组联络方式，重要负荷的供电方式。

（5）变、配电所的位置、数量、容量及形式（户内、户外或混合）、设备技术条件和选型要求。

（6）继电保护装置的设置。

（7）电能计量装置。采用高压或低压、专用或非专用柜（满足供电部门要求和建设方内部核算要求）、监测仪表的配置情况。

（8）功率因数补偿方式。说明功率因数是否达到供用电规则的要求，应补偿容量和采取的补偿方式，补偿前后的结果。

（9）操作电源和信号。说明高压设备操作电源和运行信号装置配置情况。

（10）工程供电。高、低压进出线路的型号及敷设方式。

2. 建筑供电设计的步骤

对于10kV及以下供配电系统，在设计时应首先结合建筑物或其他用电负荷级别、用电容量、用电单位的电源情况和电力系统的供电情况等因素，确定供电方案，并充分保证满足供电可靠性和经济合理性的要求，在此基础上确定出高、低压电气主接线，最后进行变配电设备的选择。因此供配电系统的设计步骤是：

确定供电方案→确定高、低压电气主接线→选择高、低压电气设备

任务5.2　负荷计算

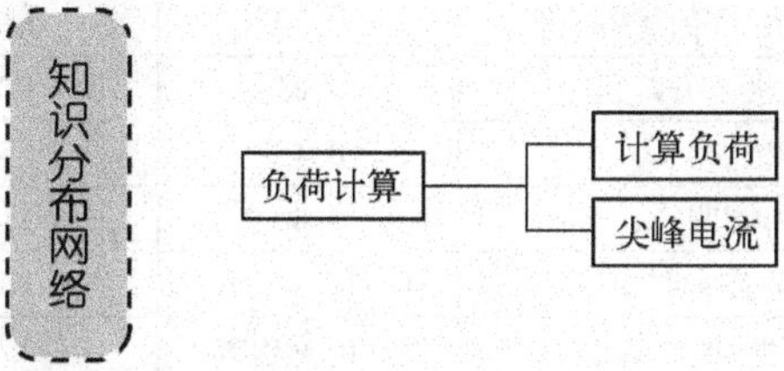

负荷计算是供电设计的重要依据，计算结果对选择电气设备起着决定性的作用。负荷计算是选择变压器、高低压电气设备、线路电缆和导线截面等的重要依据

建筑电气工程常用的负荷计算方法有负荷密度法（包括单位指标法）和需要系数法。一般在方案设计阶段采用负荷密度法，在工程初步设计和施工图设计阶段采用需要系数法。对于住宅类建筑，在设计的各个阶段均可采用单位指标法。负荷密度法和单位指标法在项目4中讲述，这里只就需要系数法作进一步说明。

5.2.1　需要系数法

需要系数法就是利用设备容量 P_e 确定计算负荷 P_c 时采用的方法，其表达式为：

$$P_c = K_d \cdot P_e$$

式中 K_d 即为需要系数。

形成需要系数的原因是用电设备组的所有设备不一定同时运行，引入同时系数 K_{Σ}；每台设备不可能都满载运行，引入负荷系数 K_L；电气设备运行时产生功率损耗，引入设备组的平均效率 η_S；配电线路也要产生功率损耗，引入配电线路的平均效率 η_L。因此需要系数可表示为：

$$K_d = \frac{K_{\Sigma} \cdot K_L}{\eta_S \cdot \eta_L}$$

实际中很难通过 4 个系数取得需要系数，而是根据实际运行系统的统计及经验得出需要系数。表 5-2 ～表 5-5 给出了民用建筑中部分用电设备的需要系数和功率因数值。

表 5-2 宾馆饭店主要用电设备的需要系数和功率因数

序　号	项　目	需要系数 K_d	功率因数 $\cos\varphi$	序　号	项　目	需要系数 K_d	功率因数 $\cos\varphi$
1	全馆总负荷	0.4 ～ 0.5	0.8	9	厨房	0.35 ～ 0.45	0.7
2	全馆总电力	0.5 ～ 0.6	0.8	10	洗衣机房	0.3 ～ 0.4	0.7
3	全馆总照明	0.35 ～ 0.45	0.85	11	窗式空调器	0.35 ～ 0.45	0.8
4	冷冻机房	0.65 ～ 0.75	0.8	12	客房	0.4	
5	锅炉房	0.65 ～ 0.75	0.75	13	餐厅	0.7	
6	水泵房	0.6 ～ 0.7	0.8	14	会议室	0.7	
7	通风机	0.6 ～ 0.7	0.8	15	办公室	0.8	
8	电梯	0.18 ～ 0.2	DC 0.4/AC 0.8	16	车库	1	

表 5-3 建筑工地常用用电设备组的需要系数及功率因数

用电设备组名称	需要系数 K_d	功率因数 $\cos\varphi$	$\tan\varphi$
通风机和水泵	0.75 ～ 0.85	0.80	0.75
运输机、传送机	0.52 ～ 0.60	0.75	0.88
混凝土及砂浆搅拌机	0.65 ～ 0.70	0.65	1.17
破碎机、筛、泥浆、砾石洗涤机	0.70	0.70	1.02
起重机、掘土机、升降机	0.25	0.70	1.02
电焊机	0.45	0.45	1.98
建筑室内照明	0.80	1.0	0
工地住宅、办公室照明	0.40 ～ 0.70	1.0	0
变电所照明	0.50 ～ 0.70	1.0	0
室外照明	1.0	1.0	0

表 5-4 民用建筑常用用电设备组的需要系数及功率因数

用电设备组名称	需要系数 K_d	功率因数 $\cos\varphi$	$\tan\varphi$
照明	0.7 ～ 0.8	0.90 ～ 0.95	0.48
冷冻机房	0.65 ～ 0.75	0.8	0.75
锅炉房、热力站	0.65 ～ 0.75	0.75	0.88
水泵房	0.6 ～ 0.7	0.8	0.75
通风机	0.6 ～ 0.7	0.8	0.75
电梯	0.18 ～ 0.22	0.8	0.75
厨房	0.35 ～ 0.45	0.85	0.62

续表

用电设备组名称	需要系数 K_d	功率因数 $\cos\varphi$	$\tan\varphi$
洗衣房	0.30 ～ 0.35	0.85	0.62
窗式空调	0.35 ～ 0.45	0.8	0.75
舞台照明 200kW 以上 100 ～ 200kW	0.6	1	0
	0.5	1	0

表 5-5　机械工业需要系数表

用电设备组名称	需要系数 K_d	功率因数 $\cos\varphi$	$\tan\varphi$
一般工作制的小批生产金属冷加工机床	0.14 ～ 0.16	0.5	1.73
大批生产金属冷加工机床	0.18 ～ 0.20	0.5	1.73
小批生产金属热加工机床	0.20 ～ 0.25	0.55 ～ 0.60	1.51 ～ 1.33
大批生产金属热加工机床	0.27	0.65	1.17
生产用通风机	0.70 ～ 0.75	0.80 ～ 0.85	0.75 ～ 0.62
卫生用通风机	0.65 ～ 0.70	0.8	0.75
泵、空气压缩机	0.65 ～ 0.70	0.8	0.75
不连锁运行的提升机、皮带运输等连续运输机械	0.5 ～ 0.6	0.75	0.88
带连锁的运输机械	0.65	0.75	0.88
$\varepsilon=25\%$ 的吊车及电动葫芦	0.14 ～ 0.20	0.5	1.73
铸铁及铸钢车间起重机	0.15 ～ 0.30	0.5	1.73
轧钢及锐锭车间起重机	0.25 ～ 0.35	0.5	1.73
锅炉房、修理、金工、装配车间起重机	0.05 ～ 0.15	0.5	1.73
加热器、干燥箱	0.8	0.95 ～ 1	0 ～ 0.33
高频感应电炉	0.7 ～ 0.8	0.65	1.17
低频感应电炉	0.8	0.35	2.67
电阻炉	0.65	0.8	0.75
电炉变压器	0.35	0.35	2.67
自动弧焊变压器	0.5	0.5	1.73
点焊机、缝焊机	0.35 ～ 0.60	0.6	1.33
对焊机、铆钉加热器	0.35	0.7	1.02
单头焊接变压器	0.35	0.35	2.67
多头焊接变压器	0.4	0.5	1.73
点焊机	0.10 ～ 0.15	0.5	1.73
高频电阻炉	0.5 ～ 0.7	0.7	1.02
自动装料电阻炉	0.7 ～ 0.8	0.98	0.2
非自动装料电阻炉	0.6 ～ 0.7	0.98	0.2

因此，采用需要系数法求计算负荷的通用公式为：

$$P_C = K_d \cdot P_e (\text{kW})$$

$$Q_C = P_C \cdot \tan\varphi (\text{kvar})$$

$$S_C = \sqrt{P_C^2 + Q_C^2} (\text{kVA})$$

三相时：

$$I_C = \frac{S_C}{\sqrt{3} U_N} (\text{A})$$

单相时：

$$I_C = \frac{S_C}{U_N} \ (\text{A})$$

式中，P_C、Q_C、S_C、I_C 分别称有功计算负荷、无功计算负荷、视在计算负荷和计算电流；P_e 称设备功率，它是指实际设备的额定功率换算到统一工作制下（统一标准下）的值，即 P_e 由设备的额定功率 P_N 求得；U_N 是线路的额定电压，三相时指线电压，单相时指相电压。

从上面的分析过程中可以看出，用需要系数法求计算负荷，首先要求设备功率。

1. 设备功率的确定

在供电系统中用电设备的铭牌都标有额定功率，但设备在实际工作中所消耗的功率并不一定就是其额定功率。设备功率不一定等于额定功率，两者的关系取决于设备的工作制、设备的工作条件、设备是否有附加元器件（即附加损耗）等因素。

设备功率的确定方法如下。

（1）对于连续运行工作制的用电设备，其设备功率等于额定功率。

（2）对于反复短时工作制的用电设备，其设备功率是将额定功率换算为统一负荷持续率（暂载率）下的功率。换算公式为：

$$P_e = \sqrt{\frac{\varepsilon_N}{\varepsilon_0}} \cdot P_N$$

式中　ε_N、ε_0 表示负载运行时实际额定负荷持续率和统一换算到的负荷持续率。

① 对电焊设备的换算。

我国电焊设备的铭牌负荷持续率 ε_N 有 50%、60%、75% 和 100% 四种，一般取 $\varepsilon_0 = 100\%$。

$$P_e = \sqrt{\frac{\varepsilon_N}{\varepsilon_0}} \cdot P_N = \sqrt{\frac{\varepsilon_N}{100\%}} \cdot P_N = \sqrt{\varepsilon_N} \cdot P_N = \sqrt{\varepsilon_N} \cdot S_N \cos\varphi_N$$

② 对吊车电动机组的换算。

我国吊车电动机组的铭牌负荷持续率 ε_N 有 15%、25%、40% 和 50% 四种，一般取 $\varepsilon_0 = 25\%$。

$$P_e = \sqrt{\frac{\varepsilon_N}{\varepsilon_0}} \cdot P_N = \sqrt{\frac{\varepsilon_N}{25\%}} \cdot P_N = 2\sqrt{\varepsilon_N} \cdot P_N$$

（3）整流器的设备功率是指额定交流输入功率。

（4）成组用电设备的设备功率，不应包括备用设备。

2. 计算负荷的确定

负荷的种类不同，其计算负荷的求法也不同，有的建筑中既存在三相负荷又存在单相负荷，既存在单相相间（220V）负荷，又存在单相线间（380V）负荷。下面就各种情况分别加以介绍。

1）仅存在三相用电设备时计算负荷的确定

不同性质的用电设备，其功率因数、需要系数可能不同。因此当使用需要系数法确定计算负荷时，应将计算范围内的所有用电设备按类型统一分组，每组的设备应该具有相同的功率因数和需要系数。然后按需要系数求计算负荷的公式求出各组配电干线上的计算负荷，进而再求出总的计算负荷，步骤如下：

（1）按用电设备的性质，将设备进行分组。

（2）求出各组中各用电设备的设备功率及各设备组的设备功率。

（3）按公式 $P_C = K_d \cdot P_e$ 求出各设备组的有功计算负荷；按公式 $Q_C = P_C \cdot \tan\varphi$ 求出各设备组的无功计算负荷。

（4）按公式 $P_C = K_{\sum p} \cdot \sum P_{Ci}$ 求出计算范围内总的有功计算负荷;按公式 $Q_C = K_{\sum q} \cdot \sum Q_{Ci}$ 求出计算范围内总的无功计算负荷。式中 $K_{\sum p}$、$K_{\sum q}$ 分别为多组用电设备的配电干线或低压母线上的同时运行系数。对于低压干线，$K_{\sum p}$、$K_{\sum q}$ 取0.9～1；对于低压母线，$K_{\sum p}$、$K_{\sum q}$ 取0.8～0.9。P_{Ci}、Q_{Ci}分别为第 i 个设备组的总有功、无功计算负荷的值。

（5）按公式 $S_C = \sqrt{P_C^2 + Q_C^2}$ 求出计算范围内总的视在计算负荷。

（6）按公式 $I_C = S_C/\sqrt{3}U_N$ 求出计算范围内总的计算电流。

上述步骤对只有单一设备组和具有多个设备组的情况均适用。但若仅存在一个设备组时，总计算电流可直接用公式 $I_C = P_C/\sqrt{3}U_N\cos\varphi$ 求得，如果不是题目需要，可免去求各组的无功计算负荷、总的无功计算负荷和总的视在计算负荷。

还应该注意的是，若低压母线上装有无功补偿用的静电电容器组，则低压母线上的总无功计算负荷应为按上述方法求出的总 Q_C 值减去补偿电容组的容量所剩余的无功功率的大小。

【案例5-1】 已知一大批生产的冷加工机床组，拥有电压380V的三相交流电动机7kW的3台，4.5kW的8台，2.8kW的17台，1.7kW的10台。试求其计算负荷。

解： 所有设备性质相同，因此只分一组，且冷加工机床属连续工作制，所以总设备容量为：

$$P_e = \sum P_N = 7 \times 3 + 4.5 \times 8 + 2.8 \times 17 + 1.7 \times 10 = 121.6(\text{kW})$$

查表5-5可得 $K_d = 0.18 \sim 0.2$，$\cos\varphi = 0.5$，$\tan\varphi = 1.73$，取 $K_d = 0.2$

则有功计算负荷 $P_C = K_d \cdot P_e = 0.2 \times 121.6 = 24.32(\text{kW})$

无功计算负荷 $Q_C = P_C \cdot \tan\varphi = 24.32 \times 1.73 = 42.07(\text{kvar})$

视在计算负荷 $S_C = \sqrt{P_C^2 + Q_C^2} = \sqrt{24.32^2 + 42.07^2} = 48.59(\text{kVA})$

计算电流 $I_C = \dfrac{S_C}{\sqrt{3}U_N} = \dfrac{48.59 \times 10^3}{\sqrt{3} \times 380} = 73.83(\text{A})$

或 $I_C = \dfrac{P_C}{\sqrt{3}U_N\cos\varphi} = \dfrac{24.32 \times 10^3}{\sqrt{3} \times 380 \times 0.5} = 73.9(\text{A})$

【案例5-2】 某机修车间380V线路上，接有冷加工机床电动机20台，共50kW（其中较大容量电动机2kW 1台，4.5kW 2台，2.8kW 7台）；通风机2台，共5.6kW；电炉1台，2kW。母线装电容器 $Q_C=10\text{kvar}$，试确定该线路的计算负荷。

解： 将所有用电设备划分为三个组，先求各组的计算负荷。

（1）冷加工机床组

查表5-5可得 $K_{d1}=0.18\sim0.2$，$\cos\varphi_1=0.5$，$\tan\varphi_1=1.73$，取 $K_{d1}=0.2$

由题 $P_{e1}=50\text{kW}$

$$P_{C1}=K_{d_1}\cdot p_{e_1}=0.2\times50=10(\text{kW})$$

$$Q_{C1}=P_{C1}\cdot\tan\varphi_1=10\times1.73=17.3(\text{kvar})$$

（2）通风机组

查表5-5可得 $K_{d_2}=0.70\sim0.75$，$\cos\varphi_2=0.8$，$\tan\varphi_2=0.75$，取 $K_{d_2}=0.75$

由题 $P_{e2}=5.6\text{kW}$

$$P_{C2}=K_{d_2}\cdot P_{e_2}=0.75\times5.6=4.2(\text{kW})$$

$$Q_{C2}=P_{C2}\cdot\tan\varphi_2=4.2\times0.75=3.15(\text{kvar})$$

（3）电炉组

查表5-5可得 $K_{d_3}=0.65$，$\cos\varphi_3=0.8$，$\tan\varphi_3=0.75$

由题 $P_{e_3}=2\text{kW}$

$$P_{C3}=K_{d_3}\cdot P_{e_3}=0.65\times2=1.3(\text{kW})$$

$$Q_{C3}=P_{C3}\cdot\tan\varphi_3=1.3\times0.75=0.975(\text{kvar})$$

取 $K_{\sum p}=K_{\sum q}=0.9$，则该线路上总的计算负荷为：

$$P_C=K_{\sum p}\cdot\sum P_{Ci}=0.9\times(10+4.2+1.3)=13.95(\text{kW})$$

$$Q_C=K_{\sum q}\cdot\sum Q_{Ci}=0.9\times(17.3+3.15+0.975)-10=9.28(\text{kvar})$$

$$S_C=\sqrt{P_C^2+Q_C^2}=\sqrt{13.95^2+9.28^2}=16.75(\text{kVA})$$

$$I_C=\frac{S_C}{\sqrt{3}U_N}=\frac{16.75\times10^3}{\sqrt{3}\times380}=25.45(\text{A})$$

2）仅存在单相负荷时计算负荷的确定

在工程上，为使三相线路导线截面和供电设备的选择经济合理，单相负荷应尽可能均衡地分配在三相线路上，此时三相等效的设备功率为最大相设备功率的3倍，即

$$P_{e(eq)}=3P_{e(max)}$$

式中，$P_{e(eq)}$、$P_{e(max)}$ 分别是三相等效的设备功率和三相中功率的最大值。

这种情况下，求等效的三相负荷的步骤为：

（1）求出L1、L2、L3各相的总设备功率 P_{eA}、P_{eB}、P_{eC}；

（2）找出 P_{eA}、P_{eB}、P_{eC} 中的最大值 $P_{e(max)}$；

（3）则三相等效总设备功率为 $P_{e(eq)}=3P_{e(max)}$；

（4）三相总计算负荷可用下式计算：

$$P_C = K_d \cdot P_{e(eq)}$$

$$Q_C = P_C \cdot \tan\varphi$$

$$S_C = \sqrt{P_C^2 + Q_C^2}$$

$$I_C = \frac{S_C}{\sqrt{3}U_N}$$

注意：如果是不同性质的设备，仍需先分组。

【案例5-3】 现有9台220V单相电阻炉，其中4台1kW，3台1.5kW，2台2kW。试合理分配上述各电阻炉于220/380V的TN-C线路上，并求计算负荷P_C、Q_C、S_C和I_C的值。

解： 负荷在各相分配如下：

A相，4台1kW，共4kW；

B相，3台1.5kW，共4.5kW；

C相，2台2kW，共4kW。

（1）求各相的设备功率

$$P_{eA} = 4(\text{kW})$$

$$P_{eB} = 4.5(\text{kW})$$

$$P_{eC} = 4(\text{kW})$$

（2）求等效的三相设备功率

$$P_{e(eq)} = 3P_{e(max)} = 3 \times 4.5 = 13.5(\text{kW})$$

（3）求计算负荷

查表知电阻炉设备组的$K_d = 0.65$，$\cos\varphi = 0.8$，$\tan\varphi = 0.75$

则 $P_C = K_d \cdot P_{e(eq)} = 0.65 \times 13.5 = 8.775(\text{kW})$

$Q_C = P_C \cdot \tan\varphi = 8.775 \times 0.75 = 6.58(\text{kvar})$

$S_C = \sqrt{P_C^2 + Q_C^2} = \sqrt{8.775^2 + 6.58^2} = 10.968(\text{kVA})$

$I_C = \dfrac{S_C}{\sqrt{3}U_N} = \dfrac{10.968 \times 10^3}{\sqrt{3} \times 380} = 16.665(\text{A})$

3）仅存在单相线间负荷时计算负荷的确定

分以下两种情况进行讨论：

（1）若仅存在单台设备，则等效三相负荷的设备功率取线间负荷的$\sqrt{3}$倍，即

$$P_{e(eq)} = \sqrt{3}P_e$$

（2）若存在多台设备，要首先尽可能均匀地将这些设备分配到AB、BC和CA线间，求出各线间负荷的总设备功率，记为$P_{e(AB)}$、$P_{e(BC)}$、$P_{e(CA)}$，则等效三相负荷的设备功率为最大线间负荷的$\sqrt{3}$倍加上次线间最大负荷的$(3-\sqrt{3})$倍，即若$P_{e(AB)} > P_{e(BC)} > P_{e(CA)}$，则$P_{e(eq)} = \sqrt{3}P_{e(AB)} + (3-\sqrt{3})P_{e(BC)}$。

按上述方法求完由线间负荷等效的三相负荷的设备功率后，再用需要系数法的有关公式

来求总的 P_C、Q_C、S_C 和 I_C 等计算负荷值。

【案例 5-4】 某 220/380V 的配电线路上接有三台 380V 单相对焊机，其中接于 A 相和 B 相之间的额定功率为 20kW，接于 B 相和 C 相之间的额定功率为 18kW，接于 C 相和 A 相之间的额定功率为 30kW，三台设备的 ε_N 均为 100%，确定配电线路的计算负荷。

解： 因对焊机的 ε_N 为 100%，因此求设备功率时 $P_e=P_N$。

（1）求各线间负荷的设备功率

$$P_{e(AB)}=20(kW)$$
$$P_{e(BC)}=18(kW)$$
$$P_{e(CA)}=30(kW)$$

（2）求等效三相负荷的设备功率

$$P_{e(eq)}=\sqrt{3}\times 30+(3-\sqrt{3})\times 20=77.32(kW)$$

（3）求等效三相计算负荷（配电线路上的计算负荷）

查表可得 $K_d=0.35$，$\cos\varphi=0.7$，$\tan\varphi=1.02$

$$P_C=K_d\cdot P_{e(eq)}=0.35\times 77.32=27.06(kW)$$
$$Q_C=P_C\cdot\tan\varphi=27.06\times 1.02=27.60(kvar)$$
$$S_C=\sqrt{P_C^2+Q_C^2}=\sqrt{27.06^2+27.60^2}=38.65(kVA)$$
$$I_C=\frac{S_C}{\sqrt{3}U_N}=\frac{38.65\times 10^3}{\sqrt{3}\times 380}=58.72(A)$$

4）既存在单相相间负荷，又存在单相线间负荷的情况下，等效三相计算负荷的确定

（1）首先应将接于线电压的单相设备换算为接于相电压的设备容量。

换算公式如下：

$$P_a=P_{ab}\cdot p_{ab-a}+P_{ca}\cdot p_{ca-a}$$
$$Q_a=P_{ab}\cdot q_{ab-a}+P_{ca}\cdot q_{ca-a}$$
$$P_b=P_{ab}\cdot P_{ab-b}+P_{bc}\cdot p_{bc-b}$$
$$Q_b=P_{ab}\cdot q_{ab-b}+P_{bc}\cdot q_{bc-b}$$
$$P_c=P_{bc}\cdot p_{bc-c}+P_{ca}\cdot p_{ca-c}$$
$$Q_c=P_{bc}\cdot q_{bc-c}+P_{ca}\cdot q_{ca-c}$$

式中 P_{ab}、P_{bc}、P_{ca}——接于 ab、bc、ca 线间电压的单相用电设备的设备功率（kW）；

P_a、P_b、P_c、Q_a、Q_b、Q_c——换算为 a、b、c 相的有功负荷（kW）和无功负荷（kvar）；

p_{ab-a}……q_{ca-c}——功率换算系数，其值可查表 5-6。

（2）利用需要系数法分别求出 220V 单相负荷在 A、B、C 三相中的有功、无功计算负荷，以及 380V 单相负荷折算成 220V 单相负荷后在 A、B、C 三相中的等效有功、无功计算负荷，并把求出的各相中的计算负荷对应相加，从而得到各相总的有功、无功计算负荷。

（3）总的等效三相有功、无功计算负荷分别为最大有功、无功负荷相的有功、无功计算负荷的 3 倍。

这里必须指出，最大有功负荷相和最大无功负荷相不一定在同一相内。

表5-6 功率换算系数表

换算系数	负荷功率因数								
	0.35	0.4	0.5	0.6	0.65	0.7	0.8	0.9	1.0
p_{ab-a}、p_{bc-b}、p_{ca-c}	1.27	1.17	1.0	0.89	0.84	0.8	0.72	0.64	0.5
p_{ab-b}、p_{bc-c}、p_{ca-a}	−0.27	−0.17	1.0	0.11	0.16	0.2	0.28	0.36	0.5
q_{ab-a}、q_{bc-b}、q_{ca-c}	1.05	0.86	0.58	0.38	0.3	0.22	0.09	−0.05	−0.29
q_{ab-b}、q_{bc-c}、q_{ca-a}	1.63	1.44	1.16	0.96	0.88	0.8	0.67	0.53	0.29

【案例5-5】 如图5-6所示220/380V三相四线制线路上，接有220V单相电热干燥箱4台，其中2台10kW接于A相，1台30kW接于B相，1台20kW接于C相；另有380V单相对焊机4台，其中2台14kW（$\varepsilon=100\%$）接于AB相间，1台20kW（$\varepsilon=100\%$）接于BC相间，1台30kW（$\varepsilon=60\%$）接于CA相间。试求此线路的计算负荷。

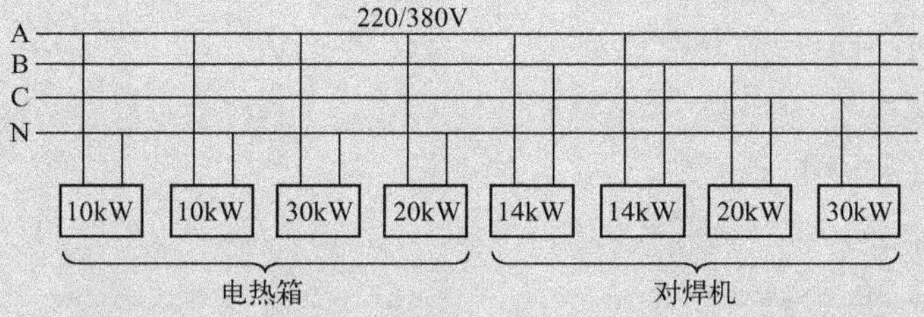

图5-6

解：（1）求电热箱各相计算负荷

查表知 $K_{d1}=0.7$，$\cos\varphi=1$，$\tan\varphi_1=0$

A相：$P_{CA1}=K_{d1}\cdot P_{eA1}=0.7\times2\times10=14(\mathrm{kW})$

B相：$P_{CB1}=K_{d1}\cdot P_{eB1}=0.7\times1\times30=21(\mathrm{kW})$

C相：$P_{CC1}=K_{d1}\cdot P_{eC1}=0.7\times1\times20=14(\mathrm{kW})$

（2）将单相线负荷的设备功率等效换算成单相相负荷的设备功率

查表知对焊机设备的 $K_{d2}=0.35$，$\cos\varphi_2=0.7$，$\tan\varphi_2=1.02$

又由 $\cos\varphi_2=0.7$，查表5-6得换算系数如下：

$p_{ab-a}=p_{bc-b}=p_{ca-c}=0.8$

$p_{ab-b}=p_{bc-c}=p_{ca-a}=0.2$

$q_{ab-a}=q_{bc-b}=q_{ca-c}=0.22$

$q_{ab-b}=q_{bc-c}=q_{ca-a}=0.8$

将接于CA相间的30kW（$\varepsilon=60\%$）的对焊机换算成 $\varepsilon=100\%$ 的容量，即

$P_{CA}=\sqrt{0.6}\times30=23$（kW）

因此对焊机换算到各相的有功和无功设备容量分别为：

A 相，$P_A = 14 \times 2 \times 0.8 + 23 \times 0.2 = 27(kW)$

$Q_A = 14 \times 2 \times 0.22 + 23 \times 0.8 = 24.6(kvar)$

B 相，$P_B = 20 \times 0.8 + 14 \times 2 \times 0.2 = 21.6(kW)$

$Q_B = 20 \times 0.22 + 14 \times 2 \times 0.8 = 26.8(kvar)$

C 相，$P_C = 23 \times 0.8 + 20 \times 0.2 = 22.4(kW)$

$Q_C = 23 \times 0.22 + 20 \times 0.8 = 21.1(kvar)$

(3) 求将对焊机等效为220相负荷后所对应各相的有功、无功计算负荷

A 相：$P_{CA2} = K_{d2} \cdot P_{eA2} = 0.35 \times 27 = 9.45(kW)$

$Q_{CA2} = K_{d2} \cdot Q_{eA2} = 0.35 \times 24.6 = 8.61(kvar)$

B 相：$P_{CB2} = K_{d2} \cdot P_{eB2} = 0.35 \times 21.6 = 7.56(kW)$

$Q_{CB2} = K_{d2} \cdot Q_{eB2} = 0.35 \times 26.8 = 9.38(kvar)$

C 相：$P_{CC2} = K_{d2} \cdot P_{eC2} = 0.35 \times 22.4 = 7.84(kW)$

$Q_{CC2} = K_{d2} \cdot Q_{eC2} = 0.35 \times 21.1 = 7.39(kvar)$

(4) 考虑二类负荷后的各相总的有功、无功计算负荷

A 相：$P_{CA} = 14 + 9.45 = 23.45(kW)$

$Q_{CA} = 8.61(kvar)$

B 相：$P_{CB} = 21 + 7.56 = 28.56(kW)$

$Q_{CB} = 9.38(kvar)$

C 相：$P_{CC} = 14 + 7.84 = 21.84(kW)$

$Q_{CC} = 7.39(kvar)$

(5) 求总的三相计算负荷

由以上可以看出：$P_C = 3P_{CB} = 3 \times 28.56 = 85.68\ (kW)$

$Q_C = 3Q_{CB} = 3 \times 9.38 = 28.14(kvar)$

$$S_C = \sqrt{P_C^2 + Q_C^2} = \sqrt{85.68^2 + 28.14^2} = 90.18(kVA)$$

$$I_C = \frac{S_C}{\sqrt{3}U_N} = \frac{90.14 \times 10^3}{\sqrt{3} \times 380} = 137.02(A)$$

5) 既存在单相负荷又存在三相负荷时计算负荷的求法

具体做法是：先将单相线间负荷等效成单相相间负荷，继而求出各个相中所有单相负荷的总有功计算负荷和总无功计算负荷的值，取三相中最大的有功计算负荷和无功计算负荷的3倍，分别作为所有单相负荷的等效三相有功计算负荷和等效三相无功计算负荷，最后再与系统中所接的三相负荷对应相加，从而求出计算范围内的总计算负荷。

5.2.2 尖峰电流的计算

尖峰电流是指只持续1～2s的短时最大电流。尖峰电流主要用于保护电气的整定计算

和校验电动机的启动条件，使过电流保护装置在尖峰电流通过时不产生误动作。

尖峰电流的计算主要通过分析电气设备在运行中可能出现的最大负荷进行。

1. 单台用电设备尖峰电流的计算

单台用电设备的尖峰电流 I_{pk}，就是其启动电流 I_{st}，即

$$I_{pk} = I_{st} = K_{st} \cdot I_N$$

式中 I_N——用电设备的额定电流；

K_{st}——用电设备启动电流倍数，三相笼型异步电动机为 5 ～ 7，绕线转子异步电动机为 2 ～ 3，电焊变压器不小于 3。

2. 多台用电设备尖峰电流的计算

$$I_{pk} = I_{st \cdot max} = I_{C\sum(n-1)}$$

式中 $I_{st \cdot max}$——用电设备中启动电流与额定电流之差最大的设备的启动电流；

$I_{C\sum(n-1)}$——其余用电设备的计算电流。

任务 5.3 短路电流及其计算

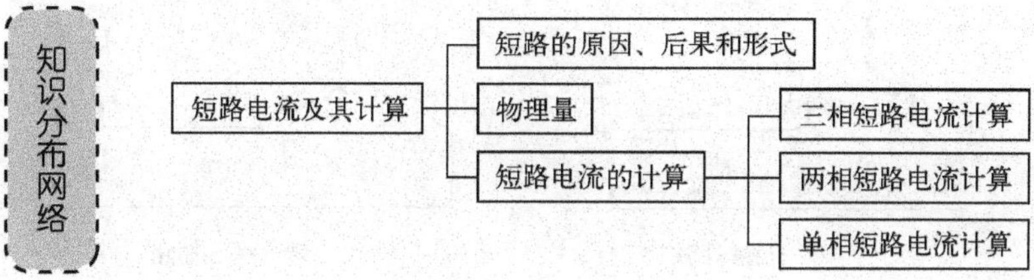

在建筑供电系统的设计中，首先应考虑系统安全可靠运行。但由于各种原因，难免出现故障。在各种故障中，短路是最常见的一种故障，也是最严重的一种故障，短路直接影响供配电系统及电气设备的安全运行。为了正确选择电气设备，使之在短路故障发生时不至损坏，正确选择过电流保护装置，使其在短路故障时能可靠切除故障等，都要求对短路电流进行计算。

5.3.1 短路的原因、后果和形式

造成短路的因素有：电气设备因素，如元件损坏、设备自然老化、元件或设备本身缺陷等；自然因素，如大风、雷击、雷电感应、洪水、鸟类跨线等；人为因素，如操作不当、安装不当、维护不及时等。

短路引起的后果有：

（1）造成停电事故，短路点越靠近电源，停电范围越大；

（2）造成所在线路的电压大大下降，导致其他用电设备无法正常工作；

（3）产生强烈的电磁干扰，对相邻的通信线路和弱电控制信号线路造成干扰；

（4）产生很大的电动力和电热效应，使设备变形、元件烧坏等。

在三相电力系统中，可能发生的短路形式有三相短路、两相短路、单相短路和两相接地短路。

1）三相短路

三相短路是指供电系统中三相导线间发生对称性的短路，用 $k^{(3)}$ 表示，如图 5-7（a）所示。

2）两相短路

两相短路是指供电系统中任意两相间发生的短路，用 $k^{(2)}$ 表示，如图 5-7（b）所示。

3）单相短路

单相短路是指供电系统中任一相经大地与电源中性点发生的短路，用 $k^{(1)}$ 表示，如图 5-7（c）、（d）所示。

4）两相接地短路

两相接地短路是指中性点不接地的电力系统中，两不同相的单相接地所形成的相间短路，用 $k^{(1.1)}$ 表示，如图 5-7（e）所示；也指两相短路又接地的情况，如图 5-7（f）所示。

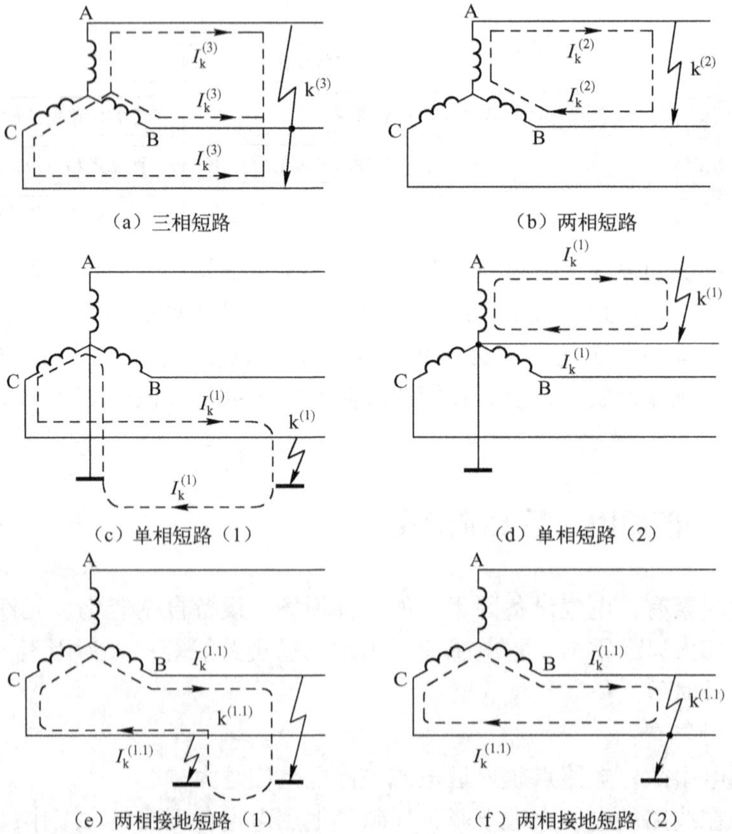

图 5-7　短路的类型（虚线表示短路电流的路径）

上述的三相短路，是对称性短路，其他形式均属不对称的短路。在各种短路形式中，三相短路的短路电流最大，对电力系统所造成的危害最严重。而两相短路的短路电流最小，发生单相短路的可能性最大。为了使电力系统中的电气设备在最严重的短路状态下也能可靠地工作，作为选择校验电气设备用的短路电流采用系统最大运行方式下的三相短路电流。而在继电保护的灵敏度计算中，则采用系统最小运行方式下的两相短路电流。

5.3.2　无限大容量系统发生三相短路的过程和物理量

无限大容量电力系统，就是容量相对于用户内部供配电系统容量大得多的电力系统，以至用户的负荷不论如何变动甚至发生短路，电力系统变电所馈电母线的电压也能基本维持不变。从工程角度，当电力系统容量超过用户供电系统容量的50倍时，可将电力系统视为“无限大容量系统”。

对于建筑施工企业或工业企业供电系统，由于企业供电系统的容量远比电力系统总容量小，而其阻抗又较电力系统大得多，因此企业供电系统内发生短路时，电力系统变电所馈电母线上的电压几乎维持不变，所以在建筑电气供配电系统设计时，可将城市电网看做无限大容量系统，从而使短路计算得以简化。

图5-8（a）是一个电源为无限大容量的供电系统发生三相短路的电路图。考虑到三相对称，因此这个三相电路可用图5-8（b）的等效单相电路图来分析研究。

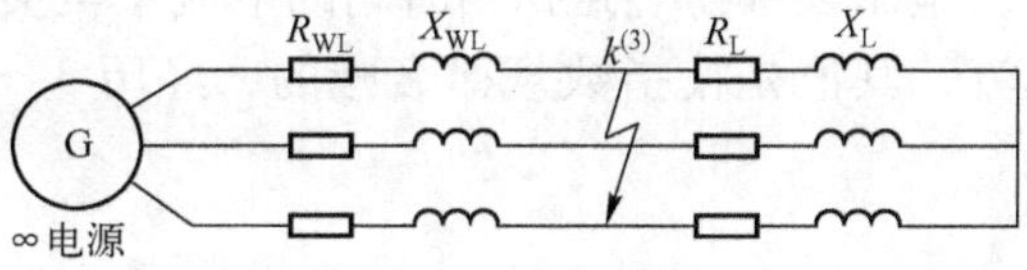

（a）三相电路图

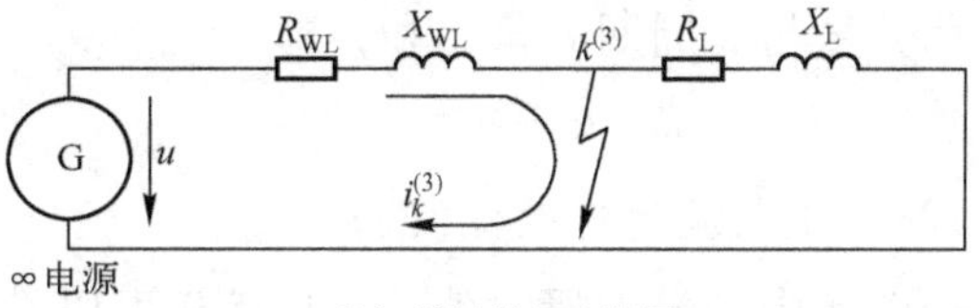

（b）等效单相电路图

图5-8　无限大容量系统中发生三相短路

正常运行时，电路中的电流取决于电源电压和电路中所有元件包括负荷在内的总阻抗。当发生三相短路时，由于负荷阻抗和部分线路阻抗被短路，所以电路中的电流要突然增大。但是，由于短路电路中存在着电感，电流又不能突变，因而引起一个过渡过程，即短路暂态过程，最后短路电流达到一个新的稳定状态。

图5-9表示无限大容量系统发生三相短路前后的电压和电流变动曲线。

从图5-9中可以看出，短路电流包括两个部分：第一部分是短路电流的周期分量 i_P，这个量是一个正弦量；第二部分是短路电流的非周期分量 i_{nP}，这个量是随时间而逐渐衰减的指数函数，经过几个周期后，其值就会衰减为零。

有关短路的几个物理量说明如下。

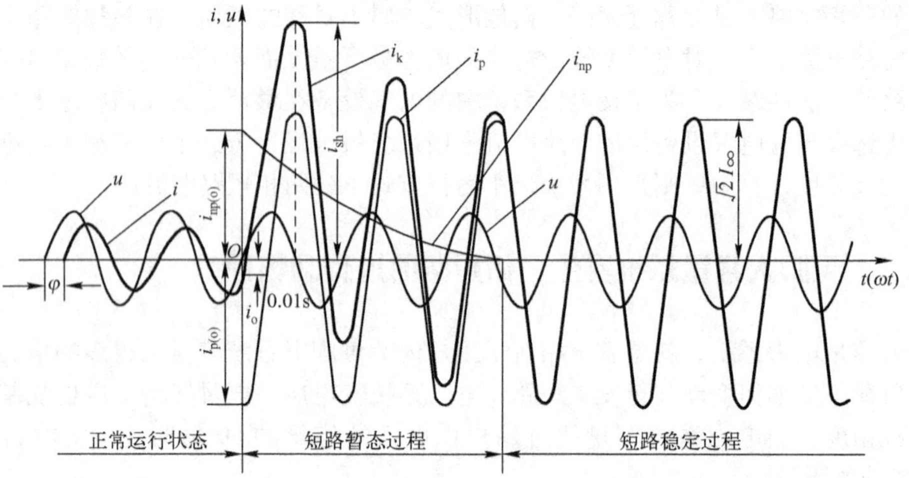

图 5-9　无限大容量系统发生三相短路前后的电压和电流变化曲线

1）短路电流周期分量（i_P）及其有效值（I_P）

短路电流周期分量的大小由短路回路的总阻抗决定，在无限大容量电源系统中，认为短路电流周期分量的有效值 I_P 在短路过程中维持不变。

2）短路电流非周期分量（i_{nP}）

短路电流非周期分量，是用以维持短路初始瞬间的电流不至突变而由电感引起的自感电动势所产生的一个反向电流，其值是按指数规律衰减的，经历 3 ～ 5τ 即衰减为零，短路的暂态过程结束，进入稳态。

3）短路全电流(i_k)

短路全电流就是其周期分量与非周期分量之和，即

$$i_k = i_P + i_{nP}$$

4）短路冲击电流(i_{sh})与冲击电流的有效值(I_{sh})

短路冲击电流为短路全电流中的最大瞬时值，由图 5-9 可以看出，短路后经过半个周期（即 0.01s）i_k 达到最大值，此时的短路电流就是短路冲击电流 i_{sh}。冲击电流的有效值 I_{sh} 为短路后第一个周期的短路全电流有效值。

通常，在高压供电系统中有：

$$i_{sh} = 2.55I_p$$
$$I_{sh} = 1.51I_p$$

在低压供电系统中有：

$$i_{sh} = 1.84I_p$$
$$I_{sh} = 1.09I_p$$

5）短路稳态电流(I_∞)

短路稳态电流是指短路电流非周期分量衰减完毕以后的全电流，短路稳态电流只含短路电流的周期分量，在无限大容量电源系统中，$I_\infty = I_P$。在短路计算时，通常用表示 I_k 周期分量的有效值，所以 $I_\infty = I_P = I_k$。

5.3.3 采用标幺值法进行三相短路电流的计算

在无限大容量系统中发生三相短路时，其三相短路电流周期分量的有效值可按下式计算：

$$I_{p}^{(3)} = \frac{U_{C}}{\sqrt{3}\,|Z_{\Sigma}|} = \frac{U_{C}}{\sqrt{3}\sqrt{R_{\Sigma}^{2}+X_{\Sigma}^{2}}}$$

式中 U_C——短路点的短路计算电压，其值取为比线路的额定电压高5%，即 $U_C = 1.05U_N$，如 $U_N = 10\text{kV}$、$U_C = 10.5\text{kV}$，$U_N = 380\text{V}$、$U_C = 400\text{V}$；

$|Z_{\Sigma}|$、R_{Σ}、X_{Σ}——分别为短路电路的总阻抗、总电阻和总电抗。

在高压电路的短路计算中，正常总电抗远比总电阻大，所以一般只计电抗，不计电阻。在计算低压绕组短路时，也只有当短路电阻的 $R_{\Sigma} > X_{\Sigma}/3$ 时，才需要考虑电阻。

如果不计电阻，则三相短路电流周期分量的有效值为：

$$I_{p}^{(3)} = \frac{U_{C}}{\sqrt{3}X_{\Sigma}}$$

三相短路容量为：

$$S_{k}^{(3)} = \sqrt{3}U_{C}\cdot I_{k}^{(3)}$$

关于短路电路的阻抗，一般只计电力系统阻抗、电力变压器阻抗和电力线路阻抗。至于供电系统中的母线、线圈型电流互感器的一次绕组、低压断路器的过电流脱扣线圈及开关的触头等的阻抗，相对来说很小，在短路计算中可略去不计。在略去一些阻抗后，计算出来的短路电流自然稍有偏大，用其来校验电气设备，显然更有保证。

电力系统的电阻很小，不予考虑。而电力系统的电抗，可由电力系统变电站高压馈电线出口断路器的断流容量 S_{OC} 来估算，此断流容量就看做系统的极限短路容量 S_k。因此电力系统的电抗为：

$$X_{S} = \frac{U_{C}^{2}}{S_{OC}}$$

式中 U_C——短路点的计算电压（kV）；

S_{OC}——系统出口断路器的断流容量，（MVA）。

变压器的电阻 R_T，可由变压器的短路损耗 ΔP_k 近似地计算。

因

$$\Delta P_{k} \approx 3I_{N}^{2}\cdot R_{T} \approx 3\left(\frac{S_{N}}{\sqrt{3}U_{C}}\right)^{2}\cdot R_{T} = \left(\frac{S_{N}}{U_{C}}\right)^{2}\cdot R_{T}$$

故

$$R_{T} \approx \Delta P_{k}\cdot\left(\frac{U_{C}}{S_{N}}\right)^{2}$$

式中 U_C——短路点的计算电压（kV）；

S_N——变压器的额定容量（kVA）；

ΔP_k——变压器的短路损耗（kW）。

变压器的电抗 X_T，可由变压器的短路电压（即阻抗电压）$U_K\%$ 近似地计算。

$$U_{k}\% \approx \left(\frac{\sqrt{3}I_{N}\cdot X_{T}}{U_{C}}\right)\times 100 \approx \left(\frac{S_{N}\cdot X_{T}}{U_{C}^{2}}\right)\times 100$$

故

$$X_T \approx \frac{U_k\% \cdot U_C^2}{100S_N}$$

式中　$U_k\%$——变压器的短路电压百分比值。

线路的电阻 R_{WL}，可由已知截面的导线或电缆的单位长度电阻 R_0 值求得：

$$R_{WL} = R_0 \cdot L$$

式中　R_0——导线或电缆的单位长度电阻（Ω/km）；

L——线路长度（km）。

线路的电抗 X_{WL}，可由已知截面和线距的导线或已知截面和电压的电缆单位长度电抗 X_0 值求得：

$$X_{WL} = X_0 \cdot L$$

式中　X_0——导线或电缆的单位长度电抗（Ω/km）；

L——线路长度（km）。

求出各元件的阻抗后，求出短路的总阻抗，继而计算短路电流的周期分量及其他短路量。短路的总阻抗计算公式如下：

$$R_{\Sigma} = \sum_{i=1}^{n} R_i$$

$$X_{\Sigma} = \sum_{i=1}^{n} X_i$$

$$Z_{\Sigma} = \sqrt{R_{\Sigma}^2 + X_{\Sigma}^2}$$

短路电流的计算方法有欧姆法、标幺值法和短路容量法。标幺值法在工程设计中应用比较广泛，下面介绍这种方法。

1. 标幺值的概念

某一物理量的标幺值(A_d^*)是该物理量的实际值(A)与所选定的基准值(A_d)的比值，即

$$A_d^* = \frac{A}{A_d}$$

采用标幺值法计算时必须先选定基准值。

按标幺值法进行短路计算时，一般先选定基准容量 S_d 和基准电压 U_d。确定了基准容量和基准电压以后，根据三相交流电路的基本关系，基准电流 I_d 和基准电抗 X_d 可用下面的公式进行计算：

$$I_d = \frac{S_d}{\sqrt{3}U_d}$$

$$X_d = \frac{U_d}{\sqrt{3}I_d} = \frac{U_d^2}{S_d}$$

据此，可以直接写出以下标幺值表示式：

容量标幺值　$S^* = \frac{S}{S_d}$

电压标幺值　$U^* = \frac{U}{U_d}$

电流标幺值 $$I^* = \frac{I}{I_d} = \frac{\sqrt{3}I \cdot U_d}{S_d}$$

电抗标幺值 $$X^* = \frac{X}{X_d} = \frac{X \cdot S_d}{U_d^2}$$

工程设计中，为计算方便起见，通常取基准容量 $S_d = 100\text{MVA}$，基准电压 U_d 通常就取元件所在处的短路计算电压，即 $U_d = U_C$。

2. 用标幺值法进行短路计算的有关公式

无限大容量电源系统三相短路电流周期分量有效值的标幺值计算为：

$$I_k^{(3)*} = \frac{I_K^{(3)}}{I_d} = \frac{\dfrac{U_C}{\sqrt{3}X_\Sigma}}{\dfrac{S_d}{\sqrt{3}U_C}} = \frac{U_C^2}{S_d \cdot X_\Sigma} = \frac{1}{X_\Sigma^*}$$

由此可求得三相短路电流周期分量有效值为：

$$I_k^{(3)} = I_k^{(3)*} \cdot I_d = \frac{I_d}{X_\Sigma^*}$$

求得 $I_K^{(3)}$ 后，就可利用前面的公式求出 $I_\infty^{(3)}$、$i_{sh}^{(3)}$、$I_{sh}^{(3)}$ 等。

三相短路容量的计算公式为：

$$S_k^{(3)} = \sqrt{3}U_C \cdot I_k^{(3)} = \frac{\sqrt{3}U_C \cdot I_d}{X_\Sigma^*} = \frac{S_d}{X_\Sigma^*}$$

下面分别讲述供电系统各主要元件电抗标幺值的计算，取 $S_d = 100\text{MVA}$，$U_d = U_C$。

电力系统的电抗标幺值

$$X_S^* = \frac{X_S}{X_d} = \frac{\dfrac{U_C^2}{S_{OC}}}{\dfrac{U_d^2}{S_d}} = \frac{S_d}{S_{OC}}$$

电力变压器的电抗标幺值

$$X_T^* = \frac{X_T}{X_d} = \frac{\dfrac{U_K\%}{100} \cdot \dfrac{U_C^2}{S_N}}{\dfrac{U_d^2}{S_d}} = \frac{U_k\% \cdot S_d}{100 S_N}$$

电力线路的电抗标幺值

$$X_{WL}^* = \frac{X_{WL}}{X_d} = \frac{X_0 \cdot L}{\dfrac{U_C^2}{S_d}} = \frac{X_0 \cdot L \cdot S_d}{U_C^2}$$

短路电路中所有元件的电抗标幺值求出后，就利用其等效电路进行电路化简，计算其总的电抗标幺值 X_Σ^*。由于各元件电抗都采用相对值，与短路计算点的电压无关，因此无须进行换算，这也是标幺值法较欧姆法优越之处。

3. 用标幺值法进行短路计算的步骤

按标幺值法进行短路电流计算的步骤如下：

（1）绘出短路的计算电路图，并根据短路计算目的确定短路计算点；

（2）确定基准值，取 $S_d = 100\text{MVA}$，$U_d = U_C$（有几个电压级就取几个 U_d），并求出所有短路计算点电压下的 I_d；

（3）计算短路电路中所有主要元件的电抗标幺值；

（4）绘出短路电路的等效电路图，也用分子标元件序号，分母标元件的电抗标幺值，并在等效电路图上标出所有短路计算点；

（5）针对各短路计算点分别化简电路，并求其总电抗标幺值，然后按有关公式计算其所有短路电流和短路容量。

【案例 5-6】 某供电系统如图 5-10 所示，已知电力系统出口断路器的断流容量为 500MVA，试求用户配电所 10kV 母线 K-1 点短路和车间变电所低压 380V 母线 K-2 点短路的三相短路电流和短路容量。

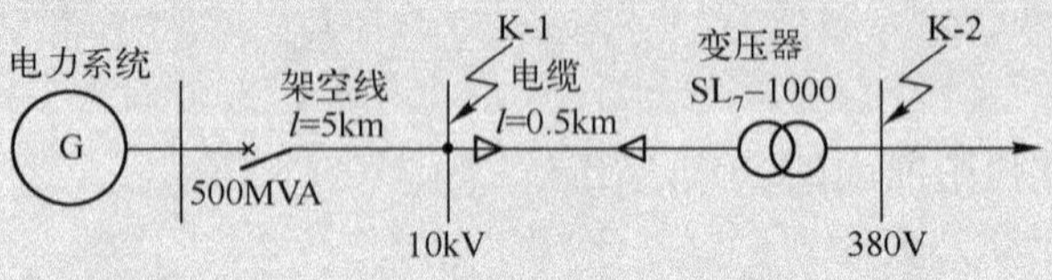

图 5-10

解：（1）确定基准值

取 $S_d = 100\text{MVA}$，$U_{C1} = 10.5\text{KV}$，$U_{C2} = 0.4\text{kV}$

而

$$I_{d1} = \frac{S_{d1}}{\sqrt{3}U_{C1}} = \frac{100}{\sqrt{3} \times 10.5} = 5.50(\text{kA})$$

$$I_{d2} = \frac{S_{d2}}{\sqrt{3}U_{C2}} = \frac{100}{\sqrt{3} \times 0.4} = 144(\text{kA})$$

（2）计算短路电路中各主要元件的电抗标幺值

① 电力系统（已知 $S_{OC} = 500\text{MVA}$）

$$X_1^* = \frac{100}{500} = 0.2$$

② 架空线路（查手册得 $X_0 = 0.38\Omega/\text{km}$）

$$X_2^* = \frac{0.38 \times 5 \times 100}{10.5^2} = 1.72$$

③ 电缆线路（查手册得 $X_0 = 0.08\Omega/\text{km}$）

$$X_3^* = \frac{0.08 \times 0.5 \times 100}{10.5^2} = 0.036$$

④ 电力变压器（查手册得 $U_K\% = 4.5$）

$$X_4^* = \frac{U_K\% \cdot S_d}{100 S_N} = \frac{4.5 \times 100 \times 10^3}{100 \times 1\,000} = 4.5$$

绘制短路电路的等效电路图，如下图所示，在图上标出各元件的序号和电抗标幺值。

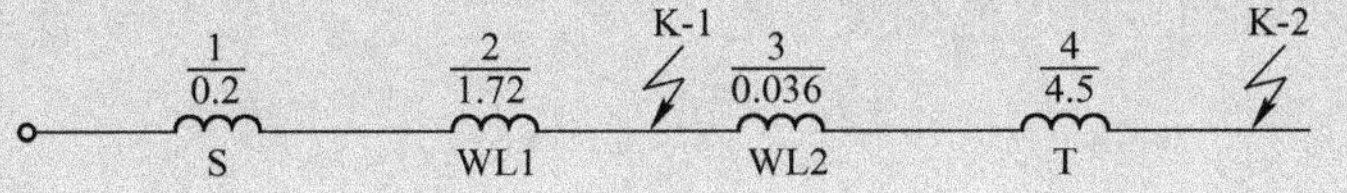

(3) 求K-1点的短路电路总电抗标幺值及三相短路电流和短路容量

① 总电抗标幺值

$$X^*_{\Sigma(K\text{-}1)} = X_1^* + X_2^* = 0.2 + 1.72 = 1.92$$

② 三相短路电流周期分量有效值

$$I^{(3)}_{K\text{-}1} = \frac{I_{d1}}{X^*_{\Sigma(K\text{-}1)}} = \frac{5.50}{1.92} = 2.86(\text{kA})$$

③ 其他三相短路电流

$$i^{(3)}_{sh} = 2.55 \times 2.86 = 7.29(\text{kA})$$

$$I^{(3)}_{sh} = 1.51 \times 2.86 = 4.32(\text{kA})$$

④ 三相短路容量

$$S^{(3)}_{K\text{-}1} = \frac{S_d}{X^*_{\Sigma(K\text{-}1)}} = \frac{100}{1.92} = 52.0(\text{MVA})$$

(4) 求K-2点的短路电路总电抗标幺值及三相短路电流和短路容量

① 总电抗标幺值

$$X^*_{\Sigma(K\text{-}2)} = X_1^* + X_2^* + X_3^* + X_4^* = 0.2 + 1.72 + 0.036 = 4.5 = 6.456$$

② 三相短路电流周期分量有效值

$$I^{(3)}_{K\text{-}2} = \frac{I_{d2}}{X^*_{\Sigma(K\text{-}1)}} = \frac{144}{6.456} = 22.3(\text{kA})$$

③ 其他三相短路电流

$$i^{(3)}_{sh} = 1.84 \times 22.3 = 41.0(\text{kA})$$

$$I^{(3)}_{sh} = 1.09 \times 22.3 = 24.3(\text{kA})$$

④ 三相短路容量

$$S^{(3)}_{K\text{-}2} = \frac{S_d}{X^*_{\Sigma(K\text{-}2)}} = \frac{100}{6.456} = 15.5(\text{MVA})$$

在工程设计说明书中，往往只列短路计算表，如表5-7所示。

表5-7　案例5-6的短路计算结果

短路计算点	三相短路电流（kA）				三相短路容量（MVA）
	$I_K^{(3)}$	$I_\infty^{(3)}$	$i_{sh}^{(3)}$	$I_{sh}^{(3)}$	$S_K^{(3)}$
K-1点	2.86	2.86	7.29	4.32	52.0
K-2点	22.3	22.3	41.0	24.3	15.5

4. 两相短路电流的计算

在进行继电保护装置灵敏度校验时，需要知道供电系统发生两相短路时的短路电流值。两相短路电流与三相短路电流的关系是：

$$\frac{I_{\mathrm{K}}^{(2)}}{I_{\mathrm{K}}^{(3)}}=\frac{\sqrt{3}}{2}=0.866$$

因此

$$I_{\mathrm{K}}^{(2)}=0.866I_{\mathrm{K}}^{(3)}$$

其他两相短路电流 $I_{\infty}^{(2)}$、$i_{\mathrm{sh}}^{(2)}$、$I_{\mathrm{sh}}^{(2)}$ 的值，都可按前面对应的三相短路电流的公式计算。

5. 单相短路电流的计算

在工程设计中，可利用下式计算单相短路电流：

$$I_{\mathrm{K}}^{(1)}=\frac{U_{\phi}}{|Z_{\phi-0}|}$$

$$|Z_{\phi-0}|=\sqrt{(R_{\mathrm{T}}+R_{\phi-0})^2+(X_{\mathrm{T}}+X_{\phi-0})^2}$$

式中 U_{ϕ}——电源相电压（V）；

$|Z_{\phi-0}|$——单相回路的阻抗，可查有关手册，或按上式进行计算（mΩ）；

R_{T}、X_{T}——分别为变压器单相的等效电阻和电抗（mΩ）；

$R_{\phi-0}$、$X_{\phi-0}$——分别为相线与中性线或与保护线、保护中性线的回路的电阻和电抗（mΩ），可查有关手册。

在无限大容量电力系统中或远离发电机处短路时，单相短路电流较三相短路电流小。单相短路电流主要用于单相短路保护的整定。

任务 5.4 变压器的认识及选择

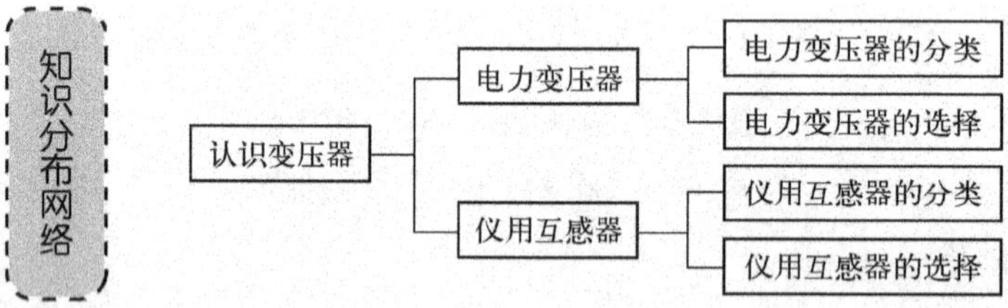

变压器是变电所中最关键的设备，它把输入的交流电压升高或降低为同频率的交流电压，以满足不同电压等级负荷的需要；同时，变压器是为满足高压输电、低压供配电和其他用途的电气设备，它是供配电系统中不可缺少的电气设备之一。

5.4.1 电力变压器

1. 电力变压器的分类

电力变压器的分类方法很多，常用分类如下。

（1）按相数分，有单相和三相两大类。用户变电所通常都采用三相变压器。

（2）按绕组导体材质分，有铜绕组变压器和铝绕组变压器两大类。目前广泛应用油浸式铜绕组变压器，主要为S9、S11型低损耗变压器，推广应用的三相干式变压器主要为SCB9、SCB11系列低损耗变压器。

（3）按绕组绝缘和冷却方式分，有油浸式、干式和充气式（SF_6）等变压器。其中油浸式变压器又为分油浸自冷式、油风浸冷式、油浸水冷式和强迫油循环冷却式等。工业用户变压器大多采用油浸自冷式变压器，但环氧树脂浇注的干式变压器近年来在民用变电所特别是在高层建筑中应用的日益增多。

（4）按容量系列分，用R10系列确定变压器的容量，即按 $R_{10}=\sqrt[10]{10}=1.25$ 为倍数确定。我国新的变压器容量等级均采用此系列，如容量100、125、160、200、250、315、400、500、630、800、1 000、1 250、1 600、2 000、2 500、3 150kVA等。

（5）按调压方式分，有无载调压和有载调压两大类。用户变电所大多采用无载调压方式。

除电力变压器外的变压器，习惯上称为特种变压器，如供二次回路测量、保护等用的仪用互感器（包括电流互感器TA和电压互感器TV）等。

2. 电力变压器的结构类型

1）电力变压器的型号和额定值

电力变压器的型号表示及含义为：

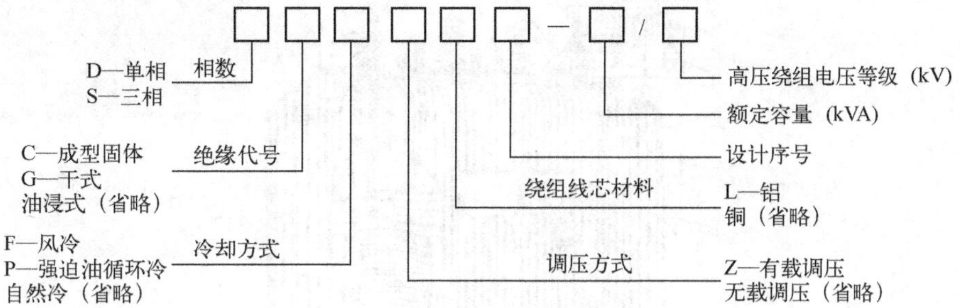

例如，S9－500/10表示三相油浸自冷式铜线电力变压器，额定容量500kVA，高压为10kV，设计序号是9。

变压器的额定值是制造厂家设计制造变压器和用户安全合理地选用变压器的依据，额定值通常标注在变压器的铭牌上。变压器主要包括以下几个额定值。

（1）额定容量 S_N

额定容量是指额定运行时的视在功率，以VA、kVA或MVA表示。由于变压器的效率很高，通常一、二次绕组的额定容量设计成相等。

（2）额定电压 U_{1N} 和 U_{2N}

变压器一次绕组的额定电压 U_{1N} 是根据变压器的绝缘强度和容许发热条件规定的一次绕组正常工作时的电压值，二次绕组的额定电压 U_{2N} 是指变压器一次绕组加额定电压时二次绕组的空载电压值。额定电压以V或kV表示。对于三相变压器，额定电压是指线电压。

（3）额定电流 I_{1N} 和 I_{2N}

额定电流 I_{1N} 和 I_{2N} 是根据容许发热条件而规定的绕组长期工作时容许通过的最大电流值，以 A 表示。

对单相变压器

$$I_{1N}=\frac{S_N}{U_{1N}} \qquad I_{2N}=\frac{S_N}{U_{2N}}$$

对三相变压器

$$I_{1N}=\frac{S_N}{\sqrt{3}U_{1N}} \qquad I_{2N}=\frac{S_N}{\sqrt{3}U_{2N}}$$

额定容量 S_N、额定电压 U_N、额定电流 I_N 三者关系为：

单相变压器　　$S_N=U_{1N}\cdot I_{1N}=U_{2N}\cdot I_{2N}$

三相变压器　　$S_N=\sqrt{3}U_{1N}\cdot U_{1N}=\sqrt{3}U_{2N}\cdot I_{2N}$

（4）额定频率 f_N

额定频率是指变压器允许的外施电源频率。我国的电力变压器频率都是工频 50Hz。

2）电力变压器的结构

图 5-11 所示为普通三相油浸式变压器的结构。

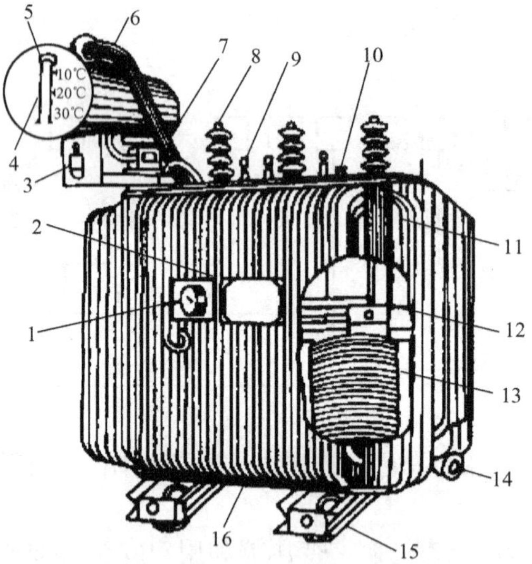

图 5-11　三相油浸式电力变压器结构

1—信号式温度计；2—铭牌；3—吸湿器；4—油枕；5—油表；6—安全气道；7—瓦斯继电器；8—高压套管；9—低压套管；10—分接开关；11—油箱；12—铁芯；13—线圈及绝缘；14—放油阀门；15—小车；16—接地端子

电力变压器是利用电磁感应原理工作的，因而它最基本的结构是电路部分和磁路部分。

铁芯为变压器的磁路部分，由磁导体和夹紧装置组成。铁芯由磁导率很高的硅钢片制成，厚度为 0. 23 ～ 0. 35mm，且带有绝缘，涡流损耗很小。在结构上，铁芯的夹紧装置不仅使磁导体成为一个机械上完整的结构，而且在其上面套有带绝缘的线圈并支撑着引线，几乎变压器内部所有的部件均固定在铁芯上。

绕组是变压器建立磁场和输入及输出电能的电气回路，它由铜、铝材料的圆或扁绝缘导线绕制，再配制各种绝缘件组成。与电源相连的称为一次绕组或原绕组，与负载相连的称为二次绕组或副绕组。因变压器容量和电压的不同，绕组所具有的结构特点亦各不相同，这些特点是匝数、导线截面、绕向、线圈连接方式和形式等。绕组必须具有足够的电气强度、耐热强度和机械强度，以保证变压器可靠地运行。前两个要求主要是对绕组绝缘的要求，后一个要求除与绝缘结构有关外，还与绕组的整体结构有关。为了增加电磁耦合作用，变压器的高、低压绕组实际上是套装在同一铁芯柱上的，采用圆筒形同心式绕组结构，一般低压绕组靠近铁芯放置，高压绕组套在低压绕组的外面以便于绝缘处理。

油浸式变压器的其他结构主要如下。

油箱是油浸式变压器的外壳，变压器就装置在油箱内，箱内灌满变压器油，是支撑变压器的主要部件。油浸式变压器的绝缘油是一种绝缘强度很高的矿物油，其作用是作为绝缘介质和散热的媒介。

变压器的绝缘套管将变压器内部的高、低压引线引到油箱的外部，不但作为引线对地的绝缘，而且担负着固定引线的作用。因此，必须具有足够的电气强度和足够的机械强度。变压器的绝缘套管是载流元件之一，在变压器运行中，长期通过负载电流，因此必须具有良好的热稳定性，以及能够承受短路时的瞬间过热。变压器的绝缘套管还应具有体积小、质量轻、通风性强、密封性能好和便于维护检修的特点。

冷却装置是将变压器在运行中由损耗所产生的热量散发出去，以保证变压器安全运行的装置。冷却装置一般是可拆卸的，不是强油循环的称为散热器，强油循环的称为冷却器。具体分为自然风冷装置、吹风冷却装置和强油风冷冷却装置。

分接开关是调整电压比的装置，如图 5-12 所示。分接开关分为无载调压和有载调压两种。分接开关装在双绕组变压器的一次绕组。无载调压分接开关一般有 3 ～ 5 个分头位置，中间分头为额定电压位置，相邻分头相差 ±5%；有载调压分接开关的分头一般为额定电压 ±4×2.5%，相邻分头相差 ±2.5%。

油枕也叫储油柜，当变压器油的体积随油温变化而膨胀或缩小时，油枕起着储油及补油的作用，以保证油箱内充满油。油枕还能减小油与空气的接触面，防止油被过速氧化和受潮。

图 5-13 为 S11-MR 型三相卷铁芯全密封配电变压器，采用特殊卷铁芯材料，其空载损耗

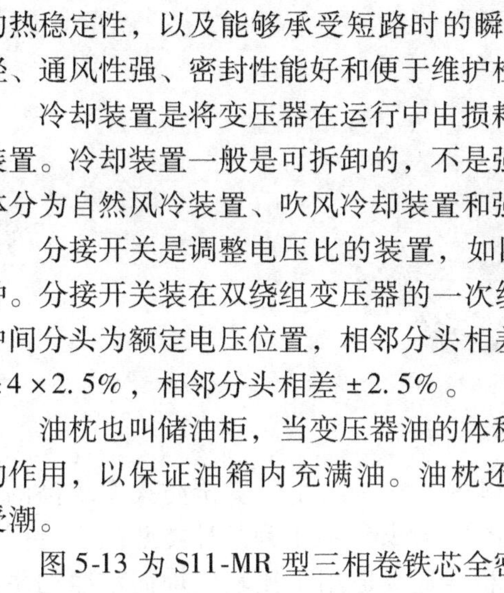

图 5-12　无载调压分接开关

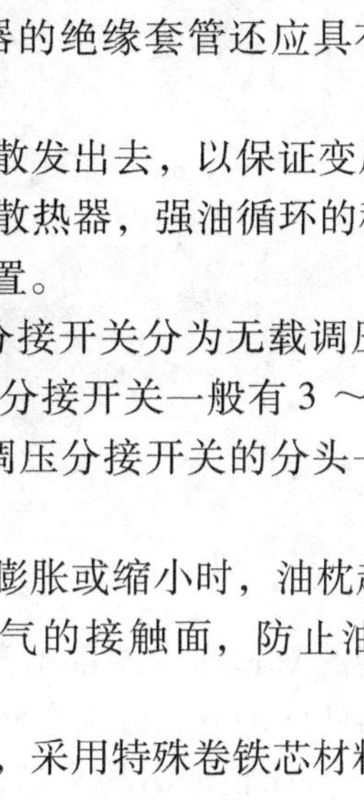

图 5-13　S11-MR 型三相卷铁芯全密封配电变压器

比传统铁芯材料的变压器降低30%，空载电流降低50%～80%，具有良好的节能效果，在315kVA及以下小容量配电变压器中，应优先选用该产品。

全密封变压器因温度和负载变化引起的油体积变化完全由波纹油箱的弹性予以调节，油和周围空气不接触，防止了空气和潮气的侵入，避免了绝缘材料的老化，增加了运行的可靠性。全密封变压器保养维护工作量大大减少，与传统变压器相比，不用对变压器油进行补充、过滤和更换，不用更换吸湿器硅胶，不用监视储油柜油面。全密封变压器器身与油箱采用了更可靠的新型定位方法，确保变压器到用户后不调试就能安全运行。

图5-14所示为三相干式电力变压器。干式变压器具有低噪声、低损耗、难燃、不污染环境、防潮湿等特点，还具有过负荷能力强、热稳定性好、体积小、质量轻、安装简单方便、免维护等优点，广泛用于高层建筑、商业中心、机场、车站、居民小区、码头、地铁、商厂和地下配电站等。

图5-14　三相干式电力变压器

干式变压器的铁芯和线圈都不浸入任何绝缘液体中，它一般用于安全防火要求高的场所。干式变压器的冷却方式分为自然空气冷却和强迫空气冷却。有下列几种类型：

① 开启式，是比较常用的类型，其器身与大气相连通，适用于比较干燥而洁净的室内（环境温度+20℃，相对湿度不超过85%）。目前，电压在15kV以下，空气自冷式容量可达2 000kVA左右，更大容量时一般用吹风冷却。

② 封闭式，器身与外部大气不相连通，可用于比较恶劣的环境。

③ 浇注式，用环氧树脂或其他树脂浇注作为主绝缘，结构简单，体积小，目前已成为干式变压器的主流。

环氧树脂干式变压器又称树脂绝缘干式变压器，它具有防火、防潮、防尘和低损耗、低噪声、安装面积小的特点，虽然价格比同容量的油浸式变压器贵，但它的绝缘性能好，使用维护简便，便于深入负荷中心。环氧树脂干式变压器的高、低压绕组各自用环氧树脂浇注，并用轴套在铁芯柱上。高、低压绕组之间有冷却气道使绕组散热。三相绕组的连接处也由环氧树脂浇注，因而其所有带电部分都不暴露在外面。其容量自30kVA至几千千伏安，最高达上万千伏安，高压侧电压有6kV、10kV、35kV，低压侧电压为230/400V。电力变压器的容量在2 000kVA及以上时，均带有风扇冷却，其余一般为空气自冷式。根据用户需要，还有是否带箱体及防震的不同。

我国目前生产的干式变压器有SCL1、SCL、SC、SG3、SG、SGZ等系列。

3）电力变压器的连接组别

6～10kV电力变压器在其低压（400V）侧为三相四线制系统时，其连接组别有Yyn0和Dyn11两种。

我国新的国家标准《供配电系统设计规范》（GB 50052—1995）规定：在TN及TT系统接地形式的低压电网中，宜选用Dyn11连接组别的三相变压器作为配电变压器。同时规定：在TN及TT系统接地形式的低压电网中，若选用Yyn0连接组别的三相变压器时，其由单相不平衡负荷引起的中性线电流不得超过低压绕组额定电流的25%，且其一相的电流在满载时不得超过额定电流值。这是因为，变压器采用Dyn11连接较采用Yyn0连接有以下优点：

（1）对Dyn11连接变压器来说，其3*n*次（*n*为正整数）谐波励磁电流在其D接线的一次绕组内形成环流，不至注入公共的高压电网中去，这比一次绕组接成Y接线的Yyn0连接的变压器更有利于抑制高次谐波电流。

（2）Dyn11连接变压器比Yyn0连接变压器的零序阻抗小得多，从而更有利于低压单相接地短路故障的切除。

（3）Dyn11连接变压器承受单相不平衡负荷的能力远比Yyn0连接变压器高得多。Yyn0连接变压器的中性线电流一般规定不得超过其低压绕组额定电流的25%，而Dyn11连接变压器的中性线电流可允许达低压绕组额定电流的75%以上。

因此，除三相负荷基本平衡的变压器可采用Yyn0连接外，一般宜采用Dyn11连接的变压器。

3. 变压器的选择

变压器的选择包括变压器类型的选择、台数的选择和容量的选择。

1）类型的选择

在《10kV及以下变电所设计规范》GB 50053—94中规定：多层或高层主体建筑内的变电所，宜选用不燃或难燃型变压器；在防火要求高的车间内的变电所，也如此。在多尘或有腐蚀性气体严重影响变压器安全运行的场所，应选用防尘型或防腐蚀型变压器。常用的不燃或难燃型变压器有环氧树脂浇注干式变压器、六氟化硫变压器、硅油变压器和空气绝缘干式变压器等。

2）台数的选择

变压器的台数一般根据负荷特点、用电容量和运行方式等条件综合考虑确定。当有大量一、二级负荷，或者季节性负荷变化较大（如空调制冷负荷），或者集中负荷较大的情况，一般宜有两台及以上的变压器。

3）容量的选择

变压器的容量应按计算负荷来选择。低压0.4kV的配电变压器单台容量一般不宜大于1 250kVA，当技术经济合理时，也可选用1 600kVA变压器。

对于只选一台变压器的情况，要求变压器的额定容量不低于所接用电设备的总计算负荷，即 $S_{TN} \geqslant S_C$。考虑节能和余量，变压器负荷率一般取70%～85%。

对于选两台变压器供电的低压单母线系统，分两种情况讨论：

若两台变压器采用一用一备的工作方式时，每台变压器的容量按低压母线上的全部计算负荷来确定，即 $S_{TN} > S_C$；若两台变压器采用互为备用的工作方式，正常时每台变压器负担总负荷的一半左右，一台变压器出现故障时，另一台变压器应承担全部负荷中的一、二级负荷，以保证对一、二级负荷供电可靠性的要求，这样，每台变压器的容量应不低于总计算负荷的70%，而且不低于一、二级负荷计算负荷之和，即 $S_{TN} \geqslant 70\% S_C$，且 $S_{TN} > S_{C(\mathrm{I}、\mathrm{II})}$；当选用两台不同容量变压器时，每台容量可按下列条件选择，$S_{TN1} + S_{TN2} > S_C$，且 $S_{TN1} \geqslant S_{C(\mathrm{I}、\mathrm{II})}$、$S_{TN2} \geqslant S_{C(\mathrm{I}、\mathrm{II})}$。

【案例5-7】 已知某变电所（10kV/0.4V）总计算负荷为1 350kVA，其中一、二级负荷680kVA。选择变压器的台数和容量。

解： 该变电所有一、二级负荷，根据变压器台数和容量选择的要求，选择两台变压器，任一台变压器单独运行时，要满足70%的负荷，即

$$S_N = 0.7 \times 1\,350\text{kVA} = 945\text{kVA}$$

且任一台变压器应满足 $S_N \geqslant 680\text{kVA}$。因此，可选两台容量均为1 000kVA的变压器，型号为S9-1000/10。

5.4.2 仪用互感器

电流互感器、电压互感器合称仪用互感器，简称互感器。从基本结构和工作原理来讲，互感器就是一种特殊的变压器。互感器的功能如下。

（1）安全绝缘。采用互感器作一次电路与二次电路之间的中间元件，既可避免一次电路的高电压直接引入仪表、继电器等二次设备，又可避免二次电路的故障影响一次电路，提高了两方面工作的安全性和可靠性，特别是保障了人身安全。

（2）扩大范围。采用互感器以后，就相当于扩大了仪表、继电器的使用范围。例如，用一只5A的电流表，通过不同变流比的电流互感器就可测量任意大的电流。同样，用一只100V的电压表，通过不同变压比的电压互感器就可测量任意高的电压。而且，由于采用了互感器，可使二次的仪表、继电器等的电流、电压规格统一，有利于大规模生产。

（3）采用互感器可以获得多种形式的接线方案，以便满足各种测量和保护电路的要求。

1. 电流互感器

1）基本结构

电流互感器的结构原理如图5-15所示。它的结构特点是：一次绕组匝数很少，导体相当粗；二次绕组匝数很多，

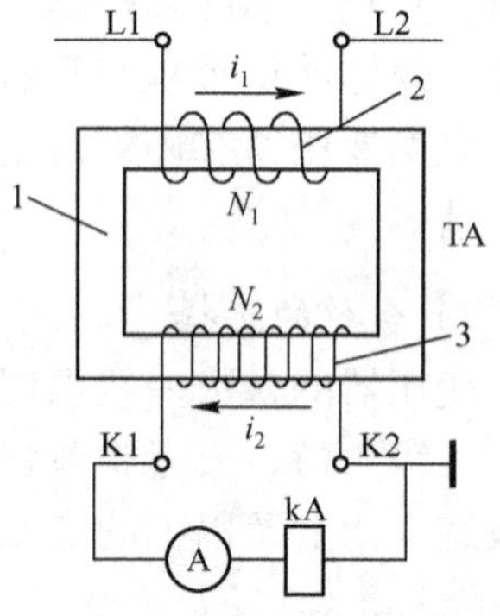

1—铁芯；2—一次绕组；3—二次绕组

图5-15　电流互感器的结构原理

导体较细。它接入电路的方式是：一次绕组串联接入一次电路；二次绕组则与仪表、继电器等的电流线圈串联，形成一个闭合回路。由于二次仪表、继电器等的电流线圈阻抗很小，所以电流互感器工作时二次回路接近于短路状态。二次绕组的额定电流一般为 5A。

电流互感器的一次电流 I_1 与其二次电流 I_2 之间有下列关系：

$$I_1 \approx \frac{N_2}{N_1} I_2 \approx K_i I_2$$

式中　N_1、N_2——电流互感器一次和二次绕组的匝数；

　　K_i——电流互感器的变流比，一般定义为 I_{1N}/I_{2N}，如 200/5。

2）常用接线方案

电流互感器在三相电路中常用的接线方案如下。

（1）一相式接线［图 5-16（a）］。电流线圈通过的电流，反映一次电路对应相的电流，通常用在负荷平衡的三相电路中测量电流，或在继电保护中作为过负荷保护接线。

（2）两相 V 形接线［图 5-16（b）］，也称为两相不完全 Y 形接线。这种接线的三个电流线圈，分别反映三相电流，其中最右边的电流线圈是接在互感器二次绕组的公共线上，反映的是两个互感器二次电流的相量和，正好是未接互感器那一相的二次电流（其一次电流换算值）。因此这种接线广泛用于中性点不接地的三相三线制电路中，供测量三个相电流之用，也可用来接三相功率表和电能表。这种接线特别广泛地用于继电保护装置中，称为两相两继电器接线。

（3）两相电流差接线［图 5-16（c）］，也称为两相交叉接线。其二次绕组公共线流过的电流，值为相电流的$\sqrt{3}$倍。这种接线也广泛用于继电保护装置中，称为两相一继电器接线。

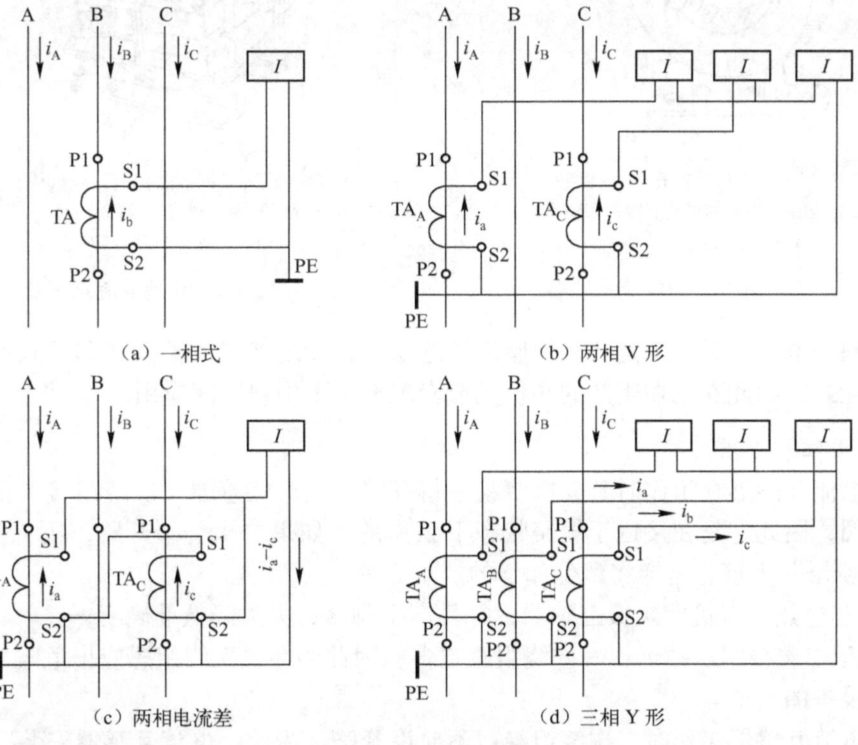

图 5-16　电流互感器的常用接线方案

(4) 三相 Y 形接线［图 5-16 (d)］。这种接线的三个电流线圈，正好反映各相电流，因此广泛用于中性点直接接地的三相三线制和三相四线制电路中，用于测量或继电保护。

3) 类型

电流互感器的类型很多。按一次绕组的匝数分，有单匝式（包括母线式、心柱式、套管式）和多匝式（包括线圈式、线环式、串级式）；按一次电压高低分，有高压和低压两大类；按用途分，有测量用和保护用两大类；按准确度级分，测量用电流互感器有 0.1、0.2、0.5、1、3、5 等级，保护用电流互感器有 5P 和 10P 两级。

高压电流互感器一般制成两个铁芯和两个二次绕组，其中准确度等级高的二次绕组接测量仪表，准确度等级低的二次绕组接继电器。

图 5-17 为户内低压 500V 的 LMZJ1-0.5 型（500 ～ 800/5）母线式电流互感器。它本身没有一次绕组，母线从中孔穿过，母线就是其一次绕组（1 匝）。

图 5-18 为户内高压 10kV 的 LQJ-10 型线圈式电流互感器。它的一次绕组绕在两个铁芯上，每个铁芯各有一个二次绕组，分别为 0.5 级和 3 级，0.5 级接测量仪表，3 级接继电保护。低压的线圈式电流互感器 LQG-0.5 型（G 表示改进型），则只有一个铁芯、一个二次绕组，其一、二次绕组均绕在同一铁芯上。

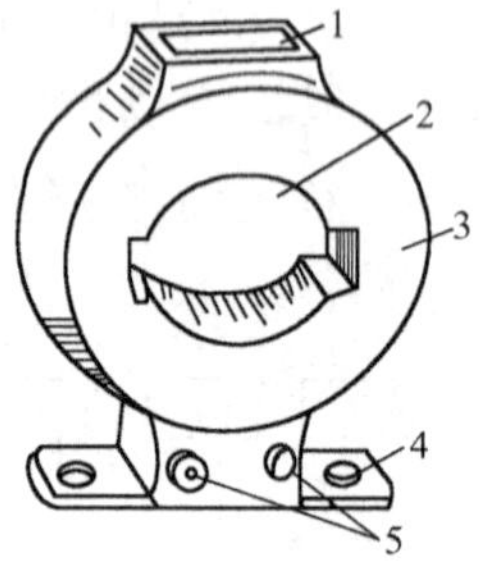

1—铭牌；2—一次母线穿孔；3—铁芯，外绕二次绕组，环氧树脂浇注；4—底座；5—二次接线端子

图 5-17 LMZJ1-0.5 型电流互感器

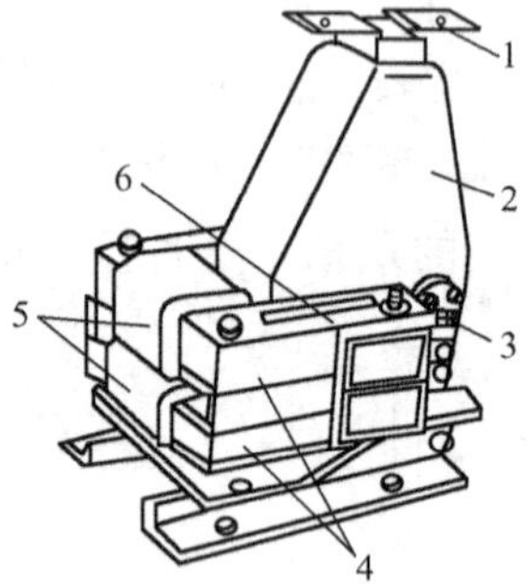

1—一次接线端子；2—一次绕组，环氧树脂浇注；3—二次接线端子；4—铁芯（两个）；5—二次绕组（两个）；6—警告牌

图 5-18 LQJ-10 型电流互感器

以上两种电流互感器都是环氧树脂浇注绝缘的，较之老式的油浸式和干式电流互感器尺寸小、性能好，因此在现在生产的高低压成套配电装置中被广泛应用。

4) 使用注意事项

(1) 电流互感器在工作时其二次绕组不得开路。电流互感器二次绕组接的都是阻抗很小的电流线圈，因此它是在接近于短路状态下工作的。如果二次绕组开路，则 $I_0 = I_1$，励磁电流 I_0 被迫剧增几十倍，这样将产生如下的严重后果：

① 铁芯过热，有可能烧毁互感器，并且产生剩磁，大大降低准确度；

② 由于二次绕组匝数远比一次绕组匝数多，因此会在二次绕组感应出危险的高电压，危及人身和设备的安全。

所以电流互感器工作时二次绕组绝对不允许开路。为此，电流互感器安装时，其二次接线一定要牢靠和接触良好，并且不允许串接熔断器和开关。

（2）电流互感器的二次绕组有一端必须接地。这是为了防止电流互感器的一、二次绕组绝缘击穿时，一次绕组的高电压窜入二次绕组，危及人身和设备的安全。

（3）电流互感器在连接时，要注意其端子的极性。按规定，电流互感器的一次绕组端子标以 P1、P2，二次绕组端子标以 S1、S2。P1 与 S1 互为“同名端”，P2 与 S2 也互为“同名端”。如果某一瞬间，P1 为高电位，则二次绕组由电磁感应产生的电动势使得 S1 亦为高电位，这就是“同名端”。在安装和使用电流互感器时，一定要注意端子的极性，否则其二次绕组所接仪表、继电器中流过的电流就不是预想的电流，甚至可能引起事故。

2. 电压互感器

1）基本结构

电压互感器的结构原理如图 5-19 所示。它的结构特点是：一次绕组匝数很多，二次绕组匝数较少，相当于降压变压器。它接入电路的方式是：一次绕组并联在一次电路中，二次绕组则并联仪表、继电器的电压线圈。由于二次仪表、继电器等的电压线圈阻抗很大，所以电压互感器工作时二次回路接近于空载状态。二次绕组的额定电压一般为 100V。

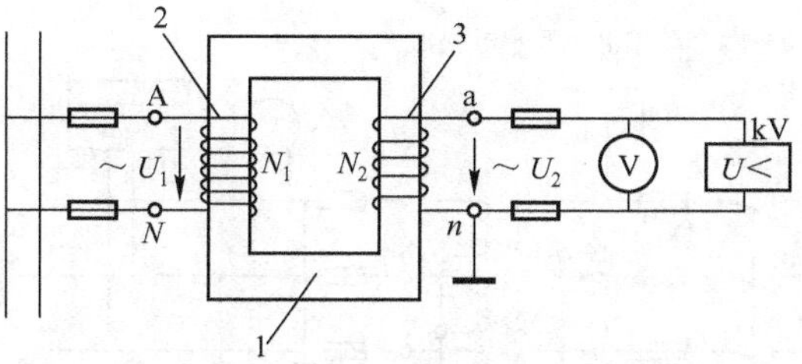

1—铁芯；2—一次绕组；3—二次绕组

图 5-19　电压互感器的结构原理

电压互感器的一次电压 U_1 和二次电压 U_2 之间有下列关系：

$$U_1 \approx \frac{N_1}{N_2} I_2 \approx K_u U_2$$

式中　N_1、N_2——电压互感器一次和二次绕组的匝数；

K_u——电压互感器的变压比，一般定义为 U_{1N}/U_{2N}，如 10/0.1。

2）常用接线方案

电压互感器在三相电路中常用的接线方案如下。

（1）一个单相电压互感器的接线［图 5-20（a）］。供仪表、继电器接于线电压。

（2）两个单相电压互感器接成 V/V 形［图 5-20（b）］。供仪表、继电器接于三相三线制电路的各个线电压，它广泛地应用在 6 ～ 10kV 的高压配电装置中。

（3）三个单相电压互感器接成 Y_0/Y_0 形［图 5-20（c）］。供电给要求线电压的仪表、继电器，并供电给接相电压的绝缘监察电压表。由于小电流接地的电力系统在发生单相接地时，另外两完好相的对地电压要升高到线电压（$\sqrt{3}$倍相电压），所以绝缘监察电压表不能接入按相电压选择的电压表，否则在一次电路发生单相接地时，电压表可能被烧坏。

（4）三个单相三绕组电压互感器或一个三相五心柱三绕组电压互感器接成 $Y_0/Y_0/\triangle$

[图 5-20（d）] 接成 Y_0 的二次绕组，供电给需要线电压的仪表、继电器及作为绝缘监察的电压表，而接成△的辅助二次绕组，供电给用做绝缘监察的电压继电器。一次电路正常工作时，开口三角形两端的电压接近于零。当某一相接地时，开口三角形两端将出现近 100V 的零序电压，使电压继电器动作，发出信号。

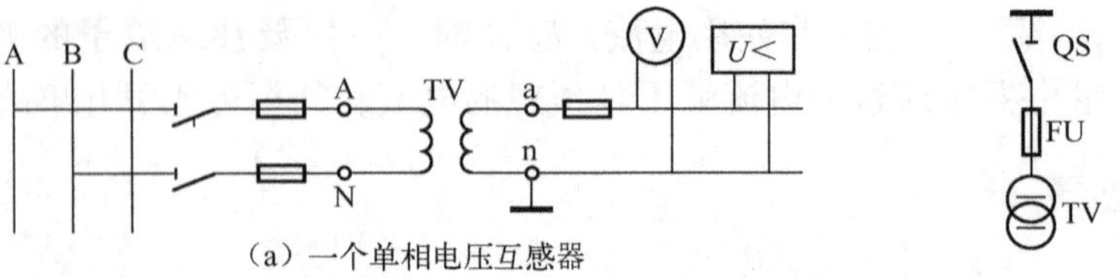

（a）一个单相电压互感器

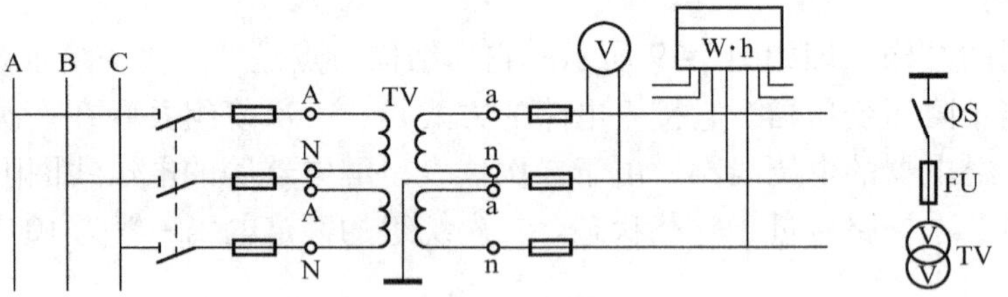

（b）两个单相电压互感器接成 V/V 形

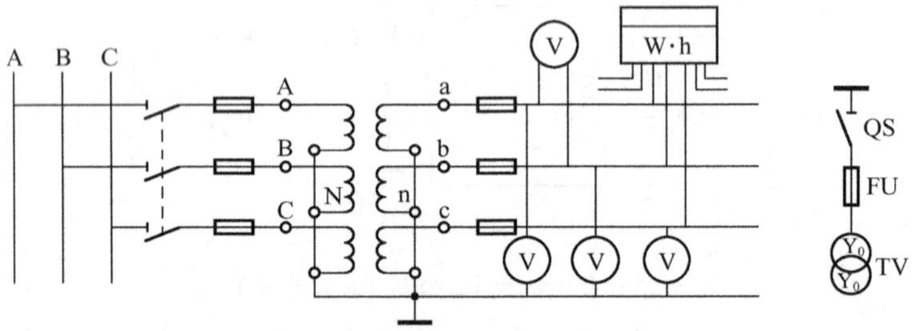

（c）三个单相电压互感器接成 Y_0/Y_0 形

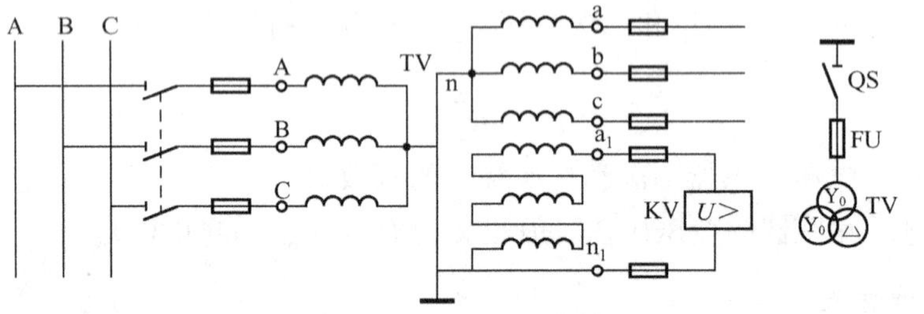

（d）三个单相三绕组电压互感器或一个三相五心柱三绕组电压互感器接成 $Y_0/Y_0/$△形

图 5-20　电压互感器的接线方案

3）类型

电压互感器按绝缘的冷却方式分，有干式和油浸式。现已广泛采用环氧树脂浇注绝缘的干式互感器。

图 5-21 为单相三绕组环氧树脂浇注绝缘的户内用 JDZJ-10 型电压互感器。三个 JDZJ-10 型互感器连成图 5-20（d）所示 $Y_0/Y_0/$△形的接线，可供小电流接地的电力系统作电压、电能测量及单相接地的绝缘监察之用。

4）使用注意事项

（1）电压互感器的一、二次绕组必须加熔断器保护。由于电压互感器是并联接入一次电路的，二次绕组的仪表、继电器也是并联接入互感器二次回路的，因此互感器的一、二次绕组均必须装设熔断器，以防发生短路，烧毁互感器或影响一次电路的正常运行。

（2）电压互感器的二次绕组有一端必须接地。这也是为了防止电压互感器的一、二次绕组绝缘击穿时，一次绕组的高压串入二次绕组，危及人身和设备的安全。

（3）电压互感器在连接时，也要注意其端子的极性。按规定，单相电压互感器的一次绕组端子标以A、N，二次绕组端子标以a、n，A与a及N与n分别为“同名端”或“同极性端”。三相电压互感器按照相序，一次绕组端子分别标以A、B、C、N，二次绕组端子则对应地标以a、b、c、n。这里A与a、B与b、C与c及N与n分别为“同名端”或“同极性端”。电压互感器连接时，不能把端子极性接错，否则可能发生事故。

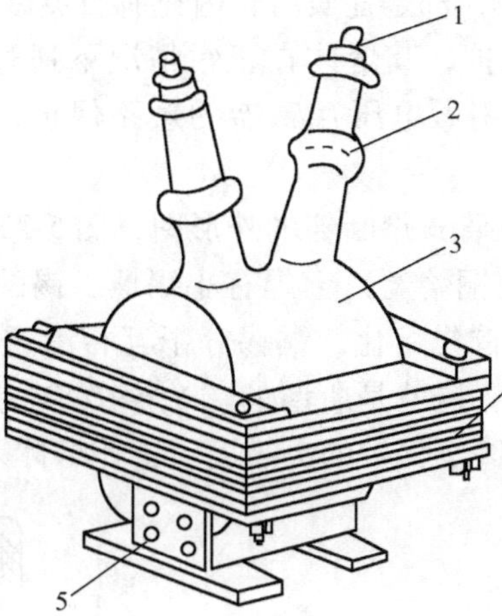

1—一次接线端子；2—高压绝缘套管；3—一、二次绕组，环氧树脂浇注；4—铁芯；5—二次接线端子

图5-21　JDZJ-10型电压互感器

任务5.5　高压电气设备及选择

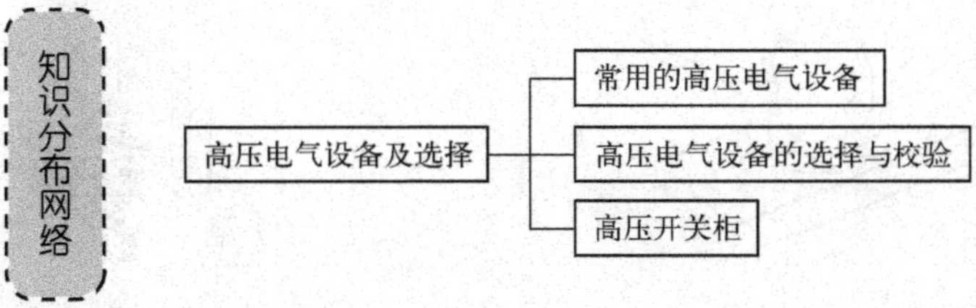

5.5.1　常用的高压电气设备

高压电气设备通常是指额定电压为1kV及以上电压等级的电气设备。高压电路的控制和

保护采用高压电气设备，10kV 供电系统中常用的有高压熔断器、高压隔离开关、高压负荷开关、高压断路器、高压避雷器等。

1. 高压熔断器（文字符号为 FU）

熔断器是一种应用广泛的保护电器。当通过的电流超过某一规定值时，熔断器的熔体熔化而切断电路。其功能主要是对电路及其中的设备进行短路保护，但有的也具有过负荷保护的功能。熔断器的主要优点是结构简单、体积较小、价格便宜和维护方便，但其保护特性误差较大，可能造成非全相切断电路，而且一般是一次性的，损坏后难以修复。

6～10kV 系统中，户内采用 RN1、RN2 型管式熔断器，而 XRNTl、XRNT2 型管式熔断器为推广应用的更新换代产品；户外则较多采用 RW10 型跌开式熔断器。

1）RN1、RN2 型户内高压管式熔断器

RN1 和 RN2 的结构基本相同，都是瓷质熔管内充有石英砂填料的密闭管式熔断器。RN1 用做高压电力线路及其设备的保护，其熔体在正常情况下通过的是高压一次电路的负荷电流，因此结构尺寸较大。RN2 只用做电压互感器的短路保护，因而其熔体额定电流一般为 0.5A，结构尺寸较小。

图 5-22 为 RN1、RN2 型高压管式熔断器的外形图，图 5-23 为其熔管的剖面图。

如图 5-23 所示，工作熔体（铜熔丝）上焊有小锡球，锡的熔点远较铜的熔点低。因此，在过负荷电流通过时，锡球受热首先熔化，铜锡分子互相渗透而形成熔点较低的铜锡合金，使铜熔丝能在较低的温度下熔断，这就是所谓的“冶金效应”。它使熔断器能在有过负荷电流或较小的短路电流时动作，提高了保护的灵敏度。工作熔体采用几根铜熔丝并联，利用粗

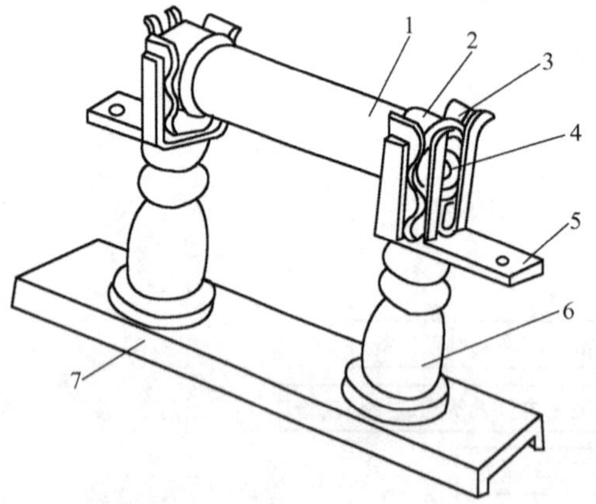

1—瓷熔管；2—金属管帽；3—弹性触座；
4—熔断指示器；5—接线端子；6—瓷绝缘子；
7—底座

图 5-22　RN1、RN2 型高压管式熔断器外形图

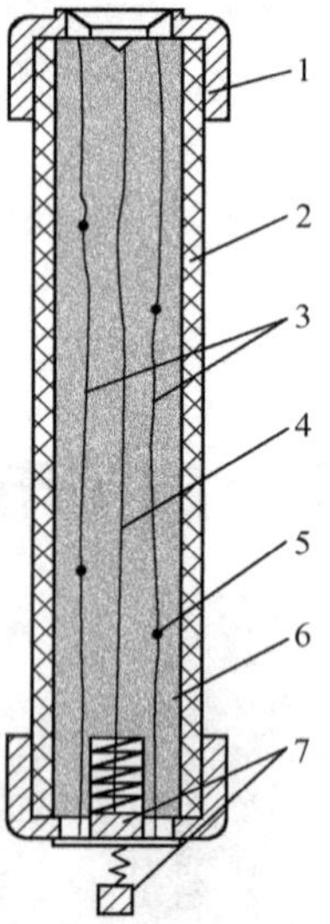

1—金属管帽；2—瓷熔管；3—工作熔体；
4—指示熔体；5—锡球；6—石英砂填料；
7—底座熔断指示器

图 5-23　RN1、RN2 型高压管式熔断器的熔管剖面图

弧分细灭弧法来加速电弧的熄灭。石英砂对电弧有冷却作用，熔管充有石英砂有利于使电弧快速熄灭。因此，这种熔断器的灭弧能力很强，在短路电流达到冲击值之前（即短路后不到半个周期）就能完全熄灭电弧，因此这种熔断器具有“限流”特性。

2）RW10-10F 型户外高压跌开式熔断器

图 5-24 是 RW10-10F 型高压跌开式熔断器的基本结构图。

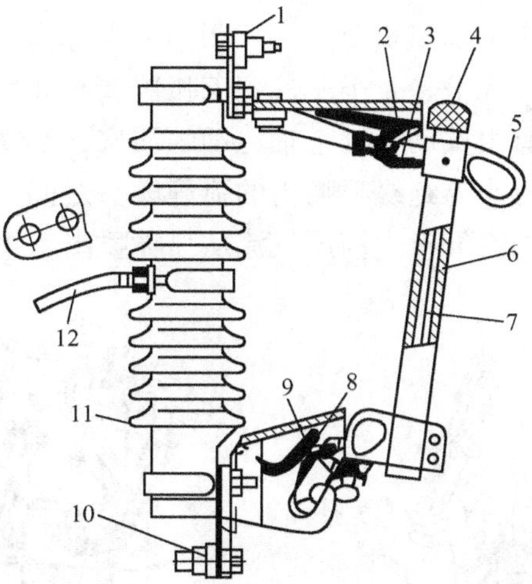

1—上接线端子；2—上静触头；3—上动触头；4—管帽；5—操作环；6—熔管；7—铜熔丝；8—下动触头；9—下静触头；10—下接线端子；11—绝缘瓷瓶；12—固定安装板

图 5-24 RW10-10F 型高压跌开式熔断器结构图

RW10-10F 系列熔断器由基座和灭弧管两部分组成。正常工作时，灭弧管下端的弹簧支架使熔丝始终处于张紧状态，以保证灭弧管合闸时的自锁。当熔丝熔断时，弹簧支架在弹簧的作用下，迅速将熔丝从灭弧管内抽出，以减少燃弧时间和灭弧材料的损耗。

灭弧管设计为逐级排气式，当线路上发生短路时，短路电流使熔丝迅速熔断，形成电弧。纤维质消弧管由于电弧燃烧而分解出大量气体，使管内压力剧增，并沿管道形成强烈的纵向吹弧。若短路电流较小，则其电弧燃烧管内壁产生的气体也较小，熔管仅向下排气；若短路电流较大，则其电弧燃烧管内壁产生的气体较多，气压较大，将熔管上端薄膜冲开，从而向两端排气，有助于防止熔断器在分断较大短路电流时造成熔管爆裂。熔丝熔断后，熔管的上动触头因失去张力而下翻，锁紧机构释放熔管，在触头弹力及熔管自重的作用下，熔管回转跌开，造成明显可见的断开间隙。

这种跌开式熔断器具有两种功能：一是作为 6 ～ 10kV 线路和变压器的短路保护；二是可当做隔离开关使用，也就是可用来隔离电源以保证安全检修。跌开式熔断器的灭弧能力不强，灭弧速度不快，因而属于非限流式熔断器。

2. 高压隔离开关（文字符号为 QS）

高压隔离开关的结构比较简单，图 5-25 所示为 GN19 型户内式高压隔离开关。它断开后有明显可见的断开间隙，而且断开间隙的绝缘及相间绝缘都是足够可靠的，因此可用来隔离高压电源以保证其他设备的安全检修。但它没有专门的灭弧装置，因此不允许带负荷操作。

不过它可以用来通断一定的小电流，如励磁电流不超过 2A 的空载变压器、电容电流不超过 5A 的空载线路及电压互感器和避雷器的电路等。

3. 高压负荷开关（文字符号为 QL）

高压负荷开关具有简单的灭弧装置，因而能通断一定的负荷电流和过负荷电流，但不能断开短路电流，所以它必须与高压熔断器串联使用，借助熔断器来切除短路故障。

图 5-26 所示为 FN3-10RT 型高压负荷开关。图中上半部为负荷开关本身，外形与隔离开关相似，但其上端的绝缘子实际上是一个压气式灭弧装置。此绝缘子不仅起支持绝缘子的作用，而且内部是一个汽缸，有由操动机构主轴传动的活塞，其功能类似打气筒。当负荷开关分闸时，在闸刀一端的弧动触头与绝缘喷嘴内的弧静触头之间产生电弧。由于分闸时主轴转动而带动活塞，压缩汽缸内的空气产生高压气流从喷嘴喷出，将电弧迅速熄灭。

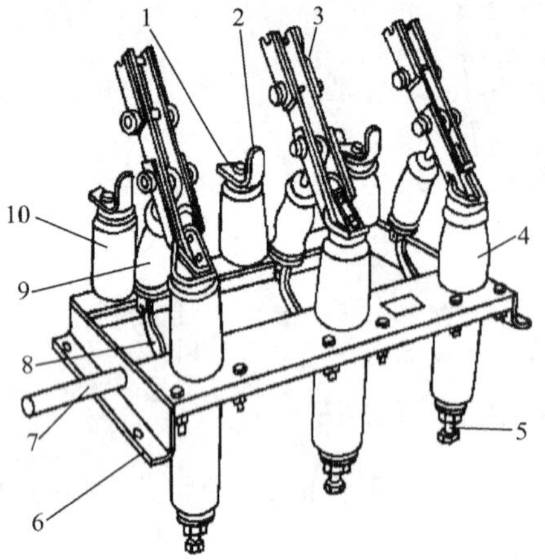

1—上接线端子；2—静触头；3—闸刀；4—套管绝缘子；5—下接线端子；6—框架；7—转轴；8—拐臂；9—升降绝缘子；10—支柱绝缘子

图 5-25　GN19 型户内式高压隔离开关

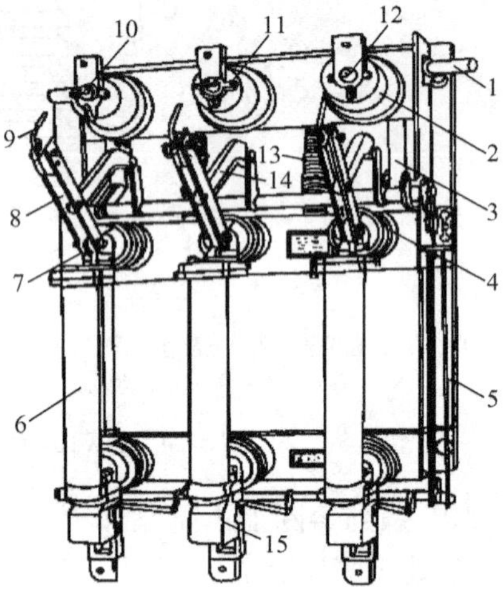

1—主轴；2—上绝缘子兼汽缸；3—连杆；4—下绝缘子；5—框架；6—RN1 型高压熔断器；7—下触座；8—闸刀；9—弧动触头；10—绝缘喷嘴；11—主静触头；12—上触座；13—断路弹簧；14—绝缘拉杆；15—热脱扣器

图 5-26　FN3-10RT 型高压负荷开关

负荷开关断开后具有明显可见的断开间隙，因此它也可以用来隔离电源，保证安全检修。

4. 高压断路器（文字符号为 QF）

高压断路器具有相当完善的灭弧装置，它不仅能通断正常负荷电流，而且能通断一定的短路电流。它还能在继电保护装置的作用下自动跳闸，切除短路故障。

高压断路器按其采用的灭弧介质分，有油断路器、六氟化硫（SF6）断路器、真空断路器等类型。目前我国中小型建筑供配电系统中主要采用真空断路器和六氟化硫（SF6）断路器。

油断路器又分为多油式和少油式两大类。多油断路器由于存在油量大、体积大、断流容量小、原材料消耗多等缺点，一般不采用；少油断路器用油量少，比较安全，且外形尺寸小，便于成套设备中装设。在20世纪80年代一般6～35kV户内配电装置中多采用少油断路器。图5-27所示为SN10-10型少油断路器。

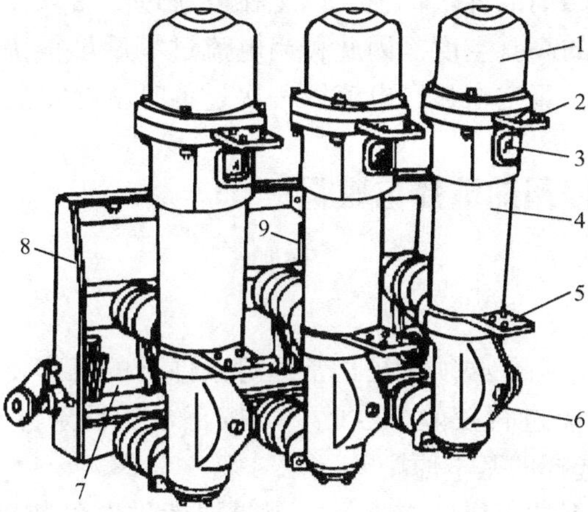

1—铝帽；2—上接线端子；3—油标；4—绝缘筒；5—下接线端子；
6—基座；7—主轴；8—框架；9—断路弹簧

图5-27　SN10-10型少油断路器

六氟化硫断路器利用SF6气体作为灭弧介质。纯净的SF6是无色、无味、无毒且不易燃的惰性气体，它具有优良的灭弧性能和电绝缘性能。因此SF6断路器的灭弧速度快，断流能力强，适于频繁操作，而且没有油断路器可能燃烧或爆炸的危险。体积小且性能优异的SF6负荷开关和断路器在进口的或全资的环网开关柜中已大量采用。

真空断路器的触头装在真空灭弧室内，它利用真空灭弧原理来灭弧。真空断路器具有体积小、质量轻、动作快、寿命长、安全可靠和便于维修等优点，适于频繁操作，特别适合1 000kVA及以上的变压器回路操作和保护之用。

高压真空断路器是利用“真空”灭弧的一种断路器，其触头装在真空灭弧室内。由于真空中不存在气体游离的问题，所以这种断路器的触头断开时很难发生电弧。但是在感性电路中，灭弧速度过快，瞬间切断电流i将使di/dt极大，从而使电路出现过电压，这对供电系统是不利的。因此，这个“真空”不能是绝对的真空。实际上在触头断开时因高电场发射和热电发射产生一点电弧，此电弧称为“真空电弧”，它能在电流第一次过零时熄灭。这样，燃弧时间既短（至多半个周期），又不至产生很高的过电压。

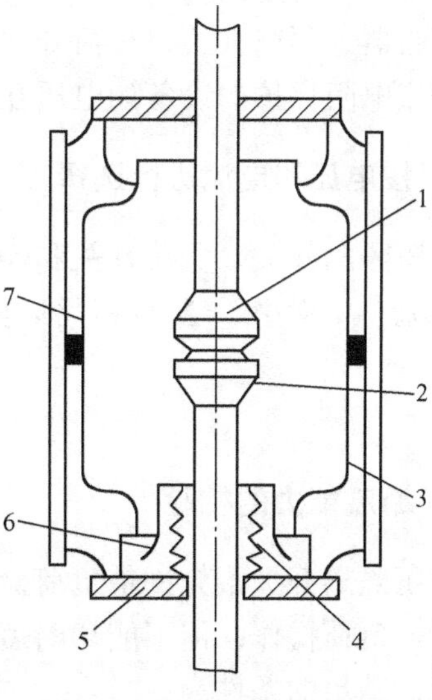

1—静触头；2—动触头；3—屏蔽罩；
4—波纹管；5—与外壳封接的金属法兰盘；
6—波纹管屏蔽罩；7—玻壳

图5-28　真空断路器的灭弧室结构

真空断路器的灭弧室结构如图5-28所示。真空灭弧室的中部，有一对圆盘状的触头，在触头刚分离时，由于高电场发射和热电发射而使触头间发生电弧。电弧温度很高，可使触头表面产生金属蒸气。随着触头的分开和电弧电流的减小，触头间的金属蒸气也逐渐减少。当电弧电流过零时，电弧暂时熄灭，触头周围的金属离子迅速扩散，凝聚在四周的屏蔽罩上，以至在电流过零后只几微秒的极短时间内，触头间隙实际上又恢复了原有的高真空度。因此，当电流过零后虽很快加上高电压，触头间隙也不会再次击穿，也就是说，真空电弧在电流第一次过零时就能完全熄灭。

5.5.2 高压电气设备的选择与校验

1. 基本原则

高压电气设备的选择，除了必须满足正常运行条件下的工作要求外，还应按短路电流所产生的电动力效应和热效应进行校验。因此，“按正常运行条件选择、按短路条件进行校验”，这是高压电气设备选择的基本原则。

电气设备按正常条件下的工作要求选择，就是要考虑电气装置的环境条件和电气要求。环境条件是指电气装置所处的安装位置、环境温度、海拔高度，以及有无防尘、防腐、防火、防爆等要求；电气要求是指电气装置对设备的电压、电流等方面的要求，对一些断流电器还要考虑其断流能力。

电气设备按短路条件进行校验就是校验其短路时的动稳定度和热稳定度。因为发生短路时，电气设备在短路电流的作用下会产生很高的温度，如果超过该设备所能允许的最高温度，就必将被烧毁，因此必须进行热稳定校验，以保证设备的运行安全；当电气设备流过冲击短路电流时，将产生很大的作用力，如果大于设备所能承受的作用力，必将破坏设备，因此必须进行动稳定校验。

断路器、隔离开关、负荷开关等设备都必须进行短路稳定度校验。用熔断器保护的设备及用限流电阻保护的设备如电压互感器等，可不进行短路稳定度校验。

2. 按电压和电流进行选择

高压隔离开关、负荷开关和断路器的额定电压，不得低于装设地点电网的额定电压；其额定电流，不得小于通过的计算电流。

$$U_N \geqslant U_{gmax}$$

$$I_N \geqslant I_C$$

3. 断流能力的校验

高压隔离开关不允许带负荷操作，只作隔离电源用，因此不校验其断流能力。高压负荷开关能带负荷操作，但不能切断短路电流，因此其断流能力应按切断最大可能的过负荷电流来校验，满足的条件为：

$$I_{OC} \geqslant I_{OL \cdot max}$$

式中 I_{OC}——负荷开关的最大分断电流；

$I_{OL \cdot max}$——负荷开关所在电路的最大可能过负荷电流，可取为（1.5～3）I_C，I_C 为电路的计算电流。

高压断路器可分断短路电流，其断流能力应满足的条件为：

$$I_{OC} \geqslant I_K^{(3)}$$

或

$$S_{OC} \geqslant S_K^{(3)}$$

式中　I_{OC}、S_{OC}——断路器的最大开断电流和断流容量；

$I_K^{(3)}$、$S_K^{(3)}$——断路器安装地点的三相短路电流周期分量有效值和三相短路容量。

4. 短路稳定度的校验

高压隔离开关、负荷开关和断路器均需进行短路动稳定度和热稳定度的校验。

动稳定度校验是指在短路冲击电流作用下，配电设备的载流部分所产生的电动力是否能导致断路器的损坏，配电设备的极限电流必须大于三相短路时通过配电设备的冲击电流。即

动稳定度校验条件为：

$$i_{max} \geqslant i_{sh}^{(3)}$$

或

$$I_{max} \geqslant I_{sh}^{(3)}$$

式中　i_{max}、I_{max}——配电设备允许的动稳定电流幅值和有效值；

i_{sh}、I_{sh}——配电设备的短路冲击电流幅值和有效值。

热稳定度校验是指短路电流 I_∞ 在假想时间内通过断路器时，其各部分的发热不会超过规定的最大允许温度。即

$$I_t^2 t \geqslant I_\infty^2 t_{ima}$$

式中　I_t、t——配电设备的热稳定试验电流有效值和热稳定试验时间，可由有关手册或产品样本查得；

I_∞——稳态短路电流；

t_{ima}——假想时间。

$$t_{ima} = t_k + 0.05\left(\frac{I''}{I_\infty}\right)^2$$

在无限大容量电源供电系统中，$I'' = I_\infty$，故 $t_{ima} = t_k + 0.05\text{s}$，当 $t_k > 1\text{s}$ 时，$t_{ima} \approx t_k$，有

$$t_k = t_{op} + t_{oc}$$

式中　t_{op}——继电保护动作时间；

t_{oc}——断路器全分断时间（固有分闸时间和灭弧时间），一般断路器 $t_{oc} = 0.2\text{s}$，高速断路器 $t_{oc} = 0.1 \sim 0.15\text{s}$。

表5-8是选择高压电气设备时应校验的项目。

表5-8　选择高压电气设备应校验的项目

设备＼项目	电　压	电　流	断流能力	短路电流校验	
				动稳定度	热稳定度
高压熔断器	√	√	√	—	—
高压隔离开关	√	√	—	√	√
高压负荷开关	√	√	√	√	√

续表

项目 设备	电　压	电　流	断流能力	短路电流校验	
				动稳定度	热稳定度
高压断路器	√	√	√	√	√
电流互感器	√	√	—	√	√
电压互感器	√	—	—	—	—
高压电容器	√	—	—	—	—
母线	—	√	—	√	√
电缆	√	√	—	—	√
支柱绝缘子	√	—	—	√	—
绝缘套管	√	√	—	√	—

5.5.3　几种高压柜的组成及其功能

10kV 变电所均采用成套式高压开关柜。高压开关柜就是按照一定的线路方案将高压电气设备等有关设备组装为一体的配电装置，用于供配电系统中作为受电或配电的控制、保护和监察测量。

高压开关柜有固定式、手车式两大类型。固定式高压开关柜中的所有电气元件都是固定安装的；手车式高压开关柜中的某些主要电气元件如高压断路器、电压互感器和避雷器等，是安装在可移开的手车上面的，因此手车式又称移开式。固定式开关柜较为简单经济，而手车式开关柜则可大大提高供电可靠性。当断路器这些主要设备发生故障或需要检修时，可随时拉出，再推入同类备用手车，即可恢复供电。

图 5-29 为装有 SN10-10 型少油断路器的 GG-1A（F）-07D 型高压开关柜，该型开关柜是在原 GG-lA 型基础上采取措施达到“五防”要求的防误型产品。所谓“五防”即防止误分、合高压断路器，防止带负荷拉、合隔离开关，防止带电挂接地线，防止带接地线合隔离开关，防止人员误入带电间隔室。

图 5-30 为 KYN28C-12（MDS）型高压开关柜，该型开关柜主开关可选用性能优良的 ABB 公司的 VD4 型抽出式真空断路器和国产的 ZN63A-12（VBI）、VK 型等抽出式真空断路器，二次回路可配置传统的继电保护装置，也可装置 WZJK 型综合智能监测保护装置。该型开关柜是多种老型金属封闭开关设备的替代产品，并且同国外同类型产品相比，具有较优越的性能价格比。

图 5-31 是 HXGN1-10 型环网开关柜。环网开关柜用于 10kV 环网供电、双电源供电和终端供电系统中作为电能的控制和保护装置，也可用于箱式变电所。环网开关柜中的主开关一般为高压负荷开关，现在多采用真空或 SF6 负荷开关。

环网柜一般由三个间隔组成，即两个电缆进出线间隔和一个变压器间隔，其主要电气元件包括负荷开关、熔断器、隔离开关、接地开关、电流互感器、电压互感器和避雷器等。环网具有可靠的防误操作设施，达到“五防”要求。环网柜在我国城市电网改造和小型变配电所中得到了广泛的应用。

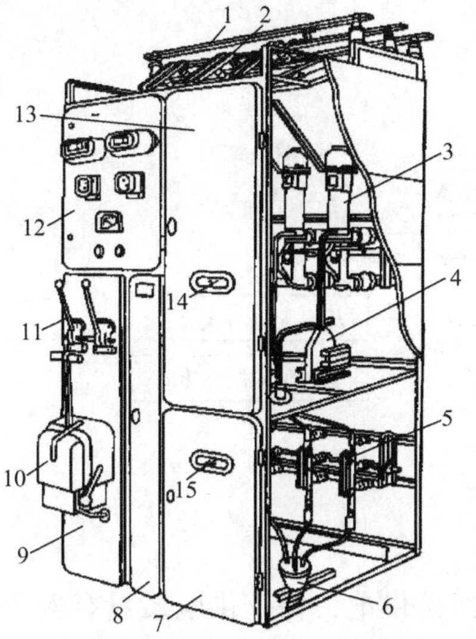

1—母线；2—母线隔离开关；3—少油断路器；
4—电流互感器；5—线路隔离开关；6—电缆头；
7—下检修门；8—端子箱门；9—操作板；
10—断路器的电磁操动机构；11—隔离
开关的操动机构手柄；12—仪表继电器；
13—上检修门；14、15—观察窗口

图 5-29　GG-1A（F）-07D 型高压开关柜

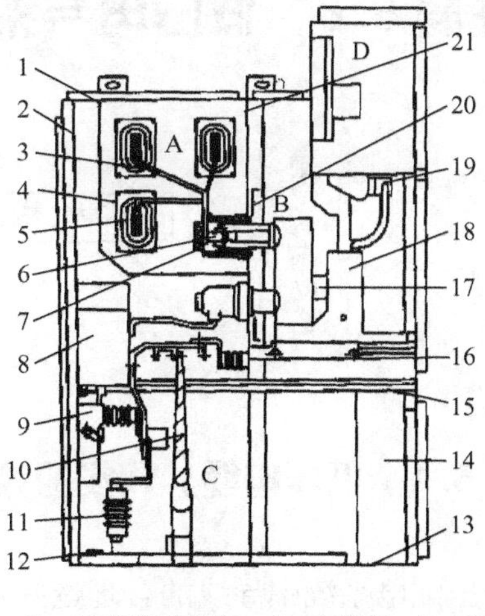

A—母线室；B—断路器手车室；C—电缆室；D—继电仪表室；
1—泄压装置；2—外壳；3—分支小母线；4—母线套管；
5—主母线；6—静触头装置；7—静触点盒；8—电流互感器；
9—接地开关；10—电缆；11—避雷器；12—接地主母线；
13—底板；14—控制线槽；15—接地开关操作机构；
16—可抽出式水平隔板；17—加热装置；18—断路器手车；
19—二次插头；20—隔板（活门）；21—装卸式隔板

图 5-30　KYN28C-12（MDS）型高压开关柜

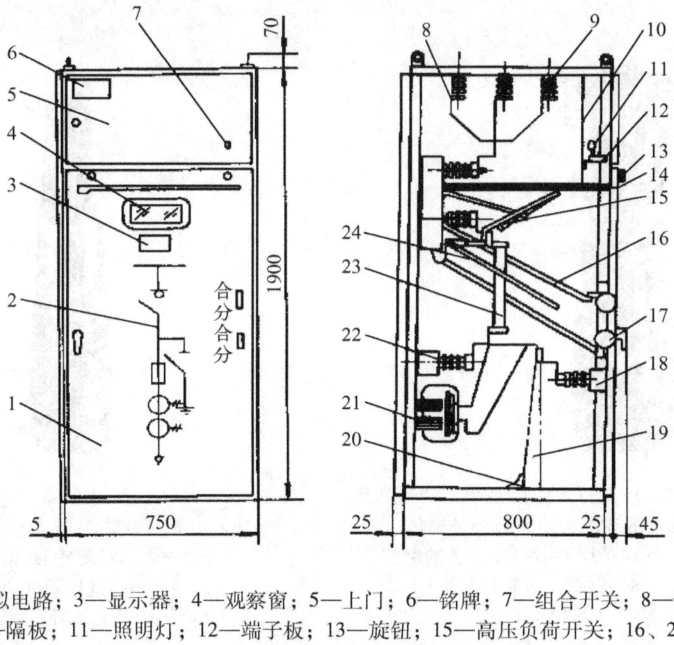

1—下门；2—模拟电路；3—显示器；4—观察窗；5—上门；6—铭牌；7—组合开关；8—母线；9—绝缘子；
10、14—隔板；11—照明灯；12—端子板；13—旋钮；15—高压负荷开关；16、24—连杆；
17—负荷开关操作机构；18、22—支架；19—电缆；20—角钢（固定电缆用）；
21—电流互感器；23—高压熔断器

图 5-31　HXGNI-10 型环网开关柜

任务 5.6　低压电气系统的认知

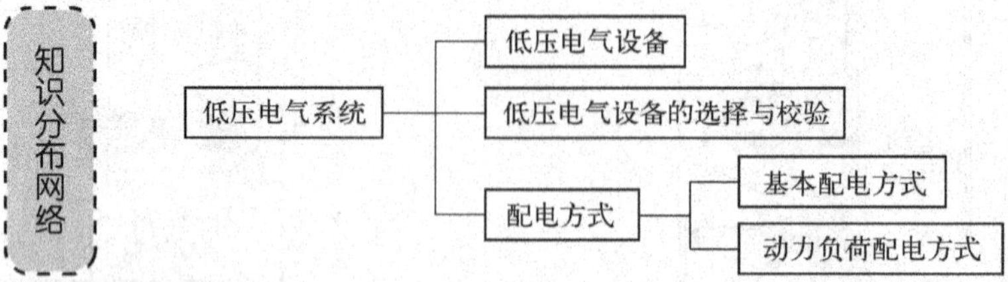

5.6.1　低压电缆、母线的技术参数及选择

低压配电系统中导线的合理选择对于实现安全、经济供电，保证供电质量有着十分重要的意义。低压配电系统中的导体有导线、电缆和母线。有关导线的内容在前面的情境中已说明，下面讲述有关电缆和母线的内容。

1. 电缆

电缆的种类很多，按其用途可分为电力电缆和控制电缆两大类；按绝缘材料的不同，可分为油浸纸绝缘电缆、橡皮绝缘电缆和塑料绝缘电缆三大类。电缆一般都由线芯、绝缘层和保护层三个主要部分组成，图 5-32 和图 5-33 分别为油浸纸绝缘电力电缆和交联聚乙烯绝缘电力电缆结构图。

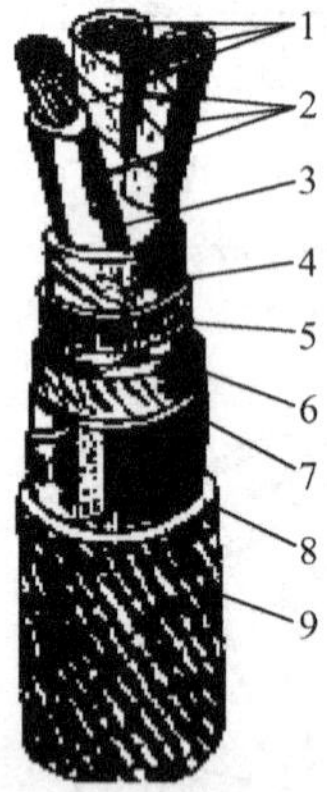

1—缆芯（铜芯或铝芯）；2—油浸纸绝缘层；3—麻筋（填料）；4—油浸纸（统包绝缘）；5—铅包；6—涂沥青的纸带（内护层）；7—浸沥青的麻被（内护层）；8—钢铠（外护层）；9—麻被（外护层）

图 5-32　油浸纸绝缘电力电缆结构

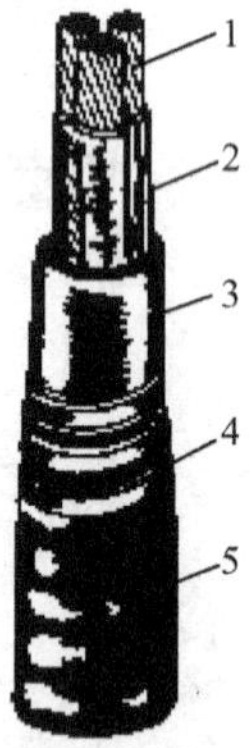

1—缆芯（铜芯或铝芯）；2—交联聚乙烯绝缘层；3—聚氯乙烯护套（内护层）；4—钢铠或铝铠（外护层）；5—聚氯乙烯外套（外护层）

图 5-33　交联聚乙烯绝缘电力电缆结构

线芯分为单芯、双芯、三芯及多芯。表 5-9 是电力电缆型号中各代号的含义。

表 5-9　电力电缆代号含义

绝缘种类	导电线芯	内护层	派生结构	外护套	
代号含义	代号含义	代号含义	代号含义	第一数字含义	第二数字含义
Z：纸 v：聚氯乙烯 x：橡胶 xD：丁基橡胶 xE：乙丙橡胶 Y：聚乙烯 YJ：交联聚乙烯 E：乙丙烯	L：铝芯 T：铜芯	H：橡套 HP：非燃性护套 HF：氯丁胶 HD：耐寒橡胶 v：聚氯乙烯护套 vF：复合物 Y：聚乙烯护套 L：铝包 Q：铅包	D：不滴流 F：分相 CY：充油 G：高压 P：屏蔽 z：直流 C：滤尘用或重型	0：无 1：钢带 2：双钢带 3：细圆钢丝 4：粗圆钢丝	0：无 1：纤维线包 2：聚氯乙烯护套 3：聚乙烯护套 4：—

常用的电缆有以下几种。

（1）聚氯乙烯绝缘及护套的电力电缆，有 1kV 和 6kV 两级，制造工艺简便，没有敷设高差的限制，可以在很大范围内代替油浸纸绝缘电力电缆、滴干绝缘或不滴流浸渍纸绝缘电力电缆。质量轻，弯曲性能好，具有内铠装结构，使铠装不易腐蚀。接头安装操作简便。能耐油和酸碱的腐蚀，而且还具有不延燃的特性，可用于有火灾发生的环境中。其中聚氯乙烯绝缘、聚乙烯护套的电力电缆除有优良的防化学腐蚀作用外，还具有不吸水特性，适于在潮湿、积水或水中敷设。但聚氯乙烯绝缘的电力电缆其绝缘电阻较油浸纸绝缘电缆低，介质损耗大，特别是 6kV 的介质损耗比油浸纸绝缘的电缆大得多。

（2）交联聚乙烯、绝缘聚氯乙烯护套的电力电缆，有 1kV、3kV、6kV、10kV、35kV 等电压等级，其中 YJV42 及 YJLV42 仅有 6kV 和 10kV 两种电压等级。该电缆除具有与聚氯乙烯绝缘、聚氯乙烯护套的电力电缆相同的特性外，还具有载流量大、质量轻的优点，但它的价格较贵。

（3）橡皮绝缘的电力电缆，弯曲性能好，能在严寒地区敷设，特别适用于水平高差大或垂直敷设场合，它不仅适用于固定敷设的线路，还适用于定期或移动的固定敷设线路。橡皮绝缘、橡皮护套软电缆（简称橡套软电缆），适用于移动式设备的供电线路。但橡胶的耐油、耐热水平较差，受热橡胶老化快，因此它的芯线允许的温升低，相应的载流量也较低。

（4）控制电缆，常用的有塑料绝缘、塑料护套及橡皮绝缘、塑料护套的控制电缆。在高层建筑及大型民用建筑内部可采用不延燃的聚氯乙烯护套控制电缆，如 KVV、KXV 等。需要承受大的机械力的采用钢带铠装的控制电缆，如 KVV20、KXV20 等。高寒地区可采用耐寒塑料护套控制电缆，如 KXVD、KVVD 等。有防火要求的可采用非燃性橡套控制电缆，如 KXHF 等。控制电缆的型号及用途见表 5-10。

表 5-10　控制电缆的型号及用途

型　号	名　称	用　途
KY	铜芯聚乙烯绝缘、聚氯乙烯护套控制电缆	敷设在室内、电缆沟内、管道内及地下
VV	铜芯聚氯乙烯绝缘、聚氯乙烯护套控制电缆	
KXV	铜芯橡皮绝缘、聚氯乙烯护套控制电缆	
KXF	铜芯橡皮绝缘、氯丁护套控制电缆	
KYVD	铜芯聚乙烯绝缘、耐寒塑料护套控制电缆	
KXVD	铜芯橡皮绝缘、耐寒塑料护套控制电缆	
KXHI	铜芯橡皮绝缘、非燃性橡套控制电缆	

续表

型 号	名 称	用 途
KYV22	铜芯聚乙烯绝缘、聚氯乙烯护套内钢带铠装控制电缆	敷设在室内、电缆沟内、管道内及地下，能承受较大的机械力
KVV22	铜芯聚氯乙烯绝缘、聚氯乙烯护套内钢带铠装控制电缆	
KXV22	铜芯橡皮绝缘、聚氯乙烯护套内钢带铠装控制电缆	

在高层或大型民用建筑中，水消防、防排烟、消防电梯、疏散指示照明、安全照明、消防广播、消防电话及消防报警设施等的线路，应采用阻燃、耐高温或防火的电力线缆及控制线缆。凡是塑料绝缘导线、塑料绝缘及护套的电缆型号前面加“ZR”的，即为阻燃型线缆；加“NT”或 RV-105、BV-105、BVP-105、BVVP-105、RVVP-105、RV-105、BLV-105 等的，均为耐高温线缆。防火的有氧化镁绝缘的防火电缆，它防潮性能较差，且线路粗硬，安装比较困难，价格也较贵，仅在特殊场合使用。

（5）预制分支电缆，该电缆是一种新型的电缆，它将电缆的分支头预先制成，减少了在施工中要进行电缆分支的工序，并且主干线电缆不需要断开，这样使得安全性大大提高。

2. 母线

母线又称汇流排，它是用来汇集和分配电流的导体，是各级电压配电装置的中间环节，它的作用是汇集和分配电流。母线一般为矩形截面的铜或铝导体（又称铝排或铜排）构成。

在建筑供电系统中，应用较多的是插接式母线。插接式母线是作为额定电压 500V、额定电流 2 000A 以下供电线路的干线（通常称为母线）来使用。插接母线和与其配套的插接母线配电箱构成一个完整的供电系统。根据使用的性质，可以分为动力插接母线和照明插接母线。

插接式母线槽由金属外壳、绝缘瓷插座及金属母线组成。金属母线采用铝或铜制作。

母线可以输送较大的电流。如密集型插接式母线槽，其特点是不仅能输送大电流而且安全可靠，体积小，安装灵活；施工中与其他土建互不干扰，安装条件适应性强，效益较好，绝缘电阻一般不小于 10MΩ。

CZIJ3 系列插接式母线槽的额定电流为 250 ～ 2 500A，电压为 380V，额定绝缘电压为 500V。按电流等级分为 250A、400A、800A、1 000A、1 250A、1 600A、2 000A、2 500A 等三相供电系统。

3. 电缆和母线的选择

导线与电缆的选择前面已述及，表 5-11 是直接敷设在地中的低压绝缘电缆安全载流量表。下面说明母线的选择，母线选择应符合下述几个条件：

（1）所选择母线性能必须满足持续工作电流的要求；

（2）对全年平均负荷高、母线较长、输电容量也较大的母线，应按经济电流密度进行选择；

（3）按短路热稳定重要条件和短路动稳定条件校验合格。

表5-11　直接敷设在地中的低压绝缘电缆安全载流量表（单位：A）

标称截面积（mm^2）	双芯电缆		三芯电缆		四芯电缆	
	铜	铝	铜	铝	铜	铝
1.5	13	9	13	9		
2.5	22	16	22	16	22	16
4	35	26	35	26	35	26
6	52	39	52	39	52	39
10	88	66	83	82	74	56
16	123	92	105	79	101	75
25	162	122	140	105	132	99
35	198	148	167	125	154	115
50	237	178	206	155	189	141
70	286	214	250	188	223	174
95	334	250	299	224	272	204
120	382	287	343	257	308	231
135	440	330	382	287	347	260

1）母线截面选择

（1）按导体长期发热允许电流或允许载流量选择，即

$$K \cdot I_{al} \geq I_{max}$$

式中　I_{max}——导体所在回路最大持续工作电流；

I_{al}——相对于母线允许温度和标准环境条件下导体的长期允许电流；

K——综合修正系数。

（2）按经济电流密度选择。除配电装置的汇流母线外，对于全年负荷利用小时数较大、母线长度超过20m且传输容量较大的回路，通常按经济电流密度选择导线截面。导体的经济截面为：

$$S_{ec} = I_{max}/J_{ec}$$

式中　I_{max}——导体正常工作的最大电流（A）；

J_{ec}——经济电流密度（A/mm）。

2）热稳定校验

短路热稳定时，导体的最小允许截面S_{min}为：

$$S_{min} = \frac{\sqrt{Q_k \cdot K_s}}{C}$$

式中　K_s——集肤效应系数；

Q_k——短路电流的热效应；

C——热稳定系数，与导体材料及短路前的工作温度有关。

3）硬母线动稳定校验

（1）单条矩形母线。要求母线产生的最大相间计算应力不超过其允许应力。

（2）多条矩形导体构成的母线。当母线由多条矩形导体组成时，母线上的最大机械应力，应由相间作用应力和同相各条间的作用应力合成。

5.6.2 低压配电柜

低压配电柜又称低压配电屏，它是按一定的线路方案将低压设备组合而成的一种低压成套配电装置。低压配电柜有固定式和抽屉式两大类。固定式中的所有元件是固定安装的；而抽屉式的某些电气元件是先按一定线路方案组成若干功能单元，然后灵活组装成配电屏（柜），各功能单元类似抽屉，可按需要抽出或推入，因此又称为抽出式。由于固定式比较简单经济，因此在一般中小型机械类工厂中，广泛采用的是固定式低压配电屏，离墙安装，双面维护。

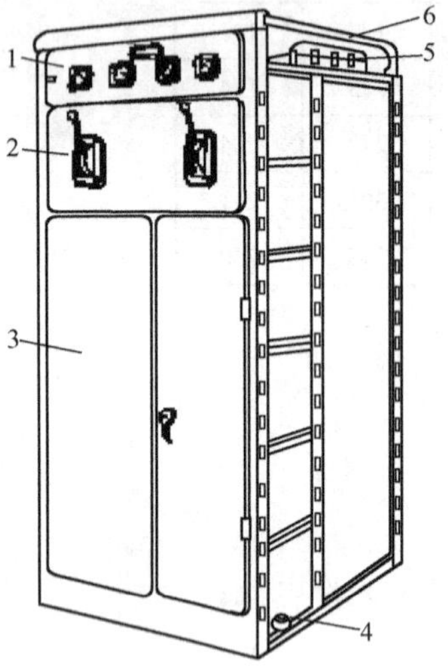

1—仪表板；2—操作板；3—检修门；4—中性母线绝缘子；5—母线绝缘框；6—母线防护罩

图 5-34　PGL1/2 型低压配电屏的外形结构图

我国目前广泛应用的固定式低压配电屏主要为 PGLl 和 PGL2 型。这种固定式低压配电屏，技术较先进，结构合理，安全可靠。该配电屏的母线安装在屏后骨架上方的绝缘框上，并在母线上方装有母线防护罩；其保护接地系统也较完善，提高了防触电的安全性；另外线路方案也更为完备合理，大多数线路方案都有几个辅助方案，便于用户选用。

图 5-34 为 PGL1/2 型低压配电屏的外形结构图。新的 PGL1 型采用的低压断路器为 DWl6 型或 DZ20 型；而 PGL2 型采用的低压断路器为 DWl5 型或 DZX20 型，断流能力较强，其他电气元件基本相同。

另外一种 GGL 型低压配电屏，设计也较先进，技术性能指标符合 IEC 标准。由于它采用了 ME 型低压断路器等新型元件，因此它比 PGL 型配电屏的断流能力更高，短路稳定度更好，运行也很安全可靠。

我国目前应用的抽屉式低压配电屏，主要有 BFC、GCL、GCK、GCS、GHTl 型等，可用做动力中心和电动机控制中心，其中 GHTl 型是 GCK（L）1A 型的更新换代产品，是一种新型户内混合式低压成套开关设备和控制设备。该设备采用 NT 型高分断能力熔断器和 ME、CWl、CMl 型断路器等新型元件，性能较好，但价格较贵。

5.6.3 低压系统的配电方式

1. 基本配电方式

民用建筑低压配电线路的三种基本配电方式（也叫基本接线方式）如图 5-35 所示。

图 5-35（a）所示为放射式接线，它的优点是配电线路相对独立，发生故障时因停电而影响的范围较小，供电可靠性较高；配电设备比较集中，便于维修。但采用的导线较

多，有色金属消耗量大多较大，同时也占用较多的低压配电盘回路，从而使配电盘投资增加。

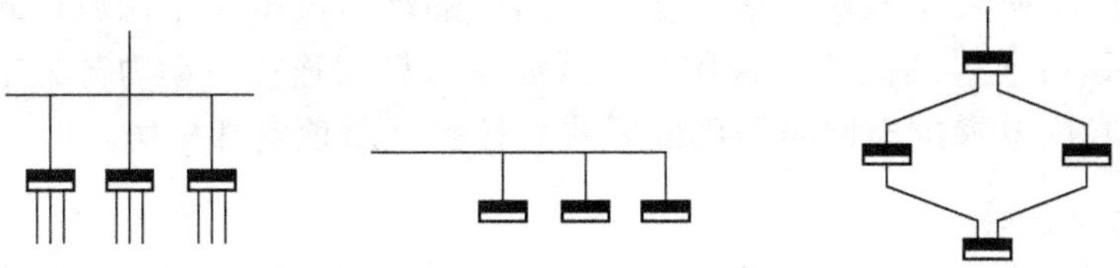
（a）放射式　（b）树干式　（c）环形

图5-35 低压配电线路的基本接线方式

对于下列情况，低压配电系统宜采用放射式接线：

（1）容量大、负荷集中或重要的用电设备；

（2）每台设备的负荷虽不大，但位于变电所的不同方向；

（3）需要集中连锁启动或停止的设备；

（4）对于有腐蚀介质或有爆炸危险的场所，其配电及保护启动设备不宜放在现场，必须由与之相隔离的房间馈出线路。

图5-35（b）所示为树干式接线，它不需要在变电所低压侧设置配电盘，而是将变电所低压侧的引出线经过空气断路器或隔离开关直接引至室内。这种配电方式使变电所低压侧的结构简单，减少了电气设备的用量，有色金属损耗小，系统灵活性较好。

图5-35（c）所示为环形接线，这种接线又分为闭环和开环两种运行状态，此图是闭环状态。从图中可以看出，当任一段线路发生故障或停电检修时，都可以由另一侧线路继续供电，可见闭环运行供电的可靠性较高，电能和电压损失也较小。但是闭环运行状态的保护整定相当复杂，若配合不当，容易发生保护误动作，使事故停电范围扩大。因此，在正常情况下，一般不用闭环运行。但开环情况下，发生故障时会中断供电，所以环形配电线路一般只用于对二、三级负荷供电。

除了上述三种基本接线方式外，配电方式还有链式和混合式。链式接线适用于距离配电盘较远而彼此相距又较近的不重要的小容量用电设备。链式接线所连接的设备一般不宜超过4台，电流不宜超过20A。由于链式线路只设置一组总的保护，所以可靠性较差，目前很少采用，但在住宅建筑照明线路中仍经常被采用。

在实际应用中，放射式和树干式应用较为广泛，但纯树干式也极少采用，往往是树干式与放射式的混合使用，即混合式，如图5-36所示。这种供电方式可根据配电盘分散的位置、容量、线路走向综合考虑，该方式往往使用较多。

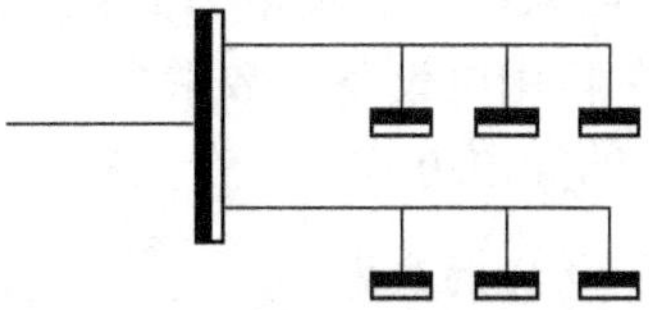
图5-36 低压配电线路的混合式接线

放射式、树干式和环形三种方式，其本身形式也不是单一的，若将它们再混合交替使用，形式更是多种多样的，这里不一一列举。在实际线路设计中，应按照安全可靠、经济合理的原则将不同方式进行优化组合。

2. 动力负荷配电

民用建筑中的动力负荷，按使用的性质可分为建筑设备机械（如水泵、通风机等）、建筑机械（如电梯、卷帘门等）、各种专用机械（如炊事、制冷、医疗设备等）；按电价可分为非工业电力电价和照明电价两种。因此，先按使用性质和电价归类，再按容量及方位分路。对负荷集中的场所（水泵房、锅炉房、厨房等的动力负荷）采用放射式配电；对负荷分散的场所（医疗设备、空调机等）采用树干式配电，依次连接各动力分配电盘；电梯设备的配电则由变电所专用电梯配电回路采用放射式直接引至屋顶电梯机房。

1）消防用电设备的配电

消防动力包括消火栓泵、喷淋泵、正送风机、防排机、消防电梯、防火卷帘门等。由于建筑消防系统在应用上的特殊性，因此要求它的供电系统要绝对安全可靠，并便于操作与维护。根据我国消防法规规定，消防系统供电电源应分为主工作电源与备用电源，并按不同的建筑等级和电力系统有关规定确定供电负荷等级。一类高层建筑的消防用电应按一级负荷处理，即由不同的高压电网供电，形成一用一备的电源供电方式；二类高层建筑的消防用电应按二级负荷处理，即由同一电网的双回路供电，形成一用一备的供电方式。有时为加大备用电源容量，确保消防系统不受停电事故影响，还配备柴油发电机组。因此，消防系统的供配电系统应由变电所的独立回路和备用电源（柴油发电机组）的独立回路，在负载末端经双电源自动切换装置供电，以确保消防动力电源的可靠性、连续性和安全性。消防设备的配电线路可以采用普通电线电缆，但应穿金属管、阻燃塑料管或金属线槽敷设配电线路，无论明敷设还是暗敷设，都要采取必要的防火、耐热措施。

2）空调动力设备的配电

在高层建筑的动力设备中，空调设备是最大的一类动力设备，这类设备容量大、种类多，包括空调制冷机组（或冷水机组、热泵）、冷却水泵、冷却塔风机、空调机、新风机、风机盘管等。

空调制冷机组的功率很大，大多在200kW以上，有的超过500kW。因此，其配电可以采用从变电所低压母线直接引到机组控制柜的方式。

冷却水泵、冷冻水泵的台数较多，且留有备用，单台设备容量在几十千瓦，多数采用减压启动，一般采用两级放射式配电方式，从变电所低压母线引来一路电源到泵房动力配电箱，再由动力配电箱引出线、至各个泵的启动控制柜。

空调机、新风机的功率大小不一，分布范围较广，可以采用多级放射式配电；在容量较小时亦可采用链式配电方式或混合式配电方式，应根据具体情况灵活考虑。而风机盘管为220V单相用电设备，数量多、单机功率小，只有几十瓦到一百多瓦，一般可以采用类似照明灯具的配电方式，一个支路可以接若干个风机盘管或由插座供电。

3）电梯的配电

电梯是建筑内重要的垂直运输设备，必须安全可靠，可分为客梯、自动扶梯、景观电梯、货梯及消防电梯等。由于运输的轿厢和电源设备在不同的地点，虽然单台电梯的功率不大，但为了确保电梯的安全及电梯间互不影响，每台电梯宜由专用回路以放射方式配电并应装设单独的隔离电器和短路保护电器。电梯轿厢的照明电源、轿顶电源插座和报警装置的电源，可以从电梯的动力电源隔离器前取得，但应另外装设隔离电器和短路保护电器。电梯机房及滑轮间、电梯井道及底坑的照明和插座线路，应与电梯分别配电。

对于电梯的负荷等级，应符合现行《民用建筑电气设计规范》（JGJ/T 16—2008）、《供配电系统设计规范》（GB 50052—95）及其他有关规范的规定，并按负荷分级确定电源及配电方式。电梯的电源一般引至机房电源箱，自动扶梯的电源一般引至高端地坑的扶梯控制箱，消防电梯应符合消防设备的配电要求。

4）给水排水装置的配电

建筑内除了消防水泵外，还有生活水泵、排水泵及加压泵等。生活水泵大多集中于泵房设置，一般从变电所低压出线引单独电源送至泵房动力配电箱，再以放射式配电至各泵控制设备；而排水泵位置比较分散，可以采用放射式接线至各泵的控制设备。

任务5.7 变电所的主接线和继电保护

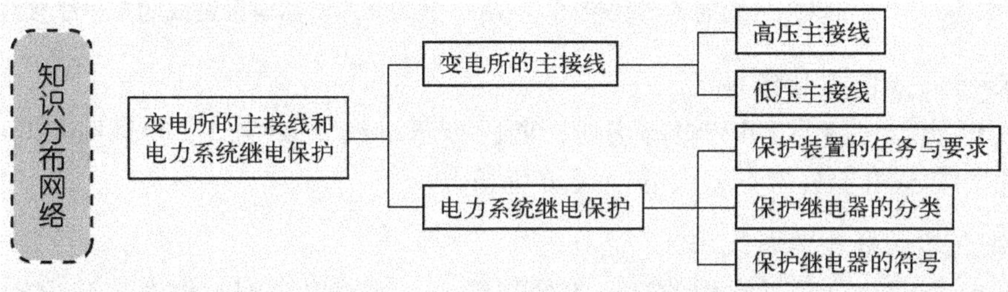

5.7.1 主接线的基本连接方式

变电所的主接线是供电系统中用来传输和分配电能的路线，所构成的电路称为一次电路，又称为主电路或主接线。它由各种主要电气设备（变压器、隔离开关、负荷开关、断路器、熔断器、互感器、电容器、母线电缆等设备）按一定顺序连接而成。主接线图只表示相对的电气连接关系而不表示实际位置，通常用单线来表示三相系统。

对变电所主接线的基本要求如下。

（1）安全性。要符合同家标准和有关技术规范的要求，能充分保证人身和设备的安全。

（2）可靠性。要满足各级电力负荷对供电可靠性的要求。因事故被迫中断供电的机会越少、停电时间越短、影响范围越小，主接线的可靠性就越高。因此，变电所的主接线方案必须与负荷级别相适应。

（3）灵活性。能适应系统所需要的各种运行方式，便于操作维护，并能适应负荷的发展，有扩充和改建的可能性。

（4）经济性。尽量使主接线简单，投资少，运行费用低，并节约电能。

电气主接线是变电所接收电能、变换电压和分配电能的电路。

1. 高压电气主接线

1）一路电源进线的单母线接线

如图5-37所示，这种接线方式适用于负荷不大、可靠性要求稍低的场合。当没有其他备用电源时，一般只用于三级负荷的供电；当进线电源为专用架空线或满足二级负荷供电条件的电缆线路时，可用于二级负荷的供电。

2）两路电源进线的单母线接线

如图 5-38 所示，两路 10kV 电源一用一备，一般也都用于二级负荷的供电。

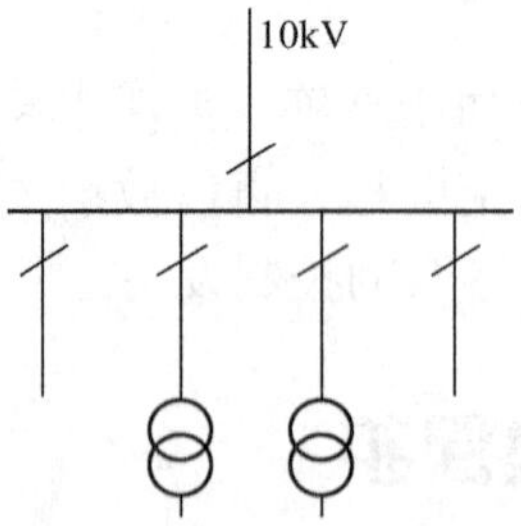

图 5-37　一路电源进线的单线线接线

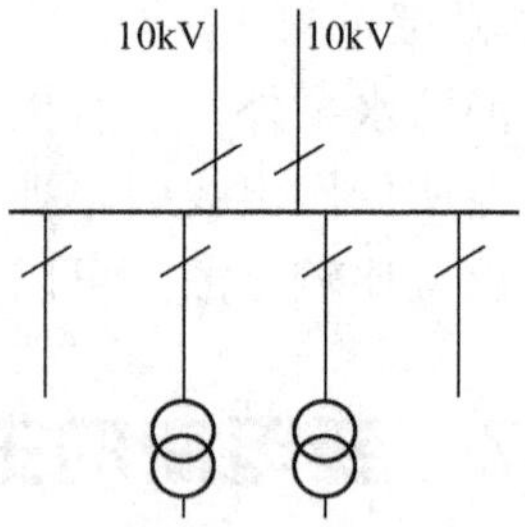

图 5-38　两路电源进线的单母线接线

3）无联络的分段单母线接线

如图 5-39 所示，两路 10kV 电源进线，两段高压母线无联络，一般采用互为备用的工作方式。这种接线多用于负荷不太大的二级负荷场合。

4）母线联络的分段单母线接线

如图 5-40 所示，这是最常用的高压主接线形式，两路电源同时供电、互为备用，通常母联开关为断路器，可以手动切换，也可以自动切换，适用于一、二级负荷的供电。

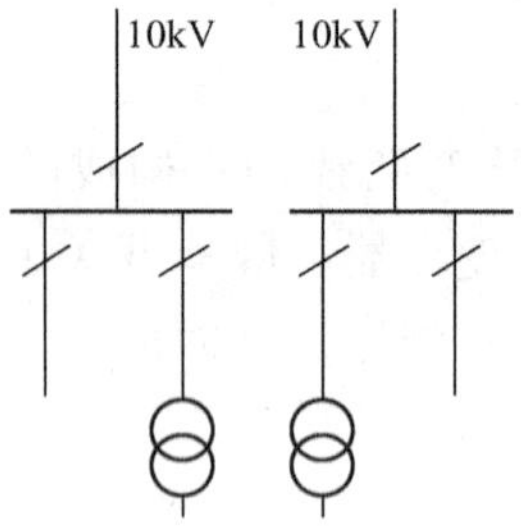

图 5-39　无联络的分段单母线接线

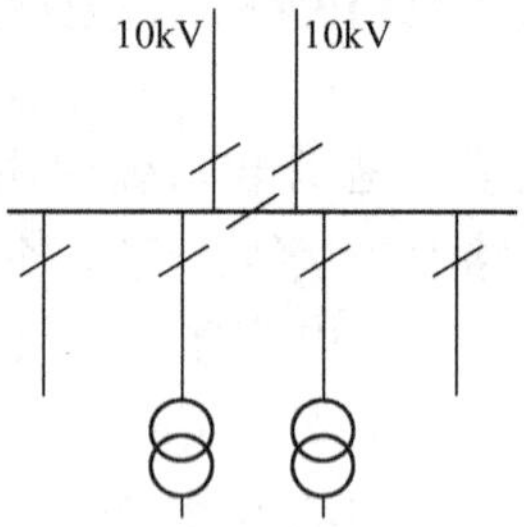

图 5-40　母线联络的分段单母线接线

2. 低压电气主接线

10kV 变电所的低压电气主接线一般采用单母线接线和分段单母线接线两种方式。对于分段单母线接线，两段母线互为备用，母联开关手动或自动切换。

根据变压器台数和电力负荷的分组情况，对于两台及以上的变压器，可以有以下几种常见的低压主接线形式。

1）电力和照明负荷共用变压器供电

如图 5-41 所示，对于这种接线方式，为了对电力和照明负荷分别计量，应将电力电价负荷和照明电价负荷分别集中，设分计量表。

2）空调制冷负荷专用变压器供电

如图 5-42 所示，空调制冷负荷由专用变压器供电，当非空调季节空调设备停运时，可将专用变压器停运，从而达到经济运行的目的。

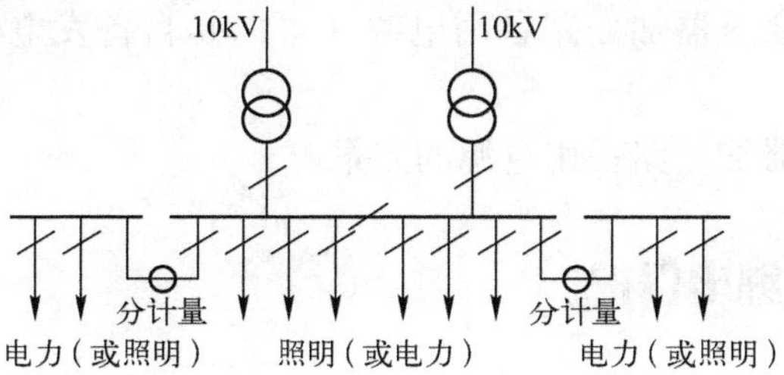

图5-41 电力和照明负荷共用变压器供电的低压电气主接线

3）电力和照明负荷分属变压器供电

如图5-43所示，将照明和电力负荷分别接在各自的供电变压器上。

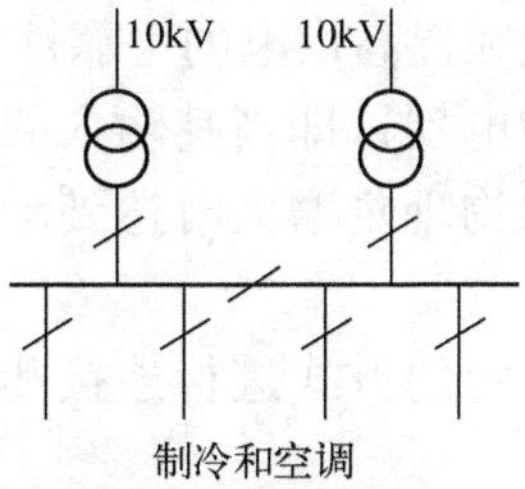

图5-42 空调制冷负荷专用变压器供电主接线

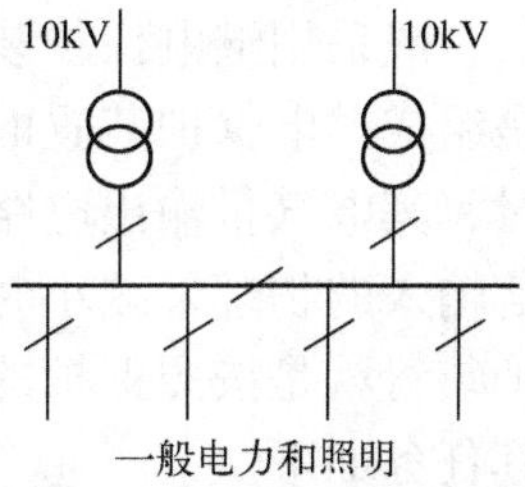

图5-43 电力和照明负荷分属变压器供电主接线

为满足消防负荷的供电可靠性要求，在采用备用电源时，变电所的低压电气主接线如图5-44和图5-45所示。

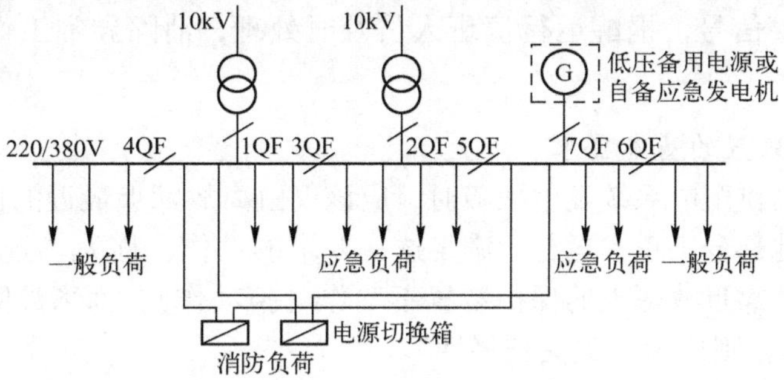

图5-44 两台变压器加一路备用电源的低压电气主接线

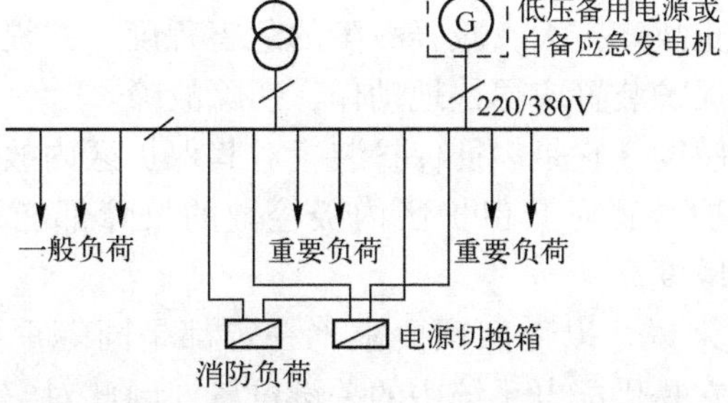

图5-45 一台变压器加一路备用电源的低压电气主接线

图 5-44 所示为两台变压器加一路备用电源（可以是自备发电机组，也可以是低压备用市电）的方案。

图 5-45 为一台变压器加一路备用电源的方案。

5.7.2 电力系统继电保护

1. 继电保护装置的任务与要求

1）继电保护装置的任务

供电系统中，由于各种原因难免发生各种故障和不正常的运行状态，其中最常见的就是短路。供电系统发生短路时，必须迅速切除故障部分，恢复其他无故障部分的正常运行。在高压系统中，一般采用继电保护装置，来保证保护的灵敏度和提高供电的可靠性。

继电器是组成继电保护装置的基本元件，它是一种自动电器，即当其输入的物理量达到某一规定值时，其电气量输出电路被接通或分断。若输入的物理量增大时达到动作值，为过量继电器；若输入的物理量减小时达到动作值，则为欠量继电器。

继电保护装置就是按照保护的要求，将各种继电器按一定的方式进行连接和组合而成的电气装置，其任务如下。

（1）故障时作用于跳闸。在电力系统出现故障时，作用于前方最近的断路器，使之迅速跳闸，切除故障部分，使系统的其他部分恢复正常运行，同时发出信号，提醒运行值班人员及时处理事故。

（2）异常状态时发出报警信号。在电力系统出现不正常工作状态时，如过负荷或出现故障苗头时，发出报警信号，提醒运行值班人员及时处理，消除异常工作状态，以免发展为故障。

2）对继电保护装置的基本要求

（1）选择性。当供配电系统发生故障时，应该仅由离故障点最近的保护装置动作，切除故障，而系统的其他部分仍正常运行。满足这一要求的动作，称为“选择性动作”。若供配电系统发生故障时，靠近故障点的保护装置不动作（拒动作），而离故障点远的前级保护装置动作（越级动作），则称为“失去选择性”。

（2）可靠性。保护装置该动作时就应动作（不拒动），不应该动作时则应不误动。前者为信赖性，后者为安全性，即可靠性包括信赖性和安全性。保护装置的可靠性与保护装置的元件质量、接线方案及安装、整定和运行维护等多种因素有关。

（3）速动性。为了防止故障扩大，减轻故障的危害程度，并提高供配电系统运行的稳定性，当系统发生故障时，保护装置应尽快地动作，切除故障。

（4）灵敏性。又称灵敏度，它是表征保护装置对其保护区内故障和不正常工作状态反应能力的一个参数。如果保护装置对其保护区内极轻微的故障都能及时地反应并做出相应动作，则说明保护装置的灵敏度高。

对于具体的保护装置来说，以上四项要求不一定都是同等重要的，往往有所侧重。例如，对电力变压器，由于它是供配电系统中的关键设备，因此对它的保护装置的灵敏系数要求比较高，而对一般电力线路的保护装置，灵敏系数可略低一些，但对其选择性则要求比较高。又如，在无法兼顾选择性和速动性的情况下，为了快速切除故障以保护某些关键设备，或者为了尽快恢复系统的正常运行，有时甚至不惜牺牲选择性来保证速动性（如速断保护和自动重合闸装置）。

2. 保护继电器的分类

保护继电器的分类方式很多。保护继电器按其组成元件分，有机电型、晶体管型和微机型三类。由于机电型继电器具有简单可靠、便于维修和调试等优点，因此目前在民用建筑的供配电系统中仍普遍应用，但国外生产的高压开关柜上则较多采用微机型综合保护继电器。机电型继电器按其结构原理分，又有电磁式和感应式等。

保护继电器按其反应的物理量分，有电流继电器、电压继电器、功率继电器、瓦斯继电器等。

保护继电器按其反应的数量变化分，有过量继电器和欠量继电器，如过电流继电器、欠电压（低电压）继电器等。

保护继电器按其在保护装置中的功能分，有启动继电器、时间继电器、信号继电器、中间继电器（或称出口继电器）等。

图 5-46 是过电流保护框图。当线路上发生短路时，启动用的电流继电器 KA 瞬时动作，使时间继电器 KT 启动。KT 经整定一定时间后，接通信号继电器 KS 和中间（出口）继电器 KM。KM 即接通断路器 QF 的跳闸回路，使断路器跳闸，从而切除短路故障。

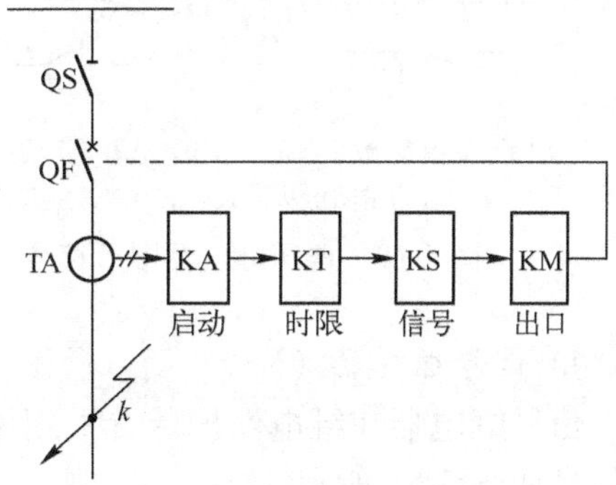

图 5-46　过电流保护框图

3. 常用保护继电器的符号

1）电流继电器（KA）

电流继电器的励磁线圈串接在主电路中，继电器按整定的电流值动作，反映电路电流的变化。为使串入电流继电器线圈后不影响被测电路电压，电流继电器的线圈导线粗、匝数少、阻抗小。

根据被测量电路的保护特点，电流继电器有过电流继电器和欠电流继电器两类。过电流继电器是在正常工作电流时不动作，当电流超过某一整定值时才动作；而欠电流继电器则是当电流小于某一整定值时才动作。电流继电器的图形符号如图 5-47 和图 5-48 所示。

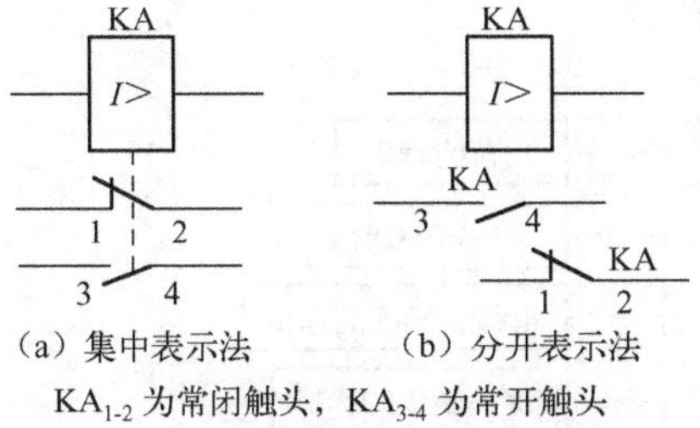

图 5-47　电磁式电流继电器图形符号

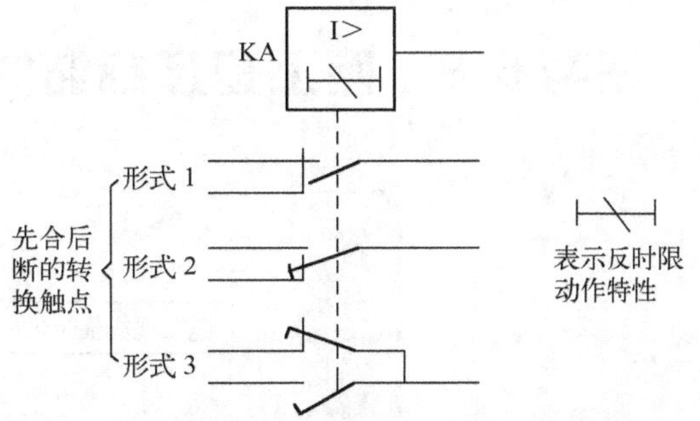

图 5-48　感应式电流继电器图形符号

2）电压继电器（KV）

电压继电器是主要用于控制电路作为失压保护或者欠电压保护的电器。它的线圈匝数多、阻抗大。电压继电器的图形符号如图5-49所示。

3）时间继电器（KT）

时间继电器在继电保护装置中用做时限元件，使保护装置的动作获得一定延时。图5-50是时间继电器的图形符号。

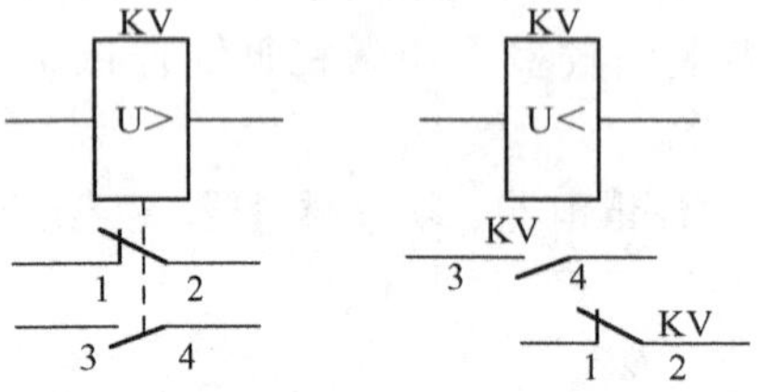

（a）集中表示法　　（b）分开表示法

KV_{1-2} 为常闭触头，KV_{3-4} 为常开触头

图5-49　电压继电器图形符号

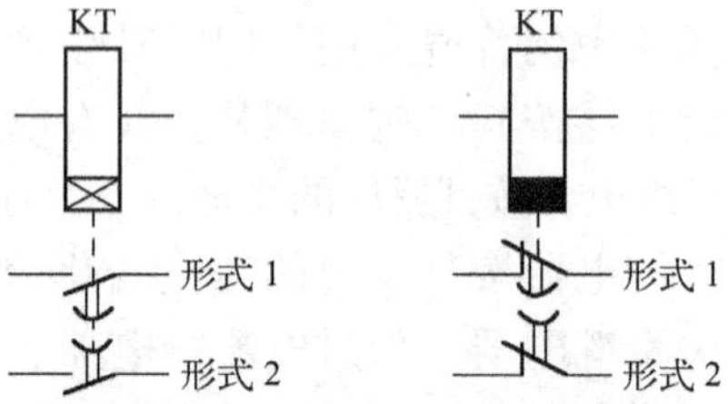

（a）带延时闭合触头的时间继电器　　（b）带延时断开触头的时间继电器

图5-50　时间继电器图形符号

4）信号继电器（KS）

信号继电器在继电保护装置中用做信号元件，指示保护装置已经动作。信号继电器的图形符号如图5-51所示。

5）中间继电器（KM）

中间继电器主要用于各种保护和自动装置中，以增加保护和控制回路的触头数量和触头容量。它通常用在保护装置的出口外，用来接通断路器的跳闸回路，故又称为出口继电器。图5-52是中间继电器的图形符号。

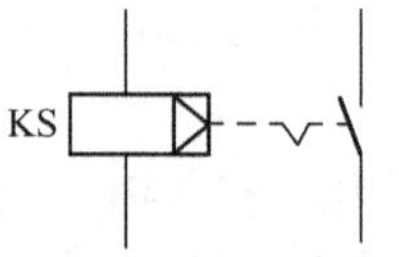

图5-51　信号继电器图形符号

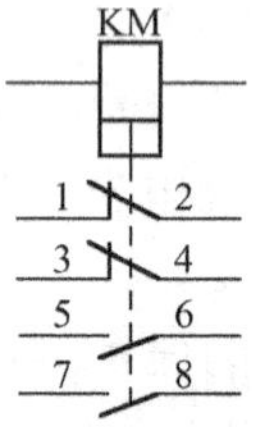

图5-52　中间继电器图形符号

任务5.8　施工现场临时供电设计

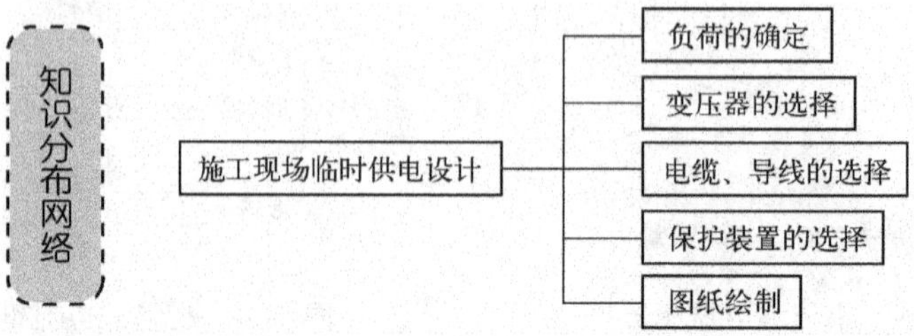

5.8.1　施工现场临时用电设备

建筑施工现场的用电设备主要是塔式起重机、混凝土搅拌机、电动打夯机等动力设备及照明设备，一般也采用220/380V电压，应采用TN-S系统的形式。但建筑施工现场的环境较为恶劣，通常是露天作业，用电设备经常移动，负荷随工程进度变化较大，并多属于临时设施。因此，建筑施工现场的供配电既要符合规范要求，又要考虑其临时性的特点，统筹兼顾，合理安排。

建筑施工现场的电源通常可采用下面几种途径解决：

（1）就近借用已有的配电变压器供电；

（2）先按图纸施工变配电所，从而取得施工电源；

（3）向供电部门提出临时用电申请，设置临时变压器；

（4）自建临时电站，如柴油发电机等。

5.8.2　用电负荷的确定

施工现场用电负荷的大小是选择电源容量的重要依据，同时，对合理选择导线并布置供电线路，以及正确选择各种电气设备，制订施工方案，安排施工进度等都是非常重要的。因此，必须通过准确的负荷计算，使设计工作建立在可靠的基础资料之上，从而得出经济合理的设计方案。

下面主要介绍计算负荷的确定。

确定计算负荷的方法较多，在实际供配电设计中，广泛采用需要系数法。这种方法计算简便，适用于计算没有特别大容量用电场所的计算负荷。

1. 三相用电设备的计算负荷

1）分别求各类用电设备的计算负荷

各类用电设备的有功计算负荷 P_c 与该类用电设备总的有功功率 P_e 之间的关系是：

$$P_c = K_d \cdot P_e$$

K_d 是同类设备的需要系数，可从相关手册中查到，但表中所列的需要系数值是用电设备台数较多时的数据。若用电设备台数较少，该需要系数值可适当大一点。如果仅有1～2台用电设备，则需要系数可取为1。

无功计算负荷　　$Q_c = P_c \cdot \tan\varphi$

视在计算负荷　　$S_c = \sqrt{P_c^2 + Q_c^2}$

计算电流　　$I_c = \dfrac{S_c^2}{\sqrt{3}U_N}$

在用电设备台数较少时，功率因数 $\cos\varphi$ 也可适当取小一点。

2）总的计算负荷

因为总的计算负荷是由不同类型的多组用电设备组成的，而各组用电设备的最大负荷往往不会同时出现，所以在确定总的计算负荷时，应乘以同时系数 K_s。同时系数的数值也是根据统计规律确定的。

对于工地变电所的低压母线：$K_{\sum} = 0.8 \sim 0.9$

对于工地变电所的低压干线：$K_{\sum} = 0.9 \sim 1.0$

因此，总的计算负荷为：

$$P_{c\sum} = K_{\sum} \cdot \sum P_c$$

$$Q_{c\sum} = K_{\sum} \cdot \sum Q_c$$

$$S_{c\sum} = \sqrt{P_{c\sum}^2 + Q_{c\sum}^2}$$

2. 单相用电设备的计算负荷

在建筑施工用电设备中，除了有大量的三相负荷外，还有一些单相负荷，如电焊机、电炉、电灯等。单相设备应尽量均匀地分配在三相线路上，以保持三相负荷尽可能平衡。若无法做到负荷在三相上的均匀分配，则应按负荷最大的一相进行计算。

5.8.3 变压器的选择

施工现场完全由临时变压器供电时，可按施工现场所有用电设备总的视在计算负荷选择变压器的容量，然后再依据原、副边的电压等级，从变压器的目录中选择出合适型号的变压器。

变压器原、副边电压的选择与用电量的多少、用电设备的额定电压，以及与高压电力网距离的远近等因素都有关系。总的来说，高压绕组的电压等级应尽量与当地高压电力网的电压一致，而低压绕组的电压等级则应根据用电设备的额定电压而定。当用电量较小(350kVA以下)、供电半径较小（不超过800m）时，多选用0.4kV的电压等级；当用电量和供电半径都较大时，则要由较高等级的电源供电。

1. 变压器容量的选择

由于建筑工地的用电具有一定的特殊性，其中主要是临时性强，负荷波动性大，因此，在选用临时配电变压器时应根据工地的实际情况，作出合理的选择，使其既能满足工地供配电要求，又不会造成设备的浪费。

变压器容量可按下式确定：

$$S_N \geq S_{c\sum}$$

2. 变压器数量的确定

鉴于建筑工地用电的临时性，且用电量不大，负载的重要性也不高，往往只选用一台变压器，由10kV的电网电压降到220/380V供电。如果集中负荷较大，或昼夜、季节性负荷波动较大，宜安装两台或两台以上变压器。

5.8.4　电缆、导线的选择

建筑工地施工用电，为了安全以采用橡胶绝缘导线为宜，为了节省铜材而采用铝线，因此，电缆、导线型号选择 BDX 型铝芯橡胶绝缘导线。

在选择导线的截面时，应根据具体的使用场合，按照发热条件和允许电压损失进行选择；按照机械强度来校验所选导线的截面。同时，在选择导线的截面时应满足铝芯绝缘导线的截面不小于 $16mm^2$、铜芯绝缘导线的截面不小于 $10mm^2$。具体的选择与校验方法可以参考前面有关内容。

5.8.5　低压配电系统的组成及保护装置的选择

1. 低压配电系统的组成

建筑工地的低压配电系统是由工地变压器、电缆或导线、开关箱等组成的。其中，工地变压器、导线及电缆在前面已经讲过，这里重点介绍建筑施工工地的配电箱。建筑施工工地的低压配电一般采用分级配电，因此，建筑工地的配电箱一般也分为三级：总配电箱、分配电箱、开关箱。

1）建筑工地的低压供配电线路

建筑工地的低压供配电线路绝大多数为三相四线制的供电系统，它可以提供 220/380V 两种电源，供不同负荷选用，也便于变压器中性点的工作接地和用电设备的工作接地及重复接地，以利于安全用电。施工工地的配电线路一般采用架空线，个别情况因架空有困难时也可考虑采用电缆敷设。架空线的优点是安装与维护方便，费用低，便于撤换，但在敷设中应当注意以下一些问题。

（1）应综合考虑运行、施工、交通条件和路径长度等因素，要求路径最短、转角最少，并尽可能减小转角的度数，尽量使线路取直线并保持线路水平。

（2）为了不妨碍工地的作用和交通，工地线路应尽可能地架设在道路一侧，临时电源线穿过人行道或公路时，绝不可摆在地面上任行人、车辆踩压，必须穿管埋地敷设。

（3）施工现场内一般不得架设裸导线，若所利用的原有的架空线为裸导线时，应根据施工情况采取防护措施。各种绝缘导线均不得成束架空敷设，不同电压等级的导线间应有 0.3 ～ 1m 的间距。

（4）各种配电线路应尽量减少与其他设施的交叉和跨越建筑物，并严禁跨越工地上堆积易燃、易爆物品的地方。如果不得已必须跨越时，应保证有足够的安全强度。

（5）架空线路与施工建筑物的水平距离一般不得小于 10m，与地面的垂直距离不得小于 6m，跨越建筑物时与其顶部的垂直距离不得小于 2.5m。塔式起重机附近的架空线路应在臂杆回转半径及被吊物 1m 以外。

（6）施工用电设备的配电箱应设置在便于操作的地方，并做到单机单闸，以便在发生事故时，能快速有效地拉闸切断电源。同时，露天配电箱应有防雨措施。

（7）供电线路电杆的间距和杆高应作合理的选择，电杆的间距一般为 25 ～ 60m，电杆应有足够的机械强度，不得有倾斜、下沉及杆基积水等现象。杆基与各种管道及水沟边的距离不应小于1m，与贮水池的距离不应小于2m，必要时应采取有效的加固措施。

(8) 暂时停用的线路应及时切断电源。工程竣工以后，临时配电线路及供配电设备应随时拆除。

2) 建筑工地的配电箱

配电箱是动力系统和照明系统的配电和供电中心。在建筑施工现场，凡是用电的场所，不论负荷的大小，都应按用电的情况安装适宜的配电箱。建筑工地的低压配电箱分电力配电箱和照明配电箱两类，原则上应分别设置，当动力负荷容量较小、数量较少时，也可以和照明设备共用同一配电箱。对于容量较大的设备及特殊用途的设备，如消防、警卫等设备，则应单独设置配电箱。

建筑施工用电一般采取分级配电，配电箱分三级设置：总配电箱、分配电箱和开关箱。配电箱和开关箱都是配电系统中使用频繁的设备，也是经常出现故障的地方，应进行正确的安装和使用，以保障安全，减少电气伤害事故的发生。

2. 低压配电系统保护装置的选择

(1) 配电线路采用熔断器作短路保护时，熔体额定电流应不大于电缆或穿管绝缘导线允许载流量的2.5倍，或明敷绝缘导线允许载流量的1.5倍。

(2) 配电线路采用低压断路器作短路保护时，其过电流脱扣器脱扣电流整定值，应小于线路末端的单相短路电流，并应能承受短时过负荷电流。

(3) 经常过负荷的线路、易燃易爆物邻近的线路、照明线路，必须有过负荷保护。

(4) 设过负荷保护的配电线路，其绝缘导线的允许载流量，应不小于熔断器熔体的额定电流或低压断路器长延时过电流脱扣器脱扣电流整定值的1.25倍。

(5) 电气设备的供电线路首端应装设漏电保护装置。漏电保护装置一般选用漏电保护器。

5.8.6 图纸绘制

图纸绘制包括动力配电系统图和施工现场电力供应平面布置图。施工现场电力供应平面布置图主要应包括以下内容：变压器的位置、配电线路的走向、主要配电箱和主要电气设计的位置等。

知识梳理

1. 电力系统是由发电厂、电力网及用户组成的统一整体，建筑供电系统一般从电网取得10kV的电压，进行电压变换后，将电能分配到各个用户。在建筑供电系统中，电源的质量从电压偏移、频率变化、波形畸变等方面衡量。

2. 负荷计算中最重要的就是求计算负荷，求计算负荷常用的方法有需要系数法、单位指标法、负荷密度法等。负荷计算的目的就是为了合理选择建筑供电系统的变压器、导线和其他高低压电气设备。

3. 短路电流计算的目的是选择电气设备，以保证电力系统的正常运行。掌握一种计算方法至关重要，关键在于明确概念，掌握公式。

4. 电力变压器是供电系统中的关键设备，它的作用是变换交流电压、实现电能的传递。按绝缘方式分，有油浸式和干式两种。由于油浸式变压器以变压器油为绝缘介质，一旦发生火灾扑救很困难，因而在对防火级别要求高的场所如高层建筑，采用干式变压器或其他阻燃型变压器。

电流互感器可以将大电流变换为小电流，电压互感器可以将高电压变换为低电压，以供测量、计量、继电保护等使用，并且能将仪表和继电器与高压系统可靠地隔离，保证了人身和设备的安全。它们的工作原理与变压器相同，一般电流互感器二次绕组的额定电流为5A，电压互感器二次绕组的额定电压为100V。使用时应根据需要选择不同的接线方式，并注意工作时电流互感器二次绕组不允许开路，电压互感器二次绕组不允许短路，二次绕组都必须有一端接地，连接时要注意端子极性。

5. 高压熔断器、高压隔离开关、高压负荷开关、高压断路器是变电所高压电路中重要的控制和保护电器。按正常运行条件选择、按短路条件进行校验是选择高压电气设备的基本原则。断路器、隔离开关、负荷开关等设备都必须进行短路稳定度校验。

6. 电缆按其用途可分为电力电缆和控制电缆两大类。它是各级电压配电装置的中间环节，它的作用是汇集和分配电流。母线一般多为裸导体，其优点是散热效果好，允许通过的电流大，安装简便，投资费用低。电缆和母线应按短路动稳定和热稳定校验。

7. 低压配电柜又称低压配电屏，它是按一定的线路方案由低压设备组合而成的一种低压成套配电装置。低压配电柜有固定式和抽屉式两大类。

8. 施工现场临时供电设计的主要内容包括：根据用电情况，确定计算负荷和供电方式，选择变压器的数量、类型和容量，选择导线的型号和截面等。建筑施工现场的低压配电系统是由工地变压器、导线、开关箱等组成的。

思考与练习题5

1. 什么叫电力系统？我国电力系统中的电压等级主要有哪些？
2. 什么叫电压偏移？如何保证电压偏移在规定的允许范围内？
3. 在建筑供电系统中，衡量电源质量的标准有哪些？如何改善建筑供电系统的电源质量？
4. 在建筑供电系统中，选择供电电源电压等级的原则是什么？
5. 什么叫计算负荷？负荷计算的目的是什么？
6. 计算负荷的类别及用途是什么？
7. 有一机修车间，拥有冷加工机床52台，共200kW；通风机4台，共5kW；电焊机3台，共10.5kW（$\varepsilon=65\%$）。车间采用220/380V三相四线制供电。试确定该车间的计算负荷P_C、Q_C、S_C、I_C。
8. 某220/380V的TN-C线路上，接有如表5-12所列的用电设备。试计算该线路上的计算负荷P_C、Q_C、S_C、I_C。

表5-12　用电设备

设备名称	380V单头手动弧焊机			220V电热箱		
接入相序	AB	BC	CA	A	B	C
设备台数	1	1	2	2	1	1
单台设备容量	21kVA $\varepsilon=65\%$	17kVA $\varepsilon=100\%$	10.3kVA $\varepsilon=50\%$	3kW	6kW	4.5kW

9. 短路故障产生的原因有哪些？短路电力系统有哪些危害？

10. 进行短路计算的目的是什么？

11. 什么是短路电流的电动效应？为什么要采用短路冲击电流来计算？

12. 什么是短路电流的热效应？为什么要采用短路稳态电流来计算？什么叫短路发热假想时间？如何计算？

13. 有一地区变电所通过一条长4km的10kV电缆线路供电给某建筑物一个装有两台并列运行的SL7-800型主变压器的变电所。地区变电站出口断路器的断流容量为300MVA。试求该变电10kV高压侧和380V低压侧的短路电流 I_k、I_{sh}、i_{sh} 及短路容量 S_k，并列出短路计算表。

14. 变压器的作用是什么？它是怎样工作的？电力变压器如何分类？

15. 干式变压器有何特点？适用场合如何？它有哪几种类型？

16. 我国6～10kV变电所电力变压器常用哪两种联结组？什么情况下采用Dyn11联结组？

17. 如何选择变电所变压器的台数、容量和绝缘结构？

18. 某10/0.4kV变电所，总计算容量为1400kVA，其中一、二级负荷为900kVA，试选择S9系列变压器的台数和容量。

19. 电流互感器有哪几种接线方式？适用范围如何？

20. 电压互感器有哪几种接线方式？适用范围如何？

21. 高压熔断器的作用是什么？它有哪几种类型？分别适用于什么场合？

22. 高压隔离开关与断路器配合使用时，为何要在两者之间加装闭锁装置？

23. 高压负荷开关的作用是什么？

24. 高压断路器的作用是什么？它有哪几种类型？

25. 高压少油断路器、真空断路器和六氟化硫断路器各自的灭弧介质是什么？灭弧性能如何？各适用于什么场合？

26. 试画出高压断路器、高压隔离开关和高压负荷开关的图形与文字符号。

27. 高压开关柜有哪几种类型？各有何特点？开关柜的“五防”功能指的是什么？

28. 选择高压开关设备和高压熔断器应满足哪些条件？高压开关为何要进行短路稳定度校验？

29. 选择导线和电缆截面应满足哪些条件？

30. 低压系统基本配电方式有哪几种？各有何特点？

31. 主结线设计的基本要求是什么？

32. 主结线中母线在什么情况下分段？分段的目的是什么？

33. 写出常用继电器的文字符号和图形符号。

34. 使用电流互感器和电压互感器时应注意哪些事项？

35. 继电保护的任务是什么？

项目6

建筑电气安全系统设计

教学导航

教	项目简介	在日常生活中，照明设备的应用和分布很广泛，而且线路分支较复杂，为了保障照明设备和人身安全，必须重视照明设备及其线路的电气安全。保护接地和防雷接地可有效地实现设备和线路的电气安全。在本项目中，以住宅为例，主要介绍建筑物防雷、接地、等电位连接等内容，以及安全用电的基本知识
	教学载体	以某大学学生宿舍楼的防雷与接地工程为教学载体，介绍建筑物防雷与接地工程设计的要求和方法
	推荐教学方式	分组学习、角色扮演
	建议学时	8 学时
学	学生知识储备	1. 建筑构造与识图的基本知识 2. 防雷设计规范的基本知识
	能力目标	熟悉防雷设计规范，掌握建筑防雷和接地系统的设计方法；具有系统中所用设备的选型及电路接线技能；具有接地电阻的测试能力；能独立完成防雷接地系统的设计、设备选型与接线安装的工作任务；在了解线路的形式和设备组成的基础上，进行接地和防雷的设计

教学过程示意图

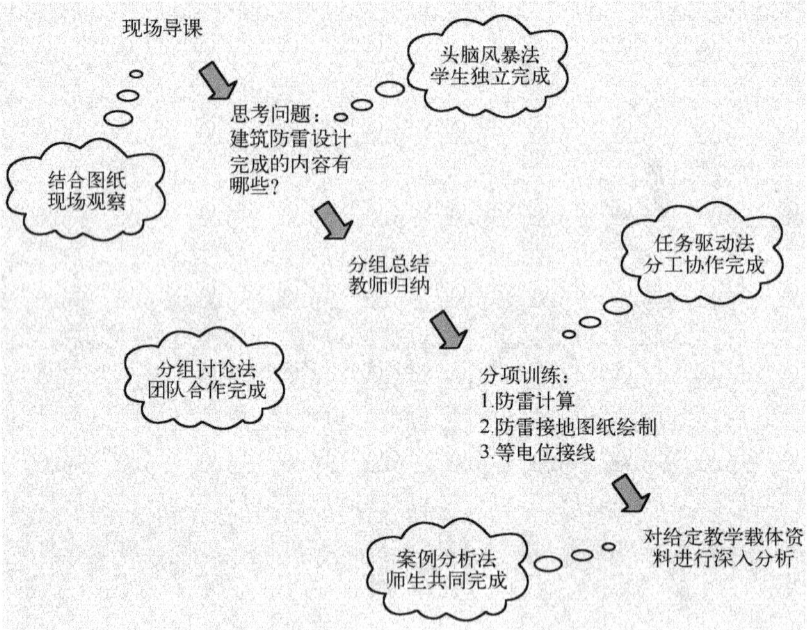

训练方式和手段

整个训练分为四个阶段：

第一阶段

训练目的：结合工程图纸和现场，熟悉防雷接地工程所涉及的内容。

训练方法：现场参观。

问题如下：

1. 防雷接地图纸表达的内容有哪些？
2. 防雷设计的计算内容有哪些？
3. 等电位连接的种类有哪些？

第二阶段

训练目的：结合教学载体任务，完成防雷相关计算。

训练方法：分组训练。

训练步骤：

1. 总结设计中需要的计算数据。
2. 各组将总结结果进行表述。
3. 各组之间相互讨论。
4. 教师给出完整答案。
5. 学生完成相应的公式汇总。
6. 依据任务要求进行计算。

第三阶段

训练目的：绘制防雷设计平面图。

训练方法：利用多媒体教室进行教学。

训练步骤：

1. 熟悉软件使用。
2. 学生个人绘制平面图。
3. 小组研究，确定最终方案。
4. 分组汇报，图纸展示与评价。

第四阶段

训练目的：等电位接线。

训练方法：现场操作 。

内容如下：

1. 局部等电位接线训练。
2. 总等电位接线训练。

学生学习成果展示：

1. 防雷计算书
2. 防雷接地平面图
3. 等电位接线图

教学载体 学生宿舍楼的防雷与接地设计

【设计条件】

某大学学生宿舍楼，建筑面积 6 735m^2，总高度 30.10m，其中主体檐口距地面 23.9m，其屋顶防雷平面图如图 6-1 所示。

【设计范围】 防雷设计、接地设计。

【设计要点提示】

（1）本建筑属于三类防雷建筑物。

（2）避雷线应选 *d*10 镀锌圆钢，沿屋顶女儿墙、突出屋面的楼梯间屋顶四周敷设，支架高度 100mm，支撑点间距不大于 1.0m，转弯处不大于 0.5m，详见《建筑物、构筑物防雷设施安装》（图集编号 D562）。

（3）引下线利用构造柱内主筋，具体见平面图所示。钢筋应通长焊接，其上端用 *d*10 圆钢与接闪器焊接，详见《利用建筑物金属体做防雷及接地装置》（图集编号 03D501－3）。引下线下端应与接地装置焊接，且在室外地面下 0.8m 处爆出一根 *d*12 镀锌圆钢，伸向室外距外墙边的距离不小于 1.0m。引下线距室外 0.5m 高处用一块 60×6、$L=100$ 的扁钢做预埋连接板，供测试用，具体位置见平面图，做法详见 03D501－3。

（4）利用全部基础内钢筋通焊做接地体，其中两根筋需焊接成电气通路，做法详见 86SD566。

（5）架空和直埋地的金属管道在进出建筑物处应就近与防雷装置相连。

（6）低压配电系统接地形式为 TN－S 系统，由变电所引出专用 PE 线，与 N 线严格分开，所有正常不带电金属构架等均应与 PE 线作良好的电气连接。PE 线干线为 40×4 镀锌扁钢，

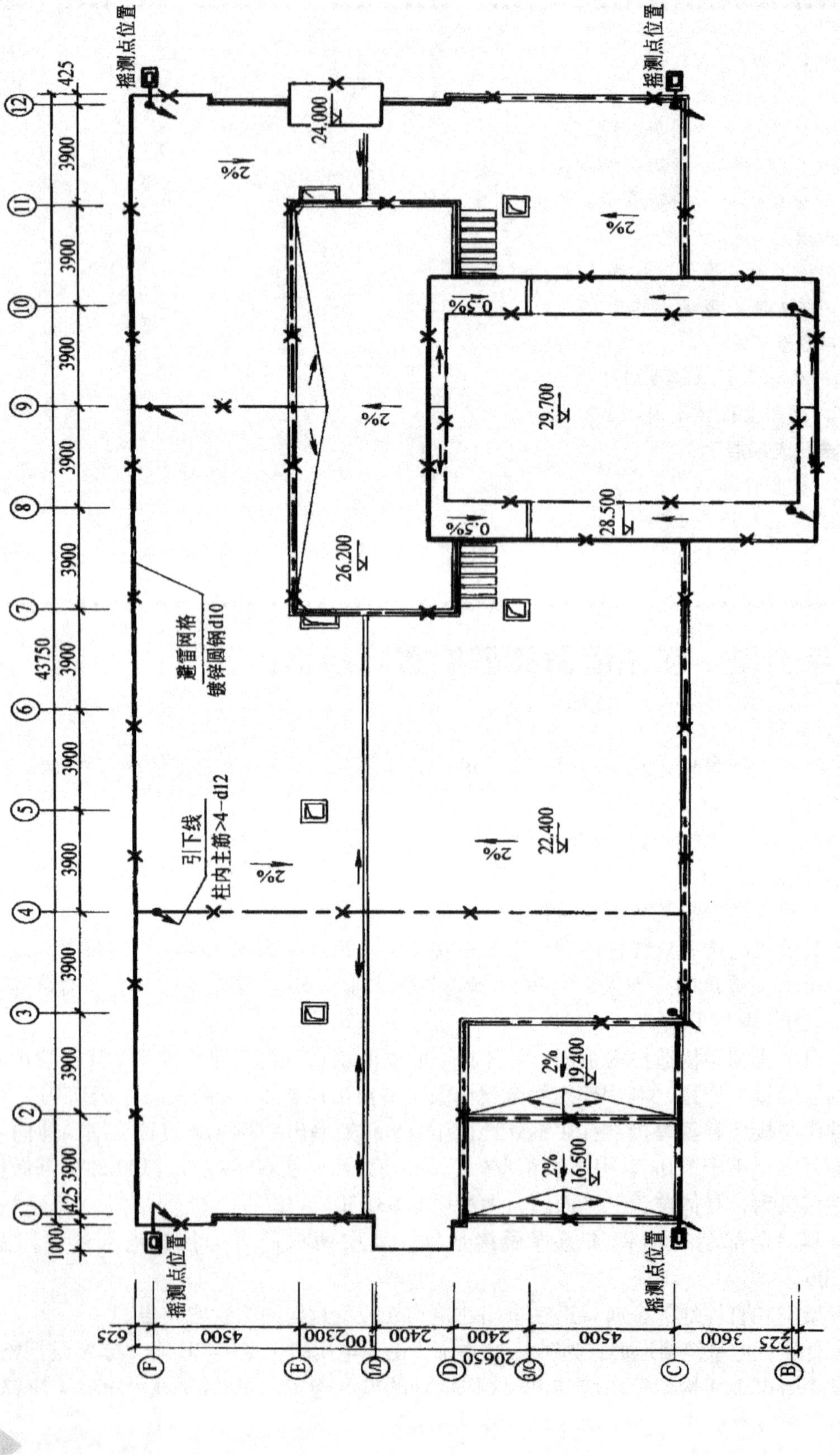

图6-1　学生宿舍楼屋顶防雷平面图

沿电缆沟和桥架敷设。重复接地与防雷接地及弱电系统接地共用接地极，综合接地电阻不大于 1Ω，当实测不符时应补打人工接地极。

任务 6.1　防雷系统设计

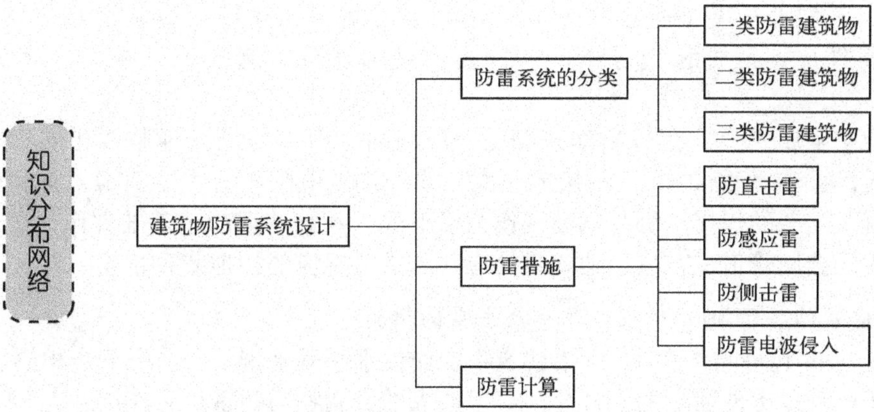

6.1.1　建筑物的防雷系统设计分类

建筑物根据其重要性、使用性质、发生雷电事故的可能性和后果，按防雷要求分为三级，对防雷设计有不同的要求。

1. 一类防雷建筑物

1）防直击雷的措施

（1）装设独立避雷针或架空避雷线（网），使被保护建筑物的风帽、放散管等突出屋面的物体均处于接闪器的保护范围内。避雷网的网格尺寸不应大于 10m×10m。

（2）独立避雷针的杆塔、架空避雷线的端部和架空避雷网的各支柱处应至少设一根引下线。对用金属制成或有焊接、绑扎连接钢筋网的杆塔、支柱，宜利用其作为引下线。

（3）独立避雷针和架空避雷线的支柱及其接地装置至被保护建筑物及与其有联系的管道、电缆等金属物之间的距离不得小于 3m。

（4）架空避雷线至屋面和各种突出屋面的风帽、放散管等物体之间的距离不得小于 3m。

（5）独立避雷针、架空避雷线或架空避雷网应有独立的接地装置，每一引下线的冲击接地电阻不宜大于 10Ω。在土壤电阻率高的地区，可适当增大冲击接地电阻。

2）防雷电感应的措施

（1）建筑物内的设备、管道、构架、电缆的金属外皮、钢屋架、钢窗等金属物均应接到防雷电感应的接地装置上。金属屋面周边每隔 18m 以内应采用引下线接地一次。

（2）平行敷设的管道、构架、电缆的金属外皮等长金属物，其净距小于 100mm 时应采用金属线跨接，跨接点的间距不应大于 30m；交叉净距小于 100mm 时，其交叉处应跨接。

(3) 防雷电感应的接地装置应和电气设备的接地装置共用，其工频接地电阻不应大于10Ω。屋内接地干线与防雷电感应接地装置的连接不应少于两处。

3) 防雷电波侵入的措施

(1) 低压线路宜全线采用电缆直接埋地敷设，在入户端应将电缆的金属外皮、钢管接到防雷电感应的接地装置上。架空线应使用一段金属铠装电缆或护套电缆穿钢管直接埋地引入，其埋地长度不应小于15m。在电缆与架空线连接处应装设避雷器，避雷器、电缆的金属外皮、钢管和绝缘子的铁脚、金具等连在一起接地，冲击接地电阻不宜大于10Ω。

(2) 架空金属管道，在进出建筑物处，应与防雷电感应的接地装置相连。距离建筑物100m内的管道，应每隔25m左右接地一次，冲击接地电阻不宜大于20Ω，宜利用金属支架或钢筋混凝土支架的焊接、绑扎钢筋网作为引下线，其钢筋混凝土基础宜作为接地装置。埋地或地沟内的金属管道，在进出建筑物处应与防雷电感应的接地装置相连。

4) 当建筑物高于30m时应采取防侧击雷的措施

(1) 从30m起每隔不大于6m沿建筑物四周设水平避雷带，并与引下线相连。

(2) 30m及以上外墙上的栏杆、门窗等较大的金属物与防雷装置连接。

(3) 在电源引入的总配电箱处装设过电压保护器。

2. 二类防雷建筑物

19层以上的住宅建筑和高度超过50m的其他民用建筑物属于二类防雷建筑物。

1) 防直击雷的措施

(1) 建筑物上的避雷针或避雷网（带）混合组成接闪器，避雷网的网格尺寸不应大于15m × 15m。

(2) 至少设两根引下线，在建筑物的四周均匀或对称布置，其间距不应大于20m。

(3) 每一引下线的冲击接地电阻不宜大于10Ω。防直击雷接地可与防雷电感应、电气设备等的接地共用同一接地装置，也可与埋地金属管道相连。当不共用、不相连时，两者之间的距离不得小于3m。在共用接地装置与埋地金属管道相连的情况下，接地装置应围绕建筑物敷设成环形接地体。

(4) 敷设在混凝土中作为防雷装置的钢筋或圆钢，当仅有一根时，其直径不应小于10mm。被利用作为防雷装置的混凝土构件内有箍筋连接的钢筋，其截面积总和不应小于一根10mm钢筋的截面积。

2) 防雷电感应的措施

(1) 建筑物内的设备、管道、构架等金属物就近接到防直击雷接地装置或电气设备的保护接地装置上。

(2) 防雷电感应的接地干线与接地装置的连接不应少于两处。

(3) 平行敷设的管道、构架、电缆的金属外皮等长金属物，与一类防雷建筑物的防雷措施相同。

3) 防止雷电波侵入的措施

(1) 低压线路宜全线采用电缆直接埋地敷设或敷设在架空金属线槽内的电缆引入时，在入户端应将电缆的金属外皮、金属线槽接地。架空线应使用一段金属铠装电缆或护套电缆穿钢管直接埋地引入，其埋地长度不应小于 15m。在电缆与架空线连接处应装设避雷器，避雷器、电缆的金属外皮、钢管和绝缘子的铁脚、金具等连在一起接地，冲击接地电阻不宜大于 10Ω。

(2) 架空金属管道，在进出建筑物处，应就近与防雷的接地装置相连。当不连接时，架空管道应接地，距离建筑物 25m 接地一次，冲击接地电阻不宜大于 10Ω。

4) 当建筑物高于 45m 时应采取防侧击雷和等电位的保护措施

(1) 利用钢柱或柱子钢筋作为防雷装置引下线。

(2) 30m 及以上外墙上的栏杆、门窗等较大的金属物与防雷装置连接。

(3) 竖直敷设的金属管道及金属物的顶端和底端与防雷装置连接。

3. 三类防雷建筑物

1) 防直击雷的措施

(1) 建筑物上的避雷针或避雷网（带）混合组成接闪器，避雷网的网格尺寸不应大于 20m×20m 或 24m×16m。

(2) 至少设两根引下线，在建筑物的四周均匀或对称布置，其间距不应大于 18m。

(3) 每一引下线的冲击接地电阻不宜大于 30Ω，公共建筑物不大于 10Ω，其接地装置与电气设备等接地共用，也可与埋地金属管道相连。当不共用、不相连时，两者之间的距离不得小于 2m。在共用接地装置与埋地金属管道相连的情况下，接地装置应围绕建筑物敷设成环形接地体。

2) 防止雷电波侵入的措施

低压线路宜全线采用电缆直接埋地敷设或敷设在架空金属线槽内的电缆引入时，在入户端应将电缆的金属外皮、金属线槽接地。在电缆与架空线连接处应装设避雷器，避雷器、电缆的金属外皮、钢管和绝缘子的铁脚、金具等连在一起接地，冲击接地电阻不宜大于 30Ω。

3) 当建筑物高于 60m 时应采取的防雷措施

当建筑物高于 60m 时，60m 及以上外墙上的栏杆、门窗等较大的金属物与防雷装置连接。

6.1.2　民用建筑防直击雷的装置

民用建筑的防雷措施，原则上是以防直击雷为主要目的，防直击雷的装置一般由接闪器、引下线和接地装置三部分组成。

1. 接闪器

接闪器是直接接受雷击的避雷针、避雷带（线）、避雷网，以及用做接闪的金属屋面和金属构件等。

1）接闪器的选用

接闪器的规格参见表 6-1。

表 6-1　接闪器的规格

种　　类	安装部位	材料规格	备　　注
避雷针	屋面	针长 1m 以下：圆钢直径 12mm 钢管直径 20mm 针长 1 ～ 2m：圆钢直径 16mm 钢管直径 25mm	避雷针的保护角：平原地区为 45°，山区为 37°
	烟囱、水塔	圆钢直径 20mm 钢管直径 40mm	
避雷带 避雷网	屋面	圆钢直径 8mm 钢管直径 48mm 厚度 4mm	
避雷环	烟囱、水塔顶部	圆钢直径 12mm 钢管直径 100mm 厚度 4mm	
避雷线	架空线路的杆、塔	镀锌钢绞线截面不小于 $35mm^2$	跨度过大时，应作机械强度验算

2）避雷针

表 6-2 是不同防雷等级接闪器的规格。

表 6-2　不同防雷等级接闪器的规格

建筑物的防雷等级	滚球半径	避雷网尺寸/m
一类	30	10×10
二类	45	15×15
三类	60	20×20

3）避雷带

避雷带是指在平顶房子屋顶四周的女儿墙或坡屋顶的屋脊、屋檐上装上金属带作为接闪器，并把它与大地进行良好的连接，从而得到好的避雷效果。

4）避雷网

避雷网是指利用钢筋混凝土结构中的钢筋网进行防雷电保护。

2. 引下线

1）引下线的要求

引下线是指连接接闪器和接地装置的金属导体。

(1) 引下线应沿建筑物的外墙敷设，并经最短路径接地，建筑艺术要求较高的可作暗敷，但截面应加大一级。

(2) 建筑物的金属构件（如消防梯等）、金属烟囱、烟囱的金属爬梯等可作为引下线，但其所有部件之间均应连成电气通路。

(3) 利用建（构）筑物钢筋混凝土中的钢筋作为防雷引下线时，其上部（屋顶上）应与接闪器焊接，下部在室外地坪下 0.8 ～ 1m 处焊接出一根 ϕ12mm 或 40mm×4mm 的镀锌导体。此导体伸向室外距墙外皮的距离不宜小于 1m，并符合下列要求：

① 当钢筋直径为 16mm 及以上时，应利用两根钢筋（绑扎或焊接）作为一组引下线；

② 当钢筋直径为 10mm 及以上时，应利用四根钢筋（绑扎或焊接）作为一组引下线。

(4) 当建（构）筑物钢筋混凝土内的钢筋具有贯通性连接（绑扎或焊接），并满足 (3) 的要求时，竖向钢筋可作为引下线，横向钢筋若与引下线有可靠的连接（绑扎或焊接），可作为均压环。

2) 引下线的规格

引下线的规格参见表 6-3。

表 6-3 引下线的规格

<table>
<tr><th>种 类</th><th>安装部位</th><th>材料规格</th><th>备 注</th></tr>
<tr><td>人工引下线</td><td>外墙
（经最短路径接地）</td><td>圆钢直径 8mm
扁钢截面 48mm²
厚度 4mm</td><td rowspan="2">1. 多根引下线时，为便于测量接地电阻，在各引下线距地 0.3m ～ 1.8m 之间设置断接卡
2. 在易受机械损伤的地方，地上约 1.7m 至地下 0.3m 的一段接地线应暗敷设或由镀锌角钢、改性塑料管或橡胶管保护</td></tr>
<tr><td>建筑物的金属构件、金属烟囱、金属爬梯</td><td>烟囱、水塔</td><td>圆钢直径 12mm
扁钢截面 100mm²
厚度 4mm</td></tr>
</table>

3. 接地装置

接地装置的要求如下。

(1) 垂直接地体的长度宜为 2.5m，为了减小相邻接地体的屏蔽效应，垂直接地体间的距离及水平接地体间的距离一般为 5m，当受地方限制时，可适当减小。

(2) 接地体埋设深度不宜小于 0.6m，接地体应远离由于高温影响（如烟道等）使土壤电阻率升高的地方。

(3) 为降低跨步电压，防直击雷的人工接地装置距建筑物入口处及人行道不应小于 3m，当小于 3m 时应采取下列措施之一：

① 水平接地体局部深埋不应小于 1m；

② 水平接地体局部包以绝缘物（如 50 ～ 80mm 厚的沥青层）；

③ 采用沥青碎石地面或在接地装置上面敷设 50 ～ 80mm 厚的沥青层，其宽度超过接地装置 2m。

(4) 当基础采用以硅酸盐为基料的水泥和周围土壤的含水量不低于 4%，以及基础的外表面无防腐层或有沥青质的防腐层时，钢筋混凝土基础内的钢筋宜作为接地装置，应符合下列条件：

① 每根引下线处的冲击接地电阻不宜大于 5Ω；

② 敷设在钢筋混凝土中的单根钢筋或圆钢，其直径不应小于 10mm。被利用作为防雷装置的混凝土构件、被用于箍筋连接的钢筋，其截面积总和不应小于一根直径 10mm 钢筋的截

面积。

（5）沿建筑物外面四周敷设成闭合环状的水平接地体，可埋设在建筑物散水及灰土基础以外的基础槽边。

技能训练 32　高层建筑的防雷设计与施工

均压措施：高层建筑物必然是钢筋混凝土结构、钢结构的建筑物，应充分使用其金属物做防雷装置的一部分，将其金属物尽可能连成整体。钢筋混凝土构件和钢构架中的钢筋应互相连接，构件之间必须连接成电气通路，使整个建筑物处于均压中。

防侧击雷措施：金属幕墙、铝合金门窗框架等较大的金属物，如果与地面的距离等于滚球半径及以上时，应将其与防雷装置连接，这是首先应采取的防侧击雷的预防性措施。

金属幕墙的连接导体必须敷设在金属幕墙的金属立柱与连接着圈梁或柱子钢筋的预埋件之间，使金属幕墙与整个建筑物的防雷装置连接成电气通路。如果施工时没有埋设预埋件，而用膨胀螺栓固定金属幕墙的安装锚板，则必须先采用不小于 8mm 直径的圆钢或 4mm × 12mm 扁钢，将每层每块锚板串连起来，形成自身的防雷体系，然后与主体结构的防雷体系可靠连接，连接间距参照避雷网网格尺寸：二类防雷建筑物必须≤10m × 10m 或 12m × 8m，三类防雷建筑物必须≤20m × 20m 或 24m × 16m。

铝合金门窗连接导体的敷设必须在铝合金门窗框定位后、墙面装饰层或抹灰层施工前进行，连接导体应采用截面不小于 $100mm^2$ 的钢材，用铆钉或螺钉紧固于窗框上。连接导体引出端应采用不小于 8mm 直径的圆钢或 4mm × 12mm 扁钢，连接导体引出端与防雷装置引出线进行搭接焊接时，搭接长度必须≥50mm，满焊缝。

6.1.3　防雷计算

避雷针保护范围的确定方法有保护角法和滚球法。下面介绍使用滚球法对单根避雷针保护范围的计算。

单支避雷针保护范围如图 6-2 所示，其中 r_x 表示避雷针在 h_x 高度的 xx' 平面上的保护半径，单位为 m；h_r 为滚球半径，按《建筑物防雷设计规范》的有关规定选择，见表 6-4，单位为 m；h_x 为被保护物的高度，单位为 m；r_0 为避雷针在地面上的保护半径。

表 6-4　用滚球法确定单根避雷针的保护范围时滚球半径的选择

建筑物防雷类别	滚球半径 h_r（m）
一类防雷建筑物	30
二类防雷建筑物	45
三类防雷建筑物	60

单支避雷针保护范围应按下列方法确定。

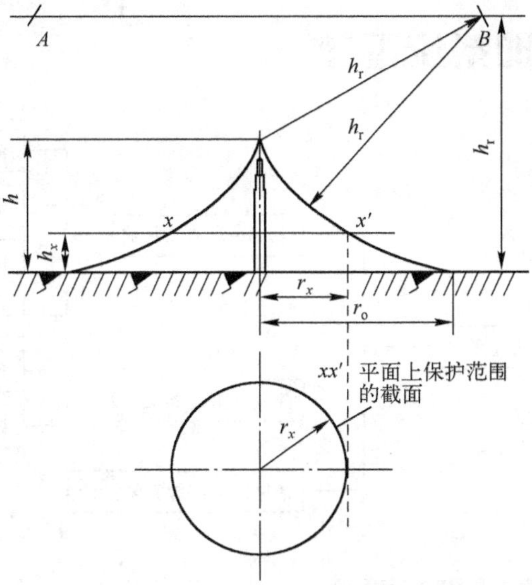

图 6-2 单支避雷针保护范围

1. 当避雷针高度 $h \leqslant h_r$ 时

首先在距地面 h_r 处作一平行于地面的平行线，然后以针尖为圆心、以 h_r 为半径作弧线，交于平行线上的 A、B 两点，再以 A、B 为圆心，以 h_r 为半径作弧线，该弧线与针尖相交并与地面相切，从此弧线起到地面上就是避雷针的保护范围。

避雷针在 h_r 高度的 xx' 平面图上的保护半径 r_x 可由下式计算：

$$r_x = \sqrt{h \cdot (2h_r - h)} - \sqrt{h_x \cdot (2h_r - h_x)}$$

避雷针在地面上的保护半径 r_0 可由下式确定：

$$r_0 = \sqrt{h \cdot (2h_r - h)}$$

2. 当避雷针的高度 $h > h_r$ 时

如果避雷针的高度超过滚球半径，其在地面上的保护半径 r_0 即为 h_r，而避雷针在 h_r 高度的 xx' 平面上的保护半径 r_x 可由下式计算：

$$r_x = h_r - \sqrt{h_x \cdot (2h_r - h_x)}$$

知识梳理

1. 建筑物按防雷要求分为三级：一类防雷建筑物、二类防雷建筑物和三类防雷建筑物。

2. 19 层以上的住宅建筑和高度超过 50m 的其他民用建筑物属于二类防雷保护。

3. 民用建筑的防雷以防直击雷为主要目的，防直击雷的装置一般由接闪器、引下线和接地装置三部分组成。

4. 确定避雷针保护范围通常采用滚球法。

任务 6.2　接地系统设计

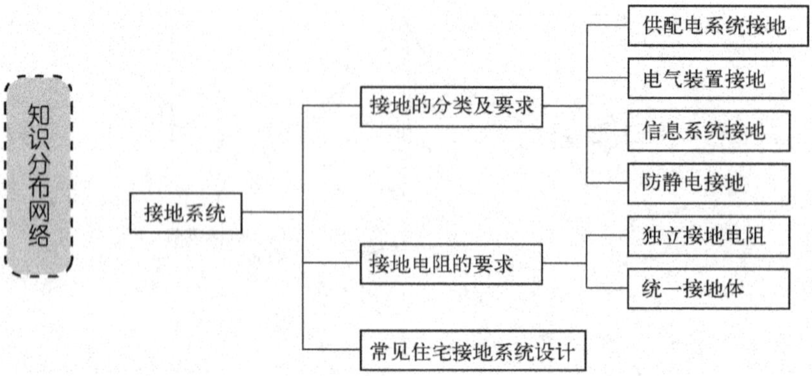

6.2.1　接地系统的类型及要求

电气系统（包括电力装置和电子设备）的接地可分为功能性接地和保护性接地。

功能性接地包括电力系统中性点接地、防雷接地及电子设备的信号接地（即为保证信号具有稳定的基准电位而设置的接地）、功率接地（即除电子设备系统以外的其他交、直流电路的工作接地）、电子计算机的直流接地（包括逻辑及其他模拟量信号系统的接地）和交流工作接地。

保护性接地包括电力用电设备、电子设备和电子计算机等的安全保护接地（包括保护接地和接零）。

1. 各种接地的要求

1）低压配电系统接地的基本要求

电气装置的外露导电部分应与保护线连接；能同时触及的外露导电部分应接至同一接地系统；建筑物电气装置应在电源进线处作总等电位连接；TN 系统和 TT 系统应装设能迅速自动切除接地故障的保护电器；IT 系统应装设能迅速反应接地故障的信号电器，必要时可装自动切除接地故障的电器；对于 TN 系统，N 线与 PE 线分开后，N 线不得再与任何“地”做电气连接。

2）电气装置接地

（1）保护接地的范围

应接地或接保护线的电气设备外露导电部分及装置外导电部分有：电器的柜、屏、箱的框架，金属架构和钢筋混凝土架构，以及靠近带电体的金属围栏和金属门；电缆的金属外皮，穿导线的钢管和电缆接线盒、终端盒的金属外壳等。

除另有要求外，可不接地或接保护线的电气设备外露导电部分有：正常环境干燥场所交流标称电压 50V 以下、直流 120V 以下电气设备（Ⅲ级设备）的金属外壳；安装在电器屏、柜上的电器和仪器外壳；安装在已接地的金属架构上的设备，如套管等（应保证电气接触良好）。

（2）电气装置接地的一般要求

保护性接地和功能性接地可采用共同的或分开的接地系统；在建筑物的每个电源进线处应作总等电位连接。

3）信息系统接地

建筑物内的信息系统（电子计算机、通信设备、控制装置等）接地分信号地和安全地两种。

除非另有规定，一般信息系统接地应采取单点接地方式。竖向接地干线采用35mm^{2}的多股铜芯线缆（如VV－1kV－1×35）穿金属管、槽敷设，其位置宜设置在建筑物的中间部位，尤其不得与防雷引下线相邻平行敷设，以避免防雷引下线的强磁场干扰，此外严禁再与任何“地”有电气连接。金属管、槽还必须与PE线连接。由设备至接地母线的连接导线应采用多股编织铜线，且应尽量缩短连接距离。

各种接地宜共用一组接地装置，接地电阻不大于1Ω。若信号接地采用独立的专用接地系统，与其余接地系统的地中距离不宜小于20m。当建筑物未装设防雷装置时，专用接地系统宜与保护接地系统分开。信息系统接地如图6-3所示。

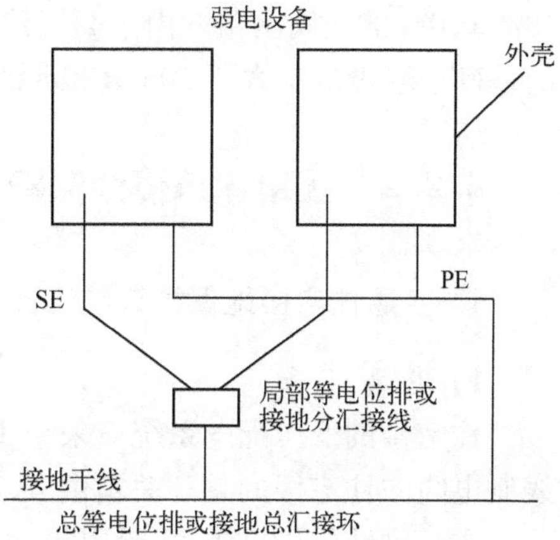

图6-3　信息系统接地

4）防静电接地

凡可能产生静电危害的管道和设备均应接地，一般接地点不少于两处。对于电子计算机房、洁净室、手术室等房间，一般采用接地的导静电地面或导静电活动地板。对于专门用于防静电接地的接地系统，其接地电阻不宜大于100Ω，若与其他接地共用接地系统，则接地电阻应符合其中的最小值要求。为保证人员安全，防静电接地的接地线应串联一个1MΩ的限流电阻，即通过限流电阻与接地装置相连，防静电接地的接地线不小于6mm^2。

2. 接地装置

接地装置包括接地体、接地线和接地母排。

接地体和接地线的设置应满足：接地电阻应能始终满足工作接地和保护接地规定值的要求；应能安全地通过正常泄漏电流和接地故障电流；选用的材质及其规格在其所在的环境内应具备相当的抗机械损伤、腐蚀和其他有害影响的能力。

应充分利用自然接地体（如水管、基础钢筋、电缆金属外皮等），但应注意：选用的自然接地体应满足热稳定的条件；应保证接地装置的可靠性，不致因某些自然接地体的变动而受影响（如用自来水管作自然接地体时，应与其主管部门协议，在检修水管时应事先通知电气人员做好跨接线，以保证接地始终接通有效）；为安全起见，在利用自然接地体时，应采用至少两种以上，比如在利用水管的同时还利用基础钢筋；可燃液体或气体及供暖管道禁止用做保护接地体。

人工接地体可以采用水平敷设的圆钢或扁钢，垂直敷设的角钢、钢管或圆钢，也可采用金属接地板。人工接地体一般优先采用水平敷设方式。

人工接地体常用材料规格：镀锌圆钢 d20，镀锌钢管 SC40，镀锌角钢 50×50×5，镀锌扁钢 40×4（腐蚀性较强或重要场所 50×5），铜板 1 000×1 000×10 或 1 500×1 500×10。

接地母线或总接地端子作为一建筑物电气装置内的参考电位点，通过它将电气装置的外露导电部分与接地体相连接，也通过它将电气装置内的诸总等电位连接线互相连通。接地母线宜靠近进线配电箱装设，每一电源进线箱都应设置单独的接地母排，它不应与配电箱的PE 线或 PEN 线母线合用，以便在近旁无带电导体条件下安全地进行定期检验。接地母排可嵌墙暗装，也可在墙面明装，但都必须加门或加罩保护，且需用钥匙或工具才能开启，以防无关人员误动。总等电位排可采用 100×10×1 000 或 100×7×1 000 的扁铜板，每隔 50mm 钻 d（21 ～ 25）的圆孔，供等电位连接用。

对于地下等电位连接，一般要求地面上任意一点距接地体不超过 10m，即要求地面下有 20m×20m 的金属网格。由于高层建筑一般采用基础钢筋作接地体，因此，要求作为接地体的基础钢筋做成不大于 20m×20m 的网格。

6.2.2 民用建筑接地保护系统设计

1. 普通住宅接地保护系统设计

1）电源

住宅楼的低压配电系统应采用 TN－C－S 系统，由小区变电所以 TN－C 系统采用三相四线制电缆向住宅楼的总开关箱供电，在电源线入户处重复接地。

重复接地的做法是由专用接地极或基础接地网在总开关箱对应的位置处焊接出一根 ϕ10mm 的镀锌圆钢（或 40mm×4mm 的镀锌扁钢）到总开关箱的接地端子，由小区变电所引来供电的铠装电缆外皮或普通电缆所穿的保护钢管，均应与此接地端子焊接相连，电缆的中性线也与此接地端子焊接。

重复接地的接地电阻应≤10Ω，若防雷接地、中性点接地、保护接地共用接地极，则此电阻应≤1Ω。

2）配线

自楼内总开关箱开始，中性线（N）与保护线（PE）严格分开，从总开关箱至各单元的电度表箱采用三相五线制电缆，其中一芯为专用 PE 线，或采用三相四线制电缆和一根导线做 PE 线。

各单元的电度表箱中也各设一接地端子，从电度表箱至住户终端配电箱用 BV 导线作 PE 线，从住户终端配电箱至用电设备的插座也均用导线作 PE 线，但截面不小于 2.5mm^2。

3）等电位保护

住宅楼应采用两级等电位保护，一是整栋住宅楼的总等电位连接，二是每户住宅卫生间的辅助等电位连接。

4）漏电保护

从全面防火及人身保护出发，漏电开关最好设于住宅楼的电源总进线处或住户终端配电箱的进线处。

对四极开关要求分断时必须先断相线，后断开N线，接通时先接通N线，后接通相线。单相支路相线和N线可同时切断。

2. 智能化住宅的接地设计

智能化住宅应设置电子设备的直流接地、交流工作接地、安全保护接地、防雷保护接地。此外，如果智能化住宅内具有防静电要求的程控交换机房、计算机房、消防及火灾报警监控室，以及大量易受电磁波干扰的精密电子仪器设备，则在智能化住宅的设计和施工中，还应考虑防静电接地和屏蔽接地的要求。一般智能化住宅应采取的各种接地措施有以下几种。

1）防雷接地

智能化住宅内有电子设备与布线系统，如通信系统、火灾报警控制系统、保安监控系统、闭路电视系统等，及其相应的布线系统。因此对智能化住宅的防雷接地设计必须严密可靠。智能化住宅的所有功能接地，必须以防雷接地系统为基础，并建立严密完整的防雷结构。

有的智能化住宅属于一级负荷，应按一级防雷建筑物的保护措施设计，接闪器采用针带组合接闪器，避雷带采用25mm×4mm镀锌扁钢在屋顶组成≤10m×10m的网格，该网格与屋面金属构件做电气连接，与大楼柱子钢筋做电气连接，引下线利用柱子钢筋、圈梁钢筋、楼层钢筋与防雷系统连接，外墙面的所有金属构件也应与防雷系统连接，柱子钢筋与接地体连接，组成具有多层屏蔽的笼形防雷体系。这样不仅可以有效防止雷击损坏楼内设备，而且还能防止外来的电磁干扰。

各类防雷接地装置的工频接地电阻，一般应根据落雷时的反击条件确定。若防雷装置与电气设备的工作接地合用一个总的接地网，则接地电阻应符合其最小值要求。

2）交流工作接地

将电力系统中的某一点，直接或经特殊设备（如阻抗、电阻等）与大地作金属连接，称为工作接地。工作接地主要指的是变压器中性点或中性线（N线）接地。N线必须用铜芯绝缘线。在配电中存在辅助等电位接线端子，等电位接线端子一般均在箱柜内。必须注意，该接线端子不能外露，不能与其他接地系统，如直流接地、屏蔽接地、防静电接地等混接，也不能与PE线连接。

在高压系统里，采用中性点接地方式可使接地继电保护准确动作并消除单相电弧接地过电压。中性点接地可以防止零序电压偏移，保持三相电压基本平衡，这对于低压系统很有意义，可以方便使用单相电源。

3）安全保护接地

安全保护接地就是将电气设备不带电的金属部分与接地体之间做良好的金属连接，即将大楼内的用电设备及设备附近的一些金属构件，用PE线连接起来，但严禁将PE线与N线连接。

在智能化住宅内，要求安全保护接地的设备非常多，有强电设备、弱电设备，以及一些非带电导电设备与构件，均必须采取安全保护接地措施。

在中性点直接接地的系统中，接地短路电流经人体、大地流回中性点；在中性点非直接接的系统中，接地电流经人体流入大地，并经线路对地电容构成通路。这两种情况都能造成人身触电。

如果装有接地装置电气设备的绝缘损坏使外壳带电时，接地短路电流将同时沿着接地体和人体两条通路流过。接地电阻越小，流经人体的电流越小，通常人体电阻要比接地电阻大数百倍，经过人体的电流也比流过接地体的电流小数百倍。当接地电阻极小时，流过人体的电流几乎等于零。实际上，由于接地电阻很小，接地短路电流流过时所产生的压降很小，所以设备外壳对大地的电压不高。人站在大地上去碰触设备的外壳时，人体所承受的电压很低，不会有危险。

加装保护接地装置并且降低它的接地电阻，不仅是保障智能化住宅电气系统安全、有效运行的有效措施，也是保障住宅内设备及人身安全的必要手段。

4）直流接地

在一幢智能化住宅内，包含有大量的计算机、通信设备，这些电子设备在进行输入信息、传输信息、转换能量、放大信号、逻辑动作、输出信息等一系列过程中都是通过微电位或微电流快速进行，且设备之间常要通过网络进行工作。因此为了使其准确性高、稳定性好，除了需要有一个稳定的供电电源外，还必须具备一个稳定的基准电位。可采用较大截面的绝缘铜芯线作为引线，一端直接与基准电位连接，另一端供电子设备直流接地。该引线不宜与 PE 线连接，严禁与 N 线连接。

5）屏蔽接地

在智能化住宅内，电磁兼容设计是非常重要的，为了避免所用设备的机能障碍，避免甚至会出现的设备损坏，构成布线系统的设备应当能够防止内部自身传导和外来干扰。这些干扰的产生或者是因为导线之间的耦合现象，或者是因为电容效应或电感效应。其主要来源是超高电压、大功率辐射电磁场、自然雷击和静电放电。这些现象会对设计用来发送或接收很高传输频率的设备产生很大的干扰。因此对这些设备及其布线必须采取保护措施，使其免受来自各方面的干扰。屏蔽和正确接地是防止电磁干扰的最佳保护方法。具体做法如下：

（1）将设备外壳与 PE 线连接。

（2）导线的屏蔽接地要求屏蔽管路两端与 PE 线可靠连接。

（3）室内屏蔽也应多点与 PE 线可靠连接。

6）防静电接地

防静电干扰也很重要。在洁净、干燥的房间内，人的走步、移动设备，各自磨擦均会产生大量静电。例如，在相对湿度 10% ～ 20% 的环境中人的走步可以积聚 35kV 的静电电压，如果没有良好的接地，不仅会产生对电子设备的干扰，甚至会将设备的芯片击坏。将带静电物体或有可能产生静电的物体（非绝缘体）通过导静电体与大地构成电气回路的接地叫防静电接地。防静电接地要求在洁静、干燥环境中，所有设备外壳及室内（包括地坪）设施必须均与 PE 线多点可靠连接。

6.2.3 接地电阻的设计

1. 独立接地电阻

智能化住宅接地装置的接地电阻越小越好，接地电阻的数值如下：

（1）独立的防雷保护接地电阻应≤10Ω。

（2）独立的安全保护接地电阻应≤4Ω。

（3）独立的交流工作接地电阻应≤4Ω。

（4）独立的直流工作接地电阻应≤4Ω。

（5）防静电接地电阻一般要求≤10Ω。

（6）架空线支架铁脚及埋地引入线保护钢管接地电阻值应≤30Ω。

（7）重复接地接地电阻值应≤10Ω。

建筑物防雷装置散流电阻、供配电系统强弱电接地共用时，其接地电阻值不大于1Ω。

2. 共同接地（统一接地体）

智能化住宅的供电接地系统宜采用TN－S系统，按规范宜采用一个总的共同接地装置，即统一接地体。

统一接地体为接地电位基准点，由此分别引出各种功能的接地引线，利用总等电位连接和辅助等电位连接的方式组成一个完整的统一接地系统。具体做法如下：

（1）通常情况下，统一接地系统可利用大楼的桩基钢筋，并用40mm×4mm镀锌扁钢将其连成一体，作为自然接地体。

（2）根据规范，该系统与防雷接地系统共用，其接地电阻应≤1Ω。若达不到要求，必须增加人工接地体或采用化学降阻法，使接地电阻≤1Ω。

（3）在变配电所内设置总等电位铜排，该铜排一端通过构造柱或底板上的钢筋与统一接地体连接，另一端通过不同的连接端子分别与交流工作接地系统中的中性线连接，与需要做安全保护接地的各设备连接，与防雷系统连接，与需要做直流接地的电子设备的绝缘铜芯接地线连接。

（4）在智能化住宅中，因为系统采用计算机参与管理或使用计算机作为工作工具，所以其接地系统宜采用单点接地并宜采取等电位措施。单点接地是指保护接地、工作接地、直流接地在设备上相互分开，各自成为独立系统。可从机柜引出三个相互绝缘的接地端子，再由引线引到总等电位铜排上共同接地。不允许把三种接地连接在一起，再用引线接到总等电位铜排上。

知识梳理

1. 电气系统的接地分为功能性接地和保护性接地，功能性接地和保护性接地可采用共同的或分开的接地系统。

2. 对于低压配电系统，电气装置的外露导电部分应与保护线连接；建筑物电气装置应在电源进线处作总等电位连接。

3. 对于TN系统，N线与PE线分开后，N线不得再与任何“地”做电气连接。

4. 在建筑物的每个电源进线处应作总等电位连接。

5. 接地装置包括接地体、接地线和接地母排，接地电阻应能始终满足工作接地和保护接地规定值的要求，应能安全地通过正常泄漏电流和接地故障电流。

任务 6.3 等电位连接

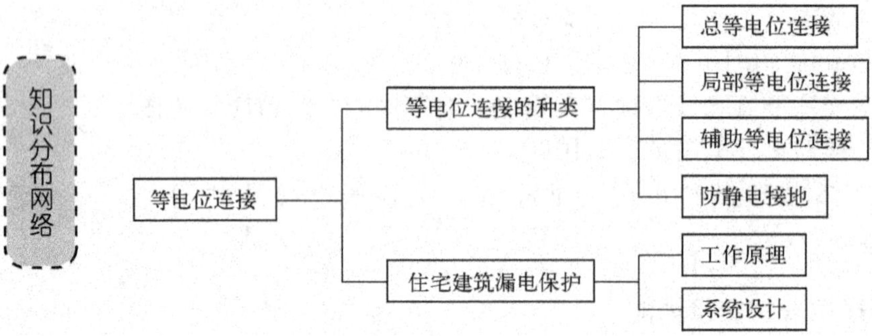

6.3.1 住宅建筑等电位连接的种类

等电位连接分为总等电位连接、辅助等电位连接和局部等电位连接。

在建筑电气工程中，常见的等电位连接措施有三种，即总等电位连接、辅助等电位连接和局部等电位连接，其中局部等电位连接是辅助等电位连接的一种扩展。这三者在原理上都是相同的，不同之处在于作用范围和工程作法。

1. 总等电位连接（MEB）

现在国际上非常重视等电位连接的作用，它对用电安全、防雷及电子信息设备的正常工作和安全使用都是十分必要的。人们熟悉的安全接地也是等电位连接，不过它是以大地电位为参考电位的大范围的等电位连接。根据理论分析，等电位连接的作用范围越大，电气上越安全。如果在住宅楼的范围内作等电位连接，其效果当然远优于接地。

总等电位连接是在建筑物电源进线处采取的一种等电位连接措施，一般有总等电位连接端子板，由等电位连接端子板放射连接或链接。它所需连接的导电部分有：

（1）进线配电箱的 PE（或 PEN）母排。

（2）公共设施的金属管道，如上下水、热力、煤气等管道。

（3）应尽可能包括建筑物的金属结构。

（4）如果有人工接地，也包括其接地极引线。

总等电位连接系统的示意图如图 6-4 所示。

总等电位连接是将住宅内接地装置引来的接地干扰、进线配电箱的 PE 总母线排、公用设施金属管道、住宅的金属结构及防雷装置等汇接到进线配电箱旁的总接地端子板上，并互相简单连接。总等电位连接的主母线截面应大于装置最大截面的一半，且不应小于 $6mm^2$；若用其他金属材料，其截面应能承受与之相适应的载流量。

当住宅楼内有人工接地极时，接地极引入线应首先接至接地母排。

住宅楼做总等电位连接后，可防止 TN 系统电源线路中的 PE 和 PEN 线传导引入故障电压导致电击事故，同时可减少电位差、电弧、电火花发生的概率，避免接地故障引起的电气火灾事故和人身电击事故。

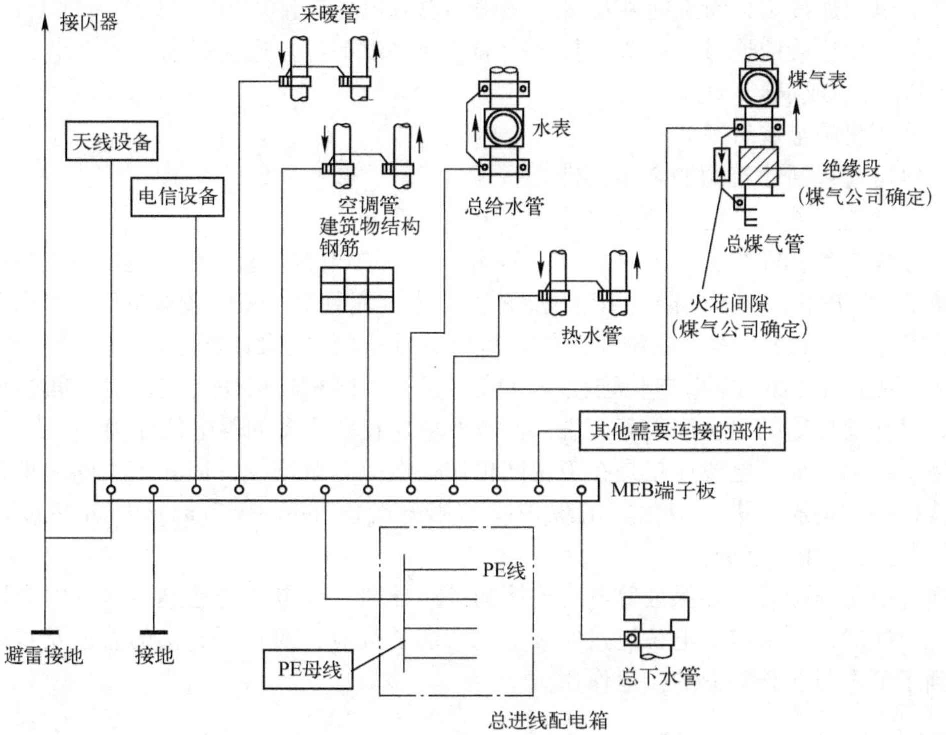

图 6-4　总等电位连接系统

应注意的是，在与煤气管道作等电位连接时，应采取措施将管道处于建筑物内、外的部分隔离开，以防止将煤气管道作为电流的散流通道（即接地极），并且为防止雷电流在煤气管道内产生火花，在隔离两端应跨接火花放电间隙。

保护接地与防雷接地可以采用各自独立的接地体，若采用共同接地，应将 MEB 板以最短的路径与接地体连接。

若建筑物有多处电源进线，则每一电源进线处都应作总等电位连接，各个总等电位连接端子板应互相连通。

一般在住宅建筑中防雷接地和系统工作接地采用共同接地，当雷击接闪器时，很大的雷电流会在接地电阻上产生大的压降，这个电压通过接地体传导至 PE 线，若有金属管道未做等电位连接，且此时正好有人员同时触及金属管道和设备外壳，就会发生电击事故。

2. 局部等电位连接（LEB）

按设计规范规定，采用接地故障保护时，在建筑物内应作总等电位连接。而当电气装置或其某一部分的接地故障保护不能满足规定要求时，应在局部范围内作局部等电位连接。

局部等电位连接一般是在浴室、游泳池、医院手术室等特别危险场所，发生电气事故危险性较大，要求更低的接触电压，在这些局部范围内有多个辅助等电位连接才能达到要求，这种连接称为局部等电位连接。一般局部等电位连接也有一个端子板或者成环形。简单地说，局部等电位连接可以看成是在局部范围内的总等电位连接。

局部等电位连接应通过局部等电位连接端子板将以下部分连接起来：

(1) PE 母线或 PE 干线。

(2) 公用设施金属管道。

(3) 尽可能包括建筑物的金属构件。

(4) 其他装置外可导电体和装置的外露可导电部分。

高层建筑住宅中的浴室、卫生间、厨房等应作局部等电位连接。住宅建筑内的卫生间，当人在洗澡时人体皮肤因潮湿而阻抗下降，这时若有沿金属管道传来的较低电压亦可引起电击伤害事故。因此，对卫生间做等电位连接是大有必要的。《住宅设计规范》（GB 50096—1999）6.5.2 规定卫生间宜作局部等电位连接。目前在建的宾馆和高级住宅楼，卫生间必须做等电位连接，对普通住宅的卫生间，若有洗澡设备亦应作花费不多的等电位连接。

住宅楼内的局部等电位连接是在卫生间再作一次等电位连接，即在卫生间内将各种金属管道、楼板中的钢筋及进入卫生间的保护线和用电设备外壳用 40mm × 4mm 热镀锌扁钢或 $6mm^2$ 的铜芯导线相互连通。

在作等电位连接时，要保证等电位连接的可靠导通，等电位连接这一电气安全措施，所耗用的是一些导线。采取等电位连接实际上也实现了接地，因它所连接的管道及基础钢筋等本身起到了低电阻、长寿命的接地作用。

3. 辅助等电位连接（SEB）

通常当电气装置的某部分接地故障保护不能满足切断回路的时间要求时，作辅助等电位连接，把两导电部分之间连接后能降低接触电压，满足下式：

$$R \leqslant \frac{50}{I_a}$$

式中 R——可同时触及的外露可导电部分和装置外可导电部分之间，故障电流产生的电压降引起接触电压的一段线段电阻（Ω）；

I_a——切断故障回路时间不超过 5s 的保护电器动作电流（A）。

两导电部分之间连接后，只要能满足上式即可。

辅助等电位连接既可直接用于降低接触电压，又可作为总等电位连接的一个补充进一步降低接触电压。

4. 等电位连接的材料

等电位连接线及端子板推荐采用铜质材料，但用铜材料与基础钢筋或地下的钢材管道相连接时，铜和钢具有不同的电位，由于土壤中的水分及盐类形成电解液，而形成原电池，产生电化学腐蚀，基础钢筋和钢管就会被腐蚀掉。因此，在土壤中应避免使用铜线或带铜皮的钢线作为连接线，如果用铜线做连接线也应用放电间隙与管道钢容器或基础钢筋相连接。与基础钢筋连接时，建议连接线选用钢材，这种钢材最好也用混凝土保护，连接部位应采用焊接，并在焊接处做以相应的防腐保护，这样与基础钢筋的电位基本一致，不会形成电化学腐蚀。在与土壤中的钢管等连接时，也应采取防腐措施，如选用塑料电线或铅包电线或电缆。

等电位连接线的截面积选择见表6-5。

表6-5 等电位连接线的截面积选择

<table>
<tr><th>取值</th><th>总等电位连接线</th><th>局部等电位连接线</th><th colspan="2">等电位连接线</th></tr>
<tr><td rowspan="2">一般值</td><td rowspan="2">不小于0.5倍PE（PEN）进线截面积</td><td rowspan="2">不小于0.5倍PE进线截面积</td><td>两电气设备外露导电部分之间</td><td>1倍于较小PE线截面积</td></tr>
<tr><td>电气设备与装置外露导电部分之间</td><td>0.5倍于较小PE线截面积</td></tr>
<tr><td rowspan="3">最小值</td><td colspan="2">$6mm^2$ 铜线或相同电导值导线</td><td>有机械保护</td><td>$2.5mm^2$ 铜线或 $4mm^2$ 铝线</td></tr>
<tr><td colspan="2" rowspan="2">热镀锌扁钢25mm×4mm或ϕ10mm圆钢</td><td>无机械保护</td><td>$4mm^2$ 铜线</td></tr>
<tr><td colspan="2">热镀锌扁钢20mm×4mm或ϕ8mm圆钢</td></tr>
<tr><td>最大值</td><td colspan="2">$25mm^2$ 铜线或相同电导值导线</td><td colspan="2"></td></tr>
</table>

除考虑机械强度外，当等电位连接线在故障情况下有可能通过短路电流时，还应保证在短路电流作用下导线与其接头不应被烧断。因总等电位连接线一般没有短路电流通过，故规定有最大值；而辅助等电位连接线有短路电流通过，故以PE线为基准选择，不规定最大值。

6.3.2 系统接地形式与总等电位连接

TN系统是我国住宅配电常用的一种形式。在电源进线处作重复接地可减轻PEN线（或PE线）断线产生的危害，总等电位连接端子板MEB在电源进线处连接PEN（或PE）线、重复接地体、外界引入的金属管道和地板结构钢筋。

采用TN－C－S系统为住宅供电，并在电源进户处作重复接地和总等电位连接的情况如图6-5所示。

MEB板与各金属管道的连接线既可采用放射式，也可采用树干式或环式，最好采用放射式或环式。住宅建筑总等电位连接的具体做法如图6-6所示。

水表需作跨接线以确保良好的导通，但有些国家标准中不允许有意将水管作接地极，这时就不应作跨接连接，煤气管道设置绝缘隔离段和火花放电间隙部分由煤气公司实施。

已采用总等电位连接措施的TN系统，其接地保护应满足下式：

$$I_{OP} \cdot R_e \leqslant 50V$$

式中 I_{OP}——接地故障保护动作电流（A）；

R_e——电气设备外露可导电部分的接地电阻和PE线电阻（Ω）。

对已有总等电位连接的TN系统，其接地保护应满足下列条件：

（1）若配电线路只供给固定式用电设备的末端线路，则接地故障保护动作时间不宜大于5s。

（2）若供电给手握式和移动式电气设备的末端线路，则接地故障保护动作时间不宜大于0.4s。

（3）系统配电线路接地故障保护可由过流保护或零序电流保护来实现，若达不到保护要求，则应采用漏电电流保护。

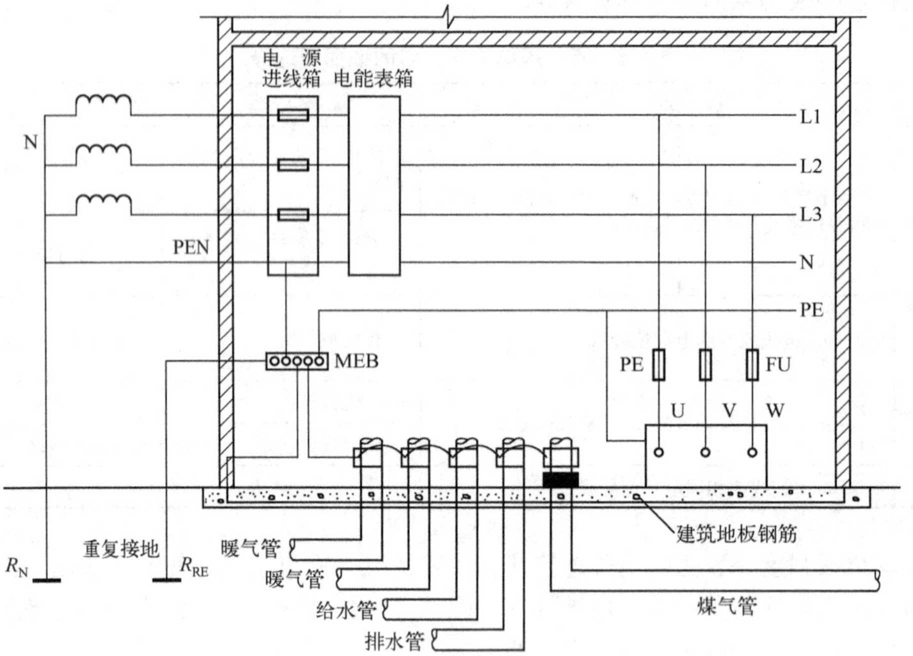

图 6-5　住宅 TN－C－S 系统的重复接地和总等电位连接

【案例 6-1】 有变电所的高层住宅的等电位连接

高层建筑的变电所内有高、低压开关柜的保护接地、变压器低压绕组中性点的工作接地、用电设备的保护接地等，这几个接地是无法单独分开设置的，只能纳入建筑物总等电位连接内共用接地极，如图 6-7 所示。

图 6-7 中 MEB 板还与作为防雷引下线的结构钢筋作了焊接，这样不论是 10kV 电源侧故障、变电所内高压接地故障，还是雷电流下泄时使接地体电位升高，都不会在建筑物内出现电位差而导致电击伤害事故。

【案例 6-2】 微电子设备的等电位连接

微电子设备的等电位连接，在现代住宅中是至关重要的，有些把其定位为辅助等电位连接范畴，也有将其定义为局部等电位连接范畴的。总而言之，微电子设备的等电位连接有其特殊性，区别于其他用电设备的等电位连接。等电位连接线必须通过过电压保护器与等电位端子板相连接，而不能直接与等电位端子板连接。

6.3.3　住宅的接地保护

1. 住宅楼总进线漏电保护

在别墅，多层、高层住宅楼和公寓楼，以及各类大中型综合建筑物中，住宅部分的低压电源入户处（电源总进线）应安装漏电保护，用于防止住宅楼因漏电电弧引发火灾。

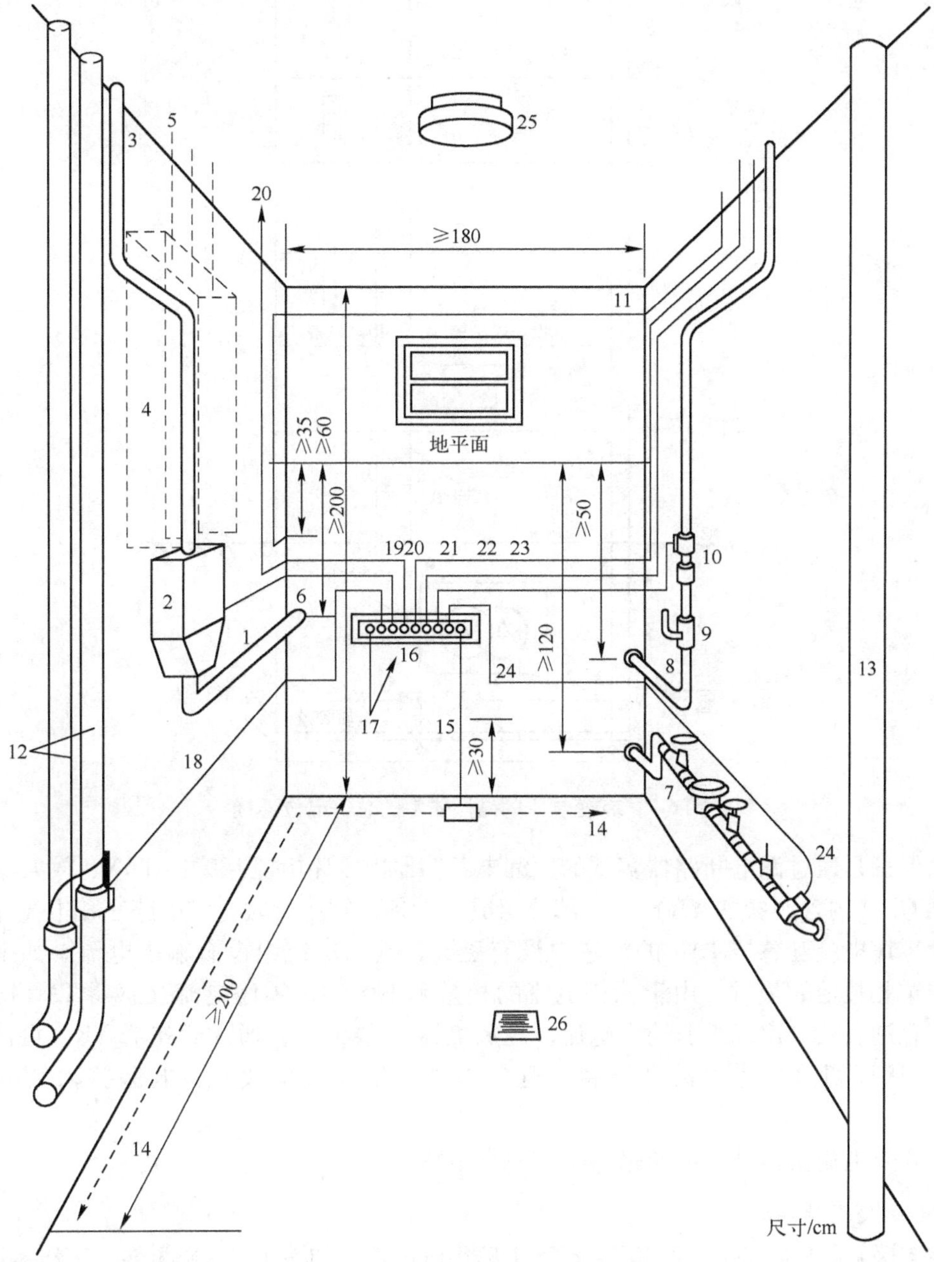

图 6-6　住宅建筑的总等电位连接

1—引入住宅的电力电缆；2—住宅总电源进线配电箱；3—电源干线；4—电能表箱；5—配电回路；6—防水套管；7—带水表的自来水连接管；8—煤气管；9—煤气总间（有些建筑物在室外）；10—绝缘段；11—通信设备用的住房连接电线；12—暖气管；13—排水管；14—基础接地体；15—基础接地体的连接线；16—总等电位连接端子板（MEB）；17—至防雷引下线的等电位连接线；18—至暖气管的等电位连接线；19—TN 系统重复接地连线；20—TT 系统共同接地 PE 线；21—至通信系统的等电位连接线；22—天线系统的等电位连接线；23—至煤气管的等电位连接线；24—至给水管的等电位连接线；25—吸顶灯；26—地漏

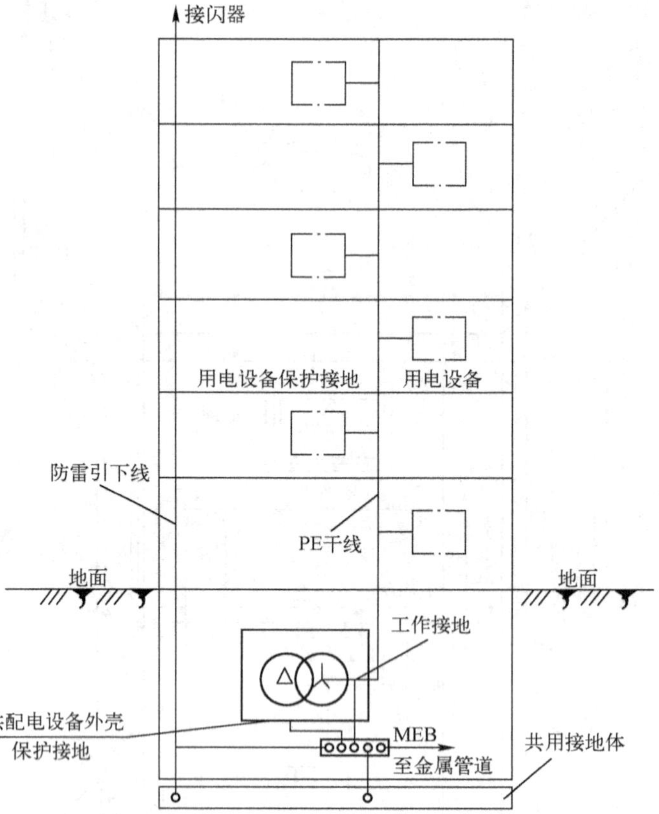

图 6-7　有变电所的高层住宅的总等电位连接

漏电保护是通过漏电断路器实现的，漏电断路器由零序电流互感器 TAN、放大器 A 和低压断路器 QF（内含脱扣器 YR）三个部分组成。设备正常运行时，主电路三相电流相量和为零，因此零序电流互感器 TAN 的铁芯中没有磁通，其二次绕组没有输出电流。如果设备发生漏电或单相接地故障时，由于三相电流的相量和不为零，零序电流互感器 TAN 的铁芯中产生零序磁通，其二次绕组有输出电流，经放大器 A 放大后，通入脱扣器 YR，可使断路器 QF 跳闸，从而切除故障电路和设备，避免人员发生触电事故。漏电保护动作电流一般为 30mA。

图 6-8 是电流动作型漏电断路器工作原理示意图。

1）别墅及多层住宅

在住宅楼无专人管理的消防值班室或无消防用电设备（如消防泵、喷淋泵、正压风机、排烟风机等）的建筑物总进线处设分界开关，安装漏电断路器，对建筑物的全部配电系统进行保护。

图 6-9 是多层住宅的漏电保护。

2）高层住宅和公寓

在无专人管理的消防值班室或无消防用电设备（如消防泵、喷淋泵、正压风机、排烟风机等）的建筑物总进线处设置防止电气火灾的漏电断路器。

在高层住宅的电缆分界柜后分别进行以下设置：

（1）在照明总进线处设置照明漏电断路器，作用于切断电源。

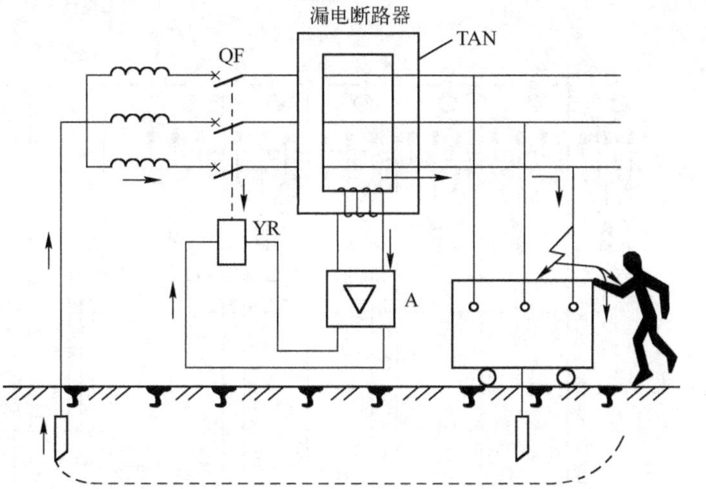

TAN—零序电流互感器；A—放大器；YR—脱扣器；QF—低压断路器

图6-8 电流动作型漏电断路器工作原理示意图

（2）在动力总进线处设置动力漏电断路器，动作于报警信号。

漏电断路器动作电流的确定与多层住宅漏电断路器相同。

凡是带有消防用电设备的回路不能装设作用于切断电源的漏电保护装置，应设置报警式的漏电保护器。照明总进线处的漏电断路器动作及动力总进线处的漏电断路器的事故报警，除在配电柜上有显示外，还应将报警信号送至值班室（设声光报警）。图6-10是高层住宅的漏电保护。

2. 设备选择

1）基本原则

（1）在以单相用电负荷为主的住宅楼总进线处选用4极漏电断路器，尤其是当总进线处需采用多组漏电断路器时。漏电断路器有塑壳断路器与漏电元件组合式，也有拼装式。

（2）漏电断路器中性线额定电流值应不小于其相线额定电流值。

（3）选择漏电电流和时间可调，且具有显示功能的漏电断路器。

2）动作电流的规定

（1）根据电气线路的正常泄漏电流，选择漏电保护器的额定动作电流。

（2）选择漏电保护器的额定动作电流时，应充分考虑到被保护线路和设备可能发生的正常泄漏电流值，必要时可实际测量取得被保护线路和设备的泄漏电流值。

（3）选用漏电保护器的额定漏电不动作电流，应不小于电气线路和设备的正常泄漏电流最大值的2倍。

（4）电气线路和设备泄漏电流值及分级安装的漏电泄漏电流特性和电流配合要求如下：

① 用于单台用电设备，其动作电流应不小于正常运行实测泄漏电流的4倍。

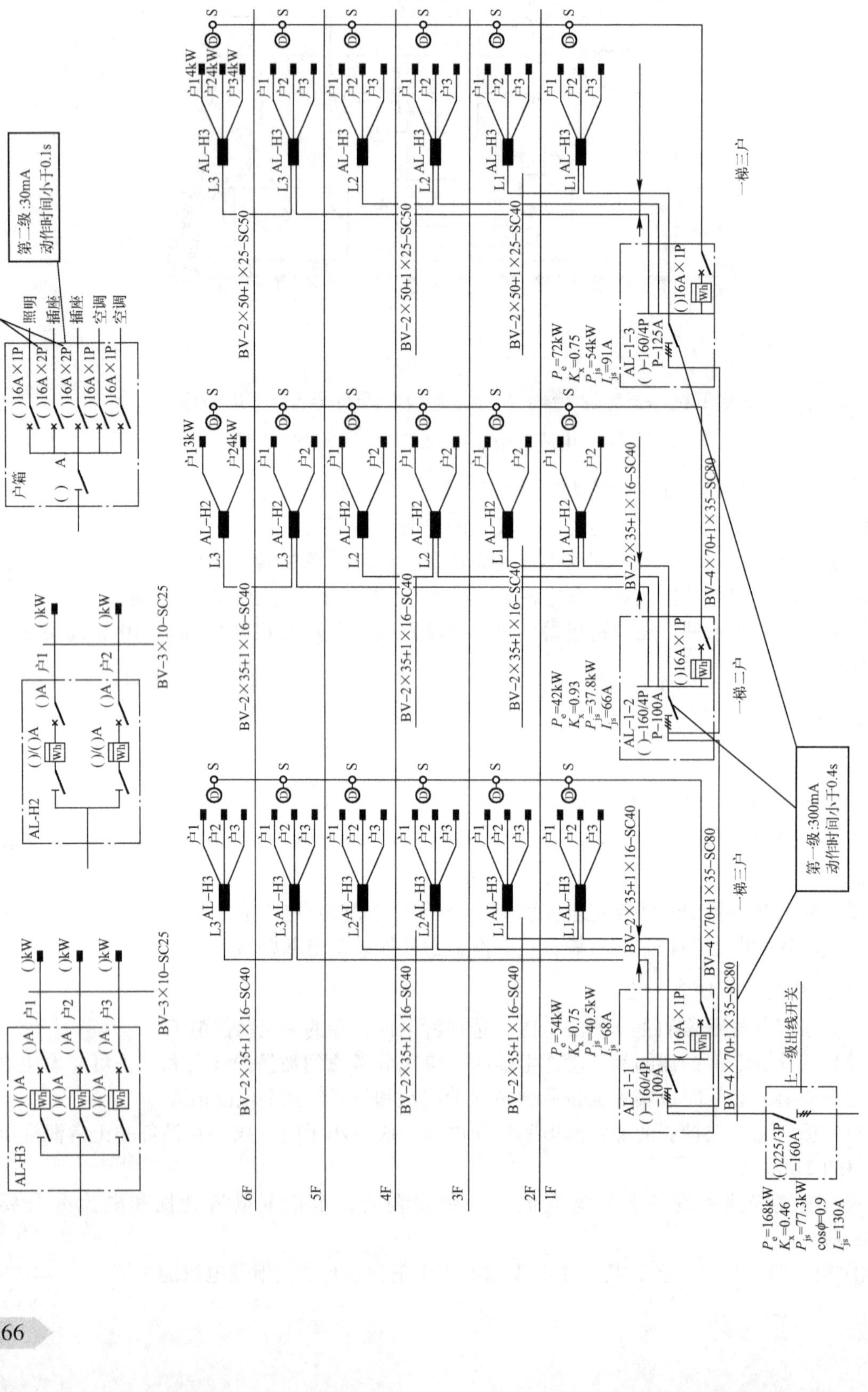

图6-9 多层住宅的漏电保护

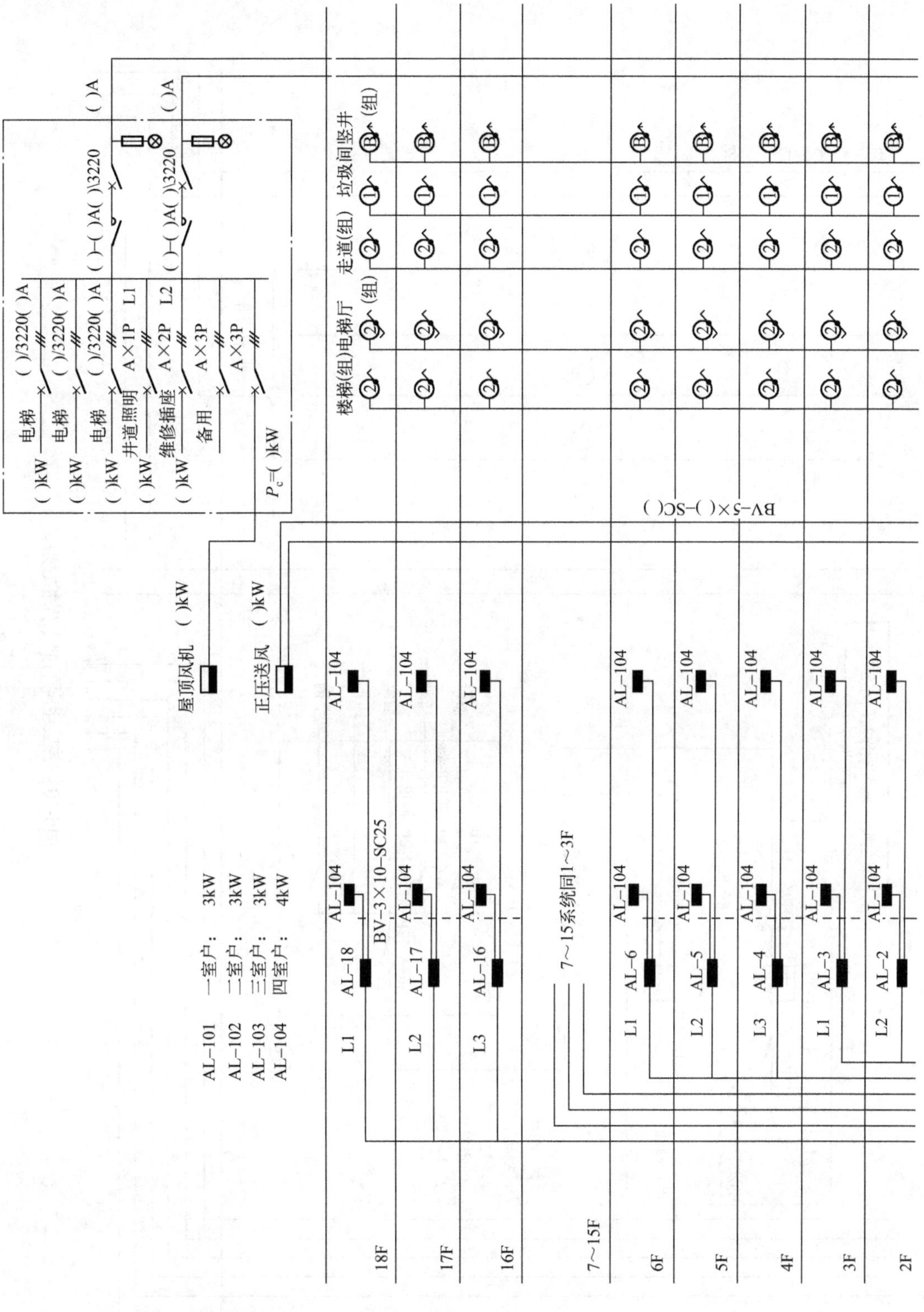

图6-10 高层住宅的漏电保护

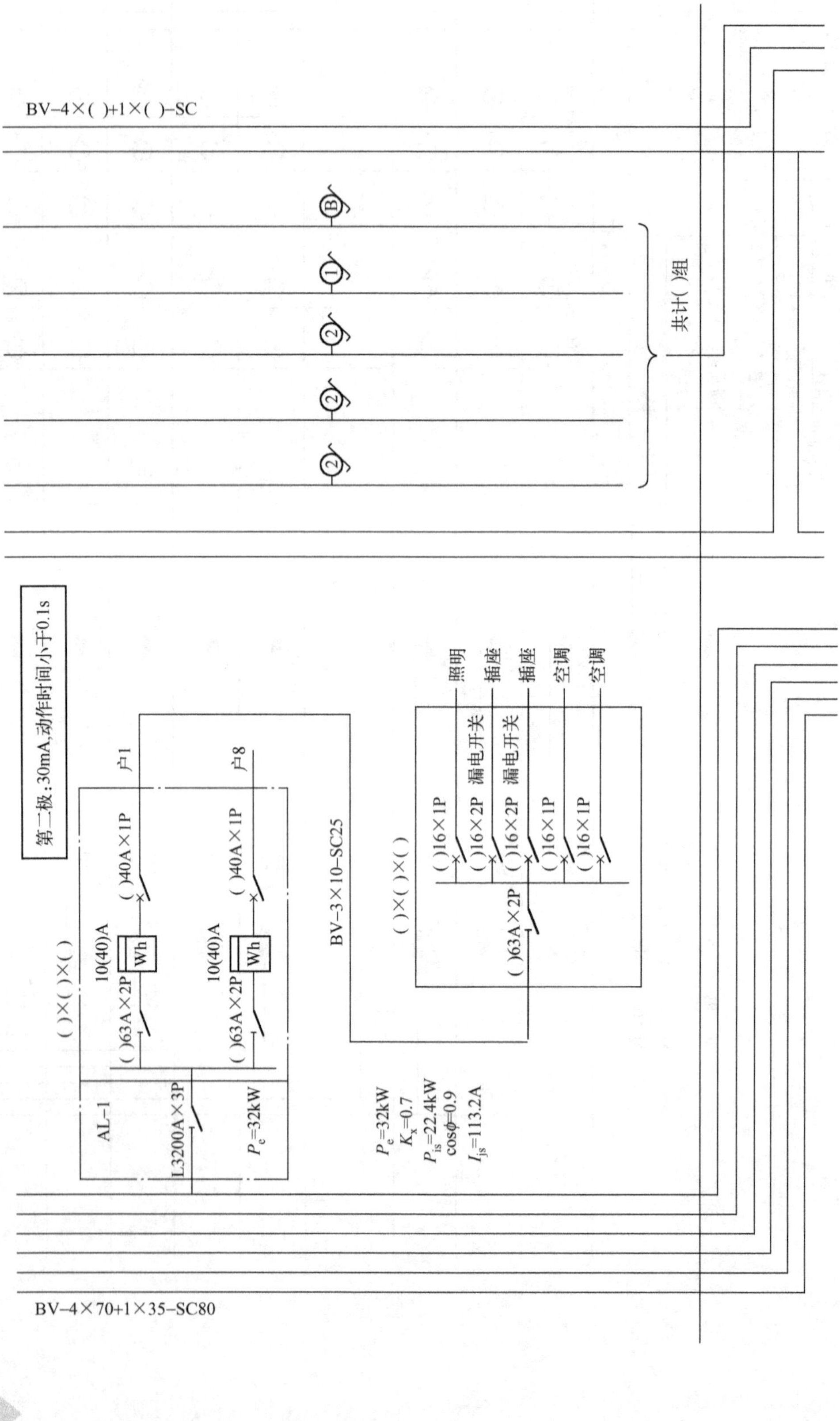

图6-10 高层住宅的漏电保护(续)

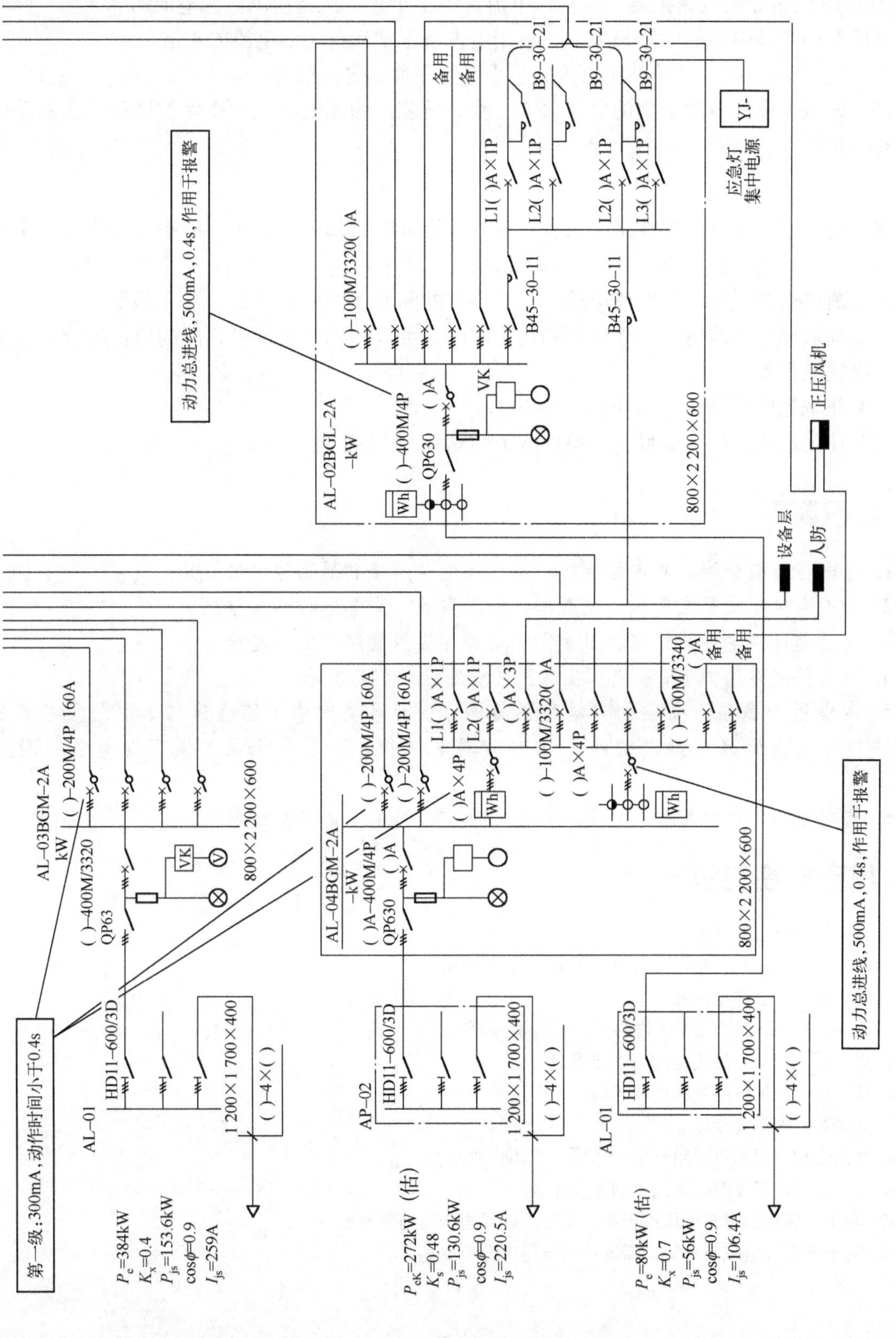

图6-10 高层住宅的漏电保护(续)

② 配电线路的漏电保护器，其动作电流应不小于正常运行实测泄漏电流的2.5倍，同时还应满足不小于其中泄漏电流最大的一台用电设备正常运行泄漏电流的4倍。

③ 用于全网保护时，其动作电流应不小于实测泄漏电流的2倍。

(5) 为减少接地故障引起的电气火灾危险，所装设的漏电电流动作保护器额定泄漏动作电流≤500mA。

3) 动作电流的整定

漏电断路器的漏电动作额定电流 I_Z，应大于正常的泄漏电流，小于能够引起火灾发生的漏电电流值，即 $I_Z \geqslant 2I_L$，$I_Z \leqslant 300 \sim 500\text{mA}$。

漏电断路器的漏电动作电流应按漏电断路器的漏电动作额定电流 I_Z 的下限取。

合理选取漏电断路器的动作电流和动作时间，可以达到多级保护之间的协调配合，一般采取二级漏电保护。

(1) 住宅插座回路：$I_Z = 30\text{mA}$，$t < 0.1\text{s}$。

(2) 住宅进线：$I_Z = (300 \sim 500)\text{mA}, t = (0.4 \sim 1)\text{s}$。

知识梳理

1. 等电位连接分为总等电位连接、辅助等电位连接和局部等电位连接。
2. 总等电位连接是在建筑物电源进线处采取的一种等电位连接措施。
3. 高层建筑住宅中的浴室、卫生间、厨房等应做局部等电位连接。
4. 对于住宅常用的TN系统，在电源进线处应做重复接地。
5. 在别墅，多层、高层住宅楼和公寓楼，以及各类大中型综合建筑物中，住宅部分的低压电源入户处（电源总进线）应安装漏电保护，用于防止住宅楼因漏电电弧引发火灾。
6. 漏电断路器的极数和动作电流应根据所在线路的具体情况选取。

思考与练习题6

1. 雷电的种类有哪几种？
2. 综述一、二、三类防雷建筑物应采取的防雷措施。
3. 防雷装置是怎样组成的？
4. 图6-2所示避雷针对建筑物的保护范围如何确定。
5. 简述低压配电系统接地的基本要求。
6. 简述独立接地电阻数值的要求。
7. 简述如何做重复接地。
8. 如何合理选择漏电断路器的动作电流和动作时间？
9. 简述电流动作型漏电断路器的工作原理。
10. 对于建筑物的总等电位端子板，需连接的导电部分有哪些？
11. 对于局部等电位端子板，需连接的导电部分有哪些？

综合设计训练　教学主楼供电与电气照明设计

1. 训练目的

通过训练，可以使学生进一步加深对所学知识的掌握和理解，从而熟悉理论知识如何在工程设计中应用；强化对建筑供电与照明工程设计方法和步骤的理解；进一步熟悉施工图的绘制与读识方法和常用电气设备的选择方法；熟悉在工程中如何利用相关的规范、规程、安装工程图集指导施工。培养学生运用所学知识分析和解决实际问题的能力，以达到专业理论知识与工程实践相结合的目的，为学生以后从事专业技术工作打下良好的基础，掌握完成工作全过程的本领。

2. 训练目标

1）知识目标

通过本项目的综合训练，加强学生对本课程理论知识的理解，掌握将理论知识运用到工程实践中的方法。

2）能力目标

（1）具有平面图和系统图的绘制与读识的能力；

（2）具有综合计算的能力；

（3）具有收集设计资料和设计资料的应用能力；

（4）具有电气设计软件的熟练应用能力。

3）素质教育目标

（1）培养学生理论联系实际的能力、创新意识和进取精神；

（2）培养学生具备爱岗敬业的职业道德；

（3）培养学生脚踏实地及吃苦耐劳的工作作风；

（4）培养学生与人沟通的能力和团队协作精神。

3. 训练基本要求

符合以下规范的要求：

（1）《民用建筑电气设计规范》JGJ/T 16—2008；

（2）《建筑照明设计标准》GB 50034—2004；

（3）《供配电系统设计规范》GB 50052—95；

（4）《建筑物防雷设计规范》GB 50057—2000。

4. 综合实训的内容要求

1）建筑供电综合实训项目

对某学院教学主楼 D 区五层建筑进行如下计算。

（1）进行计算负荷及必需的短路电流的计算。

(2) 合理确定变压器的台数及容量，选择其型号规格。
(3) 拟定高压配电所主接线方案，并选择元件和设备的型号规格。
(4) 拟定低压配电形式，并选择元件和设备的型号规格。
(5) 选择各线路导线的型号规格及敷设方式。
(6) 选择高压、低压一次设备时，应按动稳定度、热稳定度和断流能力等进行校验。

2) 建筑电气照明综合实训项目

(1) 层配电箱、灯具、开关、插座的平面布置。
(2) 灯具的标注。
(3) 回路编号的标注。
(4) 导线根数的标注。
(5) 回路数量、用途、用电负载功率数及各支路的分相情况。
(6) 导线标注，包括型号规格、敷设方式及部位。
(7) 开关及保护设备的标注。
(8) 用电参数的标注，包括设备容量、需要系数、计算容量、计算电流。
(9) 照度的计算：办公室及会议室采用利用系数法，但不进行利用系数的修正；走廊及卫生间采用估算法，减光系数均按 0.72 ～ 0.8 计算。
(10) 灯具的平面布置：要求只对办公室和会议室进行布置，画图说明灯间距及灯与墙之间的距离。
(11) 照明负荷的计算：采用需要系数法，照明干线上的需要系数取 0.9，功率因数取 0.9。
(12) 导线、开关的选择：要求线路上的电压损失≤3%。

5. 综合实训的成果

每个学生应独立完成实训设计任务，具体成果如下。

1) 建筑供电综合实训项目

(1) 计算计算书 1 份，内容包括：
① 封面（设计题目、班级、姓名、日期）；
② 负荷计算；
③ 短路电流的计算；
④ 设备和导线的选择及校验等。
(2) 绘图 2 张，内容包括：
① 高压配电系统主接线图；
② 低压配电系统。

2) 建筑电气照明综合实训项目

(1) 照明平面图
要求：手工或计算机绘图、出图，彩图和黑白图均可，图幅为 A3，绘图比例 1:50。
表达内容：
① 层配电箱、灯具、开关、插座的平面布置；
② 灯具的标注；

③ 回路编号的标注；

④ 导线根数的标注。

（2）照明系统图

要求：手工或计算机绘图、出图，图幅为 A3 或 A4，无比例要求。

表达内容：

① 回路数量、用途、用电负载功率数及各支路的分相情况；

② 导线标注，包括型号规格、敷设方式及部位；

③ 开关及保护设备的标注；

④ 用电参数标注，包括设备容量、需要系数、计算容量、计算电流。

（3）设计计算书

要求：一律用 A4 白纸、人工计算、手工书写、字迹工整、行间距适当，上面留 3cm、装订，其他边距均为 2cm，计算书封面为单独一页，其格式可参考设计任务书首页。

计算内容：① 照度的计算，办公室及会议室采用利用系数法，但不进行利用系数的修正；走廊及卫生间采用估算法，减光系数均按 0.72 ～ 0.8 计算。

② 灯具的平面布置，要求只对办公室和会议室进行布置，画图说明灯间距及灯与墙之间的距离。

③ 照明负荷计算，采用需要系数法，照明干线上的需要系数取 0.9，功率因数取 0.9。

④ 导线、开关的选择，要求线路上的电压损失≤3%。

6. 训练时间安排

建筑供电与电气照明项目综合训练各为一周的时间，每周按 5 天计算。

1）建筑供电综合实训项目

序　　号	内　　容	时间（学时）	天
1	指导教师布置课程设计的任务后，学生了解有关技术资料、查找收集有关工具和设计规范	3	0.5
2	学生根据设计条件确定高压配电系统的主接线及低压配电方案	3	0.5
3	绘制系统图和电气主接线图	3	0.5
4	学生按设计条件进行负荷的计算	6	1
5	完成短路电流的计算	6	1
6	确定变压器的数量，进行设备的选型及校验	6	1
7	完成设计计算书，检查、修改、装订设计成果，并在下午 3 点前交设计成果	3	0.5
合计		30	5

2）建筑电气照明综合实训项目

序　号	内　容	时间（学时）	天
1	指导教师布置课程设计的任务后，学生了解有关技术资料、查找收集有关工具和设计规范	3	0.5
2	学生按设计任务书的要求进行构思并做粗略的计算	3	0.5
3	完成照明平面图的设计与绘制	9	1.5
4	完成照明系统图的设计与绘制	3	0.5
5	完成设计计算书	6	1
6	设计成果的检查、修改、整理、出图与装订，并在下午3点前交设计成果	6	1
	合计	30	5

7. 训练指导

指导教师应在课程设计前提供设计任务书、指导书及时间进程。指导教师应引导学生学会对工程项目进行分析，确定正确方案；指导学生选择必要的参考书、设计手册和工程规范。帮助学生理清设计程序，合理安排好时间，掌握好设计进度。设计中应培养学生独立思考、分析问题和解决实际问题的能力。对设计中的关键问题应做必要的讲解和提示。

8. 考核方法

1）实训答辩

通过质疑或答辩方式，考核学生在本次课程设计中对所学课程综合知识的掌握情况与设计的广度、深度和水平。

2）图纸质量

考核课程设计质量：设计图纸应严格按国家标准执行，图纸内容表达完整、图面整洁、线条清晰、视图布局合理，文字说明简明扼要、文体规范、表达准确。

3）设计方案

设计方案先进、合理、安全、经济，设备、器件与材料选型合适，符合国家现行规范要求。

4）实训纪律

考核学生在课程设计过程中的态度、出勤、作风和纪律等方面的表现。

5）成绩评定

根据以上四个方面的综合成绩（纪律10%，答辩30%，成果60%），由指导教师按等级记分制评分（优、良、及格、不及格），单独记入学生成绩册。项目实训不及格，即按该课程不及格处理。

9. 设计建筑图

附录A　民用建筑电气设计常用图形符号

名　称	图形符号	说　　明	名　称	图形符号	说　　明
配电箱		屏、台、箱、柜一般符号	单相插座		
动力配电箱		或照明—动力配电箱	单相插座		暗装
照明配电箱		或照明配电屏	单相插座		密闭（防水）
事故照明配电箱		或事故照明配电屏	单相插座		带接地插孔带保护接点
电压表			单相插座		带接地插孔 带保护接点 暗装
电流表			单相插座		带接地插孔 带保护接点 密闭（防水）
功率表			三相插座		带接地插孔
无功功率表			三相插座		带接地插孔 暗装
功率因数表			三相插座		带接地插孔 密闭（防水）
电度表	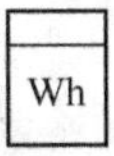		插座箱		或插座板
无功电度表	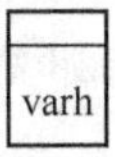		多个插座	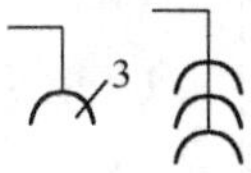	图示为3个
超量电度表	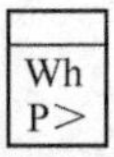		插座		具有保护板

续表

名　称	图形符号	说　　明	名　称	图形符号	说　　明
单极开关			灯的一般符号		或信号灯的一般符号
单极开关		暗装	防水防尖灯		
单极开关		密闭（防水）	事故照明灯		用于专用电路上
双极开关			事故照明灯装置		自带电源（应急灯）
双极开关		暗装	花灯		
双极开关		密闭（防水）	壁灯		
三极开关			天棚灯		
单极拉线开关			荧光灯		一般符号
双控拉线开关		单极三线	三管荧光灯		
双控开关	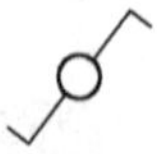	单极三线	多管荧光灯	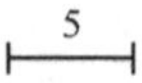	图中所示为5管荧光灯
多拉开关		如用于不同照度	疏散灯	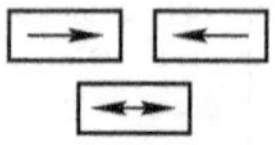	图中箭头指示为疏散方向
钥匙开关			安全出口指示灯	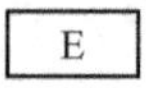	

续表

名　称	图形符号	说　　明	名　称	图形符号	说　　明
导线		电线、电缆、线路、母线一般表示符号	电缆终端头	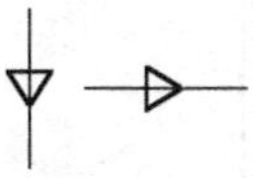	不需要表示电缆芯数
事故照明线			电缆密封终端头	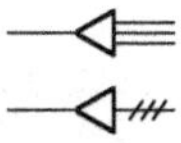	多线表示 单线表示
50V 及以下电力和照明线			电缆穿管保护		
控制及信号线（电力及照明用）			电缆中间接线盒		
中性线			电缆分支接线盒	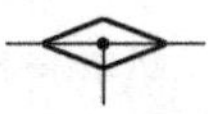	
保护线	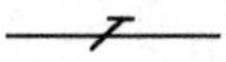		插头和插座		
保护和中性线共用			避雷针		
向上配线			避雷器		
向下配线			交流发电机		
垂直通过配线			交流电动机		
地面布线槽		明槽	直流发电机		
地面布线槽		暗槽	直流电动机		

续表

名　称	图形符号	说　明	名　称	图形符号	说　明
操作器件一般符号	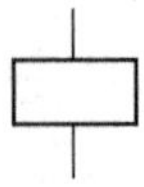		常开断点	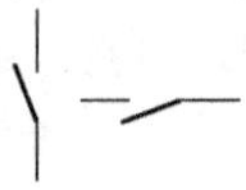	动合触点
继电器线圈	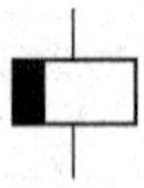	缓慢释放（缓放）	常闭触点	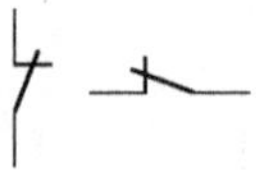	动断触点
继电器线圈	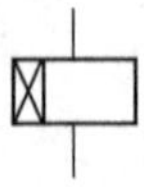	缓慢吸合（缓吸）	转换触点	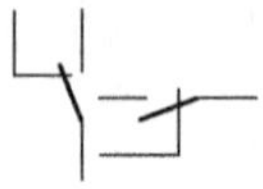	先断后合
继电器线圈	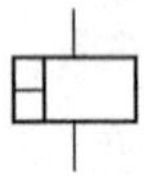	快速继电器（快吸和快放）	转换触点		先合后断
继电器线圈	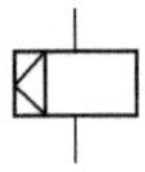	机械保持	常开延时合触点	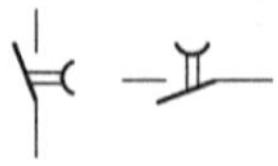	当操作器件被吸合时延时闭合的动合触点
热继电器的驱动器件	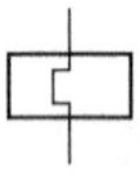		常开延时合触点		当操作器件被吸合时延时闭合的动合触点
过流继电器	$I>$ 5...10A	动作电流整定范围为5～10A	常开延时开触点	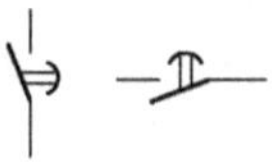	当操作器件被释放时延时断开的动合触点
欠压继电器	$U<$ 50...80V 130%	整定范围为50～80V，重整定比为130%	常开延时开触点		当操作器件被释放时延时断开的动合触点
过流继电器	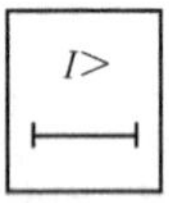	延时	常闭延时闭触点	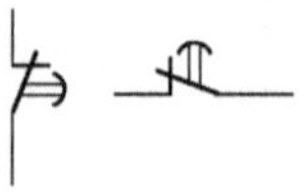	当操作器件被释放时延时闭合的动断触点
过流继电器	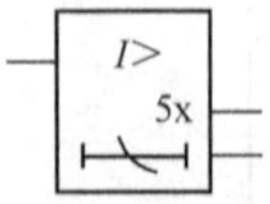	一路电流大于5倍整定值动作，一路反延时	常闭延时闭触点		当操作器件被释放时延时闭合的动断触点
可调延时特性			常闭延时开触点	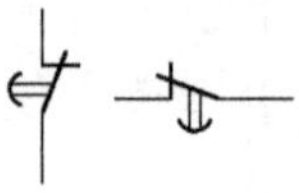	当操作器件被吸合时延时断开的动断触点
反延时特性	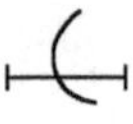		常闭延时开触点	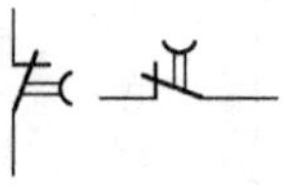	当操作器件被吸合时延时断开的动断触点

附录B　平圆型吸顶灯技术参数

平圆型吸顶灯
(白炽灯100W、60W)

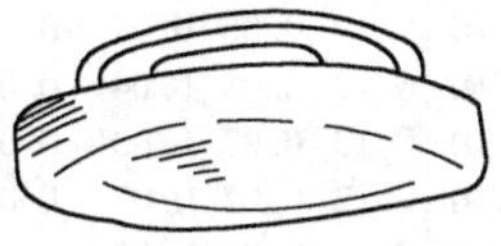

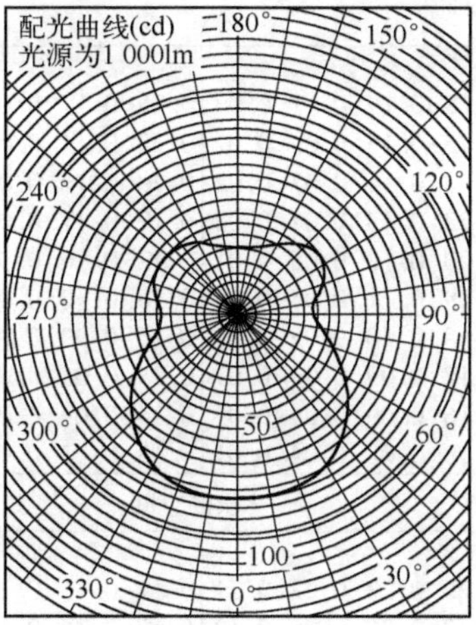

型　　号		JXD5 - 2
规格（mm）	ϕ	236
	D	293
	H	110
遮光角		—
灯具效率		57%
上射光通比		22%
下射光通比		35%
最大允许距高比 s/h		1.32
灯头类型		2B22

发光强度值（cd）

θ (°)	I_θ	θ (°)	I_θ	θ (°)	I_θ
0	84	60	57	120	39
5	84	65	52	125	39
10	83	70	46	130	38
15	82	75	41	135	38
20	81	80	36	140	37
25	80	85	33	145	35
30	77	90	31	150	34
35	74	95	32	155	34
40	71	100	34	160	31
45	67	105	36	165	30
50	64	110	38	170	29
55	61	115	38	175	30
				180	31

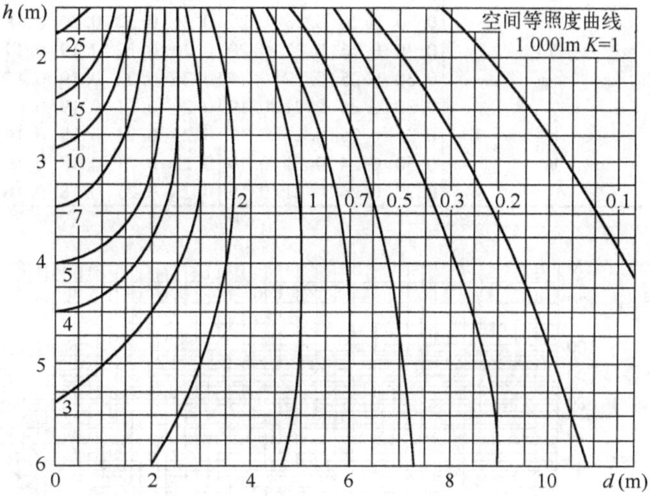

利用系数表（L/H=1.0）

有效顶棚反射系数	0.80				0.70				0.50				0.30				0
墙反射系数	0.70	0.50	0.30	0.10	0.70	0.50	0.30	0.10	0.70	0.50	0.30	0.10	0.70	0.50	0.30	0.10	0
室空间比																	
1	0.56	0.53	0.50	0.47	0.52	0.19	0.17	0.44	0.45	0.42	0.41	0.39	0.38	0.36	0.35	0.34	0.26
2	0.50	0.45	0.41	0.38	0.47	0.42	0.39	0.36	0.40	0.37	0.34	0.31	0.34	0.31	0.29	0.27	0.21
3	0.46	0.40	0.35	0.31	0.42	0.37	0.33	0.29	0.36	0.32	0.29	0.26	0.31	0.28	0.25	0.23	0.17
4	0.41	0.35	0.30	0.26	0.39	0.32	0.28	0.24	0.33	0.28	0.25	0.22	0.28	0.24	0.21	0.19	0.14
5	0.38	0.31	0.26	0.22	0.35	0.29	0.24	0.21	0.30	0.25	0.21	0.18	0.25	0.22	0.19	0.16	0.12
6	0.35	0.27	0.22	0.19	0.32	0.26	0.21	0.18	0.28	0.22	0.19	0.16	0.24	0.19	0.16	0.14	0.12
7	0.32	0.25	0.20	0.16	0.30	0.23	0.18	0.15	0.26	0.20	0.16	0.14	0.22	0.17	0.14	0.12	0.09
8	0.30	0.22	0.17	0.14	0.28	0.21	0.16	0.13	0.24	0.18	0.14	0.12	0.20	0.16	0.13	0.10	0.08
9	0.28	0.20	0.15	0.12	0.26	0.19	0.14	0.12	0.22	0.16	0.13	0.10	0.19	0.14	0.11	0.09	0.07
10	0.25	0.18	0.13	0.10	0.23	0.17	0.13	0.10	0.20	0.15	0.11	0.09	0.17	0.13	0.10	0.08	0.05

亮度系数表

有效顶棚反射系数	0.80				0.70				0.50				0.30			
墙反射系数	0.70	0.50	0.30	0.10	0.70	0.50	0.30	0.10	0.70	0.50	0.30	0.10	0.70	0.50	0.30	0.10
	墙　面															
室空间比																
1	0.30	0.20	0.11	0.03	0.28	0.19	0.11	0.03	0.25	0.17	0.09	0.03	0.22	0.15	0.08	0.02
2	0.27	0.17	0.09	0.02	0.25	0.16	0.09	0.02	0.22	0.14	0.08	0.02	0.19	0.13	0.07	0.02
3	0.25	0.15	0.08	0.02	0.23	0.14	0.07	0.02	0.20	0.13	0.07	0.02	0.17	0.11	0.06	0.01
4	0.23	0.14	0.07	0.02	0.22	0.13	0.07	0.02	0.19	0.11	0.06	0.01	0.16	0.10	0.05	0.01
5	0.22	0.13	0.06	0.01	0.20	0.12	0.06	0.01	0.17	0.10	0.05	0.01	0.15	0.09	0.05	0.01
6	0.20	0.12	0.06	0.01	0.19	0.11	0.05	0.01	0.16	0.10	0.05	0.01	0.14	0.08	0.04	0.01
7	0.19	0.11	0.05	0.01	0.18	0.10	0.05	0.01	0.16	0.09	0.04	0.01	0.13	0.08	0.04	0.01
8	0.18	0.10	0.05	0.01	0.17	0.09	0.04	0.01	0.15	0.08	0.04	0.01	0.13	0.07	0.03	0.01
9	0.17	0.09	0.04	0.01	0.16	0.09	0.04	0.01	0.14	0.09	0.04	0.01	0.12	0.07	0.03	0.01
10	0.17	0.09	0.04	0.10	0.16	0.08	0.04	0.01	0.13	0.07	0.03	0.01	0.12	0.06	0.03	0.00
	顶棚空间															
室空间比																
1	0.29	0.27	0.26	0.24	0.25	0.23	0.22	0.21	0.17	0.16	0.15	0.14	0.09	0.09	0.08	0.08
2	0.30	0.27	0.24	0.22	0.25	0.23	0.21	0.19	0.17	0.16	0.14	0.13	0.09	0.09	0.08	0.08
3	0.30	0.26	0.24	0.21	0.26	0.23	0.20	0.18	0.17	0.15	0.14	0.13	0.10	0.09	0.08	0.07
4	0.30	0.26	0.23	0.20	0.26	0.22	0.20	0.18	0.17	0.15	0.14	0.12	0.10	0.09	0.08	0.07
5	0.30	0.26	0.22	0.20	0.26	0.22	0.19	0.17	0.17	0.15	0.13	0.12	0.10	0.08	0.08	0.07
6	0.30	0.25	0.22	0.19	0.26	0.22	0.19	0.17	0.17	0.15	0.13	0.12	0.10	0.08	0.07	0.07
7	0.30	0.25	0.21	0.19	0.26	0.21	0.19	0.17	0.17	0.15	0.13	0.12	0.10	0.08	0.08	0.07
8	0.30	0.25	0.21	0.19	0.25	0.21	0.18	0.16	0.17	0.14	0.13	0.11	0.09	0.08	0.07	0.07
9	0.30	0.24	0.21	0.19	0.25	0.21	0.18	0.16	0.17	0.14	0.13	0.11	0.09	0.08	0.07	0.07
10	0.29	0.24	0.21	0.19	0.25	0.21	0.18	0.16	0.17	0.14	0.12	0.11	0.09	0.08	0.07	0.07

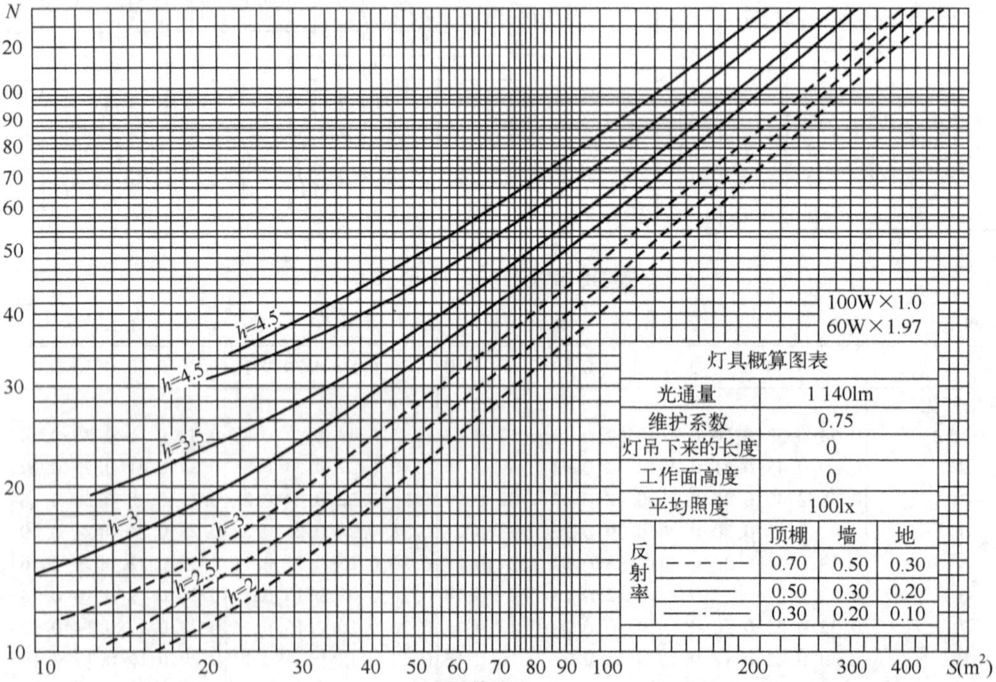

灯具概算曲线

附录C YG1-1型筒式荧光灯技术参数

筒式荧光灯
(1×40W)

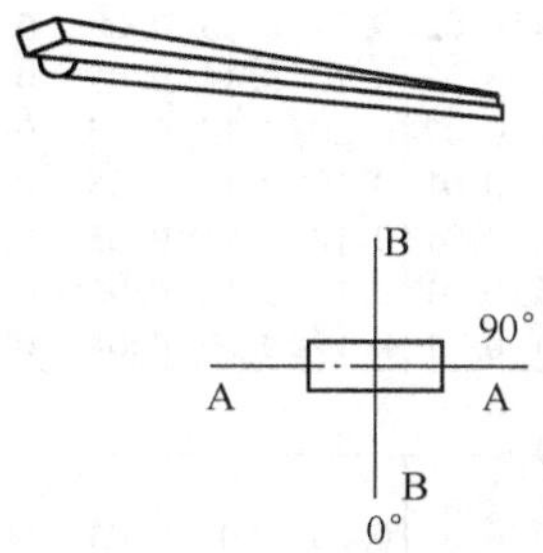

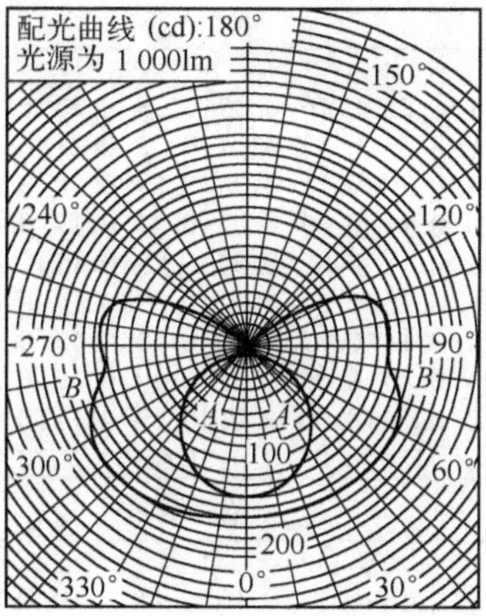

型号		YG1-1
规格（mm）	L	1280
	b	70
	h	45（未包括灯管）
遮光角		—
灯具效率		81%
上射光通比		21%
下射光通比		59%
最大允许距高比 s/h		A－A 1.22
		B－B 1.62
灯具质量		2.6kg

发光强度值（cd）	B－B	θ（°）	0	5	10	15	20	25	30	35	40	45	50	55	60	65	70	75	
		I_θ	140	140	141	142	142	144	146	149	150	151	152	151	149	145	141	136	
		θ（°）	80	85	90	95	100	105	110	115	120	125	130	135	140	145	150	155	160
		I_θ	129	124	121	121	122	122	116	103	88	75	60	45	18	19	6.4	0.8	0
	A－A	θ（°）	0	5	10	15	20	25	30	35	40	45	50	55	60	65	70	75	80
		I_θ	124	122	120	116	112	107	101	94	85	77	68	58	47	37	27	17	9
		θ（°）	85	90															
		I_θ	2.8	0															

利用系数表（L/H=1.0）

有效顶棚反射系数	0.70				0.50				0.30				0.10				0
墙反射系数	0.70	0.50	0.30	0.10	0.70	0.50	0.30	0.10	0.70	0.50	0.30	0.10	0.70	0.50	0.30	0.10	0
室空间比																	
1	0.75	0.71	0.67	0.63	0.67	0.63	0.60	0.57	0.59	0.26	0.54	0.52	0.52	0.50	0.48	0.16	0.43
2	0.68	0.61	0.55	0.50	0.60	0.54	0.50	0.46	0.53	0.48	0.45	0.41	0.46	0.43	0.40	0.37	0.34
3	0.61	0.53	0.46	0.41	0.54	0.47	0.42	0.38	0.47	0.42	0.38	0.34	0.41	0.37	0.34	0.31	0.28
4	0.56	0.46	0.39	0.34	0.49	0.41	0.36	0.31	0.43	0.37	0.32	0.28	0.37	0.33	0.29	0.26	0.23
5	0.51	0.41	0.34	0.29	0.45	0.37	0.31	0.26	0.39	0.33	0.28	0.24	0.34	0.29	0.25	0.22	0.20
6	0.47	0.37	0.30	0.25	0.41	0.33	0.27	0.23	0.36	0.29	0.25	0.21	0.32	0.26	0.22	0.19	0.17
7	0.43	0.33	0.26	0.21	0.38	0.30	0.24	0.20	0.33	0.26	0.22	0.18	0.29	0.24	0.20	0.16	0.14
8	0.40	0.29	0.23	0.18	0.35	0.27	0.21	0.17	0.31	0.24	0.19	0.16	0.27	0.21	0.17	0.14	0.12
9	0.37	0.27	0.20	0.16	0.33	0.24	0.19	0.15	0.29	0.22	0.17	0.14	0.25	0.19	0.15	0.12	0.11
10	0.34	0.24	0.17	0.13	0.30	0.21	0.16	0.12	0.26	0.19	0.15	0.11	0.23	0.17	0.13	0.10	0.09

亮度系数表

有效顶棚反射系数	0.70				0.50				0.30				0.10			
墙反射系数	0.70	0.50	0.30	0.10	0.70	0.50	0.30	0.10	0.70	0.50	0.30	0.10	0.70	0.50	0.30	0.10
	墙　　面															
室空间比																
1	0.45	0.30	0.17	0.05	0.41	0.28	0.16	0.05	0.38	0.26	0.15	0.04	0.35	0.24	0.14	0.04
2	0.39	0.25	0.14	0.04	0.36	0.23	0.13	0.04	0.32	0.21	0.12	0.03	0.29	0.19	0.11	0.03
3	0.36	0.22	0.12	0.03	0.32	0.20	0.11	0.03	0.29	0.18	0.10	0.03	0.26	0.17	0.09	0.02
4	0.33	0.20	0.10	0.03	0.30	0.18	0.09	0.02	0.27	0.17	0.09	0.02	0.24	0.15	0.08	0.02
5	0.31	0.18	0.09	0.02	0.28	0.16	0.08	0.02	0.25	0.15	0.08	0.02	0.22	0.14	0.07	0.02
6	0.29	0.17	0.08	0.02	0.26	0.15	0.07	0.02	0.23	0.14	0.07	0.02	0.20	0.12	0.06	0.02
7	0.27	0.15	0.07	0.02	0.24	0.14	0.07	0.02	0.22	0.13	0.06	0.01	0.19	0.11	0.06	0.01
8	0.26	0.14	0.07	0.02	0.23	0.13	0.06	0.01	0.20	0.12	0.06	0.01	0.18	0.11	0.05	0.01
9	0.24	0.13	0.06	0.01	0.22	0.12	0.06	0.01	0.19	0.11	0.05	0.01	0.17	0.10	0.05	0.01
10	0.23	0.12	0.06	0.01	0.21	0.11	0.05	0.01	0.19	0.10	0.05	0.01	0.17	0.09	0.04	0.01
	顶棚空间															
室空间比																
1	0.29	0.27	0.25	0.23	0.20	0.18	0.17	0.16	0.11	0.10	0.10	0.09	0.03	0.03	0.03	0.03
2	0.30	0.26	0.23	0.21	0.20	0.18	0.16	0.14	0.11	0.10	0.09	0.08	0.03	0.03	0.03	0.02
3	0.30	0.26	0.22	0.19	0.20	0.17	0.15	0.13	0.11	0.10	0.09	0.08	0.03	0.03	0.02	0.02
4	0.31	0.25	0.21	0.18	0.20	0.17	0.15	0.13	0.11	0.10	0.08	0.07	0.03	0.03	0.02	0.02
5	0.31	0.25	0.21	0.18	0.20	0.17	0.14	0.12	0.11	0.10	0.08	0.07	0.03	0.03	0.02	0.02
6	0.30	0.24	0.20	0.17	0.20	0.17	0.14	0.12	0.11	0.09	0.08	0.07	0.03	0.03	0.02	0.02
7	0.30	0.24	0.20	0.17	0.20	0.16	0.14	0.12	0.11	0.09	0.08	0.07	0.03	0.03	0.02	0.02
8	0.30	0.23	0.19	0.16	0.20	0.16	0.13	0.12	0.11	0.09	0.08	0.07	0.03	0.03	0.02	0.02
9	0.29	0.23	0.19	0.16	0.20	0.16	0.13	0.11	0.11	0.09	0.08	0.07	0.03	0.03	0.02	0.02
10	0.29	0.23	0.19	0.16	0.20	0.16	0.13	0.11	0.11	0.09	0.07	0.07	0.03	0.03	0.02	0.02

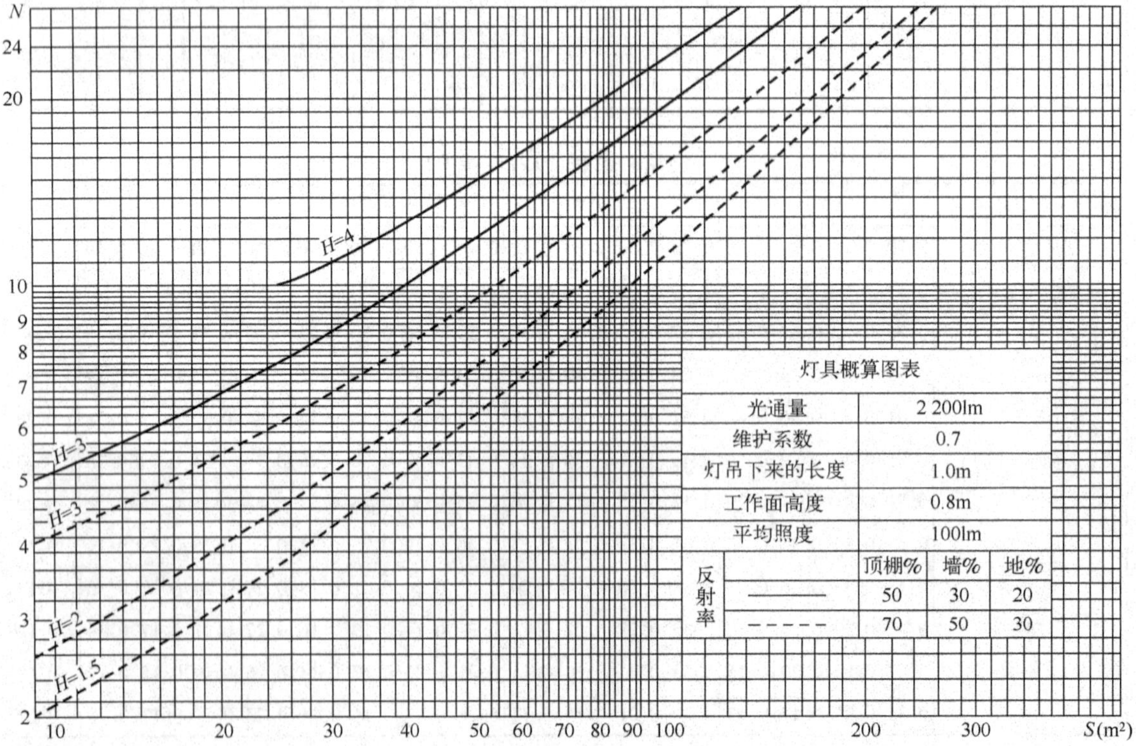

YG1-1灯具概算曲线

附录D　YG2-1型筒式荧光灯技术参数

筒式荧光灯
(1×40W)

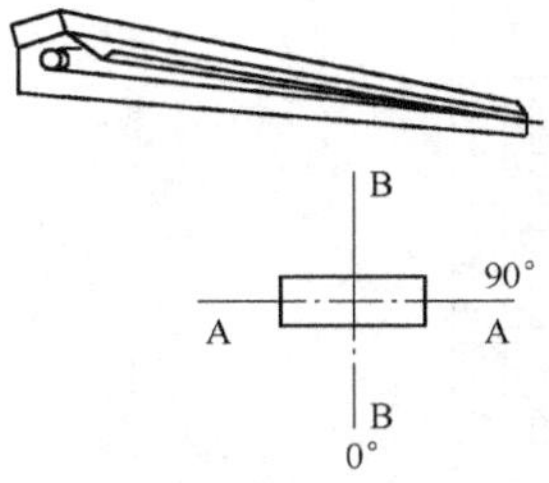

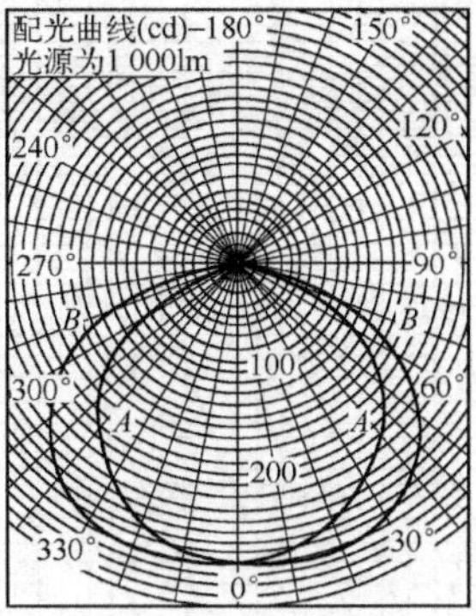

型　号		YG2-1
规格(mm)	L	1280
	b	168
	h	90
遮光角		4.6°
灯具效率		88%
上射光通比		0
下射光通比		88%
最大允许距高比 s/h		A－A 1.28
		B－B 1.46
灯具质量		4.9kg

发光强度值(cd)	B－B	θ(°)	0	5	10	15	20	25	30	35	40	45	50	55	60	65
		I_θ	269	268	267	267	266	264	260	254	247	234	214	193	173	139
		θ(°)	70	75	80	85	90									
		I_θ	102	65	31	6.7	0									
	A－A	θ(°)	0	5	10	15	20	25	30	35	40	45	50	55	60	65
		I_θ	260	258	255	250	243	233	224	208	194	176	156	141	120	99
		θ(°)	70	75	80	85	90									
		I_θ	77	54	31	8.8	0									

利用系数表（L/H=1.0）

有效顶棚反射系数	0.70				0.50				0.30				0.10				0
墙反射系数	0.70	0.50	0.30	0.10	0.70	0.50	0.30	0.10	0.70	0.50	0.30	0.10	0.70	0.50	0.30	0.10	0
室空间比																	
1	0.93	0.89	0.86	0.83	0.89	0.85	0.83	0.80	0.85	0.82	0.20	0.78	0.81	0.79	0.77	0.75	0.73
2	0.85	0.79	0.73	0.69	0.81	0.75	0.71	0.67	0.77	0.73	0.69	0.65	0.73	0.70	0.67	0.64	0.62
3	0.78	0.70	0.63	0.58	0.74	0.67	0.61	0.57	0.70	0.65	0.60	0.56	0.67	0.62	0.58	0.55	0.53
4	0.71	0.61	0.54	0.49	0.67	0.59	0.53	0.48	0.64	0.57	0.52	0.47	0.61	0.55	0.51	0.47	0.45
5	0.65	0.55	0.47	0.43	0.62	0.53	0.46	0.41	0.59	0.51	0.45	0.41	0.56	0.49	0.44	0.40	0.39
6	0.60	0.49	0.42	0.36	0.57	0.48	0.41	0.36	0.54	0.46	0.40	0.36	0.52	0.45	0.40	0.35	0.34
7	0.55	0.44	0.37	0.32	0.52	0.43	0.36	0.30	0.50	0.42	0.36	0.31	0.48	0.40	0.35	0.31	0.29
8	0.51	0.40	0.38	0.27	0.48	0.39	0.32	0.27	0.46	0.37	0.32	0.27	0.44	0.36	0.31	0.27	0.25
9	0.47	0.36	0.29	0.24	0.45	0.35	0.29	0.24	0.43	0.34	0.28	0.24	0.41	0.33	0.28	0.24	0.22
10	0.43	0.21	0.25	0.20	0.41	0.31	0.24	0.20	0.39	0.30	0.24	0.20	0.37	0.29	0.24	0.20	0.18

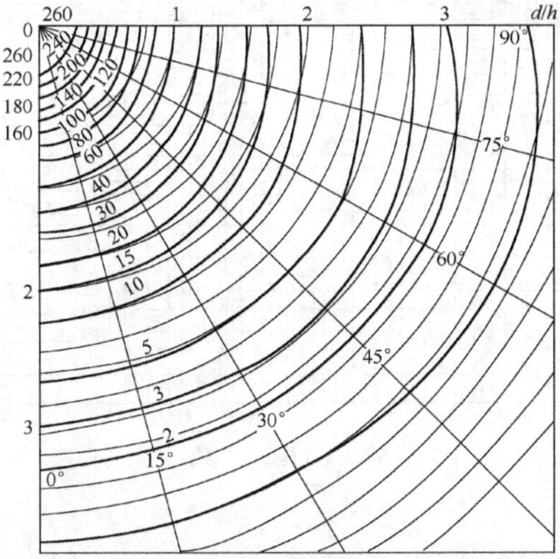

YG2-1平面相对等照度曲线(1 000lm K=1)

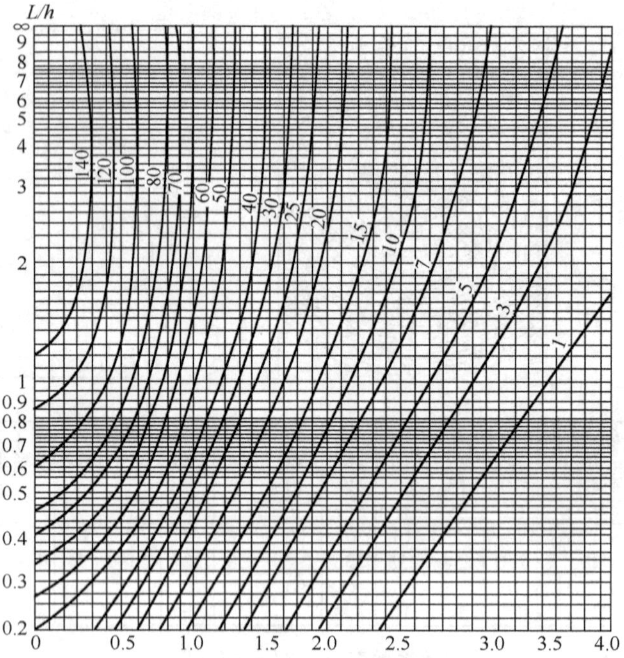

YG2-1线光源等照度曲线(1 000lm K=1)

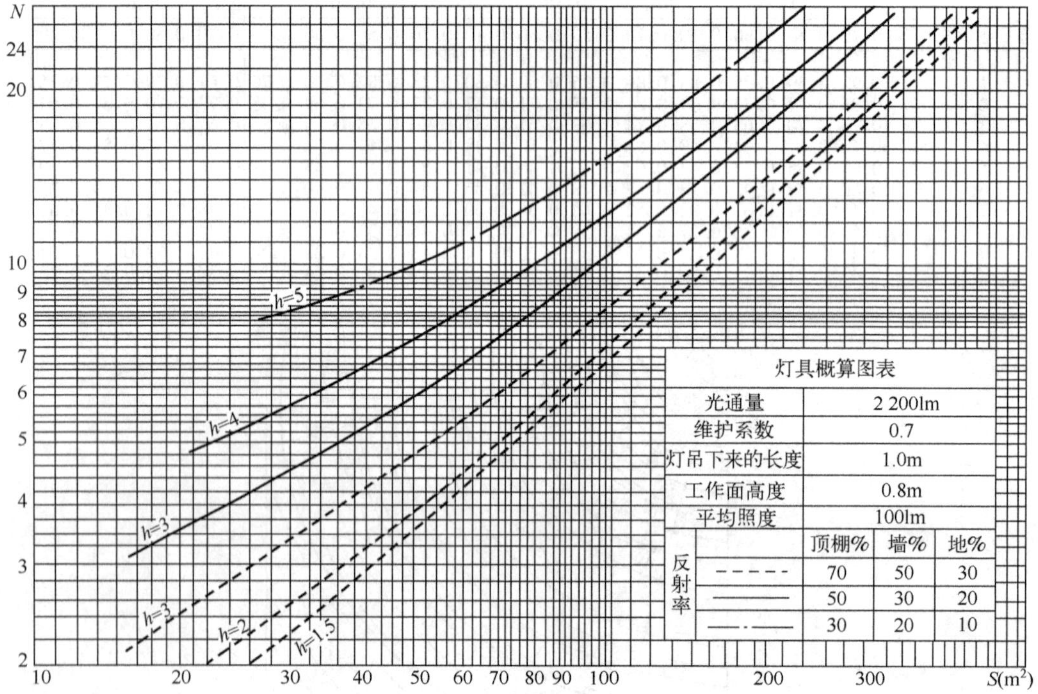

YG2-1灯具概算曲线

附录E　关于地板空间有效反射系数不等于0.20时对利用系数的修正表

（地板空间有效反射系数ρ_{fc}为0.20时的修正系数为1.00）

有效顶棚反射系数ρ_{cc}		0.80				0.70				0.50			0.30			0.10		
墙壁反射系数ρ_w		0.70	0.50	0.30	0.10	0.70	0.50	0.30	0.10	0.50	0.30	0.10	0.50	0.30	0.10	0.50	0.30	0.10
地板空间有效反射系数ρ_{fc}为0.30时的修正系数																		
室空间比RCR	1	1.092	1.082	1.075	1.068	1.077	1.070	1.064	1.059	1.049	1.044	1.040	1.028	1.026	1.023	1.012	1.010	1.008
	2	1.079	1.066	1.055	1.047	1.068	1.057	1.048	1.039	1.041	1.033	1.027	1.026	1.021	1.017	1.013	1.010	1.006
	3	1.070	1.054	1.042	1.033	1.061	1.048	1.037	1.028	1.034	1.027	1.020	1.024	1.017	1.012	1.014	1.009	1.005
	4	1.062	1.045	1.033	1.024	1.055	1.040	1.029	1.021	1.030	1.022	1.015	1.022	1.015	1.010	1.014	1.009	1.004
	5	1.056	1.038	1.026	1.018	1.050	1.034	1.024	1.015	1.027	1.018	1.012	1.020	1.013	1.008	1.014	1.009	1.004
	6	1.052	1.033	1.021	1.014	1.047	1.030	1.020	1.012	1.024	1.015	1.009	1.019	1.012	1.006	1.014	1.008	1.003
	7	1.047	1.029	1.018	1.011	1.043	1.026	1.017	1.009	1.022	1.013	1.007	1.018	1.019	1.005	1.014	1.008	1.003
	8	1.044	1.026	1.015	1.009	1.040	1.024	1.015	1.007	1.020	1.012	1.006	1.017	1.009	1.004	1.013	1.007	1.003
	9	1.040	1.024	1.014	1.007	1.037	1.022	1.014	1.006	1.019	1.011	1.005	1.016	1.009	1.004	1.013	1.007	1.002
	10	1.037	1.022	1.012	1.006	1.034	1.020	1.012	1.005	1.017	1.010	1.004	1.015	1.009	1.003	1.013	1.007	1.002
地板空间有效反射系数ρ_{fc}为0.10时的修正系数																		
室空间比RCR	1	0.923	0.929	0.935	0.940	0.933	0.939	0.943	0.948	0.956	0.960	0.963	0.973	0.976	0.979	0.989	0.991	0.993
	2	0.931	0.942	0.950	0.958	0.940	0.949	0.957	0.963	0.962	0.968	0.974	0.976	0.980	0.985	0.988	0.991	0.995
	3	0.939	0.951	0.961	0.969	0.945	0.957	0.966	0.973	0.967	0.975	0.981	0.978	0.983	0.988	0.988	0.992	0.996
	4	0.944	0.958	0.969	0.978	0.950	0.963	0.973	0.980	0.972	0.980	0.986	0.980	0.986	0.991	0.987	0.992	0.996
	5	0.949	0.964	0.976	0.983	0.954	0.968	0.978	0.985	0.975	0.983	0.989	0.981	0.988	0.993	0.987	0.992	0.997
	6	0.953	0.969	0.980	0.986	0.958	0.972	0.982	0.989	0.979	0.985	0.992	0.982	0.989	0.995	0.987	0.993	0.997
	7	0.957	0.973	0.983	0.991	0.961	0.975	0.985	0.991	0.979	0.987	0.994	0.983	0.990	0.996	0.987	0.993	0.998
	8	0.960	0.976	0.986	0.993	0.963	0.977	0.987	0.993	0.981	0.988	0.995	0.984	0.991	0.997	0.987	0.994	0.998
	9	0.963	0.978	0.987	0.994	0.965	0.979	0.989	0.994	0.983	0.990	0.996	0.985	0.992	0.998	0.988	0.994	0.999
	10	0.965	0.980	0.989	0.995	0.967	0.981	0.990	0.995	0.984	0.991	0.997	0.986	0.993	0.998	0.988	0.994	0.999
地板空间有效反射系数ρ_{fc}为0.00时的修正系数																		
室空间比RCR	1	0.859	0.870	0.879	0.886	0.873	0.884	0.893	0.901	0.916	0.923	0.929	0.948	0.954	0.960	0.979	0.983	0.987
	2	0.871	0.887	0.903	0.919	0.886	0.902	0.916	0.928	0.926	0.938	0.949	0.954	0.963	0.971	0.978	0.983	0.991
	3	0.882	0.904	0.915	0.942	0.898	0.918	0.934	0.947	0.936	0.950	0.964	0.958	0.969	0.979	0.976	0.984	0.993
	4	0.893	0.919	0.941	0.958	0.908	0.930	0.948	0.961	0.945	0.961	0.974	0.961	0.974	0.984	0.975	0.985	0.994
	5	0.903	0.931	0.953	0.969	0.914	0.939	0.958	0.970	0.951	0.967	0.980	0.964	0.977	0.988	0.975	0.985	0.995
	6	0.911	0.940	0.961	0.976	0.920	0.945	0.965	0.977	0.955	0.972	0.985	0.966	0.979	0.991	0.975	0.986	0.996
	7	0.917	0.947	0.967	0.981	0.924	0.950	0.970	0.982	0.959	0.975	0.988	0.968	0.981	0.993	0.975	0.987	0.997
	8	0.922	0.953	0.971	0.985	0.929	0.955	0.975	0.986	0.963	0.978	0.991	0.970	0.983	0.995	0.976	0.988	0.998
	9	0.928	0.958	0.975	0.998	0.933	0.959	0.980	0.989	0.966	0.980	0.993	0.971	0.985	0.996	0.976	0.988	0.998
	10	0.933	0.962	0.979	0.991	0.937	0.963	0.983	0.992	0.969	0.982	0.995	0.973	0.987	0.997	0.977	0.989	0.999

附录 F　电线、电缆技术参数

绝缘导线的最小允许截面

线路类别			导线最小截面（mm^2）		
			铜芯软线	铜芯线	PE 线和 PEN 线（铜芯线）
照明用灯头引下线	室内		0.5	1.0	有机械性保护时为 2.5，无机械性保护时为 4
	室外		1.0	1.0	
移动式设备线路	生活用		0.75	—	
	生产用		1.0	—	
藏设在绝缘子上的绝缘导线（L 为支持点间距）	室内	$L\leqslant 2m$	—	1.0	
	室外	$L\leqslant 2m$	—	1.0	
		$L\geqslant 2m$		1.5	
		$2m<L\leqslant 6m$		2.5	
		$6m<L\leqslant 15m$		4	
		$15m<L\leqslant 25m$		6	
穿管敷设的绝缘导线			1.0	1.0	
沿坡明敷的塑料护套线			—	1.0	

《全国民用建筑工程设计技术措施　电气》规定铜芯导线截面最小值，进户线不小于 $10mm^2$，动力、照明配电箱的进线不小于 $6mm^2$，控制箱进线不小于 $6mm^2$，动力、照明分支线不小于 $2.5mm^2$，动力、照明配电箱的 N、PE、PEN 连线不小于 $6mm^2$，这是从负荷发展需要和安全运行角度考虑的，而不是从机械强度要求考虑的。

电气设备用电线分类

分类	品种	型号		用途
		铜芯	铝芯	
通用电线	橡皮绝缘电线	BX	BLX	固定敷设于室内外及设备内安装用线
	橡皮绝缘软电线	BXR		同 BX 型，仅用于要求柔软的场合
	聚氯乙烯绝缘电线	BV	BLV	同 BX 型，但耐湿性和耐气候性较好
	聚氯乙烯绝缘软电线	BVR		同 BV 型，仅用于要求柔软的场合
	农用聚氯乙烯绝缘电线		NLV	直埋于土壤（深度大于 1m），供动力、照明线路用
	聚氯乙烯绝缘软线	RV RVB RVS		供各种移动电器、仪表、电信设备、自动化装置接线用，也作为内部安装线，安装温度大于 -15℃
	丁晴聚氯乙烯复合物	RFB		同 RVB、RVS，但低温柔软性好
	绝缘软线	RFS		同 RFB，为两芯绞型
	聚氯乙烯绝缘和护套电缆	RVV		同 RV，用于潮湿和机械防护要求高、经常移动弯曲的场合
	耐热 105℃聚氯乙烯绝缘电线	RV - 105		同 RV，用于 45℃及以上高温环境
通用屏蔽绝缘电线	聚氯乙烯绝缘屏蔽电线	BVP		仪器仪表、电子设备内部屏蔽安装线
	聚氯乙烯绝缘和护套屏蔽电线	BVVP		外部屏蔽连线及自控，广播线用屏蔽电线，BVP、BVVP为固定敷设，环境温度大于 -15℃
	聚氯乙烯绝缘屏蔽软线	RVP		RVP、RVVR 可移动使用
	耐热 105℃聚氯乙烯绝缘屏蔽软线	BVP - 105		BVP - 105、RVP - 105 用于 45℃及以上环境温度和仪表工作温度高场合
	耐热 105℃聚氯乙烯绝缘屏蔽电线	RVP - 105		

聚氯乙烯绝缘电线穿硬塑料管敷设的载流量（A）

截面（mm^2）		二根单芯				管径（mm）	三根单芯				管径（mm）	四根单芯				管径（mm）
		25℃	30℃	35℃	40℃		25℃	30℃	35℃	40℃		25℃	30℃	35℃	40℃	
BLV铝芯	2.5	18	16	15	14	15	16	14	13	12	15	14	13	12	11	20
	4	24	22	20	18	20	22	20	19	17	20	19	17	16	15	20
	6	31	28	26	24	20	27	25	23	21	20	25	23	21	19	25
	10	42	39	36	33	25	38	35	32	30	25	33	30	28	26	32
	16	55	51	47	43	32	49	45	42	38	32	44	41	38	34	32
	25	73	68	63	57	32	65	60	56	51	40	57	53	49	45	40
	35	90	84	77	71	40	80	74	69	63	40	70	65	60	55	50
	50	114	106	98	90	50	102	95	88	80	50	90	84	77	71	63
	70	145	185	125	114	50	130	121	112	102	50	115	107	99	90	63
	95	175	163	151	138	63	158	147	136	124	63	140	130	121	110	75
	120	200	187	163	158	63	180	168	155	142	63	160	149	138	120	75
	150	230	215	198	181	75	207	183	178	163	75	185	172	160	140	75
	185	265	247	229	209	75	235	219	203	185	75	212	198	183	167	90
BV铜芯	1.0	12	11	10	9	15	11	10	9	8	15	10	9	8	7	15
	1.5	16	14	13	12	15	15	14	12	11	15	13	12	11	10	15
	2.5	24	22	20	18	15	21	19	18	16	15	20	17	16	15	20
	4	31	28	26	24	20	28	26	24	22	20	25	23	21	18	20
	6	41	38	35	32	20	36	33	31	28	20	32	29	27	25	25
	10	56	52	48	44	25	49	46	42	38	25	44	41	38	34	32
	16	72	67	62	56	32	65	60	56	51	32	57	53	49	45	32
	25	95	88	82	75	32	85	79	73	67	40	74	70	64	59	40
	35	120	112	103	94	40	105	98	90	83	40	92	86	80	73	50
	50	150	140	129	118	50	132	123	114	102	50	117	109	101	92	63
	70	185	172	160	146	60	167	156	144	130	50	148	138	128	117	63
	95	230	210	198	181	63	205	191	177	162	63	185	172	160	146	75
	120	270	252	238	213	63	240	224	207	189	63	210	201	185	172	75
	150	305	285	263	211	75	275	257	237	217	75	260	253	216	197	75
	185	355	331	307	280	75	310	280	268	245	75	280	201	212	221	90

注：硬塑料管规格根据 HGZ－63—65，并采用轻型管，管径指内径。

各种情况下 ΔU % 允许值

线路名称	允许电压损失值（ΔU%）	备注
内部低压配电线路	1.0～2.5	总计不大于6%
外部低压配电线路	3.5～5.0	
工业场地内照明低压线路	3.0～5.0	
正常情况下矿区内高压配电线路	3.0～6.0	
事故情况下矿区内高压配电线路	6.0～1.2	
正常情况下地方性高压供电线路	5.0～8.0	4和6两项不得大于10%
事故情况下地方性高压供电线路	10～12	

聚氯乙烯绝缘电线明敷的载流量（A）（$\theta_e = 65℃$）

截面 (mm²)	BLV 铝线				BV、BVR 铜线			
	25℃	30℃	35℃	40℃	25℃	30℃	35℃	40℃
1.0					10	17	16	15
1.5	18	16	15	14	24	22	20	18
2.5	25	23	21	19	32	29	27	25
4	32	29	27	25	42	39	36	33
6	42	39	36	33	55	51	47	43
10	59	55	51	46	75	70	64	59
16	80	71	69	63	105	98	90	83
25	105	98	90	83	138	129	119	109
35	130	121	112	102	170	158	147	134
50	165	154	142	130	215	201	185	170
70	205	191	177	162	265	247	229	209
95	250	233	216	197	325	303	281	257
120	285	266	246	225	375	350	324	296
150	325	303	281	257	430	402	371	340
185	380	355	328	300	490	458	423	387

导线和电缆的经济电流密度（A/mm²）

线路类型	导线材质	年最大负荷利用小时（h）		
		<3 000	3 000～5 000	>5 000
架空线路	铜 铝	3.00 1.65	2.25 1.15	1.75 0.90
电缆线路	铜 铝	2.50 1.92	2.25 1.73	2.00 1.54

环境温度变化时载流量的校正系数 K_t

导线工作温度（℃）	不同环境温度变化时载流量的校正系数								
	5℃	10℃	15℃	20℃	25℃	30℃	35℃	40℃	45℃
80	1.17	1.13	1.09	1.04	1.0	0.954	0.905	0.853	0.798
65	1.22	1.17	1.12	1.06	1.0	0.935	0.865	0.791	0.707
60	1.25	1.20	1.13	1.07	1.0	0.926	0.845	0.756	0.655
50	1.34	1.25	1.18	1.09	1.0	0.895	0.775	0.653	0.447

油浸纸绝缘电力电缆直埋地敷设的载流量（A）

主线芯数×截面（mm^2）		1～3kV $\theta_c=80℃$			6kV $\theta_c=65℃$			10kV $\theta_c=60℃$			35kV $\theta_c=50℃$
		20℃	25℃	30℃	20℃	25℃	30℃	20℃	25℃	30℃	25℃
铝芯	3×2.5	29	28	26							
	3×4	38	37	35							
	3×6	47	46	43							
	3×10	62	60	57	58	55	51				
	3×16	83	80	76	74	70	65	69	65	60	
	3×25	109	105	100	100	95	88	96	90	83	80
	3×35	135	130	124	116	110	102	112	105	97	90
	3×50	166	160	152	141	135	126	139	130	120	115
	3×70	197	190	181	173	165	154	160	150	138	135
	3×95	239	230	219	217	205	191	197	185	171	165
	3×120	275	265	252	241	230	215	230	215	199	185
	3×150	312	300	286	273	260	243	262	245	226	210
	3×185	353	340	324	309	295	275	294	275	254	230
	3×240	416	400	381	362	345	322	347	325	300	
铜芯	3×2.5	38	37	35							
	3×4	48	47	44							
	3×6	62	60	57							
	3×10	83	80	76	74	70	65				
	3×16	109	105	100	95	90	84	90	85	98	
	3×25	145	140	133	127	120	112	123	115	106	105
	3×35	176	170	162	153	145	135	144	135	125	115
	3×50	213	205	195	190	180	168	181	170	157	150
	3×70	260	250	238	227	215	201	219	205	189	180
	3×95	312	300	286	275	260	243	262	245	226	210
	3×120	358	345	329	318	300	280	294	275	254	240
	3×150	405	390	372	360	340	317	337	315	291	275
	3×185	462	445	424	402	380	355	385	360	333	300
	3×240	530	510	486	477	450	420	449	420	388	

注：土壤热阻率 $\rho_t=80℃\cdot cm/W$。

聚氯乙烯绝缘电力电缆在空气中敷设的载流量（A）

主线芯截面（mm^2）		中性线截面（mm^2）	1kV（四芯）				6kV（三芯）			
			25℃	30℃	35℃	40℃	25℃	30℃	35℃	40℃
铝芯	4	2.5	23	21	19	18				
	6	4	30	28	25	23				
	10	6	40	37	34	31	43	40	37	34
	16	6	54	50	46	42	56	52	48	44
	25	10	73	68	63	57	73	68	63	57
	35	10	42	86	79	72	90	84	77	71
	50	16	115	107	99	90	114	106	98	90
	70	25	141	131	121	111	143	133	123	113
	95	35	174	162	150	137	168	157	145	132
	120	35	201	187	173	158	194	181	167	153
	150	50	231	215	199	182	223	208	192	176
	185	50	266	248	230	210	256	239	221	202
	240						301	281	260	238
铜芯	4	2.5	30	28	25	23				
	6	4	39	36	33	30				
	10	6	52	48	44	41	56	52	48	44
	16	6	70	67	60	55	73	68	63	57
	25	10	94	87	81	74	95	88	82	75
	35	10	119	111	102	94	118	110	96	93
	50	16	149	139	128	117	148	138	128	117
	70	25	184	172	159	145	181	169	156	143
	95	35	226	211	195	178	218	203	188	172
	120	35	260	243	224	205	251	234	217	198
	150	50	301	281	260	238	290	271	250	229
	185	50	345	322	298	272	333	311	288	263
	240						391	365	339	309

聚氯乙烯绝缘电力电缆直埋地敷设的载流量（A）

主线芯截面（mm^2）		中性线截面（mm^2）	1kV（四芯）			6kV（三芯）		
			20℃	25℃	30℃	20℃	25℃	30℃
铝芯	4	2.5	31	29	27			
	6	4	39	37	35			
	10	6	53	50	47	52	49	46
	16	6	69	65	61	67	63	59
	25	10	90	85	79	86	81	76
	35	10	116	110	103	168	102	95
	50	16	143	135	126	134	127	119
	70	25	172	162	152	163	154	145
	95	35	207	196	184	193	182	171
	120	35	236	223	208	221	209	196
	150	50	266	252	236	228	237	202
	185	50	300	284	265	286	270	252
	240					332	313	292

交联聚乙烯绝缘电力电缆在空气中敷设的载流量（A）

主线芯数×截面（mm^2）	铝芯					铜芯				
	6～10kV $\theta_e=90℃$				35kV单芯 $\theta_e=80℃$	6～10kV $\theta_e=90℃$				35kV单芯 $\theta_e=80℃$
	25℃	30℃	35℃	40℃	25℃	25℃	30℃	35℃	40℃	25℃
3×16	99	94	90	80		127	122	116	111	
3×25	128	123	117	112		166	159	152	145	
3×35	154	147	141	135		200	192	184	175	
3×50	188	180	172	165	216	243	233	223	213	272
3×70	229	220	210	201	259	294	282	270	258	332
3×95	274	263	252	240	310	351	337	322	308	395
3×120	317	304	291	278	355	407	391	374	357	453
3×150	364	349	334	319	405	467	448	429	410	516
3×185	413	396	379	363	458	530	509	487	465	583
3×240	482	463	443	423	538	616	591	566	541	682

交联聚乙烯绝缘电力电缆直埋地敷设的载流量（A）（$\rho_t=80℃\cdot cm/W$）

主线芯数×截面（mm^2）	铝芯				铜芯			
	6～10kV $\theta_e=90℃$			35kV单芯 $\theta_e=80℃$	6～10kV $\theta_e=90℃$			35kV单芯 $\theta_e=80℃$
	20℃	25℃	30℃	25℃	20℃	25℃	30℃	25℃
3×16	99	96	92		127	123	118	
3×25	126	122	117		162	157	150	
3×35	150	145	139		194	187	179	
3×50	183	177	170	174	235	227	218	223
3×70	220	212	203	212	281	271	260	268
3×95	259	250	240	246	333	321	308	316
3×120	295	285	273	281	377	364	349	359
3×150	334	322	309	317	427	412	395	404
3×185	374	361	346	354	480	463	444	449
3×240	430	415	398	409	549	529	500	518

参考文献

[1] 刘复欣. 建筑供电与照明. 北京：中国建筑工业出版社，2004.
[2] 李英姿. 建筑供电. 北京：中国电力出版社，2003.
[3] 高满茹. 建筑配电与设计. 北京：中国电力出版社，2003.
[4] 何利民，尹全英. 怎样阅读电气工程图. 北京：中国建筑工业出版社，2003.
[5] 王玉华，赵志英. 工厂供配电. 北京：北京大学出版社 中国林业大学出版社，2006.
[6] 马誌溪. 电气工程设计. 北京：机械工业出版社，2004.
[7] 周武仲，胡静. 中低压配电设备选型与使用200例. 北京：中国电力出版社，2006.
[8] 谢秀颖. 电气照明技术. 北京：中国电力出版社，2004.
[9] 赵德申. 电气照明. 北京：高等教育出版社，2006.
[10] 王晓东. 电气照明技术. 北京：机械工业出版社，2004.
[11] 李英姿. 住宅电气系统设计教程. 北京：机械工业出版社，2005.
[12] 戴绍基. 建筑供配电技术. 北京：机械工业出版社，2005.
[13] 周文彬. 工厂供配电技术. 天津：天津大学出版社，2008.
[14] 黄益华，王朗珠. 供配电一次系统. 北京：高等教育出版社，2007.

反侵权盗版声明

举报电话：（010）88254396；（010）88258888

传　　真：（010）88254397

E-mail：dbqq@phei.com.cn

通信地址：北京市海淀区万寿路173信箱

电子工业出版社总编办公室

邮　　编：100036